国家自然科学基金项目(No. 51576207)资助出版

不可逆过程的广义热力学动态优化

Generalized Thermodynamic Dynamic-Optimization of Irreversible Processes

陈林根　夏少军　著

科学出版社

北京

内 容 简 介

基于广义热力学优化理论,本书对工程界和人类社会中广泛存在的不可逆热流、质量流、电流和商品流传递过程开展了动态优化研究。本书汇集著者多年研究成果,第1章介绍有限时间热力学、熵产生最小化、广义热力学优化、㶲理论等各种热学优化理论的产生、发展与物理内涵,并回顾与本书相关的动态优化问题的研究现状。第2~7章分别对传热过程、传质过程、电容器充电与电池做功电路、贸易过程和广义流传递过程动态优化问题进行研究,提出广义热力学动态优化理论,给出解决各种不可逆广义流传递过程动态优化问题的统一方法以及普适研究结果。本书在研究方法上以交叉、移植和类比为主,最大特点在于深化物理学理论研究的同时,注重多学科交叉融合研究并紧贴工程实际,在研究过程中追求物理模型的统一性、优化方法的通用性和优化结果的普适性,最终实现基于广义热力学优化理论的不可逆过程动态优化研究成果集成。

本书内容丰富、结构严谨、概念新颖、难易适中,可供能源、动力、化工、电子、经济等领域的科技人员参考,也可作为高等院校能源动力类相关专业本科生和研究生的教材。

图书在版编目(CIP)数据

不可逆过程的广义热力学动态优化 = Generalized Thermodynamic Dynamic-Optimization of Irreversible Processes / 陈林根, 夏少军著. —北京:科学出版社, 2017.6

ISBN 978-7-03-053854-3

Ⅰ. ①不⋯ Ⅱ. ①陈⋯ ②夏⋯ Ⅲ. ①工程热力学-研究 Ⅳ. ①TK123

中国版本图书馆CIP数据核字(2017)第139683号

责任编辑:陈构洪 陈 琼 武 洲 / 责任校对:王 瑞
责任印制:徐晓晨 / 封面设计:铭轩堂

科学出版社 出版
北京东黄城根北街16号
邮政编码:100717
http://www.sciencep.com

北京建宏印刷有限公司 印刷
科学出版社发行 各地新华书店经销

*

2017年6月第 一 版　开本:720 × 1000 1/16
2019年4月第二次印刷　印张:22
字数:450 000

定价:128.00元
(如有印装质量问题,我社负责调换)

陈林根(1964—)，男，浙江海盐人，教授，博士生导师，中国人民解放军海军工程大学动力工程学院院长，舰船动力工程军队重点实验室主任，舰船动力工程国家级实验教学示范中心主任。主要从事有限时间热力学、自然组织构形理论、叶轮机械最优设计、现代维修理论和工程研究。因教学科研和人才培养工作成绩卓著，荣立二等功1次，三等功3次。获湖北省自然科学二、三等奖7项，军队科技进步二、三等奖5项，军队教学成果二、三等奖3项。获首届中国科学技术协会"求是杰出青年实用工程奖"和"全国百篇优秀博士学位论文奖"。被评为全军院校教书育人优秀教师，全军优秀教师，全军优秀博士。获政府特殊津贴，中国人民解放军优秀专业技术人才一类岗位津贴。入选教育部"新世纪优秀人才支持计划"和"新世纪百千万人才工程"国家级人选。

主持国家973计划课题、国防973计划子课题、国家重点研发计划子课题、国家自然科学基金等国家级项目9项，总装备部和海军装备部项目31项，教育科研项目8项。已出版英文专著2部、中文专著6部、译著15部，发表学术论文660篇，其中，540余篇为SCI摘录，580余篇为EI摘录，22篇为ESI高被引论文，7200余篇次为国外学者引用，2700余篇次为国内学者引用。入选Elsevier 2014年、2015年、2016年中国高被引学者，在能源领域高被引学者榜单中分别位列全国第一、第二、第二。入选2016年"全球能源科学与工程学科高被引学者"名单。

指导出站博士后8名，毕业博士研究生23名、硕士研究生33名。获得2个全国优秀博士学位论文提名指导教师奖，54个海军、全军和湖北省优秀博士、硕士学位论文指导教师奖。

应聘担任教育部高等学校能源动力类专业教学指导委员会副主任委员，中国工程热物理学会理事，中国工程热物理学会工程热力学分会副主任委员，全国高校工程热物理学会副理事长，4个国家和省部级重点实验室学术委员会委员，1家国际学术刊物的主编，13家国际学术刊物和4家国内学术刊物的编委。

夏少军(1986—），男，湖北仙桃人。2007年毕业于中国人民解放军海军工程大学舰艇动力工程专业，获学士学位；2012年毕业于中国人民解放军海军工程大学动力工程及工程热物理专业，获博士学位。现为中国人民解放军海军工程大学动力工程学院热力工程教研室讲师，主要从事现代热力学优化理论及其应用基础研究。

先后获2013年度全军和湖北省优秀博士学位论文奖、2015年湖北省自然科学奖二等奖1项、2015年军队教学成果三等奖1项，立三等功2次。主持国家自然科学基金项目1项、大学基金项目3项，参与国家973计划课题、国家自然科学基金项目等国家级课题8项。出版学术专著2部，发表学术论文68篇，40篇发表在 *Energy*、*J. Appl. Phys.* 等国际学术刊物上，14篇发表在《中国科学》和《科学通报》中、英文版上，38篇为SCI摘录，39篇为EI摘录，2篇论文入选ESI高被引论文，2篇论文入选中国科技期刊F5000顶尖学术论文，1篇论文获《中国科学》高引次优秀论文奖，已发表论文被SCI他引260余篇次。入选中国人民解放军海军工程大学首批"33511人才工程"支持计划。担任中国工程热物理学会热力学青年论坛组委会委员。

前　言

节能是我国国民经济可持续发展的基本国策，工程中各种节能手段与措施的实施迫切需要先进的节能理论提供指导。本书在全面系统地了解现今各种热学优化理论和总结前人已有研究成果的基础上，基于广义热力学优化理论的思想，选定热流、质量流、电流、商品流等各种广义流传递过程的动态优化问题为突破口，将热力学、传热传质学、流体力学、化学反应动力学、电学、经济学、最优控制理论相结合，分析研究传热过程、传质过程、电容器充电过程和电池做功电路、贸易过程等各种不可逆过程的最优构型，获得各类不可逆过程的优化新准则，同时探索建立统一的广义热力学过程物理模型，寻求统一的优化方法，获得普适的优化结果和研究结论，已有相关研究结果均为本结果的特例，有助于促进热力学优化理论成体系地向前发展和完善，可为各类传输过程及实际装置的优化设计提供科学依据和理论指导。

本书主要由以下五个部分组成。

第一部分研究不可逆传热过程的动态优化问题。第 2 章将有限时间热力学和㶲耗散极值原理相结合，研究普适传热规律 $[q \propto \Delta(T^n)^m]$ 下无热漏与有热漏时传热过程的熵产生最小化和㶲耗散最小化，得到热、冷流体温度间的最佳关系式，确定各种传热规律和两种不同优化目标下传热过程的优化准则。此外，还研究液-固相变传热过程㶲耗散最小化。

第二部分研究不可逆传质过程的动态优化问题。第 3 章将有限时间热力学和质量积耗散极值原理相结合，研究普适传质规律下等温节流、无质漏与有质漏时单向等温传质、双向等温传质和等温结晶过程的熵产生最小化和积耗散最小化，得到上述传质过程两侧压力、浓度和化学势间的最佳关系式，确定各种传质规律和两种不同优化目标下传质过程的优化准则。

第三部分研究不可逆电容器充电过程和电池做功电路的动态优化问题。第 4 章首先研究简单 RC 电路、存在旁通电阻器的 RC 电路和 LRC 电路中非线性电容器充电过程焦耳热耗散最小化，确定各种电路模型下非线性电容器充电过程的优化准则；然后研究具有内耗散的非线性等效电容原电池做功电路的最大输出功，确定非线性电容电池的最佳性能界限；最后研究普适化学反应 $a\mathrm{A} + b\mathrm{B} \rightleftharpoons x\mathrm{X} + y\mathrm{Y}$ 下理想搅拌式与耗散流燃料电池最大输出功和最大利润，确定一类复杂化学反应下燃料电池的最佳性能界限。第 7 章对 RC 电路中电容器充电过程进行实验研究，所得不同充电策略下电阻器实际电压变化规律与其对应的理论分析结果一致。

第四部分研究不可逆贸易过程和商业机循环的动态优化问题。第 5 章研究普适传输规律[$n \propto \Delta(P^m)$]下无商品流漏和存在商品流漏时贸易过程的资本耗散最小化，得到贸易过程商品价格间的最佳关系式，确定各种商品传输规律下贸易过程的优化准则。

第五部分研究不可逆广义流传递过程的动态优化问题。在总结和归纳第 2~5 章研究内容的基础上，第 6 章分别建立简单广义流传递过程、存在广义流漏的广义流传递过程等不可逆过程的物理模型，研究过程的广义耗散最小化，探索统一的优化方法，获得普适的优化结果和研究结论，初步实现基于广义热力学优化理论的不可逆过程动态优化研究成果集成。

最后，感谢国家自然科学基金项目（No. 51576207），使得不可逆过程广义热力学动态优化的研究工作不断拓展和深化。

由于时间仓促，本书在撰写过程中难免出现一些疏漏，不当之处请批评指正。

陈林根　夏少军

2017 年 2 月

Preface

Energy saving is the basic national policy for the sustainable development of China's national economy, and the implementation of various energy-saving methods and measures in engineering needs advanced energy-saving theory to provide guidelines urgently. On the basis of understanding current various thermodynamic optimization theories and summarizing the previous research results, this book investigates the dynamic optimization problems of various generalized flow (including heat flow, mass flow, electric current, commodity flow and so on) transfer processes with the idea of generalized thermodynamic optimization theory. Thermodynamics, heat and mass transfer, fluid mechanics, chemical reaction kinetics, electricity, economics and optimal control theory are combined with each other in this book. The optimal configurations of irreversible processes such as heat transfer processes, mass transfer processes, capacitor charging processes and power battery circuits, and resource exchange processes are analyzed and investigated. New optimization criteria for various irreversible processes are obtained. Besides, establishments of unified physical models of generalized thermodynamic processes are explored, unified optimization methods are searched, generalized optimization results and research conclusions are obtained, and the related results obtained in previous literatures are special cases of those obtained in this book. It contributes to the systematic development and perfection of thermodynamic optimization theory, and can provide scientific bases and theoretical guidelines for optimal designs and operations of various transport processes and practical devices.

It consists of the following five parts:

The first part concentrates on the dynamic optimization problems of irreversible heat transfer processes. Chapter 2 investigates entropy generation minimization and thermal entransy dissipation minimization of generalized law $[q \propto \Delta(T^n)^m]$ heat transfer processes with and without heat leakage by combining finite-time thermodynamics and thermal entransy dissipation extermum principle, derives the optimal relationships between hot- and cold-fluid temperatures, and determines optimization criteria of heat transfer processes with various heat transfer laws and two different optimization objectives. Besides, entransy dissipation minimization of liquid-solid phase change process is also investigated.

The second part concentrates on the dynamic optimization problems of irreversible mass transfer processes. Chapter 3 investigates entropy generation minimization and mass entransy dissipation minimization of generalized law isothermal throttling, one-way isothermal mass transfer without and with mass leakage, two-way isothermal equimolar mass transfer and isothermal crystallization, derives optimal relationships of pressure, concentration and chemical potential between the two sides of the mass transfer processes mentioned above, and determines optimization criteria of the mass transfer processes with various mass transfer laws and two different optimization objectives.

The third part concentrates on the dynamic optimization problems of irreversible capacitor charging processes and power battery circuits. Chapter 4 first investigates Joule-heat dissiaption minimization of nonlinear capacitor charging processes in simple RC circuit, RC and LRC circuits with by-pass resistors, and determines optimization criteria of nonlinear capacitor charging processes in different circuit models. Then the maximum work output of a power primary-battery circuit with internal dissipation and the nonlinear capacitance is also investigated. It determines the optimal performance limit of the battery with the nonlinear capacitance. Finally, the maximum work output and the maximum profit of well-stirred and diffusive flow fuel cells with the generalized chemical reaction $a\text{A} + b\text{B} \rightleftharpoons x\text{X} + y\text{Y}$ are investigated. It determines the optimal performance limits of a class of fuel cells with the complex chemical reaction. Chapter 7 reports the experimental results of capacitor charging processes in the RC circuit, and real voltage profiles of the resistor for different charging strategies are consistent with the corresponding results of theoretical analyses.

The fourth part concentrates on the dynamic optimization problems of irreversible resource exchange processes. Chapter 5 investigates capital dissipation minimization of generalized law [$n \propto \Delta(P^m)$] resource exchange processes without and with commodity flow leakage, derives the optimal relationships of commodity prices for the resource exchange processes, and determines optimization criteria of the resource exchange processes with various commodity transfer laws.

The fifth part concentrates on the dynamic optimization problems of irreversible generalized flow transfer processes. On the basis of summarizing and inducing the reasearch contents from Chapter 2 to Chapter 5, Chapter 6 establishes physical models of irreversible processes including simple generalized flow transfer process and generalized flow transfer process with generalized flow leakage, investigates generalized dissipation minimization of the processes, explores the unified optimization methods, and derives the generalized optimization results and research conclusions. Integration of dynamic optimization research on irreversible processes in the frame of generalized thermodynamic optimization theory is preliminary realized.

Finally, thanks to the National Natural Science Foundation of China (No. 51576207), which makes the researches on the generalized thermodynamic dynamic -optimization of irreversible processes have been extended and deepened.

Due to the rush of time, there may be some errors and omissions in this book inevitably, and it is hoped that the readers will kindly point out them.

Lingen Chen, Shaojun Xia
February 2017

目 录

前言
第1章 绪论 ··· 1
  1.1 引言 ··· 1
  1.2 有限时间热力学的产生、内涵和研究内容 ······························ 2
    1.2.1 有限时间热力学的产生与发展 ······································ 2
    1.2.2 有限时间热力学的物理内涵 ·· 6
    1.2.3 有限时间热力学的研究内容 ·· 7
  1.3 熵产生最小化理论的产生和物理内涵 ··································· 9
    1.3.1 熵产生最小化理论的产生与发展 ··································· 9
    1.3.2 熵产生最小化理论的物理内涵 ···································· 12
  1.4 㶲理论的产生、内涵和研究内容 ······································ 15
    1.4.1 㶲理论的产生与发展 ·· 15
    1.4.2 㶲理论的物理内涵 ·· 17
    1.4.3 㶲理论的研究内容 ·· 18
  1.5 广义热力学优化理论的产生和研究内容 ······························ 19
    1.5.1 广义热力学优化理论的产生与发展 ······························ 19
    1.5.2 广义热力学优化理论的研究内容 ································ 20
  1.6 传热过程动态优化现状 ·· 24
    1.6.1 牛顿传热规律下相关研究 ·· 24
    1.6.2 传热规律的影响 ·· 26
  1.7 传质过程动态优化现状 ·· 27
  1.8 电容器充电和电池做功电路动态优化现状 ··························· 28
    1.8.1 电容器充电过程相关研究 ·· 28
    1.8.2 原电池放电过程相关研究 ·· 29
  1.9 贸易过程动态优化现状 ·· 29
  1.10 本书的主要工作及章节安排 ·· 30

第2章 传热过程动态优化 ··· 32
  2.1 引言 ··· 32
  2.2 普适传热规律下传热过程熵产生最小化 ······························ 32
    2.2.1 物理模型 ·· 32

2.2.2　优化方法 ·· 34
　　2.2.3　其他传热策略 ·· 34
　　2.2.4　特例分析 ·· 35
　　2.2.5　数值算例与讨论 ·· 37
2.3　热漏对传热过程熵产生最小化的影响 ·· 40
　　2.3.1　物理模型 ·· 40
　　2.3.2　优化方法 ·· 42
　　2.3.3　其他传热策略 ·· 43
　　2.3.4　特例分析 ·· 44
　　2.3.5　数值算例与讨论 ·· 50
2.4　普适传热规律下传热过程㶲耗散最小化 ······································ 59
　　2.4.1　物理模型 ·· 59
　　2.4.2　优化方法 ·· 60
　　2.4.3　特例分析 ·· 61
　　2.4.4　数值算例与讨论 ·· 63
2.5　传热过程㶲耗散最小逆优化 ·· 70
　　2.5.1　物理模型 ·· 70
　　2.5.2　优化方法 ·· 71
　　2.5.3　特例分析与讨论 ·· 72
2.6　热漏对传热过程㶲耗散最小化的影响 ·· 75
　　2.6.1　物理模型 ·· 75
　　2.6.2　优化方法 ·· 76
　　2.6.3　特例分析 ·· 77
　　2.6.4　数值算例与讨论 ·· 80
2.7　液-固相变传热过程㶲耗散最小化 ·· 91
　　2.7.1　物理模型 ·· 91
　　2.7.2　优化方法 ·· 93
　　2.7.3　其他传热策略 ·· 95
　　2.7.4　数值算例与讨论 ·· 98
2.8　本章小结 ·· 100

第 3 章　传质过程动态优化 ·· 102
3.1　引言 ·· 102
3.2　普适传质规律下等温节流过程积耗散最小化 ······························ 103
　　3.2.1　物理模型 ·· 103
　　3.2.2　优化方法 ·· 104
　　3.2.3　其他传质策略 ·· 105

3.2.4　特例分析 ··· 106
　　3.2.5　数值算例与讨论 ·· 109
3.3　普适传质规律下单向等温传质过程积耗散最小化 ················ 114
　　3.3.1　物理模型 ··· 114
　　3.3.2　优化方法 ··· 117
　　3.3.3　其他传质策略 ·· 117
　　3.3.4　特例分析 ··· 119
　　3.3.5　数值算例与讨论 ·· 122
3.4　存在质漏的单向等温传质过程熵产生最小化 ······················· 127
　　3.4.1　物理模型 ··· 127
　　3.4.2　优化方法 ··· 128
　　3.4.3　特例分析 ··· 129
　　3.4.4　数值算例与讨论 ·· 131
3.5　质漏对单向等温传质过程积耗散最小化的影响 ···················· 134
　　3.5.1　物理模型 ··· 134
　　3.5.2　优化方法 ··· 135
　　3.5.3　特例分析 ··· 135
　　3.5.4　数值算例与讨论 ·· 137
3.6　扩散传质规律下等摩尔双向等温传质过程积耗散最小化 ······· 141
　　3.6.1　物理模型 ··· 141
　　3.6.2　优化方法 ··· 142
　　3.6.3　其他传质策略 ·· 144
　　3.6.4　数值算例与讨论 ·· 145
3.7　普适传质规律下等温结晶过程熵产生最小化 ······················· 147
　　3.7.1　物理模型 ··· 147
　　3.7.2　优化方法 ··· 148
　　3.7.3　其他传质策略 ·· 149
　　3.7.4　特例分析 ··· 149
　　3.7.5　数值算例与讨论 ·· 152
3.8　普适传质规律下等温结晶过程积耗散最小化 ······················· 154
　　3.8.1　物理模型 ··· 154
　　3.8.2　优化方法 ··· 155
　　3.8.3　特例分析 ··· 155
　　3.8.4　数值算例与讨论 ·· 156
3.9　本章小结 ·· 159

第 4 章　电容器充电和电池做功电路动态优化 ... 160
4.1　引言 ... 160
4.2　非线性 RC 电路最优充电过程 ... 162
4.2.1　物理模型 ... 162
4.2.2　优化方法 ... 163
4.2.3　特例分析与讨论 ... 166
4.3　存在旁通电阻器的 RC 电路非线性电容器最优充电过程 ... 173
4.3.1　物理模型 ... 173
4.3.2　优化方法 ... 173
4.3.3　特例分析与讨论 ... 174
4.4　存在旁通电阻器的 LRC 电路非线性电容器最优充电过程 ... 179
4.4.1　物理模型 ... 179
4.4.2　优化方法 ... 180
4.4.3　特例分析与讨论 ... 181
4.5　具有内耗散的非线性电容电池最大输出功 ... 186
4.5.1　物理模型 ... 186
4.5.2　优化方法 ... 187
4.5.3　特例分析与讨论 ... 188
4.6　复杂反应燃料电池最优电流路径 ... 197
4.6.1　物理模型 ... 197
4.6.2　优化方法 ... 202
4.6.3　数值算例与讨论 ... 207
4.7　本章小结 ... 212

第 5 章　贸易过程动态优化 ... 214
5.1　引言 ... 214
5.2　一类简单贸易过程资本耗散最小化 ... 214
5.2.1　物理模型 ... 214
5.2.2　优化方法 ... 219
5.2.3　其他交易策略 ... 220
5.2.4　特例分析 ... 221
5.2.5　数值算例与讨论 ... 224
5.3　商品流漏对贸易过程资本耗散最小化的影响 ... 229
5.3.1　物理模型 ... 229
5.3.2　优化方法 ... 230
5.3.3　特例分析与讨论 ... 232

5.4 本章小结 ·· 234

第6章 广义流传递过程动态优化 ·· 235
6.1 引言 ·· 235
6.2 广义流传递过程的广义耗散最小化 ·· 236
6.2.1 物理模型 ·· 236
6.2.2 优化结果 ·· 237
6.2.3 应用 ··· 239
6.3 广义流漏对广义流传递过程广义耗散最小化的影响 ··· 245
6.3.1 物理模型 ·· 245
6.3.2 优化结果 ·· 246
6.3.3 应用 ··· 246
6.4 本章小结 ·· 249

第7章 电容器充电电路实验研究 ·· 250
7.1 实验装置与实验方法 ·· 250
7.2 实验结果分析 ·· 252
7.3 本章小结 ·· 255

第8章 全书总结 ·· 256
参考文献 ··· 260
附录A 最优化理论概述 ·· 297
A.1 引言 ·· 297
A.2 静态优化 ·· 298
A.2.1 无约束函数极值优化 ·· 298
A.2.2 仅含等式约束函数极值优化 ··· 299
A.2.3 含不等式约束函数极值优化 ··· 300
A.3 动态优化 ·· 301
A.3.1 古典变分法 ·· 302
A.3.2 极小值原理 ·· 307
A.3.3 动态规划 ·· 310
A.3.4 平均最优控制理论 ·· 316
A.4 本附录小结 ··· 318

附录B 第6章相关公式推导 ·· 319
B.1 6.2节中定理的证明 ·· 319
B.1.1 欧拉–拉格朗日方程方法 ··· 319
B.1.2 平均最优控制理论方法 ·· 321

B.2　6.3节中定理的证明 ·· 321
　　B.2.1　欧拉–拉格朗日方程方法 ································ 321
　　B.2.2　平均最优控制理论方法 ···································· 323
附录C　主要符号说明 ·· 324

Contents

Preface

Chapter 1 Introduction ··· 1
  1.1   Introduction ··· 1
  1.2   The emergence, connotation and research contents of finite time
        thermodynamics ··· 2
        1.2.1   The emergence and development of finite time thermodynamics ··············· 2
        1.2.2   The physical connotation of finite time thermodynamics ······················· 6
        1.2.3   The research contents of finite time thermodynamics ··························· 7
  1.3   The emergence and connotation of entropy generation minimization
        theory ·· 9
        1.3.1   The emergence and development of entropy generation minimization theory ······· 9
        1.3.2   The physical connotation of entropy generation minimization theory ················ 12
  1.4   The emergence, connotation and research contents of entransy theory ······· 15
        1.4.1   The emergence and development of entransy theory ··································· 15
        1.4.2   The physical connotation of entransy theory ··· 17
        1.4.3   The research contents of entransy theory ·· 18
  1.5   The emergence and research contents of generalized thermodynamic
        optimization theory ·· 19
        1.5.1   The emergence and development of generalized thermodynamic optimization
               theory ··· 19
        1.5.2   The research contents of generalized thermodynamic optimization theory ········ 20
  1.6   The dynamic-optimization status of heat transfer processes ····················· 24
        1.6.1   The cases with Newtonian heat transfer law ··· 24
        1.6.2   Effects of heat transfer laws ·· 26
  1.7   The dynamic-optimization status of mass transfer processes ···················· 27
  1.8   The dynamic-optimization status of capacitor charging processes and
        power battery circuits ··· 28
        1.8.1   Capacitor charging processes ·· 28
        1.8.2   Primary battery discharging processes ··· 29
  1.9   The dynamic-optimization status of resource exchange processes ············ 29

1.10 The major work and chapters' arrangement of this book ········· 30

Chapter 2 Dynamic-Optimization of Heat Transfer Processes ········· 32

2.1 Introduction ········· 32

2.2 Entropy generation minimization of heat transfer processes with a generalized heat transfer law ········· 32
- 2.2.1 Physical model ········· 32
- 2.2.2 Optimization method ········· 34
- 2.2.3 Other heat transfer strategies ········· 34
- 2.2.4 Analyses for special cases ········· 35
- 2.2.5 Numerical examples and discussions ········· 37

2.3 Effect of heat leakage on the entropy generation minimization of heat transfer processes ········· 40
- 2.3.1 Physical model ········· 40
- 2.3.2 Optimization method ········· 42
- 2.3.3 Other heat transfer strategies ········· 43
- 2.3.4 Analyses for special cases ········· 44
- 2.3.5 Numerical examples and discussions ········· 50

2.4 Thermal entransy dissipation minimization of heat transfer processes with a generalized heat transfer law ········· 59
- 2.4.1 Physical model ········· 59
- 2.4.2 Optimization method ········· 60
- 2.4.3 Analyses for special cases ········· 61
- 2.4.4 Numerical examples and discussions ········· 63

2.5 An inverse optimization for minimizing thermal entransy dissipation during heat transfer processes ········· 70
- 2.5.1 Physical model ········· 70
- 2.5.2 Optimization method ········· 71
- 2.5.3 Analyses for special cases and discussions ········· 72

2.6 Effect of heat leakage on the thermal entransy dissipation minimization of heat transfer processes ········· 75
- 2.6.1 Physical model ········· 75
- 2.6.2 Optimization method ········· 76
- 2.6.3 Analyses for special cases ········· 77
- 2.6.4 Numerical examples and discussions ········· 80

2.7 Thermal entransy dissipation minimization of liquid-solid phase-change heat transfer processes ········· 91

    2.7.1 Physical model 91
    2.7.2 Optimization method 93
    2.7.3 Other heat transfer strategies 95
    2.7.4 Numerical examples and discussions 98
  2.8 Chapter summary 100

Chapter 3 Dynamic-Optimization of Mass Transfer Processes 102
  3.1 Introduction 102
  3.2 Mass entransy dissipation minimization of isothermal throttling processes with a generalized mass transfer law 103
    3.2.1 Physical model 103
    3.2.2 Optimization method 104
    3.2.3 Other mass transfer strategies 105
    3.2.4 Analyses for special cases 106
    3.2.5 Numerical examples and discussions 109
  3.3 Mass entransy dissipation minimization of one-way isothermal mass transfer processes with a generalized mass transfer law 114
    3.3.1 Physical model 114
    3.3.2 Optimization method 117
    3.3.3 Other mass transfer strategies 117
    3.3.4 Analyses for special cases 119
    3.3.5 Numerical examples and discussions 122
  3.4 Entropy generation minimization of one-way isothermal mass transfer processes with mass leakage 127
    3.4.1 Physical model 127
    3.4.2 Optimization method 128
    3.4.3 Analyses for special cases 129
    3.4.4 Numerical examples and discussions 131
  3.5 Effect of mass leakage on the mass entransy dissipation minimization of one-way isothermal mass transfer processes 134
    3.5.1 Physical model 134
    3.5.2 Optimization method 135
    3.5.3 Analyses for special cases 135
    3.5.4 Numerical examples and discussions 137
  3.6 Mass entransy dissipation minimization of equimolar two-way isothermal mass-diffusion process with diffusive mass transfer law 141

- 3.6.1 Physical model ··· 141
- 3.6.2 Optimization method ··· 142
- 3.6.3 Analyses for special cases ··· 144
- 3.6.4 Numerical examples and discussions ···························· 145

3.7 Entropy generation minimization of isothermal crystallization processes with a generalized mass transfer law ····························· 147
- 3.7.1 Physical model ··· 147
- 3.7.2 Optimization method ··· 148
- 3.7.3 Other mass transfer strategies ·· 149
- 3.7.4 Analyses for special cases ··· 149
- 3.7.5 Numerical examples and discussions ···························· 152

3.8 Mass entransy dissipation minimization of isothermal crystallization processes with the generalized mass transfer law ····················· 154
- 3.8.1 Physical model ··· 154
- 3.8.2 Optimization method ··· 155
- 3.8.3 Analyses for special cases ··· 155
- 3.8.4 Numerical examples and discussions ···························· 156

3.9 Chapter summary ·· 159

Chapter 4 Dynamic-Optimization of Capacitor Charging Processes and Power Battery Circuits ··· 160

4.1 Introduction ·· 160

4.2 Optimal capacitor charging processes in nonlinear RC circuits ·········· 162
- 4.2.1 Physical model ··· 162
- 4.2.2 Optimization method ··· 163
- 4.2.3 Analyses for special cases and discussions ···················· 166

4.3 Optimal capacitor charging process of a nonlinear capacitor in RC circuit with bypass resistor ··· 173
- 4.3.1 Physical model ··· 173
- 4.3.2 Optimization method ··· 173
- 4.3.3 Analyses for special cases and discussions ···················· 174

4.4 Optimal capacitor charging process of a nonlinear capacitor in LRC circuit with bypass resistor ··· 179
- 4.4.1 Physical model ··· 179
- 4.4.2 Optimization method ··· 180
- 4.4.3 Analyses for special cases and discussions ···················· 181

4.5 Maximum work output of a battery with nonlinear equivalent capacitance and internal dissipation ························186
    4.5.1 Physical model ························186
    4.5.2 Optimization method ························187
    4.5.3 Analyses for special cases and discussions ························188
4.6 Optimal current paths of fuel cells with a class of complex chemical reactions ························197
    4.6.1 Physical model ························197
    4.6.2 Optimization method ························202
    4.6.3 Numerical examples and discussions ························207
4.7 Chapter summary ························212

Chapter 5 Dynamic-Optimization of Resource Exchange Processes ························214
5.1 Introduction ························214
5.2 Capital dissipation minimization of a common of resource exchange processes ························214
    5.2.1 Physical model ························214
    5.2.2 Optimization method ························219
    5.2.3 Other exchange strategies ························220
    5.2.4 Analyses for special cases ························221
    5.2.5 Numerical examples and discussione ························224
5.3 Effect of commodity flow leakage on the capital dissipation minimization of resource exchange processes ························229
    5.3.1 Physical model ························229
    5.3.2 Optimization method ························230
    5.3.3 Analyses for special cases and discussione ························232
5.4 Chapter summary ························234

Chapter 6 Dynamic-Optimization of Generalized Flow Transfer Processes ···· 235
6.1 Introduction ························235
6.2 Generalized dissipation minimization of generalized flow transfer processes ························236
    6.2.1 Physical model ························236
    6.2.2 Optimization results ························237
    6.2.3 Applications ························239
6.3 Effect of generalized flow leakage on the generalized dissipation minimization of generalized flow transfer processes ························245

  6.3.1 Physical model ·· 245
  6.3.2 Optimization results ·· 246
  6.3.3 Applications ·· 246
 6.4 Chapter summary ·· 249
Chapter 7 Experimental Research on the Capacitor Charging Circuit ········ 250
 7.1 Experimental setup and experiment method ··································· 250
 7.2 Analysis for experiment results ·· 252
 7.3 Chapter summary ·· 255
Chapter 8 Book summary ·· 256
References ··· 260
Appendix A An Overview of Optimization Theory ································ 297
 A.1 Introduction ··· 297
 A.2 Static optimization ·· 298
  A.2.1 Function extremum optimization with no constraint ················ 298
  A.2.2 Function extremum optimization with equality constraints ········ 299
  A.2.3 Function extremum optimization with inequality constraints ····· 300
 A.3 Dynamic optimization ·· 301
  A.3.1 Classical variational method ·· 302
  A.3.2 The minimum extreme principle ······································· 307
  A.3.3 Dynamic programming ··· 310
  A.3.4 Average optimal control theory ·· 316
 A.4 Appendix A summary ·· 318
Appendix B The Derivations for the Related Formulas in Chapter 6 ········· 319
 B.1 The proof of theorem in Section 6.2 ·· 319
  B.1.1 The method of Euler-Lagrange equation ····························· 319
  B.1.2 The method of average optimal control theory ····················· 321
 B.2 The proof of theorem in Section 6.3 ·· 321
  B.2.1 The method of Euler-Lagrange equation ····························· 321
  B.2.2 The method of average optimal control theory ····················· 323
Appendix C Nomenclature ·· 324

第1章 绪　　论

1.1 引　　言

20世纪70年代，在第一次中东石油危机所引发的世界性能源短缺的工程背景下，强化传热[1-3](Heat Transfer Augmentation，HTA)受到世界各国科技界和工业界的普遍关注，迅速发展成为热科学与技术领域一个非常重要的学科分支。与此同时，以寻求热力过程性能界限、实现热力学优化为目标的这类研究工作在物理学和工程学领域也均取得了重要进展——在物理学领域，以芝加哥学派的美国Berry院士、丹麦Andresen教授和美国Salamon教授等为代表，将此类研究称为"有限时间热力学(Finite Time Thermodynamics，FTT)"[4-6]；而在工程学领域，以美国Duke大学Bejan教授为代表，根据Gouy-Stodola公式——㶲损失等于环境温度与熵产生的乘积，认为熵产生最小时系统的㶲损失最小即系统的热力学性能最优，称为"热力学优化(Thermodynamic Optimization)"或"熵产生最小化(Entropy Generation Minimization，EGM)"[7-10]。Bejan[7-10]还针对工程中普遍存在的对流传热过程，导出了包含有限温差传热和有限压差流动不可逆性的统一熵产生表达式，在经过简单地定性分析后指出，传热强化和热绝缘(Thermal Insulation)两大类传热设计问题均可以归结为追求熵产生最小化。1998~1999年，本书著者[11-13]提出把对传热过程和热机的有限时间热力学分析方法与思路拓广到自然界和工程界中各种存在广义势差和广义位移的过程、装置与系统，广泛采用"内可逆模型(Endoreversible Model)"[14]以突出分析主要不可逆性，建立起设计的优化理论，即"广义热力学优化(Generalized Thermodynamic Optimization，GTO)"理论。

在热量传递和热功转换过程中，换热器是各行业应用最广泛的设备，扮演着重要的角色，因此也一直是热科学和技术研究领域所关注的重点对象之一。1996~2003年，清华大学过增元院士等[15-17]通过观察不同流动布置形式换热器的冷、热流体温度场，唯象地提出了换热器优化的"温差场均匀性原则"，即温差场越均匀，换热器效能越大。随着研究的深入，1998~2000年，过增元等[18, 19]从能量方程出发重新审视了对流换热的物理机制，提出可以通过改变速度场与温度场的协同关系来控制对流换热的强弱即"场协同理论(Field Synergy Theory)"。2006~2008年，过增元等[20-22]进一步从导热过程与导电过程的比拟出发，提出了表征物体传热能力的新物理量"㶲"(在2003年曾称为热量传递势容)[23]，并指出：在传热过程中，虽然热量是守恒的，但由于存在热阻，㶲并不守恒且存在一定耗散，㶲耗散代表了传热过程的不可逆程度。过增元等[20-22]还建立了用于传热优化的"㶲耗散极值原理"与"最小当量热阻原理"。陈群等[24-28]基于热量传递、质量传递和动量传递之间的类比性，将热量㶲的概念推广到质量传递和动量传递过程，提出了质量积（文献[24]称为质量传递势容）与质量积耗散极值原理以及动量积与动量积耗散极值原理。程雪涛等[29,30]则提出了广义流动中的积原理和孤立系统的广义积减原理，通过引入"㶲损失"的概念[31,32]，将㶲理论拓展用于热力循环优化。

有限时间热力学、熵产生最小化、广义热力学优化理论、㶲理论均是近40年来产生和发展起来的现代热学优化理论，促进了热力学、传热学和流体力学等各学科分支及其交叉研究的发展。综合应用热力学、传热传质学、流体力学以及其他传输科学的基础理论，采用交叉、移植、类比的研究思路，将有限时间热力学与熵产生最小化、㶲理论相结合，实现各种形式能量传递过程和转换循环与系统的广义热力学优化，符合多学科交叉融合研究的发展趋势，是一个具有重要理论价值和广阔应用前景的研究方向。

本书将基于热力学、传热传质学、流体力学、化学反应动力学、电学以及经济学等各学科分支中有限势差导致的传递过程间的相似性，采用有限时间热力学的研究思路和最优控制理论优化方法全面系统地对传热、传质、导电、经济过程进行动态优化，特别是将有限时间热力学和㶲理论相结合进行传热、传质过程动态优化，最后对已有研究对象和研究结果进行总结归纳，针对其中几类典型的研究对象，抽出共性，突出本质，建立其相应的广义热力学抽象物理模型，寻求统一的优化方法，获得普适的优化结果和研究结论，实现基于广义热力学优化理论的研究成果集成。

1.2 有限时间热力学的产生、内涵和研究内容

1.2.1 有限时间热力学的产生与发展

19世纪初期，蒸汽机的发明和大规模使用开启了人类历史上的第一次工业革命，而热力学的建立正是起源于同时期人们对热机最大效率的理论探索。1824年，法国工程师Carnot在 *Reflections on the Motive Power of Heat*（《关于热的动力的思考》）[33]中写道："热的驱动力（意指热功转换能力）是有限的还是无限的？是否存在以自然界中的任何方式都无法超越的改进边界？(Is the driving force of heat finite or infinite, and does a boundary of improvement exist which nature cannot surpass by any means?)"他通过研究表明这种"边界"确实存在，对实际蒸汽机进行抽象简化建立了卡诺热机循环模型，提出了卡诺定理，指出工作于高温热源

T_1 和低温热源 T_2 之间的任何热机，其热效率都不可能超过

$$\eta_C = 1 - \frac{T_2}{T_1} \tag{1.2.1}$$

此即著名的卡诺效率，式中 T_1 和 T_2 分别为可逆卡诺热机高温与低温热源的温度。以现代观点来看，Carnot 的工作实质上是建立了热机的简化物理模型，提出并解决了其最大热效率目标下的极值优化问题，即热机输出的净机械功与其从高温热源吸收的热量之间比值的最大化问题。式(1.2.1)给出了相同温限热源条件下热功转换效率的极限。在 Carnot 所做工作的基础上，1850~1851 年德国物理学家 Clausius 和英国物理学家 Kelvin 先后独立从热量传递和热功转换的角度提出了热力学第二定律的定性描述。热力学第一定律反映的是能量传递与转换时应该遵循的数量守恒关系，由它引进了系统的状态函数——热力学能；热力学第二定律指明了热过程进行的方向性，由它引进了系统的状态函数——熵。此后，为了在各种不同条件下讨论系统状态的热力学特性，又引进了一些辅助的状态函数，如焓、亥姆霍兹函数(自由能)、吉布斯函数(自由焓)等。通过这些概念，使用数学和逻辑的方法得到了庞大的、建立在基本定律之上的经典热力学体系。后来(1906 年)又产生了热力学第三定律和更晚一些时间的热力学第零定律，分别定义了熵参数计算的基准态和基本状态参数——温度，令经典热力学理论更趋完善。

一方面，经典热力学理论以平衡和可逆为其基本假设，回答了过程进行的可能性，而可能的过程又分为"可逆"和"不可逆"，在经典热力学中仅处理"由一系列无限接近平衡态组成且无耗散效应的可逆过程"，然而自然界和工程界中发生的各种传热、传质、流动、化学反应等实际过程均是非平衡、不可逆的，因而经典热力学理论不能解释和处理这些与时间因素相关的不可逆过程进行与演化的物理机理。另一方面，上述这些不可逆过程的动力学机理在传统上是由传热传质学、流体力学、化学反应动力学等相对独立的学科分支各自单独加以研究的，每种不可逆现象都是用个别的、实验方法处理的，看不到一个一般性的观点，尤其是无法解释和处理存在诸如杜伏效应、塞贝克效应等交叉效应的不可逆过程。1931 年，美国化学家 Onsager[34, 35]从各类不可逆过程的普遍特性出发，唯象地提出了著名的 Onsager 倒易关系(Reciprocal Relation)。他认为一切不可逆过程都是在某种热力学力驱动下产生相应热力学流的结果，流与力的点积即该不可逆过程的熵产生。在近似的情况下，热力学流和力之间可近似地用线性唯象定律来描写。当存在多种不可逆因素时，原则上每种流均为系统中存在的各种力所驱动。按这样的原理所得到的线性唯象定律关系式中唯象系数矩阵存在着某种对称关系，称为 Onsager 倒易关系。Onsager 理论第一次真正从动力学角度出发揭示了不可逆过程的共同特征，从而奠定了非平衡态热力学或不可逆过程热力学的基础。Onsager 理论是建立

在线性唯象定律的基础上的，它只适用于偏离平衡态不远的所谓"近平衡区"，因而称为线性非平衡热力学，简称线性不可逆热力学（Linear Irreversible Thermodynamics，LIT）。线性不可逆热力学的另一个重要结论是比利时学者 Prigogine 于 1945 年应用李雅普诺夫稳定性理论(Lyapunov Stability Theory，1892年)确立的最小熵产生原理(Minimum Entropy Generation Principle)，它的主要内容是：在非平衡线性区，一个开放系统内的不可逆过程总是向熵产生减小的方向进行的，当熵产生减小至最小值时，系统的状态不再随时间变化，此时，系统处于与外界约束条件相适应的非平衡定态。最小熵产生原理保证了非平衡定态的稳定性，一旦系统达到非平衡定态，在没有外界的影响下它将不会再自发地离开这个定态。研究远离平衡态系统行为的热力学称为非线性非平衡热力学，简称非线性不可逆热力学。Prigogine 正是在研究开口系统非平衡态行为的基础上提出了著名的"耗散结构理论"，使非平衡态热力学理论向前迈出了新的一步。

在经典热力学中，以各类正反向热力循环性能研究为例，通常以热效率、制冷系数或泵热系数等热力性能指标为目标，优化问题对应的解为可逆热力过程，即在过程中系统与外界始终保持热力平衡，且过程进行的时间为无限长或装置尺寸为无限大，而此时装置的单位时间/单位面积的输出率为零。由可逆过程得到的性能界限太高，并且所有实际过程都永远不可能达到这一界限。而传统的不可逆过程热力学(包括线性非平衡热力学和非线性非平衡热力学)是与非平衡系统中的状态和过程相联系的宏观唯象学场理论，该理论主要对连续介质中传递现象的唯象定律、恒定状态及不可逆动力学过程进行统一的研究和处理。同时它也涉及系统稳定性研究，包括稳定性条件、失稳后的行为、达到稳定的途径以及系统在达到平衡态的过程中发生的弛豫现象等特殊问题[36]。虽然也考虑过程的不可逆效应，也包括时间参量，然而它侧重于寻求对已有不可逆热现象的物理解释和非平衡能量系统的定态分析，了解系统的状态参量随时空变化的规律，缺少"优化"的概念，因而一些过程相关函数(如功、热量、熵产生)等在特定过程中变化净效应不易由这种传统不可逆过程热力学得出结论。

1958 年，苏联核动力工程专家 Novikov[37]研究了核动力燃气轮机装置性能，在考虑了工质高温侧有限温差传热损失后导出了其最大功率输出时的效率为

$$\eta_{\mathrm{CA}} = 1 - \left(\frac{T_2}{T_1}\right)^{1/2} \quad (1.2.2)$$

与此同时，法国学者 Chambadal[38]考虑了流动高温工质与热机间的传热，导出了热机最大功率输出时的效率也为式(1.2.2)中的 η_{CA}。在工程界，如式(1.2.2)所示效率已进入多种动力工程和工程热力学教材[39-41]。1975 年，加拿大物理学家

Curzon 和 Ahlborn[42]考虑了工作在两恒温热源间存在有限速率传热(不可逆热阻损失)的卡诺热机,导出了牛顿传热规律[$q \propto (\Delta T)$]下内可逆热机最大功率输出的效率与式(1.2.2)一样。Bejan[43,44]建议将如式(1.2.2)所示 CA 效率 η_{CA} 称为 NCCA 效率 η_{NCCA},以此共同纪念 Novikov、Chambadal、Curzon 和 Ahlborn 等作出的贡献。近期,Moreau 等[45]和 Vaudrey 等[46]的研究表明 CA 效率公式(1.2.2)的起源还可分别更早地追溯到 1955 年 Yvon[47]和 1929 年 Reitlinger[48]的研究工作。1979 年,Rubin[14]首次将循环内工质经历的是准静态过程,循环中的唯一不可逆损失是热源与工质间的热阻损失的热力循环定名为"内可逆循环(Endoreversible Cycle)"。借用"内可逆"这一概念,CA 热机[42]可称为内可逆卡诺热机。通过比较式(1.2.1)和式(1.2.2)可见:一方面,CA 效率与卡诺效率公式(1.2.1)极为相似,两者均具有简洁、美观的数学表达形式,且均仅与高温热源温度 T_1 和低温热源温度 T_2 有关,而与描述热机本身的特性参数无关;另一方面,与可逆卡诺热机有最大效率 η_C 而功率输出为零不同,内可逆卡诺热机不仅有功率输出,而且可以有最大功率输出及相应的效率 η_{CA}。η_{CA} 的重要意义在于它为具有有限速率和有限周期特征的热机提供了不同于卡诺效率 η_C 的新的性能界限,但也不能简单理解为"热机最大功率时的效率界限",因为 η_{CA} 的导出有其特定的研究对象、优化方法和优化目标等为前提条件,因此 η_{CA} 也类同于 η_C 可以提供理论指导,同时只有进一步进行具体深入研究,才能用于指导实际系统的热设计与优化。Curzon 和 Ahlborn 的研究工作[42]激励了一大批物理学家和工程学家对各种热力系统开展深入的热力学优化研究,标志着一个新的现代热力学分支——"有限时间热力学"的诞生。

有限时间热力学最初研究的主要内容是对经典热力学进行改造和革新,即在有限时间和有限尺寸约束下,以系统与环境间存在有限速率传热不可逆性的热力过程和装置为研究对象,导出其热力学性能界限。Andresen 等[4]首次将此类研究称为"有限时间热力学",de Vos[49]则称为"内可逆热力学(Endoreversible Thermodynamics)",Petrescu 和 Costea[50]重点研究了一类往复式活塞型热力装置的性能,故称为"有限速率热力学(Finite Speed Thermodynamics)"。当人们把研究对象从往复式装置(以有限时间为特征)拓广到定常态流装置(以有限尺寸为特征)时,认识到问题的实质是在过程和循环的热力学分析中引入了传热学,有限温差传热是其物理本质,因此 Grazzini[51]建议称为"有限温差热力学(Finite Temperature Difference Thermodynamics)",Lu[52]则建议称为"有限面积热力学(Finite Surface Thermodynamics)",为了便于称呼,本书统一称为"有限时间热力学"。随后,有限时间热力学在研究方法和内容上不断深化,其研究对象范围也在不断扩大。从有限时间热力学建立至现在的 40 多年中,在 30 多个国家的研究基金资助下，国内外大批学者对有限时间热力学开展了大量研究，得到了一大批既具有理论意义又具有实际工程应用价值的研究结果，发现了许多新现象和新规律。据不完全统计，截止到 2016 年 12 月，已有 9000 余篇相关文献发表，包括 230 篇硕士学位论文、151 篇博士学位论文[13, 53-107]以及 136 篇不同时期的专著[49, 50, 108-132]和专题综述[133-166]。

1.2.2 有限时间热力学的物理内涵

通过分析上述 CA 效率式(1.2.2)的来源可知，Curzon 和 Ahlborn[42]是在经典的卡诺热机循环模型基础上，考虑循环中两个等温传热分支与外界恒温热源间有限速率传热，求解了以热机最大输出功率为目标的性能优化问题，其研究本质是实现了热力学和传热学之间的有机结合。因此，为了解有限时间热力学的物理内涵，需要首先对经典热力学、传热学、流体力学等传统基础学科的物理内涵进行分析。

为了撇开时间变化的因素，并能用少数几个参数描写物系的状态，经典热力学以宏观、平衡为研究的前提，是一门关于"平衡"的科学。经典热力学的理论基础是热力学第一和第二定律，热力学第一定律的实质是能量守恒和转换定律在热现象中的应用，揭示了能量转换时在数量上所遵循的客观规律，可简单表述为第一类永动机（即不消耗能量的永动机）是不可能实现的；热力学第二定律的实质是自然过程具有方向性，揭示了能量转换时在品质上所遵循的客观规律，可简单表述为第二类永动机（只从一个热源吸热的永动机）是不可能实现的，因此经典热力学重点关注过程的"可能性"。在经典热力学中，有"效率"的概念，如循环热效率、物质转化效率等，注重热力系统的"效率"与"产功/耗功"优化，确定提高热力系统"效率"、节能系统耗功的方向和途径，如通过改变循环的特性参数与合理安排热力过程(如回热)的方法可提高热力循环的热效率，采用多级压缩级间冷却的方法可节省压气机耗功等，但由于没有考虑时间变化因素的影响，也就没有"速率"的概念，所以由经典热力学导出的效率和功等性能界限太高，优化问题对应的最优解为"可逆过程"，与实际工程过程的非平衡特性相差太远。

传热学、流体力学与热力学既具有相同之处，就是其研究对象同样遵循热力学两大基本定律，如传热和流动过程中能量是守恒的，热量总是从高温处自发传到低温处，流体也总是从高压处自发流向低压处，但它们与热力学也具有不同之处，就是传热学和流体力学均考虑了时间变化因素的影响，有传热和流动"速率"的概念，传热和流动过程除了遵循热力学中的基本定律，还各自遵循学科内部特有的规律，如傅里叶导热定律、牛顿冷却定律、斯特藩-玻尔兹曼黑体辐射定律和牛顿黏性定律等，因而传热学和流体力学均属于一类关于"速率"的科学。与热力学重点关注过程"可能性"不同，传热学和流体力学重点关注过程的"可行性"，注重"强化/弱化"过程速率或控制温度、压力等参数，但由于没有或较少涉及"效率""耗功"等概念，未考虑"效率/耗功"优化，如传热强化是否一定节能[167]。换热器热设计的主要目的是追求更佳的换热器性能，而当论及换热性能更佳时，自然会产生疑问："性能更佳"究竟意味着什么？如果在相同的温度条件下，通过热设计在强化传热同时也降低了流阻，这种情形确实表明换热器性能更佳了。然而，现有的大量实验测量结果表明：换热器在强化传热的同时往往会增加流阻和功耗，而单纯地降低流阻和功耗往往又会对强化传热产生不利影响[168]。

实际过程、循环和装置均是在有限时间或有限面积条件下进行的，是与外界间存在有限速率不可逆物质与能量交换的非孤立系统，所以从过程"机理"角度研究这一类实际系统功率、效率等性能目标优化问题，必然需要将热力学、传热学、流体力学等多学科交叉融合、综合应用加以研究，这就是有限时间热力学的研究思路出发点。这种典型的多学科交叉特性使得有限时间热力学不同于前述任一单独的基础学科，足以构成一个相对独立的研究领域。因此，有限时间热力学的物理内涵就是在可能性和可行性的基础上，探讨各类过程与装置的多目标优化。其研究思路一般为：对实际热力过程作一定假设，依据热力学基本定律和传输科学的基本原理得到其物理模型，给定一系列约束定义可能的过程时间路径，然后依据待求优化问题的数学性质选择相应的优化方法，求解给定热力过程的目标极值或所取目标为极值时的最优热力过程，进一步求出过程进行的最佳时间(或尺寸)，得到所定义的热力过程的最佳性能指标。所取优化目标不局限于装置的技术或经济性能，可以是一切有研究价值或意义的函数，具体见后续分析。

1.2.3 有限时间热力学的研究内容

"有限时间热力学"也称"热力学优化理论"，因此其研究内容必然与最优化理论密切相关。本书用到的主要数学方法包括古典变分法[169, 170]、极小值原理[170, 171]、Hamilton-Jacobi-Bellman (HJB)方程和动态规划[170, 172]、平均最优控制理论[111-115, 121, 127]，详见本书附录 A。总体而言，最优化问题分为静态优化和动态优化两大类问题，相应地，有限时间热力学中也主要存在两类基本问题：一类是确定给定热力过程的目标极值及相互之间关系，简称为最优性能(Optimal Performance)问题；一类是求给定最优目标时与其最佳值对应的最优热力过程，简称为最优构型(Optimal Configuration)问题。

1.2.3.1 最优性能问题(静态优化问题)

这是求给定热力系统下对应的目标函数极值及目标函数间的相互关系，即求出有限时间热力学性能界限、基本优化关系和性能优化准则。最优性能问题属于静态优化问题,用到的主要数学方法是函数直接求导法、建立拉格朗日函数求极值和数学规划理论[173],求解也较为简单,便于得到具有普适意义的最优特性基本关系式。经过 40 多年的发展,国内外大批学者对各类热力系统的最优性能问题开展了深入而广泛的研究,得到了大量具有工程实际应用价值的结果。

从研究对象上看,最优性能问题研究涉及换热器[7, 8, 92, 174-176]、无限热容热源热机[13, 37, 38, 42, 88, 177, 178]、有限热容热源热机[13, 88, 179-181]、存在各种损失(热阻、旁通热漏和工质内部耗散等)的热机[13, 88, 182-208]、联合热机[89, 209-211]、各种内燃机动力循环[13, 79, 82, 88, 95, 212-222]、蒸汽和燃气动力循环[89, 94, 223-230]、Stirling 发动机[55, 59, 108, 231-235]、热电发电机[93, 236-239]、制冷机[13, 64, 88, 240-246]、热泵[66, 72, 246-268]、热变换器[72, 269-274]、热电联产装置[71, 73, 81, 275-280]、化学机[66, 87, 281-297]、化学泵[66, 87, 298-310]、化学势变换器[87, 311-316]、燃料电池[82, 317-323]等。除了传统工质的热力循环,最优性能问题研究还涉及谐振子系统、1/2 自旋系统、理想量子气体以及势阱中微观粒子等量子工质热力循环[56, 59, 65, 324-339]。近年来,最优性能问题研究还扩展到了布朗马达、分子马达、电子机、量子点棘轮、热离子装置等微型能量转换系统[76, 96, 340-349]。

除了研究对象范围的不断扩大,选取不同优化目标对热力系统进行优化也是最优性能问题研究的一个重要方面。以热机性能优化研究为例,所取目标包括功、功率、热效率、㶲输出率、㶲效率、熵产生率、利润率、比功率(总传热面积平均的输出功率)、功率密度(最大比容平均的输出功率)、㶲输出率密度、有效功率(功率与热效率之积)、总费用平均的输出功率和兼顾功率与熵产率的"生态学"目标、生态学性能系数等。

1.2.3.2 最优构型问题(动态优化问题)

这是解决在给定的一些外部条件下控制热力系统运行规律从而获得其最佳性能泛函的问题,此时需要明确系统的控制变量及容许控制域,建立系统的状态运动方程,找出约束条件,选定优化目标和优化方法。最优构型问题属于动态优化问题,用到的主要数学方法是变分法和最优控制理论,求解过程较为复杂。由于该问题最终将归结为求解微分方程组的两点边界值问题或求解 HJB 偏微分方程,所以仅对于极少数问题存在解析解,对于大多数问题需要应用数值方法进行求解,同时最优路径一旦求出,所有其他热力学量都可以从中导出。由此可见,最优构型问题研究比最优性能问题研究需要更大的计算工作量,不仅能回答优化目标的物理极限,而且能指出为了实现预定的最优目标系统将运行的规律或准则,因此在理论研究和实际工程应用上的研究意义也就更为重要。

从研究对象上看,最优构型问题研究涉及传热过程[61, 67, 350-378]、传质过程[379-387]、恒温与变温热源理论正反向热力循环(热机、制冷机和热泵)[13, 14, 53, 80, 88, 177, 388-414]、非均匀工质热机[415-420]、活塞式气缸[80, 86, 421-439]、理想内燃机[75, 85, 95, 440-457]、光驱动发动机[86, 458-461]、正反向化学循环(化学机和化学泵)[66, 87, 285, 298, 462-465]、有限时间热力学㶲[53, 466-470]、多级正反向热力循环系统[117, 127, 141, 471-498]、多级正反向化学循环系统[117, 499-510]、化学反应过程[80, 511-513]、燃料电池[514-517]、分离和蒸馏过程[61, 63, 67, 70, 77, 84, 518-525]、干燥过程[117, 127, 526, 527]、化学反应器[61, 63, 67, 70, 518, 528-540]、有限时间热力学新概念[53, 541-558](包括有限时间热力学势、热力学长度、熵产生均分原则、驱动力均分原则、热力学速度等)、量子热力循环[325, 326, 559, 560]和量子状态转换过程[561-563]等。

本书在前人研究的基础上,首先系统地研究传热过程动态优化问题[366-369, 371, 378, 564-567],见本书第 2 章;然后系统地研究传质过程动态优化问题[383, 384, 568-571],见本书第 3 章。

1.3 熵产生最小化理论的产生和物理内涵

1.3.1 熵产生最小化理论的产生与发展

卡诺效率公式(1.2.1)指出了热功转换效率的极限,这是自然界任何热力系统不可逾越的性能界限。1865 年,Clausius[572]在卡诺循环性能分析的基础上引入了热力学的核心概念——熵,这一物理量被普遍认为是分析耗散过程(即功热转化)的重要物理量。1889 年,法国物理学家 Gouy[573]从理论上证明系统的㶲损失与其熵产生成正比,即 $W_L = T_0 S_g$,T_0 为环境温度。1905 年,瑞士工程学家 Stodola[574]应用这一结论设计蒸汽轮机,并进行了有关实验验证。后人为了纪念 Gouy 和 Stodola 的贡献,将 $W_L = T_0 S_g$ 称为 Gouy-Stodola 公式。20 世纪 70 年代中后期,Bejan 教授[9]较为系统地研究了 Gouy-Stodola 公式的适用条件,结果表明:㶲损失始终与熵产生成正比,但两者间的比例系数取值与参考热源的选取有关,Gouy-Stodola 公式 $W_L = T_0 S_g$(即比例系数为环境温度 T_0)仅在选择以大气环境作为参考热源时才适用,同时参考热源的选取必须保证系统与该热源间的传热为系统与外界所有热相互作用的唯一自由度,而系统的熵产生与㶲损失不同,其大小与参考热源的选择无关,仅取决于系统自身经历过程的不可逆性程度,因此为了使工程系统及部件以㶲损失最小的方式运行,在对这类系统及部件设计时必须优先考虑其熵产生最小化。在此基础上,Bejan[9]提出以熵产生最小作为统一的目标函数,在有限尺寸、形状、材料、速度、运行周期等不同约束下,导出了一系列适用于不同热力过程的熵产生计算式,进而对能源动力和传热工程领域的各类过程、装置和系统进行优化，总结和归纳了开展研究的一般方法与步骤，由此创立了"熵产生最小化"理论，最具标志性的事件是 1982 年专著 *Entropy Generation through Heat and Fluid Flow*[9]的出版。

对于能源动力领域广泛使用的定常态流热机装置，Bejan[9]根据热力学第一和第二定律导出热机装置的实际输出功率 $\dot{W}$ 为

$$\dot{W} = \dot{W}_{\text{rev,eng}} - \dot{W}_{\text{L}} = \dot{W}_{\text{rev,eng}} - T_0 \dot{S}_{\text{g}} \tag{1.3.1}$$

式中，$\dot{W}_{\text{rev,eng}}$ 为与实际热机装置相对应的理想可逆热机循环的输出功率。由式(1.3.1)可见，当可逆输出功 $\dot{W}_{\text{rev,pump}}$ 一定时，热机的最大输出功率优化等价于其熵产生率最小化。对于定常流制冷机或热泵装置，类似可得出装置的实际耗功率 $\dot{W}$ 为

$$\dot{W} = \dot{W}_{\text{rev,pump}} + \dot{W}_{\text{L}} = \dot{W}_{\text{rev,pump}} + T_0 \dot{S}_{\text{g}} \tag{1.3.2}$$

式中，$\dot{W}_{\text{rev,pump}}$ 为与实际制冷机或热泵装置相对应的理想可逆逆循环装置的耗功率。由式(1.3.2)可见，当可逆耗功率 $\dot{W}_{\text{rev,pump}}$ 一定时，制冷机或热泵装置的最小耗功优化也等价于其熵产生率最小化。综上可见，不管是追求热机装置的输出功率最大化还是追求制冷机或热泵装置的耗功率最小化，最后都可以归结为追求装置的熵产生率最小化。

对于传热工程领域广泛使用的换热器装置，Bejan[9]将其传热设计问题分为传热强化和热绝缘两类。在温度分别为 T_1 和 T_2 的两表面间，传热流率可表达为

$$Q = \bar{h}A(T_1 - T_2) = \bar{h}A\Delta T \tag{1.3.3}$$

传热过程的熵产生率为

$$S_{\text{g}} = \frac{Q}{T_2} - \frac{Q}{T_1} = \frac{Q(T_1 - T_2)}{T_1 T_2} \approx \frac{Q\Delta T}{T_1^2} \tag{1.3.4}$$

所谓传热强化，其主要目的就是增大系统的当量热导率 $\bar{h}A$。由于在传热强化问题中，传热率 Q 通常是在系统设计时已给定的，由式(1.3.3)可见，提高系统的当量热导率 $\bar{h}A$ 意味着降低传热温差 $(T_1 - T_2)$，此时由式(1.3.4)可知过程的熵产生 S_{g} 也相应减少。所谓热绝缘，其主要目的就是减小系统的当量热导率 $\bar{h}A$。由于在热绝缘问题中，两个温度 T_1 和 T_2 通常是固定的，降低系统的当量热导率 $\bar{h}A$ 也就意味着降低传热率 Q，此时由式(1.3.4)可知过程的熵产生 S_{g} 也相应减少。上述分析结果如表 1.1 所示。由此可见，传热强化和热绝缘这两个看似矛盾的热设计问题均

可以统一在追求熵产生最小化的框架内。

表 1.1　传热学研究的两大类问题[9]

问题类型	温差 ΔT	传热率 Q	熵产生 S_g
传热强化	待减小	固定	减小
热绝缘	固定	待减小	减小

在此基础上，Bejan 还导出了各种不同几何与物理边界条件下传热、流动、混合、传质过程的熵产生表达式。以工程领域普遍存在的对流传热为例，其微元体积内熵产生表达式为[575]

$$s_g = s_{g,\text{heat transfer}} + s_{g,\text{fluid friction}} = \frac{\lambda(\nabla T)^2}{T^2} + \frac{\mu}{T}\Phi \tag{1.3.5}$$

式中，λ 为流体的热导率；μ 为黏性系数；Φ 为黏性耗散函数。式(1.3.5)等号右边第一项和第二项分别表示有限温差传热和有限压差流动对过程熵产生的贡献。流动引起的熵产生与传热引起的熵产生之比定义为不可逆性分配比 (Irreversibility Distribution Ratio)[9]：

$$\phi = \frac{s_{g,\text{fluid friction}}}{s_{g,\text{heat transfer}}} \tag{1.3.6}$$

当 $\phi \to 0$ 时，表明传热过程的熵产生居主导地位；当 $\phi \to \infty$ 时，表明流动过程的熵产生居主导地位；当 $\phi = 1$ 时，表明传热与流动过程两者熵产生相等。为了评价实际过程的性能，定义了熵产生数 (Entropy Generation Number) N_S 为实际过程的熵产生与其最小熵产生之比[10]：

$$N_S = \frac{S_g}{S_{g,\min}} \tag{1.3.7}$$

实际过程的 N_S 总是大于 1 的，当 $N_S = 1$ 时，实际过程处于熵产生最小时的最优态。

之后，熵产生最小化受到了大量学者的重视，其研究范围的广度和研究对象的深度均取得了长足的进步与发展，如图 1.1 所示。1996 年，Bejan 将熵产生最小化的相关研究成果及介绍进一步汇集在其专著 *Entropy Generation Minimization*[10]。有关熵产生最小化的当前研究进展，可参见与此相关的最新综述[44, 576-582]。

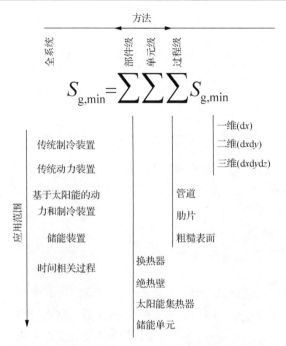

图 1.1　熵产生最小化研究领域的二维结构[10, 44]

1.3.2　熵产生最小化理论的物理内涵

通过上述熵产生最小化理论的产生与发展可知，熵产生最小化理论似乎是一个完美、统一的理论，因为能源动力领域热机装置的最大功率优化、制冷机或热泵装置的最小耗功率优化和传热领域的强化传热与热绝缘等问题均可等价为追求对应过程或装置的熵产生最小化。然而，熵产生最小化理论真的能够完全、严格地包含上述不同类型的优化目标、工程问题吗？或者这些优化目标、工程问题与熵产生最小化之间等价性仅仅在一些特定的前提条件下成立或者是某一范围的近似。如果上述优化目标、工程问题与熵产生最小化在物理本质上是不等价的，那么熵产生最小化的物理内涵是什么？

在能源动力工程领域，关于热机最大功率优化与其最小熵产生优化问题，Berry、Andresen、Salamon 等学者与 Bejan 之间有过较为详细的讨论。Salamon 等[390]、Salamon 和 Nitzan[177]研究了有限循环周期约束下内可逆热机的最小熵产生优化，结果表明：熵产生最小化与㶲损失最小化是等价的，但与功率或效率最大化是不等价的。Bejan[583, 584]基于 Chambadal 热机[38]和 Novikov 热机[37]模型，讨论了其功率输出最大化和熵产生率最小化之间等价性问题，指出 Salamon 等在计算热机熵产生时仅考虑了热源与热机间传热的内部不可逆性(Internal Irreversibility)，而未考虑热源与外界环境间传热的外部不可逆性(External Irreversibility)，由此导致功率输出最大化和熵产生率最小化间不等价，而考虑工程实际，在计算熵产生时应综合考虑内部和外部不可逆性，此时输出功率最大化与熵产生率最小化两者是等价的。Salamon等[585]较为系统地研究了最大功率与最小熵产生率两种不同目标下的等价性问题，结果表明：针对同一热力系统，过程优化的最优解是多样化的，不仅取决于优化目标本身，而且取决于定义优化问题的约束条件，输出功率最大化与熵产生率最小化两者在一般意义上是不等价的，两者等价仅在特定的约束条件下成立，即除去功源和大气环境，将其他所有与热机间有能量交换的系统的初态和末态均给定，此时热机的可逆输出功 $W_{\text{rev,eng}}$ 一定，由式(1.3.1)可知功率输出最大化与熵产生率最小化是等价的，除此外，释放优化问题的任一约束条件，两者均不等价。由此可见，对于热机而言，功率输出最大化与熵产生率最小化有其各自不同的物理内涵，功率输出最大化反映了人们追求热机功率这一技术性能最佳的短期目标，而熵产生率最小化则反映了节约使用能源的长期目标，在实际热机装置优化时可将这两种目标综合考虑，如在热机的有限时间热力学性能优化研究中，墨西哥学者 Angulo-Brown[586]提出了兼顾功率和熵产生率的"生态学"目标函数 $E = \dot{P} - T_{\text{L}}\dot{S}_{\text{g}}$，式中 T_{L} 为低温热源温度，厦门大学严子浚教授[587]进一步提出了修正的"生态学"目标函数 $E' = \dot{P} - T_0\dot{S}_{\text{g}}$，$T_0$ 为环境温度。

在传热工程领域,1980~1982 年 Bejan[8,588]针对平衡流逆流式换热器，在给定热、冷流体的进口温度且忽略流体流动过程熵产生的条件($\dot{S}_{\text{g,fluid friction}} \gg \dot{S}_{\text{g,heat transfer}}$)下，研究了换热器熵产生随其有效度的变化规律，结果表明：换热器的熵产生随着有效度的增加先增大后减少，在有效度等于 0.5 时，熵产生取极大值；当有效度在(0.5，1)的区间内单调增加时，换热器的熵产生单调减少；而当有效度在(0，0.5)的区间内单调增加时，换热器的熵产生单调增加(图 1.2)。Bejan 指出这一现象与人们的直观认识"随着传热面积或传热单元数的增加，换热器的不可逆性应单调减少"相矛盾，故称为"熵产悖论"。对于上述平衡流逆流换热器，在给定热、冷流体进口温度条件下，不难证明其流体间温度之差沿程保持为常数，当有效度等于 0 时，流体间温差达到最大值即等于流体进口温度之差，但由于传热面积等于零，故传热量等于零，由此导致换热器熵产生为零，这对应于换热器内"什么过程也没发生"或者换热器"消失了"；当有效度等于 1 时，总传热面积趋于无限大，热流体的出口温度等于冷流体的进口温度，换热器传热量达到最大可能的换热量，但此时流体间温差为零，由此导致换热器熵产生为零，这对应于换热器内热、冷流体间等温传热即传热过程是"可逆"的。基于这一分析,Shah 和 Skiepko[176]认为"熵产悖论"是由热力学第二定律决定的，反映了温差传热的本征不可逆性。本书著者也认为"熵产悖论"其实并非悖论，因为追究其成因，人们的直观认识

"随着传热面积或传热单元数的增加,换热器的不可逆性应单调减少"这一结论要严格成立必须具备一定的前提条件,即换热器的实际传热量必须始终保持恒定,而在上述平衡流逆流式换热器熵产生性能分析中给定的是热、冷流体的进口温度,若其中一种流体的热容流率也已知,热、冷流体进口温度给定仅仅意味着给定了换热器的"最大可能传热量",而并非是换热器的"实际传热量",不满足前述人们直观认识成立的前提条件,故并非是"熵产悖论"。Witte 和 Shamsundar[589]、London 和 Shah[590]引入了与环境温度 T_0 相关的修正熵产生数 $N_S = T_0 \dot{S}_g / Q$,它表示换热器传递单位热量所导致的㶲损失;Xu 等[591]引入了与换热器热、冷流体进口温度差相关的修正熵产生数 $N_S'' = (T_{h,i} - T_{c,i}) \dot{S}_g / Q$;Hesselgreaves[175]引入了与换热器冷流体进口温度 $T_{c,i}$ 相关的修正熵产生数 $N_S''' = T_{c,i} \dot{S}_g / Q$,上述指标均是单位换热量条件下换热器熵产生的度量,均可避免"熵产悖论"现象的出现,这也表明换热器的第一定律指标——换热量和第二定律指标——熵产生必须予以区别对待。换热器的熵产生最小优化应该在换热器能完成其预期设计的工程任务(如传热量给定)的前提下进行,否则就失去了"优化"的实际意义,同时也会得出"什么过程也不发生"时过程熵产生最小的结论,如本书第 2 章就是在换热器传热量给定的条件下研究其熵产生最小化及相应流体温度最优构型。

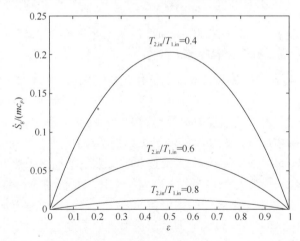

图1.2 平衡流逆流式换热器熵产生随有效度的变化规律[8]

由上述可见,熵产生最小化理论和有限时间热力学在传热过程与热力循环优化中研究思路出发点是一致的,均是将热力学、传热学和流体力学相结合,优化在有限时间或有限尺寸约束内过程、循环与装置的最优性能。但在以熵产生最小为目标优化时,需要额外予以注意的是:①热机装置的功率、效率以及换热器的传热量是对应热装置直接相关的技术性能指标,而熵产生是与热机装置和换热器内部具体物理过程相关的纯热力学量评价指标，两者评价装置的角度不同，因而所得优化结果既无必要也不一定相同；②熵产生最小优化问题本身除了需要给定前述的有限时间或有限面积约束，一般还需要给定系统的总输入热量或换热器传热量等额外约束条件，否则问题最优解会是"工质与热源间无温差传热的可逆循环"或"什么过程也没有发生"的结论，系统的熵产生取最小值，等于零；③熵产生最小不等于能耗最小，因为根据热力学第一定律，能量在传递和转化过程中是守恒的，在数量上不存在损耗，而熵产生是与传热、流动等具体过程有关的物理量，是从热力学第二定律的角度评价实际反应过程和装置的性能，表示由于过程的不可逆性所导致的——㶲损失或功损失大小的度量，简而言之，熵产生最小表示维持一定的、有经济效果的速率所付出的"能量品质损耗"代价最小；④熵产生最小化仅是有限时间热力学研究中多个备选优化目标中的一个。

1.4 㶲理论的产生、内涵和研究内容

1.4.1 㶲理论的产生与发展

傅里叶导热定律、牛顿冷却定律和斯特藩-玻尔兹曼黑体辐射定律等均只给出了传热速率，由于在传热过程中热量在数量上是守恒的，而肋效率和换热器的有效度均反映了过程与系统的实际传热量与最大可能传热量之比，均不是严格的产出和付出的比值，所以也不是真正意义上的效率，因此传热学中只有传热"速率"而没有传热"效率"的概念[592]，正因为缺少"效率"，所以在现有传热学理论里只能进行传热强化，不能进行传热优化。2003年，过增元等[23]基于热量传递现象的本质，从传热学的角度定义了热量传递势容和热量传递势容耗散函数，并指出它们的物理意义分别为热量传递能力的总量和热量传递能力的耗散。2006~2008年，过增元等[20-22]通过热电比拟的方法，进一步明确了热量传递势容是一个与电势能相对应的、描述物体所具有的热量传递总能力的新物理量，并将其命名为"㶲"，将热量传递过程中传递能力损失称为㶲耗散，提出了㶲耗散极值原理。㶲和㶲耗散极值原理的提出，为传热优化开辟了新的方向，解决了以传统的热阻和熵产评价传热性能优劣的局限性和不准确性。通过与力学、电学的比拟，过增元[22]在热学中进一步引入了热量的势、势能、速度、动能等新物理量，建立了描述热量运动的守恒方程组，进一步完善了传热学的理论体系。

过增元等[20, 21]通过热电比拟的方法，定义了与电容器中电势能唯象对应的新物理量——㶲(E_h)：

$$E_h = \frac{1}{2}Q_h T = \frac{1}{2}\rho V c_V T^2 \tag{1.4.1}$$

式中，下标"h"表示热量㶲；Q_h 是物体的热力学能；温度 T 为强度量；系数"1/2"表明了物体的热力学能与温度线性相关，比热容为常数，当两者为非线性相关或比热容为温度函数时，式(1.4.1)中系数应为其他常数。过增元等[593]研究表明㶲的物理本质就是热质所具有的能量，即热质势能，但与热质势能相比，㶲的表达式(1.4.1)更为简单。熵 S 的命名来自于热量 Q_h 与温度 T 之商，英文名称为"Entropy"，蕴含"转换"之意；类似地，物理量 E_h 称为㶲或热量㶲，英文命名为"Entransy"，蕴含"传递"之意。对于无内热源的稳态导热过程，其热量守恒方程为

$$\rho c_V \frac{\partial T}{\partial t} = -\nabla \cdot q \tag{1.4.2}$$

式中，q 为热流密度矢量。将式(1.4.2)等号两边同乘以温度 T 得

$$\frac{\partial}{\partial t}\left(\frac{1}{2}\rho c_V T^2\right) = -\nabla \cdot (qT) + q \cdot \nabla T \tag{1.4.3}$$

式中，∇T 是温度梯度。式(1.4.3)的左边项是微元体中㶲随时间的变化，右边第一项是进入微元体的㶲流，而右边第二项是微元体的㶲耗散率。由式(1.4.3)得整个体积的㶲耗散率 $\dot{E}_{h,dis}$ 为

$$\dot{E}_{h,dis} = \int_V (q \cdot \nabla T) dV \tag{1.4.4}$$

基于㶲和㶲耗散的概念，对于稳态传热过程，定义热量的传递效率(㶲传递效率) η_E 为[20-22]

$$\eta_E = \frac{\dot{E}_{h,out}}{\dot{E}_{h,inl}} = \frac{\dot{E}_{h,inl} - \dot{E}_{h,dis}}{\dot{E}_{h,inl}} = \frac{\dot{E}_{h,out}}{\dot{E}_{h,out} + \dot{E}_{h,dis}} \tag{1.4.5}$$

由式(1.4.5)可见，给定输入㶲流 $\dot{E}_{h,in}$ 或输出㶲流 $\dot{E}_{h,out}$ 条件下，热量传递过程㶲耗散率 $\dot{E}_{h,dis}$ 越小，㶲传递效率 η_E 越高。文献[20]~[22]还提出了用于传热优化的㶲耗散极值原理——"对于具有一定的约束条件并给定热流边界条件，当㶲耗散最小时，导热过程最优(温差最小)；给定温度边界条件，当㶲耗散最大时，导热过程最优(热流最大)"。基于㶲耗散定义的多维复杂导热过程当量热阻 R_E 为[20-22]

$$R_E = \frac{\dot{E}_{h,dis}}{\dot{Q}_h^2} = \frac{(\overline{\Delta T})^2}{\dot{E}_{h,dis}} \tag{1.4.6}$$

式中，$\dot{Q}_h$ 是通过控制体边界的热流率；$\overline{\Delta T}$ 是平均温差。㶲耗散极值原理可归结为最小热阻原理[20-22]，表述为："对于具有一定约束条件(如基材中加入一定数量的高导热材料)的导热问题，如果物体的当量热阻最小，则物体的导热性能最好(给定温差时，热流最大，或给定热流时，温差最小)。"

对于质量传递过程，混合物某组分的浓度 c 为强度量，组分的总质量 $\rho V c$ 为广延量。根据质量传递与热量传递过程之间的类比性，陈群等[24-27]定义了描述混合物中的某组分向周围介质扩散能力的质量积 E_m：

$$E_m = \frac{1}{2}mc = \frac{1}{2}\rho V c^2 \quad (1.4.7)$$

式中，$m = \rho V c$ 为混合物中该组分的总质量。陈群等[24-27]建立了用于传质过程优化的质量积耗散极值原理，即"对于具有一定的约束条件并给定质量流边界条件，当质量积耗散最小时，传质过程最优(浓度差最小)；给定浓度边界条件，当质量积耗散最大时，传质过程最优(质量流最大)"。采用类似的思路，陈群等[28]针对动量传递过程定义了动量积，并进一步建立了动量积耗散极值原理。程雪涛等[29]得到了描述孤立系统广延量传递过程不可逆性的广义积减原理，进一步发展了孤立系统和封闭系统的势平衡判据。程雪涛等[30]还将传热过程的㶲理论推广到广义流动过程，定义了广义积，并进一步建立了广义积耗散极值原理。广义积耗散极值原理可表述为[30]："给定边界广义流时寻求最小广义传递势差，等价于寻求系统广义积耗散最小；给定系统当量广义传递势差时寻求系统最大广义流传递量，等价于寻求系统广义积耗散最大"。同时，以上两种寻求广义积耗散极值的过程，都是寻求系统广义流阻最小的过程。

1.4.2 㶲理论的物理内涵

热力学第一和第二定律是热力学的两大理论支柱，热力学第一定律的实质是能量守恒与转换定律在热现象上的特殊应用，它表明能量在传递和转换时在"数量"上是守恒的，热力学第二定律的实质是揭示了与热现象相关的自然过程的方向性，表明能量在传递和转换时在"品质"上要降低。在这两个定律中，尤以热力学第二定律对热力学更为重要，它是热力学所独有的定律。由于与热现象相关过程的多样性，所以热力学第二定律的表述也多种多样，其中最为经典的两种表述是 Kelvin 表述和 Clausius 表述。1850 年，Clausius 从热量传递方向性的角度将热力学第二定律表述为：热不可能自发地、不付代价地从低温物体传至高温物体。1851 年左右，Kelvin 则从热功转换方向性的角度将热力学第二定律表述为：不可能制造出从单一热源吸热，使之全部转化为功而不留下其他任何变化的热力发动机。上述两种不同的热力学第二定律表述是看问题的角度不同，但不难证明在数学上是完全等价的。1865 年，Clausius[572]进一步对可逆卡诺热机（以热功转换为目的）循环进行理论分析，给出了微元可逆过程熵变的表达式 $\mathrm{d}S = \delta Q_{\mathrm{rev}}/T$，式中 Q_{rev} 和 T 分别为过程传热量和系统温度，由此定义了热力学理论的核心物理量——熵，进而借助于"熵"的概念量化了热力学第二定律，即著名的孤立系统熵增原理。程雪涛等[594]基于㶲的概念也量化了热力学第二定律，得到了孤立系统㶲减原理。通过上述熵和㶲的由来可知，熵和㶲观察热的视角不同，熵是基于以热功转换为目的的热力循环提出的，是从功(有序能)的角度审视"热"(无序能)的转换性，而㶲是基于以热量传递为目的的纯传热过程提出的，是从热自身角度审视"热"的传递性，但两者都是与热有关的物理量，且均与热力学第二定律直接关联。由上可见，㶲耗散和熵产生均可以用来定量描述传热过程的不可逆性，但㶲理论为传热过程优化提供了不同于熵产生最小化理论的新视角。

1.4.3 㶲理论的研究内容

㶲理论自提出以来，引起了国内外学者的广泛关注。一些学者从电热模拟实验[595]、固体与气体传热[596]、传热过程效率[597]、微观[598, 599]与宏观[600]表述、热力学定律的定性表述[601]、一般热力过程[32, 602-607]与系统[594, 608, 609]分析等方面阐述㶲的物理意义，已将其用于热传导[610-613]、热对流[614-619]、热辐射[620-622]、单个换热器[623-631]、换热器网络[632-638]、相变储热[639-642]、湿空气热湿转换[643-648]、异丙醇-丙酮-氢气化学热泵[649, 650]、热化学储能[651]、对流传质[26, 652]、流动减阻[28]等过程、装置与系统的参数优化设计中。基于场协同理论和㶲耗散极值原理的对流传热过程优化比较研究表明[653]，在给定温度边界条件下，基于㶲耗散极值原理得到的流体最优速度场和温度场与基于场协同理论得到的优化结果相一致，两者均能增强过程的传热流率，而对于给定热流边界情形，基于㶲耗散极值原理得到的流体最优速度场和温度场可降低过程的传热温差，而场协同理论不适用于给定热流边界条件下的对流传热过程优化，显然，㶲耗散极值原理比场协同理论的适用范围更广、更具优越性；基于㶲和㶲耗散函数定义了换热器㶲耗散数[629]和当量热阻[624]等新物理量，并建立了其与换热器有效度之间的函数关系，可用于评价换热器性能和指导换热器参数优化设计；基于换热器的㶲耗散热阻构建了换热器网络的等效热阻网络图[654]，并根据电路原理，获得了系统中各参数间的整体约束关系，结合拉格朗日函数和条件极值原理，获得了系统优化设计所需满足的控制方程，可实现系统的总换热面积最小、总质量流量最小等多目标优化。

㶲理论为各种存在有限势差传热传质过程的有限时间热力学优化研究提供了不同于熵产生最小化的新的目标极值，将㶲理论与有限时间热力学相结合对换热器传热[366, 369, 378, 566, 655]、平板液-固相变传热[656]、传质[383, 384, 570]、节流[568]、结晶[569]、卡诺热机[657-662]、气体动力循环[663-669]、蒸气动力循环[670-674]、压缩空气制冷循环[675]、压缩蒸气制冷循环[676]、热泵循环[677-679]、联合循环[680,681]等过程与循环优化，得到了一系列不同于以熵产生最小为目标优化的新规律和新结论；将㶲理论与构形理论[682-685]相结合对体点导热[686,687]、空腔[688]、伸展体[689]、高炉壁[690]、轧钢加热炉壁[691]、燃气涡轮叶片[692]、对流传热[693]、换热器[694]、电磁体[695]、气固反应器[696]等过程和部件进行了设计优化，有助于降低其当量热阻和平均势差，提高其整体热量和质量传输性能。

据不完全统计，截止到 2016 年 12 月，已有 400 多篇相关文献发表，包括专著[592,697-699]、文集[700]和博士学位论文[92,701-714]。关于㶲理论及最新相关研究进展，可参见最近发表的综述[715-726]。

1.5 广义热力学优化理论的产生和研究内容

1.5.1 广义热力学优化理论的产生与发展

运动是物质的属性，能量是物质运动的度量，物质的每一种运动形式是能量的一种表现形式。虽然物质运动的形式多种多样，能量的表现形式也千差万别，但它们具有共同的本质，各种形式的能量可以直接相加。由热力学第一定律可知，热力学的微元广义功 δW 的表达式为

$$\delta W = pdV - TdS - \mu dG - UdQ_e - \cdots - FdL - \cdots \quad (1.5.1)$$

式中，p、T、μ、U 和 F 分别为相对于基准点为 0 的压强、温度、化学势、电势和机械力；V、S、G、Q_e 和 L 分别为体积、熵、质量、电量和位移。从式(1.5.1)可看出，"有限时间热力学"或"熵产生最小化"理论的研究对象实质上主要是以温度 T 为驱动力、熵 S 为位移和以化学势 μ 为驱动力、质量 G 为位移的传统热力学系统。Radcenco[727]的广义热力学理论研究表明：自然界存在守恒和耗散作用的物理系统均可以用基于能量变换的广义多变过程来统一描述，即 $FL^n=$ 常数或 $F=$ 常数 $\cdot L^n$，式中 $n \in (0,\infty)$，为表征相互作用强度的广义多变指数，F 为广义力，L 为广义位移。广义力 F 包括机械作用力、物体质量、机械动量、线性加速度(含重力加速度)、角加速度、线速度和角速度、线性和切向应力、压力、表面张力、容积势、静电场强度、磁场强度、化学势和热力学温度。广义位移 L 包括线性和角位移、线性冲量、运动学动量、线性伸长率、周向变形率、比容、电荷、静电感应、极化矢量、磁感应、磁化矢量、质量和熵。因此，机械、电、磁、化学、气动等过程和装置均可与传统的热过程采取统一处理思想与方法进行分析和优化。1998~1999 年，本书著者[11-13]提出将传统热力系统的有限时间热力学理论拓

广到上述广义热力学系统,广泛采用内可逆模型以突出主要不可逆性,建立起设计和运行优化理论,即"广义热力学优化理论"。广义热力学优化理论的提出,为有限时间热力学的进一步深化和发展提供了具有建设性意义的新思想。

1.5.2 广义热力学优化理论的研究内容

单从"广义热力学优化理论"这一名词的表面含义来看,它所覆盖的领域是相当广泛的。凡是涉及物理量传递与转换的过程和系统均是广义热力学优化理论的研究对象。已有学者将传统热力过程与循环的有限时间热力学研究思路拓广到流体流动做功过程[10, 12, 728, 729]、电容器充电过程[730-740]、电池做功电路[741-746]、经济贸易过程和系统[112-115, 121, 747-765]等一系列非传统热力过程与循环的最优性能和最优构型研究。然而上述研究均仅限于具体的研究对象,没有系统地讨论这些研究对象和传统热力研究对象之间的区别与联系,也就无法从个别的研究结论中获得具有一般意义上普适性的研究结果。以热力学、传热传质学、电学和经济学中各种广义流传递过程和广义能量转换系统为例,表 1.2 给出了标量情形下各种流动过程间物理量一一对比关系,表 1.3 给出了各种能量转换系统间一一对比关系(标量情形)。表 1.2 和表 1.3 是本书著者对相关研究领域国内外文献的研究内容进行总结与归纳得到的,从中可看出不同学科不可逆广义流传递过程和广义能量转换循环间的相似关系是显著存在的,这为本书建立统一的广义热力学物理模型并寻求统一的优化方法提供了前提条件。总体而言,用以描述热力学体系的基本状态量分为两大类:广延量和强度量。与物质的量相关,且具有加和性质的物理量称为广延量,如热量、动量、质量和电荷量等,任何形式的广义流传递都可表现为广延量的流动过程;与物质的量无关,不具有加和性质的物理量称为强度量,如温度、速度、化学势和电势等。此外,在经济学中也有类似的物理量,如强度量有商品的价格,广延量有劳动力、资本、货币和效用函数等[766, 767]。任何不可逆传递过程的进行都需要力的驱动,驱动热力学过程的力均为基本强度量的梯度(矢量情形)或基本强度量之差(标量情形)。由于强度量与强度量的数学组合依然是强度量,所以驱动热力学过程的力也可为强度量函数的梯度或强度量函数之差,如辐射传热规律中温度的四次方之差 $\Delta(T^4)$ 和线性不可逆热力学中传质过程驱动力 $\Delta(\mu/T)$。此外,由基本广延量与基本强度量函数两者之积导出的物理量依然为广延量,将此称为泛化广延量,所以过程的广义流也可为广延量与基本强度量函数两者之积,如熵、㶲、烟、电能、资本等。然而这类广义流在有限势差广义流传递过程中存在耗散,如熵产生、㶲耗散、烟损失、焦耳热耗散和资本耗散等,为与前述广延量相区分,本书将传递过程中存在耗散的广义流称为广义泛化流,而将传递过程中守恒的广义流称为基本广义流,简称广义流。在广义热力学理论

表 1.2 各种流动过程间物理量——对比关系（标量情形）

广义热力学理论	热力学和传热传质学		电学	经济学
广义流动过程	传热过程	等温传质过程	电容器充电过程	经济贸易过程
广义势: X	温度: T	化学势: μ; 浓度: c; 压力: p	电势: U	价格: P
广义力: $F=\Delta X$	温度差: ΔT; 温度的四次方之差: $\Delta(T^4)$; 温度的倒数之差: $\Delta(T^{-1})$	化学势差: $\Delta\mu$; 浓度差: Δc; 压力差: Δp	电压: $V=U_1-U_2$	价格差: ΔP
广义流: Q	传热量: Q_h	传质量: G	导电量: Q_e	商品数量: N
广义流率: $J=\dfrac{\mathrm{d}Q}{\mathrm{d}t}$	热流率: $q=\dfrac{\mathrm{d}Q_\mathrm{h}}{\mathrm{d}t}$	质流率: $g=\dfrac{\mathrm{d}G}{\mathrm{d}t}$	电流率: $I=\dfrac{\mathrm{d}Q_\mathrm{e}}{\mathrm{d}t}$	商品流率: $n=\dfrac{\mathrm{d}N}{\mathrm{d}t}$
广义泛化流: D	熵流: $S=Q/T$; 㶲流: $E=QT$; 烟流: $Ex=Q(1-T_0/T)$	熵流: $S=G\mu/T$; 积流: $E=Gc$ 或 $E=Gp$	资本流: $S=NP$	
广义流阻: $R=F/J$	热阻: $R=\Delta T^{-1}/q$; $R=\Delta(T^4)/q$	质阻: $R=\Delta(\mu/T)/g$; $R=(\Delta c)/g$; $R=(\Delta p)/g$	电阻: $R=V/I$	商品流阻: $R=(\Delta P)/n$
广义势导率 $k=1/R$	热导率 k	质导率 k	电导率 $\rho=1/R$	商品传输系数 α
广义势容: $C_X=\dfrac{\mathrm{d}Q}{\mathrm{d}X}$	热容: $C_T=\dfrac{\mathrm{d}Q_\mathrm{h}}{\mathrm{d}T}$	化学势容: $C_\mu=\dfrac{\mathrm{d}G}{\mathrm{d}\mu}$	电容: $C_\mathrm{e}=\dfrac{\mathrm{d}Q_\mathrm{e}}{\mathrm{d}U}$	经济容量: $C_P=\dfrac{\mathrm{d}N}{\mathrm{d}P}$

续表

广义热力学理论	热力学和传热传质学		电学	经济学
	传热过程	等温传质过程	电容器充电过程	经济贸易过程
广义流动过程	傅里叶热传导定律：$q=-\lambda\Delta T$； 牛顿对流换热规律：$q=k\Delta T$； 线性唯象传热规律：$q=k\Delta(T^{-1})$； Dulong-Petit 传热规律：$q=k(\Delta T)^{5/4}$	线性传质规律：$g=h\Delta\mu$； 非克扩散传质规律：$g=h\Delta c$	欧姆定律：$I=V/R$； "差函数"形式电流传输规律：$I=y(U_1-U_2)$	线性传输规律：$n=\alpha(P_1-P_2)$； 考虑供给价格弹性的准适传输规律：$n=\alpha(P_1^m-P_2^m)$
广义传输规律：$J(X_1,X_2)$	辐射传热规律：$q=k\Delta(T^4)$； 广义对流传热规律：$q=k(\Delta T)^n$； 广义辐射传热规律：$q=k(\Delta T^n)^m$； 准适传热规律：$g=h(\Delta p)^{1/2}$； 复合传热规律：$q=k_1(\Delta T)^n+k_2\Delta(T^4)$	Darcy 渗透传质规律：$g=h\Delta p$； 基于伯努利方程的平方根传质规律：$g=h(\Delta p)^{1/2}$； 广义节流传质规律：$g=h(\Delta p)^m$	"函数差"形式电流传输规律：$I=y(U_1)-y(U_2)$	
广义耗散： $\Delta D=\int_0^\tau J\cdot f(X_1,X_2)\mathrm{d}t$	熵产生：$\Delta S=\int_0^\tau [q\cdot\Delta(1/T)]\mathrm{d}t$； 㶲损失：$Ex_l=\int_0^\tau T\cdot[q\cdot\Delta(1/T)]\mathrm{d}t$； 㶲耗散：$\Delta E_h=\int_0^\tau [q\cdot(\Delta T)]\mathrm{d}t$	熵产生：$\Delta S=\int_0^\tau [g\cdot\Delta(\mu/T)]\mathrm{d}t$； 积耗散：$\Delta E_m=\int_0^\tau [g\cdot y(c_1,c_2)]\mathrm{d}t$	焦耳热耗散：$E_R=\int_0^\tau I^2R\mathrm{d}t$	资本耗散：$\Delta S=\int_0^\tau [n\cdot(\Delta P)]\mathrm{d}t$

表 1.3 各种能量转换系统间——对比关系(标量情形)

广义热力学理论	热力学和传热传质学		电学	经济学
可逆广义机	可逆热机	等温可逆化学机	可逆电机	可逆商业机
广义势 X	温度 T	化学势 μ	电势 U	价格 P
高势侧 $X_{1'}$	工质高温侧 $T_{1'}$	工质高势侧 $\mu_{1'}$	阳极电势 $U_{1'}$	高价侧 $P_{1'}$
低势侧 $X_{2'}$	工质低温侧 $T_{2'}$	工质低势侧 $\mu_{2'}$	阴极电势 $U_{2'}$	低价侧 $P_{2'}$
广义位移 L	熵 S	质量 G	电荷量 Q_e	商品数量 N
广义位移守恒 $L_{1'}=L_{2'}$	熵流守恒 $S_{1'}=S_{2'}$	质量守恒 $G_{1'}=G_{2'}$	电荷守恒 $Q_{e1'}=Q_{e2'}$	商品流守恒 $N_{1'}=N_{2'}$
广义输出 $W=L_{1'}X_{1'}-L_{2'}X_{2'}$	输出功 $W=T_{1'}S_{1'}-T_{2'}S_{2'}$	输出功 $W=\mu_{1'}G_{1'}-\mu_{2'}G_{2'}$	输出功 $W=U_{1'}Q_{e1'}-U_{2'}Q_{e2'}$	利润输出 $\Pi=P_{1'}N_{1'}-P_{2'}N_{2'}$

框架里,为了建立统一的热力学过程与循环物理模型,可以定义广义热力学单元系统和基本物理量,具体如下。

广义势库:能不断存储和释放广义流的广义热力学单元系统称为广义势库,如热源、化学势库、电容器、经济库等。其中,在广义流输入或输出的过程中其广义势保持不变的广义势库称为无限广义势容广义势库,简称无限广义势库;在广义流输入或输出的过程中其广义势变化的广义势库称为有限广义势容广义势库,简称有限广义势库。

广义势 X:广义热力学中的基本强度量 X 或基本强度量的复合函数 $\phi(X)$。

广义力 F:对于矢量情形(多维问题),其为基本强度量或广义势的梯度 ∇X,或广义势函数 $\phi(X)$ 的梯度 $\nabla[\phi(X)]$;对于标量情形(一维问题),其为基本强度量或广义势之差 ΔX。

广义流 Q:广义热力学中,在广义流传递过程中守恒的基本广延量。

广义流率 J:单位时间内通过控制体的基本广延量即 $J=\mathrm{d}Q/\mathrm{d}t$。

广义泛化流 D:在广义流传递过程中存在耗散的广延量,它一般可表示为基本广延量与强度量函数两者之积,如熵、㶲、㶲、焦耳热、资本等。

广义流阻 R:反映阻止广义流传递能力的综合参量,定义为广义力与广义流率的比值即 $R=F/J$。

广义势导率 k:反映系统广义流传递能力的综合参量,定义为广义流阻的倒数即 $k=1/R$。

广义传输规律 $J(X_1,X_2)$:表征广义流传递形式的数学表达式。

广义势容 C_X:表征系统容纳广义流本领的物理量,定义为系统单位广义势的增加量所需要吸收的广义流即 $C_X=\mathrm{d}Q/\mathrm{d}X$。

广义耗散 ΔD：在有限势差广义流传递过程中广义泛化流的变化量。

可逆广义机：能实现各种广义流的广义能量转换功能并获得净广义能量输出的广义热力学单元系统称为广义机。同时当完成该转换过程后，如果有可能使广义机沿相同的路径逆行而回复到原来状态，并使相互作用所涉及的外界亦回复到原来的状态而不留下任何改变，则该广义机称为可逆广义机。

广义位移 L：在可逆广义机广义能量转换过程前后守恒的广延量。

广义速率 J'：单位时间内广义位移的变化量 $J' = dL/dt$。

广义输出 W：广义机广义流的能量转换过程所得到的净广义能量称为广义输出。

基于上述定义的物理量，可进一步建立统一的广义热力学物理模型进行优化。可见，广义热力学优化理论是有限时间热力学的深化和发展，把对传热过程和热机等传统热力过程与系统的研究对象拓广到存在广义势差和广义位移的广义流传递过程和广义机循环等各种非传统广义热力过程与系统，强调热力学、传热学、流体力学和机械、电、磁、化学反应动力学、生物学、经济学等各专门领域知识的类比、交叉研究，侧重于建立统一的广义热力学物理模型，寻求统一的优化方法，发现新现象和新结论，实现基于广义热力学优化理论的研究成果集成。

本书首先对传热传质过程等传统研究对象的动态优化问题进行系统的研究，详见本书第2章和第3章；然后对电容器充电和电池做功电路的动态优化问题进行系统的研究，详见本书第4章和第7章；接着对贸易过程[765]动态优化问题进行系统的研究，详见本书第5章；最后对第2~5章研究内容进行总结与归纳，建立广义流传递过程和存在广义流漏的广义流传递过程，针对每种对象形成相应的动态优化问题并寻求统一的优化方法，得到普适的优化结果和研究结论，已有各学科具体研究对象的相关研究结果均为本结果的特例，初步实现了基于广义热力学优化理论的不可逆过程动态优化研究成果集成，详见本书第6章。

1.6 传热过程动态优化现状

1.6.1 牛顿传热规律下相关研究

Linetskii 和 Tsirlin[351]、Andresen 和 Gordon[352]研究表明牛顿传热规律[$q \propto \Delta(T)$]下对应于换热器熵产生最小时传热过程的最优路径为热、冷流体温度均随时间(位移)呈指数变化且两者之比为常数，逆流式换热器在各类换热器中熵产生最小。若以大气环境(温度恒定)作为参考环境，那么以㶲损失最小为目标和以熵产生最小为目标优化的结果是等同的。Badescu[361]在文献[352]的基础上选择热流体温度为参考环境温度，研究表明牛顿传热规律下对应于过程㶲损失最小时㶲损失率为常数，逆流式换热器在各类换热器中的㶲损失最小。Amelkin 等[355, 356]以熵产生最小为目标，研究了牛顿传热规律下不同水动力模型的单管流换热器的极值性能。Tsirlin 和 Kazakov[358]得到了牛顿传热规律下给定传热量条件的换热器热力学可行域。

柳雄斌等[623]首先定义了基于㶲耗散的换热器热阻和换热器热阻因子。宋伟明等[768]应用㶲耗散极值原理从理论上证明了温差场均匀性原则[15-17]的正确性。柳雄斌等[663]还研究表明，对于参与热功转换的换热器，换热器参数优化应取熵产生极值较好，而对于只参与热量传递的换热器，换热器参数优化应取㶲耗散极值更合适。柳雄斌和过增元[769]、过增元等[624]通过㶲耗散定义的换热器当量热阻建立了传热不可逆性与有效度的联系，提出了换热器性能分析的有效度——热阻法。本书著者[366]在总传热量一定条件下，以㶲耗散最小为目标对换热器传热过程进行了优化，结果表明牛顿传热规律下热、冷流体温度差为常数，与温差场均匀性原则[15-17]相一致，详见本书第 2 章。郭江峰等[629]基于㶲耗散定义了换热器的㶲耗散数，分析了㶲耗散数随换热器有效度的变化规律，发现㶲耗散数避免了熵产数用于换热器分析所导致的"熵产悖论"[8]。郭江峰等[770, 771]还应用最优控制理论以㶲耗散最小为目标对给定传热量条件下传热过程进行了优化，得到了换热器优化的"㶲耗散均匀性原则"，并将其与"热流密度均匀分布"和"温差均匀分布"[15-17]等优化原则进行了比较。

对于换热器传热过程的研究思路还可以拓广到其他换热装置。Bejan[9]首先以冷却流体的消耗量最小为优化目标对一类牛顿传热规律下强迫冷却过程进行了研究。在此基础上，Badescu[372]进一步以熵产生最小和两类㶲损失最小为目标对强迫冷却过程进行了优化。本书著者[374]指出了文献[9]和[372]中强迫冷却过程模型存在的问题，给出了精确的模型，由于精确模型下优化问题求解困难，进一步给出一个近似的模型，并研究了其冷却流体的消耗量最小优化。Gordon 等[370]以熵产生最小为目标研究了液-固相变传热过程的外界热源温度随时间的最优变化规律。Santoro 等[373]导出了对应于气-液相变过程最小耗功时外界压力随时间变化的最优路径。毕月虹等[375]以熵产生最小为目标优化了牛顿传热规律下气体水合物结晶和分解过程，得到了传热阶段温度的最优构型和相变阶段相变速率的最优构型。在文献[370]的基础上，本书著者[371]进一步以㶲耗散最小为目标优化了液-固相变传热过程，在过程总时间一定的条件下，导出了外界热源温度随时间变化的最优规律，得出相变过程最小㶲耗散为恒温传热策略下的㶲耗散的 8/9，且与系统其他参数无关的结论，由于液-固相变传热过程不涉及热功转换，优化目标应取为㶲耗散最小较合适，详见本书第 2 章。

1.6.2 传热规律的影响

实际传热规律不总是服从牛顿传热规律的,传热规律不仅影响给定热力过程的性能[182, 183, 187, 195, 196, 198, 199],而且影响给定优化目标时的最优热力过程。一些学者基于不可逆热力学理论研究了换热器的传热过程熵产生最小化,特别在线性不可逆热力学[34-36]中传热过程一般选温度倒数之差[$\Delta(T^{-1})$]为热流的驱动力,即传热过程服从线性唯象传热规律[$q \propto \Delta(T^{-1})$]。Nummedal 和 Kjelstrup[357]以熵产生最小为目标优化了传热过程,研究结果不仅表明逆流式换热器在各类换热器中的熵产生最小,而且表明当热力学力与热力学流取不同物理量时,对应于过程熵产生最小时的热力学驱动力均为常数,即与驱动力均分原则(Equipartition of Force,EoF)[549-553, 555-557]相一致。在文献[357]的基础上,Johannessen 等[359]进一步研究表明对应于过程熵产生最小时的局部熵产率为常数,即与熵产生均分原则(Equipartition of Entropy Production,EoEP)[548]相一致,并且研究还表明局部熵产率为常数的传热策略下过程熵产生小于温度倒数之差为常数的传热策略下过程熵产生,即熵产生均分原则要略优于驱动力均分原则。在经典的傅里叶导热定律中,热流以温度差为驱动力即传热过程服从牛顿传热规律。Balkan[360, 363]研究表明牛顿传热规律下传热过程熵产生均分原则与热、冷流体温度比为常数的传热策略相一致,进一步将熵产生均分原则应用于一类变传热系数条件下换热器优化。Andresen 和 Gordon[353]研究了广义辐射传热规律[$q \propto \Delta(T^n)$][183, 185, 196]下传热过程,导出了对应于熵产生最小的热、冷流体温度最优构型,结果表明牛顿和线性唯象传热规律下对应于过程熵产生最小时的局部熵产率均为常数。本书著者[367]基于一类包括广义对流传热规律[$q \propto (\Delta T)^m$][182, 198]和广义辐射传热规律的普适传热规律[$q \propto (\Delta(T^n))^m$][199, 208, 243, 244, 257, 258],研究了传热过程的熵产生最小化,结果表明对应于熵产生最小时的局部熵产率为常数不仅在牛顿和线性唯象传热规律下成立,而且在一类[$q \propto (\Delta(T^{-1}))^m$]传热规律下均成立。Badescu[362]研究了广义辐射传热规律下传热过程㶲损失最小化,结果表明牛顿传热规律下对应于㶲损失最小时的㶲损失率为常数。本书著者[368]以最小㶲损失为目标对普适传热规律[$q \propto (\Delta(T^n))^m$]下传热过程进行了优化,结果表明广义对流传热规律下对应于过程㶲损失最小时的局部㶲损失率均为常数。本书著者[369, 567]还研究了广义辐射传热规律[369]和普适传热规律[$q \propto (\Delta(T^n))^m$][567]下传热过程㶲耗散最小化,结果表明牛顿传热规律下热、冷流体温度差为常数,线性唯象传热规律下热、冷流体温度比为常数。以上对于换热器传热过程的研究均没有考虑热漏的影响,本书著者以热流体在内侧流动、冷流体在外侧流动的两股流圆管换热器为例,建立了冷流体与外界环境间存在热漏的传热过程模型[564, 566],在冷流体净传热量一定的条件下,应用最优控制理论分别导出了对应于过程熵产生最小[564]和㶲耗散最小[566]时热、冷流体温度最优构型,详见本书第 2 章。

上述优化问题均是在已知具体传热规律条件下寻求传热过程特定优化目标的热、冷流体最优温度分布规律,反过来,若已知传热过程的流体温度分布规律,能否寻求最优解为该温度分布规律时传热规律所具有的普适特征呢?Kolin'Ko 和 Tsirlin[376]、Tsirlin 等[377]研究了对应于传热过程最小熵产生的温度差为常数的传热规律所具有的普适特征。本书著者[378]进一步以㶲耗散最小为目标对传热过程进行研究,并寻求各种特定温度分布规律下传热规律所应具有的普适特征。结果表明,对应于传热过程㶲耗散最小时温度差为常数在广义对流传热规律和 $\{q \propto [(\Delta T)+(\Delta T)^m]\}$ 传热规律下均成立;若传热过程㶲耗散最小时热流率为常数,那么其热、冷流体温度差也为常数,详见本书第 2 章。

1.7 传质过程动态优化现状

质量和热量传递是具有很多相似规律的两种现象,傅里叶导热规律和菲克扩散传质规律都是反映扩散过程的规律,即在热量和质量传递过程中,广延量的传递量都与相应的强度量的梯度呈正比关系。这就意味着质量和热量传递这两种现象之间具有类比性。因此,对于传热过程和热力循环动态优化的研究思路与方法也可推广到传质过程和化学循环动态优化研究。

Tsirlin 等[111-115]、Mironova 等[121]和 Berry 等[127]研究了不同传质规律下等温节流、单向等温传质、双向等温传质过程的熵产生最小化,结果表明线性传质规律 $[g \propto \Delta\mu]$(式中 $\Delta\mu$ 为化学势差)下单向等温传质过程熵产生最小时高、低浓度侧关键组分的化学势差为常数。此研究结果还进一步拓展应用到热驱动分离和机械分离[519-521]、多元混合物分离最优次序的确定[522]以及二元蒸馏分离过程[524]等优化研究中。Mironova[381]和毕月虹等[387]研究了线性传质规律下气体水合物结晶过程熵产生最小时组分浓度随时间的最优变化规律。Teodoros 和 Andresen[385, 386]以熵产生最小为目标优化了加热和增湿非等温传质过程熵产生最小化。本书著者[571]研究了一类普适传质规律下存在质漏的单向等温传质过程熵产生最小化,并进一步研究了传质规律对结晶过程熵产生最小化的影响,详见本书第 3 章。

基于质量传递与热量传递现象之间的类比性,陈群等[24-27,643,644]、李志信和过增元[592]定义了质量积,并提出了传质优化的质量积耗散(文献[24]称为质量传递势容耗散函数)极值原理和最小质阻原理,对空间站通风排污[24,25, 27, 592]、光催化氧化反应器[26, 592]以及蒸发冷却[643, 644]等传质过程进行了优化。柳雄斌等[707, 772]则以积耗散最小为目标对流体分配通道网络进行了优化。陈林等[773]提出了溶液除湿性能分析与优化的湿阻法。袁芳和陈群[774]建立了间接蒸发冷却系统传热传质性能的优化准则。

本书著者[383]将有限时间热力学和质量积耗散极值原理[24-28]相结合,在传质量一定的条件下以积耗散最小为目标优化了扩散传质规律[$g \propto \Delta c$](式中Δc为浓度差)下单向等温传质过程,结果表明对应于积耗散最小时的最优传质策略为高、低浓度侧关键组分浓度差的平方与高浓度侧惰性成分浓度的乘积为常数,而对应于熵产生最小时高、低浓度侧关键组分浓度差的平方与高浓度侧关键组分浓度之比为常数;当传质过程不涉及能量转换时,优化目标应选择积耗散最小较合适,浓度差为常数的传质策略优于浓度比为常数的传质策略。本书著者还进一步研究了传质规律[384]和质漏对单向等温传质过程积耗散最小化的影响,并以积耗散最小为目标对等温节流[568]、双向等温传质[570]、等温结晶[569]等传质过程进行了优化,详见本书第 3 章。

1.8 电容器充电和电池做功电路动态优化现状

1.8.1 电容器充电过程相关研究

文献[730]~[733]和[735]在不同时期分别研究了常电阻常电容条件下简单 RC 电路的电容器充电问题,结果表明电路焦耳热耗散最小时电源电压最优时间路径由三段组成,包括初态瞬时增加段、中间线性增加段以及末态瞬时降低段。Desoete 和 de Vos[734]用一个 MOS(Metal Oxide Semiconductor)三极管代替 RC 电路中的常电阻器,研究了电路的焦耳热耗散最小优化问题,限于问题的复杂性不存在解析解,采用 HSpice 软件对电路进行了仿真研究。de Vos 和 Desoete[736]进一步考虑电阻器的非线性特性,研究了"差函数"和"函数差"两种非线性电流传输规律下RC 电路中常电容器充电过程焦耳热耗散最小化。de Vos 和 Desoete[738]进一步研究了两个电容器和两个电阻器下串联型与并联型复杂电路,以焦耳热耗散最小为目标对电容器充电过程进行了优化。Paul 等[737]考虑大规模集成电路(VLSI)中电容器的非线性特性,分别以充电时间最短和焦耳热耗散最小为目标优化了简单 RC 电路中非线性电容器充电过程。Paul 等[737]和陈金灿[739]研究了包含一个旁通电阻器 R_i 的 RC 电路中常电容器充电过程,得到了对应于电路焦耳热耗散最小时电源电压最优时间路径。Branoga[740]在文献[737]和[739]的基础上,进一步考虑在电路中串联一个电感器 L,研究了该 LRC 电路中常电容器充电过程焦耳热耗散最小化。在文献[730]~[740]的基础上,本书著者[775-777]首先同时考虑电阻器和电容器的非线性特性,研究了 RC 电路中非线性电容器充电过程,分别以充电时间最短和电路焦耳热耗散最小为目标进行了优化；然后考虑电容器的非线性特性，研究了存在旁通电阻器的 RC 电路和存在旁通电阻器的 LRC 电路中电容器充电过程，以电路焦耳热耗散最小为目标进行了优化，详见本书第 4 章。

1.8.2 原电池放电过程相关研究

电池作为一种基本设备广泛应用于人们的日常生活中。当电池长时间处在开路状态时，相当于负载电阻无限大，输出电流等于零，所储存的电能将被它的内阻耗散掉，输出功等于零。当电池短路时，负载电阻等于零，输出电流非常大，所储存的电能实际上被回路中的电阻耗散掉，输出功仍然等于零。如果随意接上一个负载，一般不可能获得最大输出功。因此，选择合理的负载和放电时间使电池的输出功最大的优化问题是一个非常有意义的问题。它不仅涉及能量利用率的问题，而且涉及焦耳热对一些特殊电路性能的影响问题。

Bejan 和 Dan[741]首先应用变分法研究了有限时间内具有内耗散的常电容电池放电过程最大输出功，结果表明电池的最大输出功小于电池的初始㶲且随外部负载电阻的增加而减少。Chen 和 Zhou[743]研究了常电容电池充电过程的焦耳热耗散最小化问题，并与恒电压充电策略进行了比较。Yan[744]进一步考虑电池的合理放电时间，对文献[741]的研究结果进行了修正。Shi 等[745]应用函数求极值方法研究了有限时间内常电容电池最大输出功。施哲强和陈金灿[742]、Chen 等[746]应用变分法研究了有限时间内常电容电池的最大输出功，并对负载的匹配问题和放电时间的选择问题作了较详细的讨论。文献[741]~[746]均仅限于常电容电池最大输出功的分析优化，而实际电池工况远比常电容电池复杂得多，因此更为普适的电池模型应该是具有非线性电容特性的。在文献[741]~[746]的基础上，本书著者进一步研究一类非线性电容电池最大输出功优化，较为详细地分析了末态电压和放电过程时间等各种边界条件变化对优化结果的影响，详见本书第 4 章。

1.9　贸易过程动态优化现状

温度差 ΔT 驱动热流 q，价格差 ΔP 驱动商品流 n，热力学中描述热力系统所处状态的物理量包括广延量(如质量、体积、内能、熵等)和强度量(如温度、压力、化学势等)，同样经济学中描述经济系统所处状态的物理量也包括广延量(如劳动力、资本、商品数量)和强度量(如价格)，经济学和热力学的相似性和类比研究受到了大量学者的关注。

Rozonoer[747-749]全面地研究了可逆热力学和经济学的相似性，Tsirlin 建议将热力学方法应用于经济系统的研究称为"资源经济学"[750]。Saslow[751]基于经济学与热力学的类比关系,导出了经济学中的"自由能""麦克斯韦关系式""吉布斯-杜安方程式"。Martinas[752]研究了不可逆热力学和不可逆经济学之间的异同点。Tsirlin 等[753-755]、Amelkin 等[757]和 Tsirlin[764]建立了微观经济学和不可逆热力学类比关系,定义了经济学中度量商品交换过程不可逆性的物理量——资本耗散,它类似于热力学中的物理量熵产。Tsirlin[112-115, 750]和 Mironova 等[121]首先将有限时间热力学的研究思路和方法应用于经济学,考虑有限速率商品流,研究了线性传输规律[$n \propto \Delta P$]下贸易过程资本耗散最小化。本书著者[765]进一步对一类简单贸易过程进行研究,引入供需价格弹性的影响,考虑两经济系统间资源交换服从[$n \propto \Delta(P^m)$]传输规律[761-763],应用最优控制理论导出对应贸易过程资本耗散最小时最优交易策略,进一步研究商品流漏对优化结果的影响[778],详见本书第 5 章。

1.10 本书的主要工作及章节安排

本书在全面系统地了解有限时间热力学、熵产生最小化、㶲理论和广义热力学优化理论等现今各种热学优化理论与总结前人现有研究成果的基础上,基于广义热力学优化理论的思想,选定各种热流、质量流、电流和商品流等不可逆广义流传递过程和功、热能、化学能、电能与资本等广义能量转换循环与系统的动态优化问题为突破口,将热力学、传热传质学、流体力学、电学、经济学和最优控制理论相结合,分析研究传热过程、等温传质过程(节流、单向传质、双向传质、结晶)、电容器充电过程、商品贸易过程等不可逆过程的最优构型。研究方法以交叉、移植和类比为主,注重新的数学方法在广义热力学优化研究中的拓展和应用,由浅入深,从简单的纯传热和纯传质到传热传质同时进行,从传热与传质过程到电容器充电电路与贸易过程,从线性传输规律到非线性传输规律,逐步细化,深入研究,侧重于发现新现象、探索新规律,最大的特点在于深化物理学理论研究的同时,注重多学科交叉融合研究,追求物理模型的统一性、优化方法的通用性和优化结果的普适性,最终实现基于广义热力学优化理论的不可逆过程动态优化研究成果集成。本书主要包括如下内容:第一部分由第 2 章组成,重点研究传热过程的动态优化,第二部分由第 3 章组成,重点研究传质过程的动态优化,第三部分由第 4、7 章组成,重点研究电容器充电过程的动态优化以及进行电容器充电电路实验研究,第四部分由第 5 章组成,重点研究贸易过程动态优化,第五部分由第 6 章组成,重点研究广义流传递过程的动态优化。

本书各章主要内容如下。

第 1 章对有限时间热力学、熵产生最小化、㶲理论、广义热力学优化理论的产生和发展以及研究内容进行系统的介绍,然后对传热过程、传质过程、电容器充电过程、贸易过程等四类不可逆过程的动态优化研究现状进行全面回顾,其内容安排形成一个较为完整的体系,所引重点文献反映了40多年来不可逆过程热力学动态优化领域研究工作的全貌。

第2章研究传热过程动态优化问题。研究普适传热规律下无热漏与存在热漏的传热过程熵产生最小化和㶲耗散最小化,并与热流体温度一定和热流率一定两种传统传热策略相比较;研究传热过程㶲耗散最小逆优化问题;以㶲耗散最小为目标对液-固相变传热过程进行优化,并与外界热源温度恒定和熵产生最小的传热策略相比较。

第3章研究传质过程动态优化问题。将有限时间热力学和质量积耗散极值原理相结合,研究普适传质规律给定传质量下节流过程积耗散最小化、单向等温传质过程积耗散最小化、存在质漏的单向等温传质过程熵产生最小化与积耗散最小化、等摩尔双向等温传质过程积耗散最小化、等温结晶过程熵产生最小化与积耗散最小化,并均与传统的传质策略相比较。

第4章研究电容器充电和电池做功电路动态优化问题。研究非线性阻容条件下 RC 电路充电时间最短和焦耳热耗散最小化,进一步研究存在旁通电阻器的 RC 电路和 LRC 电路焦耳热耗散最小化,并均与恒电压和线性电压等传统充电策略相比较;研究具有内耗散的非线性电容电池最大输出功;研究一类 $a\mathrm{A}+b\mathrm{B} \rightleftharpoons x\mathrm{X}+y\mathrm{Y}$ 型复杂化学反应条件下燃料电池最大输出功和最大利润时的最优电流路径。

第5章研究贸易过程动态优化问题。研究一类简单贸易过程资本耗散最小化,并与企业价格一定和商品流率一定的交易策略相比较;进一步研究商品流漏对简单贸易过程资本耗散最小化的影响。

第6章研究广义流传递过程的动态优化问题。对第2~5章的研究对象进行总结和归纳,基于广义热力学优化的研究思路,建立包括广义流传递过程和存在广义流漏的广义流传递过程的物理模型,形成相应的动态优化问题,寻求统一的优化方法,得到普适的优化结果。

第7章对 RC 电路中电容器充电过程进行实验研究,所得恒电压、线性电压和焦耳热耗散最小等三种不同充电策略下电阻器实际电压变化规律与其对应的理论分析结果相一致,验证本书第4章不可逆电容器充电过程广义热力学优化结果的正确性。

第8章对全书工作进行总结,归纳本书工作的主要思想、发现和结论。

第 2 章 传热过程动态优化

2.1 引 言

对于换热器传热过程动态优化,一些学者以熵产生最小[351-360, 363-364]和㶲损失最小[361, 362]为目标研究了牛顿传热规律[$q \propto \Delta T$][351, 352, 354-356, 358, 360, 361, 364]、线性唯象传热规律[$q \propto \Delta(T^{-1})$][357, 359, 363]和广义辐射传热规律[$q \propto \Delta(T^n)$][353, 362]下换热器传热过程热、冷流体温度最优构型。有限时间热力学追求普适的规律和结果,李俊等[199, 208, 243, 244, 257, 258]基于一类普适传热规律[$q \propto (\Delta(T^n))^m$](当$m=n=1$时,为牛顿传热规律;当$m=1$且$n=-1$时,为线性唯象传热规律[34-36, 187, 393, 401];当$m=1$且$n=4$时,为辐射传热规律[$q \propto \Delta(T^4)$];当$m=1.25$且$n=1$时,为Dulong-Petit传热规律[$q \propto (\Delta T)^{1.25}$][432, 779];当$n=1$时,为广义对流传热规律[$q \propto (\Delta T)^m$][182, 195-198, 207];当$m=1$时为广义辐射传热规律[$q \propto \Delta(T^n)$][183, 185, 206]下正、反向卡诺循环(包括内可逆和广义不可逆卡诺热机、制冷机和热泵)的基本输出率与性能系数最优特性关系。

本章将考虑换热器内传热过程服从普适传热规律[$q \propto (\Delta(T^n))^m$],在传热量给定的条件下,分别以熵产生最小和㶲耗散最小为目标优化传热过程热、冷流体温度最优构型,并与热流体温度一定和热流率一定两种传热策略相比较;以冷流体与外界环境间存在热漏的两股流圆管换热器为例,研究热漏对传热过程熵产生最小化和㶲耗散最小化的影响;研究给定传热量条件下换热器传热过程㶲耗散最小逆优化,分别导出温度差一定、热流率一定和局部㶲耗散率一定等各种特例下的优化结果;研究液-固相变传热过程㶲耗散最小化,并与熵产生最小和热源温度一定两种传热策略相比较。

2.2 普适传热规律下传热过程熵产生最小化

2.2.1 物理模型

图 2.1 为三类简单的两股流换热器模型,其中包括顺流、凝结流和逆流三种换热方式。凝结流换热也称相变传热,由于一侧流体发生相变其温度保持不变,所以采用顺流或逆流换热效果是相同的。在如图 2.1 所示的各种换热器模型中,

热、冷流体在垂直于流动方向已充分混合,各自截面的平均温度分别记为 $T_1(x)$ 和 $T_2(x)$;热流体定压比热容为 c_{p1},质量流率为 $\dot{m}_1$,热容率(也称水当量)为 $C_1 = \dot{m}_1 c_{p1}$,入口温度和出口温度分别为 $T_{1,\text{inl}}$ 和 $T_{1,\text{out}}$;冷流体定压比热容为 c_{p2},质量流率为 $\dot{m}_2$,热容率为 $C_2 = \dot{m}_2 c_{p2}$,入口温度和出口温度分别为 $T_{2,\text{inl}}$ 和 $T_{2,\text{out}}$;流体流动为一维定常、常物性并忽略流体内部轴向导热,同时忽略流体与外部环境传热引起的热漏损失。换热器传热过程熵产生主要来源于温差传热和流体流动压降损失,其中温差传热占主导作用,忽略流体流动压降损失的影响。由图 2.1 可见,换热器管长 l 对应于传热过程总时间 τ,因此以位置 x 为变量与以时间 t 为变量研究换热器传热过程是等效的,同时以时间 t 为变量优化可不必考虑不同流体流动方向布置的影响,本节以冷流体的加热过程为例,选时间 t 为变量研究传热过程,考虑热、冷流体间传热服从普适传热规律[$q \propto (\Delta(T^n))^m$],给定换热器的传热量 Q_2(以冷流体的吸热量表示),并假定热流体温度 T_1 是完全可控的。

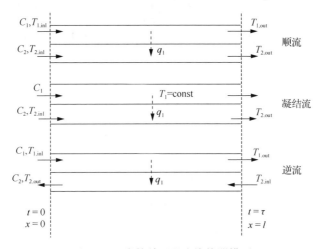

图 2.1 三类简单两股流换热器模型

根据以上假定,热流体和冷流体之间传热服从普适传热规律[$q \propto (\Delta(T^n))^m$],有

$$q_1(T_1, T_2) = k_1(T_1^n - T_2^n)^m \tag{2.2.1}$$

式中,k_1 为普适热导率;m 和 n 为与传热规律相关的幂指数。由热力学第一定律得

$$C_2 \mathrm{d}T_2 / \mathrm{d}t = q_1(T_1, T_2) \tag{2.2.2}$$

传热过程的总传热量 Q_2 一定,由式(2.2.2)得

$$\int_{T_2(0)}^{T_2(\tau)} C_2 dT_2 = \int_0^\tau q_1(T_1,T_2)dt \qquad (2.2.3)$$

式中，$T_2(0)$ 和 $T_2(\tau)$ 分别为传热过程冷流体初态和末态温度。传热过程的熵产生 ΔS 主要来源于热、冷流体间的有限温差传热过程，即

$$\Delta S = \int_0^\tau q_1(T_1,T_2)(T_2^{-1} - T_1^{-1})dt \qquad (2.2.4)$$

2.2.2 优化方法

现在的问题是在给定的时间 τ 内，求将冷流体从给定的初态温度 $T_2(0)$ 加热到给定的终态温度 $T_2(\tau)$ 时传热过程的最小熵产生及与其对应的热、冷流体温度最优构型，即在式(2.2.2)的约束下求式(2.2.4)中 ΔS 最小化所对应的温度 $T_1(t)$ 和 $T_2(t)$ 的最佳时间路径。本问题属于最优控制问题，建立变更的拉格朗日函数 L 如下：

$$L = k_1(T_1^n - T_2^n)^m (T_2^{-1} - T_1^{-1}) - \lambda(t)[k_1(T_1^n - T_2^n)^m - C_2 dT_2/dt] \qquad (2.2.5)$$

式中，$\lambda(t)$ 为与时间相关的拉格朗日乘子。式(2.2.5)取极值的条件为如下的欧拉-拉格朗日方程：

$$\frac{\partial L}{\partial T_1} = 0, \quad \frac{\partial L}{\partial T_2} - \frac{d}{dt}\frac{\partial L}{\partial (dT_2/dt)} = 0 \qquad (2.2.6)$$

将式(2.2.5)代入式(2.2.6)经过数学变换得两个耦合方程：

$$T_1^n - T_2^n = aT_1^{(n+1)/(m+1)} \qquad (2.2.7)$$

$$\frac{dT_1}{dt} = \frac{T_1^{m(n+1)/(m+1)}(T_1^n - aT_1^{(n+1)/(m+1)})^{(n-1)/n} nk_1 a^m / C_2}{nT_1^{n-1} - a(n+1)T_1^{(n-m)/(m+1)}/(m+1)} \qquad (2.2.8)$$

式中，a 为积分常数，其值由冷流体初态温度 $T_2(0)$、终态温度 $T_2(\tau)$、传热幂指数 m 和 n 确定。由式(2.2.7)可见，普适传热规律[$q \propto (\Delta(T^n))^m$]下传热过程熵产生最小时热、冷流体温度的 n 次幂之差与热流体温度的 $(n+1)/(m+1)$ 次幂之比为常数。由式(2.2.7)与式(2.2.8)经计算可得温度 $T_1(t)$ 与 $T_2(t)$，将其代入式(2.2.4)进行数值积分得传热过程最小熵产生 ΔS_{min}。

2.2.3 其他传热策略

为了与熵产生最小时的最优传热策略（$\Delta S = \min$）相比较，根据文献[352]、[353]、[361]、[362]以及考虑实际可能存在的换热情形，抽象出热流体温度一定

($T_1 = \text{const}$)和热流率一定($q_1 = \text{const}$)两种传统传热策略。

(1)对于热流体温度一定的传热策略,此时$T_1 = \text{const}$,将其代入式(2.2.2)得

$$\int_{T_2(0)}^{T_2(\tau)} \left\{ C_2 / [k_1(T_1^n - T_2^n)^m] \right\} dT_2 = \tau \tag{2.2.9}$$

此时需要由式(2.2.9)解出热流体温度T_1的值和冷流体温度$T_2(t)$随时间t的变化规律,然后将其代入式(2.2.4)得热流体温度一定的传热策略下过程熵产生$\Delta S_{T_1=\text{const}}$。

(2)对于热流率一定的传热策略,此时$q_1 = \text{const}$。令$\Delta T_2 = T_2(\tau) - T_2(0)$,由式(2.2.2)得热流体温度$T_1(t)$和冷流体温度$T_2(t)$分别为

$$T_1(t) = \{[T_2(0) + \Delta T_2 t/\tau]^n + [C_2 \Delta T_2/(k_1 \tau)]^{1/m}\}^{1/n} \tag{2.2.10}$$

$$T_2(t) = T_2(0) + \Delta T_2 t/\tau \tag{2.2.11}$$

将式(2.2.10)和式(2.2.11)代入式(2.2.4)得热流率一定的传热策略下过程熵产生$\Delta S_{q_1=\text{const}}$。

2.2.4 特例分析

2.2.4.1 广义辐射传热规律下的优化结果

当$m=1$时,即传热过程服从广义辐射传热规律[$q \propto \Delta(T^n)$],式(2.2.7)和式(2.2.8)分别变为

$$T_1^n - T_2^n = aT_1^{(n+1)/2} \tag{2.2.12}$$

$$\frac{dT_1}{dt} = \frac{T_1^{(n+1)/2}(T_1^n - aT_1^{(n+1)/2})^{(n-1)/n} nk_1 a/C_2}{nT_1^{n-1} - a(n+1)T_1^{(n-1)/2}/2} \tag{2.2.13}$$

式(2.2.12)和式(2.2.13)为文献[353]和[364]的研究结果。由式(2.2.12)可见,广义辐射传热规律下传热过程熵产生最小时热流率$q_1(T_1, T_2)$与热流体温度T_1的$(n+1)/2$次幂之比为常数。

(1)若进一步有$n=1$,式(2.2.12)和式(2.2.13)变为牛顿传热规律下的优化结果[351, 352, 354-356, 358, 360, 361, 364],此时传热过程熵产生最小时热、冷流体温度之比为常数且两者均随时间呈指数规律变化。

(2)若进一步有$n=-1$,式(2.2.12)和式(2.2.13)变为线性唯象传热规律下的优化结果[353, 357, 359, 363, 364],此时传热过程熵产生最小时热、冷流体温度倒数之差为常数且冷流体温度随时间呈线性规律变化。

(3)若进一步有 $n=4$，式(2.2.12)和式(2.2.13)变为辐射传热规律下的优化结果[353, 362]。此时传热过程熵产生最小时热流率与热流体温度的 5/2 次幂之比为常数。

2.2.4.2　广义对流传热规律下的优化结果

当 $n=1$ 时，即传热过程服从广义对流传热规律[$q \propto (\Delta T)^m$]，式(2.2.7)和式(2.2.8)分别变为

$$T_1 - T_2 = aT_1^{2/(m+1)} \tag{2.2.14}$$

$$\frac{dT_1}{dt} = \frac{T_1^{2m/(m+1)} nk_1 a^m / C_2}{1 - 2aT_1^{(1-m)/(m+1)}/(m+1)} \tag{2.2.15}$$

由式(2.2.14)可见，广义对流传热规律下传热过程熵产生最小时热、冷流体温度差与热流体温度的 $2/(m+1)$ 次幂之比为常数。

(1)若进一步有 $m=1$，由式(2.2.14)和式(2.2.15)同样得牛顿传热规律下的优化结果。

(2)若进一步有 $m=1.25$，即热、冷流体间传热服从 Dulong-Petit 传热规律，式(2.2.14)和式(2.2.15)分别变为

$$T_1 - T_2 = aT_1^{8/9} \tag{2.2.16}$$

$$\frac{dT_1}{dt} = \frac{5k_1 a^{5/4} T_1^{10/9} / C_2}{4 - 32aT_1^{-1/9}/9} \tag{2.2.17}$$

由式(2.2.16)可见，Dulong-Petit 传热规律下传热过程熵产生最小时热、冷流体温度差与热流体温度的 8/9 次幂之比为常数。

对于热流体温度一定的传热策略，由式(2.2.9)得热流体温度 T_1 和冷流体温度 $T_2(t)$ 分别满足方程：

$$[T_1 - T_2(\tau)]^{-1/4} - [T_1 - T_2(0)]^{-1/4} = k_1 \tau /(4C_2) \tag{2.2.18}$$

$$[T_1 - T_2(t)]^{-1/4} - [T_1 - T_2(0)]^{-1/4} = k_1 t /(4C_2) \tag{2.2.19}$$

由式(2.2.18)和式(2.2.19)经数值求解得 $T_1(t)$ 和 $T_2(t)$，然后将其代入式(2.2.4)得热流体温度一定的传热策略下传热过程熵产生 $\Delta S_{T_1=\text{const}}$。

对于热流率一定的传热策略，冷流体温度 $T_2(t)$ 随时间 t 的变化规律依然为式(2.2.11)，而热流体 $T_1(t)$ 随时间 t 的变化规律即式(2.2.10)变为

$$T_1(t) = [T_2(0) + \Delta T_2 t/\tau] + [C_2\Delta T_2/(k_1\tau)]^{4/5} \quad (2.2.20)$$

将 $T_1(t)$ 和 $T_2(t)$ 代入式 (2.2.4) 得热流率一定的传热策略下传热过程熵产生 $\Delta S_{q_1=\text{const}}$。

2.2.4.3 传热过程熵产率为常数

Salamon 等[390]研究表明牛顿传热规律 ($m=1,n=1$) 下对应于热机最小熵产生时循环各传热分支的熵产率为常数。Andresen 和 Gordon[352, 353]经过研究得出更一般的结论：对应于最小熵产生时的熵产率为常数仅在牛顿传热规律 ($m=1,n=1$) 与线性唯象传热规律 ($m=1,n=-1$) 下成立，在其他非线性传热规律下不成立。由式 (2.2.4) 与式 (2.2.7) 得过程熵产生最小时的熵产率 σ 为

$$\sigma = q_1(T_1,T_2)(T_2^{-1} - T_1^{-1}) = k_1 a T_1^{m(n+1)/(m+1)}\{[T_1^n - aT_1^{(n+1)/(m+1)}]^{-1/n} - T_1^{-1}\}$$
$$(2.2.21)$$

由式 (2.2.21) 可见，当 $m=1$ 且 $n=1$ 时，σ 为常数；当 $m=1$ 且 $n=-1$ 时，σ 也为常数。同时也还应注意，当 $n=-1$ 而 $m\neq -1$ 时，σ 也为常数。因此，对应于传热过程熵产生最小时的熵产率为常数不仅在牛顿和线性唯象传热规律下成立，而且在 $[q\propto(\Delta(T^{-1}))^m]$ ($m\neq -1$) 传热规律下也成立，这是对文献[352]、[353]和[390]研究结论的一个拓展。

2.2.5 数值算例与讨论

式 (2.2.7) 和式 (2.2.8) 仅在牛顿和线性唯象传热规律下存在解析解，在其他传热规律下需要通过 Matlab 编程求数值解。对于给定的 $T_2(0)$、$T_2(\tau)$、m、n 和 C_2/k_1 等参数，数值计算时需要先猜测一个热流体温度 $T_1(0)$ 的初始值，然后联立式 (2.2.7) 和式 (2.2.8) 采用改进的欧拉方法循环迭代计算得到冷流体的终态温度，并与 $T_2(\tau)$ 的已知值相比较；在计算过程中不断改变热流体温度的初始值直到冷流体的终态温度与已知值在误差允许的范围内相等。考虑两类温差 $\Delta T_2=100\text{K}$ 与 $\Delta T_2=600\text{K}$。当 $\Delta T_2=100\text{K}$ 时，取冷流体的初态温度 $T_2(0)=300\text{K}$，终态温度 $T_2(\tau)=400\text{K}$；当 $\Delta T_2=600\text{K}$ 时，取冷流体的初态温度 $T_2(0)=300\text{K}$，终态温度 $T_2(\tau)=900\text{K}$。对于牛顿传热规律、线性唯象传热规律和辐射传热规律下的分析可参见文献[353]，本节将首先给出 Dulong-Petit 传热规律和 $[q\propto(\Delta(T^4))^{1.25}]$ 传热规律下的数值算例，然后比较几种特殊传热规律下的优化结果。在数值算例各图表中，$\Delta S = \min$ 代表熵产生最小的传热策略，$q_1=\text{const}$ 代表热流率一定的传热策略，$T_1=\text{const}$ 代表热流体温度一定的传热策略。

2.2.5.1 Dulong-Petit 传热规律 [$q \propto (\Delta T)^{1.25}$] 下的数值算例

取 $m=1.25$，$n=1$，$C_2/k_1 = 1500 \text{K}^{1/4}\text{s}$。图 2.2(a) 和图 2.2(b) 分别为 Dulong-Petit 传热规律下 $\Delta T_2 = 100\text{K}$ 和 $\Delta T_2 = 600\text{K}$ 时三种不同传热策略下热流体温度 T_1 随时间的变化规律。由图可见，熵产生最小传热策略下热流体温度随时间是非线性增加变化的，与热流率一定和热流体温度一定的传热策略相比，熵产生最小传热策略需要布置一系列不同温度的热源来使过程熵产生最小，从而一定程度上增加了装置的实现难度。表 2.1 给出了几种特殊传热规律不同传热策略下传热过程熵产生的比较结果，其中，$\Delta S_{q_1=\text{const}}$、$\Delta S_{T_1=\text{const}}$ 和 $\Delta S_{\min}$ 分别为热流率一定、热流体温度一定和熵产生最小的传热策略下过程熵产生。由表中 Dulong-Petit 传热规律下计算结果可见，当 $\Delta T_2 = 100\text{K}$ 时，最小熵产生比热流率一定的传热策略熵产生降低不超过 1%；当 $\Delta T_2 = 600\text{K}$ 时，最小熵产生比热流率一定的传热策略熵产生降低了 3%；同时这两种传热策略均优于热流体温度一定的传热策略。

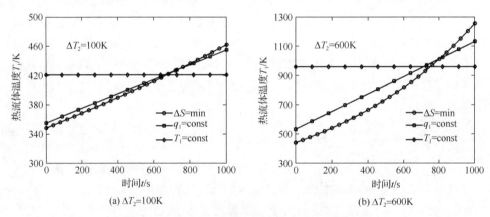

图 2.2 Dulong-Petit 传热规律下热流体温度变化规律

2.2.5.2 [$q \propto (\Delta(T^4))^{1.25}$] 传热规律下的数值算例

取 $m=1.25$ 和 $n=4$，当 $\Delta T_2 = 100\text{K}$ 时取 $C_2/k_1 = 1 \times 10^{14} \text{K}^4\text{s}$，当 $\Delta T_2 = 600\text{K}$ 时取 $C_2/k_1 = 6 \times 10^{14} \text{K}^4\text{s}$。图 2.3(a) 和图 2.3(b) 分别为 [$q \propto (\Delta(T^4))^{1.25}$] 传热规律下 $\Delta T_2 = 100\text{K}$ 和 $\Delta T_2 = 600\text{K}$ 时三种不同传热策略下热流体温度 T_1 随时间的变化规律。由表 2.1 中 [$q \propto (\Delta(T^4))^{1.25}$] 传热规律下计算结果可见，当 $\Delta T_2 = 100\text{K}$ 时，最小熵产生与热流率一定的传热策略下熵产生几乎相等；当 $\Delta T_2 = 600\text{K}$ 时，最小熵产生比热流率一定的传热策略熵产生降低了 1%；同时这两种传热策略均优于热流体温度一定的传热策略。

表 2.1 各种传热规律下传热过程熵产生比较

m	n	$\Delta T_2/\text{K}$	$\Delta S_{q_1=\text{const}}/\Delta S_{\min}$	$\Delta S_{T_1=\text{const}}/\Delta S_{\min}$
1	1	100	1.00	1.08
1	1	600	1.02	1.08
1	−1	100	1.00	1.20
1	−1	600	1.00	1.55
1.25	1	100	1.00	1.24
1.25	1	600	1.03	1.41
1	4	100	1.00	1.01
1	4	600	1.01	1.05
1.25	4	100	1.00	1.28
1.25	4	600	1.01	1.52

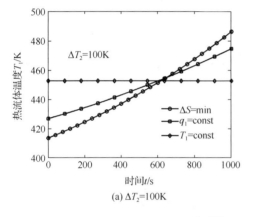
(a) $\Delta T_2=100\text{K}$

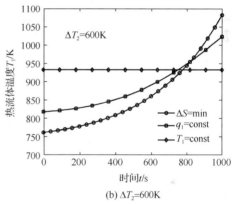
(b) $\Delta T_2=600\text{K}$

图 2.3 $[q \propto (\Delta(T^4))^{1.25}]$ 传热规律下热流体温度变化规律

2.2.5.3 几种特殊传热规律下优化结果的比较

对于牛顿传热规律、线性唯象传热规律、辐射传热规律计算参数根据文献[353]取值。牛顿传热规律下取 $C_2/k_1=1000\text{s}$，为了使不同的传热规律下的传热量相互间具有可比性，参数 C_2/k_1 根据具体的传热规律和温差 ΔT_2 的值进行相应的变化。其中，对于线性唯象传热规律，计算时取 C_2/k_1 为负值。当 $\Delta T_2=100\text{K}$ 时，线性唯象传热规律下取 $C_2/k_1=-0.005\text{K}^{-2}\text{s}$，辐射传热规律下取 $C_2/k_1=3\times10^{11}\text{K}^3\text{s}$，Dulong-Petit 传热规律下取 $C_2/k_1=1500\text{K}^{1/4}\text{s}$，$[q \propto (\Delta(T^4))^{1.25}]$ 传热规律下取 $C_2/k_1=1\times10^{14}\text{K}^4\text{s}$；当 $\Delta T_2=600\text{K}$ 时，线性唯象传热规律下取 $C_2/k_1=-0.001\text{K}^{-2}\text{s}$，

辐射传热规律下取 $C_2/k_1=1\times10^{12}\text{K}^3\text{s}$，Dulong-Petit 传热规律下取 $C_2/k_1=1500\text{K}^{1/4}\text{s}$，[$q\propto(\Delta(T^4))^{1.25}$] 传热规律下取 $C_2/k_1=6\times10^{14}\text{K}^4\text{s}$。图 2.4(a) 和图 2.4(b) 分别为 $\Delta T_2=100\text{K}$ 和 $\Delta T_2=600\text{K}$ 时不同传热规律下熵产生最小时热流体温度最优变化规律。

由表 2.1 可见，当 $\Delta T_2=100\text{K}$ 时，不同传热规律下热流率一定时的熵产生与最小熵产生相差不超过 1%，当 $\Delta T_2=600\text{K}$ 时，两者相差不超过 4%；当 $\Delta T_2=100\text{K}$ 时，不同传热温度下最小熵产生比热流体温度一定的传热策略下熵产生降低了 5% 以上（辐射传热规律情形除外），当 $\Delta T_2=600\text{K}$ 时，同等条件下熵产生减少量可达到 55%。热流体温度一定的传热策略下过程熵产生大于热流率一定时传热策略下过程熵产生，这再次证明了热流率一定的传热策略优于热流体温度一定的传热策略。

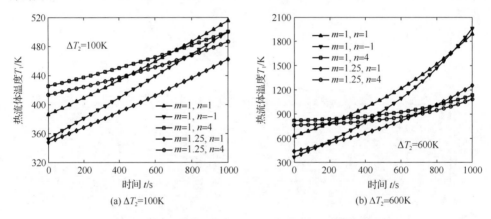

图 2.4　不同传热规律下熵产生最小时热流体温度最优变化规律

2.3　热漏对传热过程熵产生最小化的影响

2.3.1　物理模型

在 2.2 节传热过程熵产生最小化研究的基础上，本节将进一步以如图 2.5 所示的简单两股流圆管换热器为例研究热漏对换热器熵产生最小化的影响。在如图 2.5 所示的换热器中，热流体在内侧流动，冷流体在外侧流动。冷流体在吸收热流体释放的热量过程中温度升高，这同时也表明冷流体与外界无限热容环境间的温差在扩大，导致冷流体与外界环境间也存在有限温差传热，为与热流体与冷流体间的传热相区分，前者在此处称为热漏。其他假设条件与 2.2 节相同，建立存在热漏的传热过程模型，如图 2.6 所示。外界环境的热容为无限大，其温度始终保持

为 T_3。热、冷流体间的传热流率为 $q_1(T_1,T_2)$，冷流体与外界环境间的热漏流率为 $q_3(T_3,T_2)$。

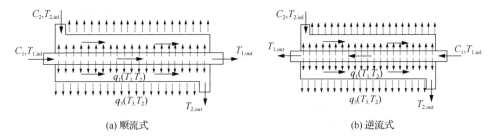

(a) 顺流式　　　　　　　　　　　　　　(b) 逆流式

图 2.5　存在热漏的两股流换热器

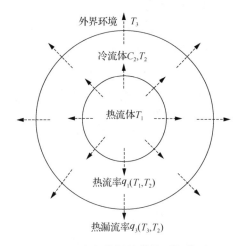

图 2.6　存在热漏的传热过程模型

考虑热、冷流体间传热及冷流体与环境间热漏均服从普适传热规律 $[q \propto (\Delta(T^n))^m]$，得

$$q_1(T_1,T_2) = k_1(T_1^{n_1} - T_2^{n_1})^{m_1} \tag{2.3.1}$$

$$q_3(T_3,T_2) = k_3(T_3^{n_3} - T_2^{n_3})^{m_3} \tag{2.3.2}$$

式中，k_1 和 k_3 为普适热导率；m_i 和 n_i ($i=1,3$) 为与传热规律相关的常数。由热力学第一定律得

$$C_2 dT_2/dt = q_1(T_1,T_2) + q_3(T_3,T_2) \tag{2.3.3}$$

传热过程冷流体的净传热量 Q_2 一定，即

$$\int_{T_2(0)}^{T_2(\tau)} C_2 \mathrm{d}T_2 = \int_0^{\tau} [q_1(T_1,T_2) + q_3(T_3,T_2)]\mathrm{d}t = Q_2 \qquad (2.3.4)$$

式中，τ 为传热过程总时间。由式(2.3.4)可见，Q_2 一定即冷流体初态温度 $T_2(0)$ 和末态温度 $T_2(\tau)$ 均一定。

传热过程的总熵产生 ΔS 来源于热、冷流体间的有限温差传热以及冷流体与外界环境间的热漏，则有

$$\Delta S = \int_0^{\tau}\left[q_1(T_1,T_2)\left(\frac{1}{T_2}-\frac{1}{T_1}\right) + q_3(T_3,T_2)\left(\frac{1}{T_2}-\frac{1}{T_3}\right) \right]\mathrm{d}t \qquad (2.3.5)$$

2.3.2 优化方法

现在的问题为在式(2.3.3)和式(2.3.4)的约束下求式(2.3.5)的最小值。可通过建立变更的拉格朗日函数，然后求解欧拉-拉格朗日方程组。限于本节的优化问题的特殊性，将此最优控制问题转化为一类平均最优控制问题[111-115, 121]可简化求解过程。由式(2.3.3)得

$$\mathrm{d}t = C_2 \mathrm{d}T_2 /[q_1(T_1,T_2) + q_3(T_3,T_2)] \qquad (2.3.6)$$

由式(2.3.6)进一步得

$$\int_{T_2(0)}^{T_2(\tau)} \{C_2/[q_1(T_1,T_2) + q_3(T_3,T_2)]\}\mathrm{d}T_2 = \tau \qquad (2.3.7)$$

将式(2.3.6)代入式(2.3.5)得

$$\Delta S = \int_{T_2(0)}^{T_2(\tau)}\left[q_1\left(\frac{1}{T_2}-\frac{1}{T_1}\right) + q_3\left(\frac{1}{T_2}-\frac{1}{T_3}\right) \right]\frac{C_2}{q_1+q_3}\mathrm{d}T_2 \qquad (2.3.8)$$

优化问题最终变为在式(2.3.4)和式(2.3.7)的约束下求式(2.3.8)的最小值，建立变更的拉格朗日函数 L 如下：

$$L = \left[q_1\left(\frac{1}{T_2}-\frac{1}{T_1}\right) + q_3\left(\frac{1}{T_2}-\frac{1}{T_3}\right) + \lambda_1 \right]\frac{C_2}{q_1+q_3} + \lambda_2 C_2 \qquad (2.3.9)$$

式中，λ_1 和 λ_2 为拉格朗日乘子，均为待定常数。由极值条件 $\partial L/\partial T_1 = 0$ 得

$$\frac{q_1^2}{T_1^2}\bigg/\frac{\partial q_1}{\partial T_1} + q_3\left(\frac{q_1}{T_1^2}\bigg/\frac{\partial q_1}{\partial T_1} + \frac{1}{T_3} - \frac{1}{T_1}\right) = \mathrm{const} \qquad (2.3.10)$$

将式(2.3.1)和式(2.3.2)代入式(2.3.10)得

$$\frac{k_1(T_1^{n_1}-T_2^{n_1})^{m_1+1}}{m_1 n_1 T_1^{n_1+1}} + k_3(T_3^{n_3}-T_2^{n_3})^{m_3}\left(\frac{T_1^{n_1}-T_2^{n_1}}{m_1 n_1 T_1^{n_1+1}} + \frac{1}{T_3} - \frac{1}{T_1}\right) = \text{const} \quad (2.3.11)$$

对于数值计算,将式(2.3.11)两边对时间 t 求导得

$$\frac{dT_1}{dt} = \frac{T_1\left\{\begin{array}{l}k_1 n_1 T_2^{n_1-1}(m_1+1)(T_1^{n_1}-T_2^{n_1})^{m_1} + k_3 n_1 T_2^{n_1-1}(T_3^{n_3}-T_2^{n_3})^{m_3} \\ +m_3 n_3 k_3 T_2^{n_3-1}(T_3^{n_3}-T_2^{n_3})^{m_3-1}\left[(1-m_1 n_1)T_1^{n_1}-T_2^{n_1}+m_1 n_1 T_1^{n_1+1}T_3^{-1}\right]\end{array}\right\}}{\left[\begin{array}{l}k_1 n_1 T_1^{n_1}(m_1+1)(T_1^{n_1}-T_2^{n_1})^{m_1} \\ -k_1(n_1+1)(T_1^{n_1}-T_2^{n_1})^{m_1+1} + k_3 T_1^{n_1}(m_1 n_1-1)(T_3^{n_3}-T_2^{n_3})^{m_3}\end{array}\right]} \frac{dT_2}{dt}$$

$$(2.3.12)$$

此时可联立式(2.3.3)和式(2.3.12)进行数值求解。若无热漏即 $q_3=0$,式(2.3.11)变为

$$(T_1^{n_1}-T_2^{n_1})^{m_1+1}/T_1^{n_1+1} = \text{const} \quad (2.3.13)$$

式(2.3.13)为2.2节无热漏传热过程熵产生最小时的优化结果即式(2.2.7)。由式(2.3.11)和式(2.3.13)可见,有热漏和无热漏时传热过程熵产生最小时热、冷流体温度间的最佳关系式是显著不同的,因此热漏影响传热过程熵产生最小时的流体温度最优构型。

2.3.3 其他传热策略

为了与熵产生最小的传热策略($\Delta S = \min$)相比较,与2.2.3节一样,考虑热流体温度一定($T_1 = \text{const}$)和热流率一定($q_1 = \text{const}$)两种传统传热策略。

(1)对于热流体温度一定的传热策略,$T_1 = \text{const}$,将其代入式(2.3.7)得

$$\int_{T_2(0)}^{T_2(\tau)} \frac{C_2}{k_1(T_1^{n_1}-T_2^{n_1})^{m_1} + k_3(T_3^{n_3}-T_2^{n_3})^{m_3}} dT_2 = \tau \quad (2.3.14)$$

此时需要由式(2.3.14)求解热流体温度 T_1 和冷流体温度 $T_2(t)$,然后将其代入式(2.3.5)得热流体温度一定的传热策略下传热过程熵产生 $\Delta S_{T_1=\text{const}}$。式(2.3.14)仅在极少数特殊情形能够得到解析解,对于其他大多数情形需要通过数值方法求数值解。

(2)对于热流率一定的传热策略,$q_1 = \text{const}$。由式(2.3.14)得

$$\int_{T_2(0)}^{T_2(\tau)} \frac{C_2}{q_1 + k_3(T_3^{n_3} - T_2^{n_3})^{m_3}} \mathrm{d}T_2 = \tau \tag{2.3.15}$$

首先由式(2.3.15)可解得热流率 q_1 和冷流体温度 $T_2(t)$，进一步由式(2.3.1)得热流体温度 $T_1(t)$ 为

$$T_1(t) = [(q_1/k_1)^{1/m_1} + T_2^{n_1}]^{1/n_1} \tag{2.3.16}$$

然后将 $T_1(t)$ 和 $T_2(t)$ 代入式(2.3.5)得热流率 q_1 一定的传热策略下传热过程熵产生 $\Delta S_{q_1=\mathrm{const}}$。式(2.3.15)也仅在极少数情形存在解析解，对于其他大多数情形需要求数值解。对于数值计算，由 $q_1 = \mathrm{const}$ 和式(2.3.1)得

$$\frac{\mathrm{d}T_1}{\mathrm{d}t} = \frac{T_2^{n_2-1}}{T_1^{n_1-1}} \frac{\mathrm{d}T_2}{\mathrm{d}t} \tag{2.3.17}$$

此时联立式(2.3.3)和式(2.3.17)可解得温度 $T_1(t)$ 和 $T_2(t)$，将其代入式(2.3.5)得热流率 q_1 一定的传热策略下传热过程熵产生 $\Delta S_{q_1=\mathrm{const}}$。

2.3.4 特例分析

2.3.4.1 广义辐射传热规律下的优化结果

当 $m_1 = m_3 = 1$ 时，即热流率 $q_1(T_1, T_2)$ 和热漏流率 $q_3(T_3, T_2)$ 均服从广义辐射传热规律 $[q \propto \Delta(T^n)]$，式(2.3.3)和式(2.3.11)变为

$$C_2 \mathrm{d}T_2 / \mathrm{d}t = k_1(T_1^{n_1} - T_2^{n_1}) + k_3(T_3^{n_3} - T_2^{n_3}) \tag{2.3.18}$$

$$\frac{k_1(T_1^{n_1} - T_2^{n_1})^2}{n_1 T_1^{n_1+1}} + k_3(T_3^{n_3} - T_2^{n_3})\left(\frac{T_1^{n_1} - T_2^{n_1}}{n_1 T_1^{n_1+1}} + \frac{1}{T_3} - \frac{1}{T_1}\right) = \mathrm{const} \tag{2.3.19}$$

对于数值计算，式(2.3.12)变为

$$\frac{\mathrm{d}T_1}{\mathrm{d}t} = \frac{T_1 \left\{ \begin{array}{l} 2k_1 n_1 T_2^{n_1-1}(T_1^{n_1} - T_2^{n_1}) + k_3 n_1 T_2^{n_3-1}(T_3^{n_3} - T_2^{n_3}) \\ + n_3 k_3 T_2^{n_3-1}\left[(1-n_1)T_1^{n_1} - T_2^{n_1} + n_1 T_1^{n_1+1}T_3^{-1}\right] \end{array} \right\}}{\left[2k_1 n_1 T_1^{n_1}(T_1^{n_1} - T_2^{n_1}) - k_1(n_1+1)(T_1^{n_1} - T_2^{n_1})^2 + k_3 T_1^{n_1}(n_1-1)(T_3^{n_3} - T_2^{n_3})\right]} \frac{\mathrm{d}T_2}{\mathrm{d}t} \tag{2.3.20}$$

当无热漏时即 $q_3 = 0$，式(2.3.13)变为

$$(T_1^{n_1} - T_2^{n_1})/T_1^{(n_1+1)/2} = \text{const} \tag{2.3.21}$$

式(2.3.21)为文献[353]、[362]和2.2.4.1节广义辐射传热规律下无热漏传热过程熵产生最小时的研究结果即式(2.2.12)。

(1) 若进一步有 $n_1 = n_3 = 1$，即热流率 $q_1(T_1, T_2)$ 和热漏流率 $q_3(T_3, T_2)$ 均服从牛顿传热规律[$q \propto \Delta T$]，由式(2.3.18)和式(2.3.19)得

$$C_2 \mathrm{d}T_2 / \mathrm{d}t = k_1(T_1 - T_2) + k_3(T_3 - T_2) \tag{2.3.22}$$

$$\frac{k_1(T_1 - T_2)^2}{T_1^2} + k_3(T_3 - T_2)\left(\frac{1}{T_3} - \frac{T_2}{T_1^2}\right) = \text{const} \tag{2.3.23}$$

式(2.3.22)和式(2.3.23)为牛顿传热规律下存在热漏时传热过程熵产生最小化最优性条件。对于数值计算，式(2.3.20)变为

$$\frac{\mathrm{d}T_1}{\mathrm{d}t} = \frac{T_1[2k_1(T_1 - T_2) + k_3(T_3 - T_2) + k_3(T_1^2 T_3^{-1} - T_2)]}{[2k_1 T_2(T_1 - T_2)]} \frac{\mathrm{d}T_2}{\mathrm{d}t} \tag{2.3.24}$$

当无热漏时即 $q_3 = 0$，式(2.3.21)变为

$$T_1 / T_2 = \text{const} \tag{2.3.25}$$

式(2.3.25)为文献[351]、[352]、[354]~[356]、[358]、[360]、[361]、[364]和2.2.4.1节牛顿传热规律下无热漏传热过程熵产生最小时的优化结果。

对于热流体温度 T_1 一定的传热策略，由式(2.3.14)得热流体温度 T_1 和冷流体温度 $T_2(t)$ 必须满足的方程分别为

$$\frac{k_1[T_1 - T_2(0)] + k_3[T_3 - T_2(0)]}{k_1[T_1 - T_2(\tau)] + k_3[T_3 - T_2(\tau)]} = \exp\left[\frac{(k_1 + k_3)\tau}{C_2}\right] \tag{2.3.26}$$

$$\frac{k_1[T_1 - T_2(0)] + k_3[T_3 - T_2(0)]}{k_1[T_1 - T_2(t)] + k_3[T_3 - T_2(t)]} = \exp\left[\frac{(k_1 + k_3)t}{C_2}\right] \tag{2.3.27}$$

由式(2.3.26)和式(2.3.27)可解得温度 T_1 和 $T_2(t)$，将其代入式(2.3.5)得过程熵产生 $\Delta S_{T_1 = \text{const}}$。

对于热流率 q_1 一定的传热策略，由式(2.3.15)得热流率 q_1 和冷流体温度 $T_2(t)$ 必须满足的方程分别为

$$\frac{q_1 + k_3[T_3 - T_2(0)]}{q_1 + k_3[T_3 - T_2(\tau)]} = \exp\left(\frac{k_3 \tau}{C_2}\right) \tag{2.3.28}$$

$$\frac{q_1 + k_3[T_3 - T_2(0)]}{q_1 + k_3[T_3 - T_2(t)]} = \exp\left(\frac{k_3 t}{C_2}\right) \tag{2.3.29}$$

由式(2.3.28)和式(2.3.29)可解得热流率 q_1 和冷流体温度 $T_2(t)$，由式(2.3.16)进一步得热流体温度 $T_1(t)$，将 $T_1(t)$ 和 $T_2(t)$ 代入式(2.3.5)得过程熵产生 $\Delta S_{q_1=\text{const}}$。

(2) 若进一步有 $n_1 = n_3 = -1$，即热流率 $q_1(T_1, T_2)$ 和热漏流率 $q_3(T_3, T_2)$ 均服从线性唯象传热规律 $[q \propto \Delta(T^{-1})]$，由式(2.3.18)和式(2.3.19)得

$$C_2 \frac{dT_2}{dt} = k_1\left(\frac{1}{T_1} - \frac{1}{T_2}\right) + k_3\left(\frac{1}{T_3} - \frac{1}{T_2}\right) \tag{2.3.30}$$

$$(k_1 + k_3)\left(\frac{1}{T_2} - \frac{1}{T_1}\right)^2 - k_3\left(\frac{1}{T_3} - \frac{1}{T_1}\right)^2 = \text{const} \tag{2.3.31}$$

式(2.3.30)和式(2.3.31)为线性唯象传热规律下存在热漏时传热过程熵产生最小化最优性条件。对于数值计算，式(2.3.20)变为

$$\frac{dT_1}{dt} = \frac{T_1^2(k_1 + k_3)(T_1^{-1} - T_2^{-1})}{T_2^2\left[k_1(T_1^{-1} - T_2^{-1}) + k_3(T_3^{-1} - T_2^{-1})\right]} \frac{dT_2}{dt} \tag{2.3.32}$$

式(2.3.31)一般无解析解，但在某些特殊情形下存在解析解。考虑一类随温度变化的热容情形 $C_2 = \gamma T_2^{-2}$，式中 γ 为常数，将其代入式(2.3.18)得

$$\gamma T_2^{-2} \frac{dT_2}{dt} = k_1\left(\frac{1}{T_2} - \frac{1}{T_1}\right) + k_3\left(\frac{1}{T_2} - \frac{1}{T_3}\right) \tag{2.3.33}$$

作变量代换 $y_1 = T_3^{-1} - T_1^{-1}$ 和 $y_2 = T_3^{-1} - T_2^{-1}$。令 $\beta_1 = \gamma/k_1$，$\beta_2 = k_3/k_1$，$\beta_3 = \sqrt{\beta_2(1+\beta_2)}/\beta_1$，已知边界条件 $y_2(0) = T_3^{-1} - [T_2(0)]^{-1}$ 和 $y_2(\tau) = T_3^{-1} - [T_2(\tau)]^{-1}$，由式(2.3.33)经推导得 $y_1(t)$ 和 $y_2(t)$ 分别为

$$y_1(t) = \left\{\begin{matrix} \beta_1\beta_3\{y_2(\tau)\cosh(\beta_3 t) - y_2(0)\cosh[\beta_3(\tau-t)]\} \\ +(1+\beta_2)\{y_2(\tau)\sinh(\beta_3 t) + y_2(0)\sinh[\beta_3(\tau-t)]\}\end{matrix}\right\}\bigg/\sinh(\beta_3\tau) \tag{2.3.34}$$

$$y_2(t) = \{y_2(\tau)\sinh(\beta_3 t) + y_2(0)\sinh[\beta_3(\tau-t)]\}/[\sinh(\beta_3\tau)] \tag{2.3.35}$$

将式(2.3.34)和式(2.3.35)代入式(2.3.5)可得存在热漏时传热过程最小熵产生$\Delta S_{\min}$。当无热漏时即$q_3 = 0$，式(2.3.21)变为

$$T_2^{-1} - T_1^{-1} = \text{const} \tag{2.3.36}$$

式(2.3.36)为文献[353]、[357]、[359]、[361]、[363]和2.2.4.1节线性唯象传热规律下无热漏传热过程熵产生最小时的优化结果。

对于常热容C_2下热流体温度T_1一定的传热策略，由式(2.3.14)得热流体温度T_1和$T_2(t)$必须满足的方程分别为

$$T_2(\tau) - T_2(0) + \frac{k_1 + k_3}{a_1} \ln\left[\frac{T_2(\tau) - (k_1 + k_3)a_1}{T_2(0) - (k_1 + k_3)a_1}\right] = \frac{a_1 \tau}{C_2} \tag{2.3.37}$$

$$T_2(t) - T_2(0) + \frac{k_1 + k_3}{a_1} \ln\left[\frac{T_2(t) - (k_1 + k_3)a_1}{T_2(0) - (k_1 + k_3)a_1}\right] = \frac{a_1 t}{C_2} \tag{2.3.38}$$

式中，积分常数$a_1 = k_1 T_1^{-1} + k_3 T_3^{-1}$。由式(2.3.37)和式(2.3.38)可解得温度T_1和$T_2(t)$，将其代入式(2.3.5)得热流体温度一定的传热策略下传热过程熵产生$\Delta S_{T_1 = \text{const}}$。

对于常热容C_2下热流率q_1一定的传热策略，由式(2.3.15)得热流率q_1和冷流体温度$T_2(t)$必须满足的方程分别为

$$T_2(\tau) - T_2(0) + \frac{k_3}{a_2} \ln\left[\frac{T_2(\tau) - k_3 a_2}{T_2(0) - k_3 a_2}\right] = \frac{a_2 \tau}{C_2} \tag{2.3.39}$$

$$T_2(t) - T_2(0) + \frac{k_3}{a_2} \ln\left[\frac{T_2(t) - k_3 a_2}{T_2(0) - k_3 a_2}\right] = \frac{a_2 t}{C_2} \tag{2.3.40}$$

式中，积分常数$a_2 = q_1 + k_3 T_3^{-1}$。由式(2.3.39)和式(2.3.40)可解得热流率q_1和冷流体温度$T_2(t)$，由式(2.3.16)进一步得热流体温度$T_1(t)$，将$T_1(t)$和$T_2(t)$代入式(2.3.5)得热流率q_1一定的传热策略下传热过程熵产生$\Delta S_{q_1 = \text{const}}$。

(3) 若进一步有$n_1 = n_3 = 4$，即热流率$q_1(T_1, T_2)$和热漏流率$q_3(T_3, T_2)$均服从辐射传热规律[$q \propto \Delta(T^4)$]，由式(2.3.18)和式(2.3.19)得

$$C_2 dT_2 / dt = k_1(T_1^4 - T_2^4) + k_3(T_3^4 - T_2^4) \tag{2.3.41}$$

$$\frac{k_1(T_1^4-T_2^4)^2}{4T_1^5}+k_3(T_3^4-T_2^4)\left(\frac{T_1^4-T_2^4}{4T_1^5}+\frac{1}{T_3}-\frac{1}{T_1}\right)=\text{const} \qquad (2.3.42)$$

式(2.3.41)和式(2.3.42)为辐射传热规律下存在热漏时传热过程熵产生最小化最优性条件。对于数值计算，式(2.3.20)变为

$$\frac{\mathrm{d}T_1}{\mathrm{d}t}=\frac{T_1T_2^3[8k_1(T_1^4-T_2^4)+4k_3(4T_1^5T_3^{-1}+T_3^4-3T_1^4-2T_2^4)]}{[8k_1T_1^4(T_1^4-T_2^4)-5k_1(T_1^4-T_2^4)^2+3k_3T_1^4(T_3^4-T_2^4)]}\frac{\mathrm{d}T_2}{\mathrm{d}t} \qquad (2.3.43)$$

当无热漏时即 $q_3=0$，式(2.3.21)变为

$$(T_1^4-T_2^4)/T_1^{5/2}=\text{const} \qquad (2.3.44)$$

式(2.3.44)为文献[353]、[362]和 2.2.4.1 节辐射传热规律下无热漏传热过程熵产生最小时的优化结果。

2.3.4.2 广义对流传热规律下的优化结果

当 $n_1=n_3=1$ 时，即热流率 $q_1(T_1,T_2)$ 和热漏流率 $q_3(T_3,T_2)$ 均服从广义对流传热规律[$q\propto(\Delta T)^m$]，式(2.3.3)和式(2.3.11)分别变为

$$C_2\mathrm{d}T_2/\mathrm{d}t=k_1(T_1-T_2)^{m_1}+k_3(T_3-T_2)^{m_3} \qquad (2.3.45)$$

$$\frac{k_1(T_1-T_2)^{m_1+1}}{m_1T_1^2}+k_3(T_3-T_2)^{m_3}\left(\frac{T_1-T_2}{m_1T_1^2}+\frac{1}{T_3}-\frac{1}{T_1}\right)=\text{const} \qquad (2.3.46)$$

对于数值计算，式(2.3.12)变为

$$\frac{\mathrm{d}T_1}{\mathrm{d}t}=\frac{T_1\left\{\begin{array}{l}k_1(m_1+1)(T_1-T_2)^{m_1}+k_3(T_3-T_2)^{m_3}\\+m_3k_3(T_2-T_2)^{m_3-1}\left[(1-m_1)T_1-T_2+m_1T_1^2T_3^{-1}\right]\end{array}\right\}}{\left[k_1T_1(m_1+1)(T_1-T_2)^{m_1}-2k_1(T_1-T_2)^{m_1+1}+k_3T_1(m_1-1)(T_3-T_2)^{m_3}\right]}\frac{\mathrm{d}T_2}{\mathrm{d}t} \qquad (2.3.47)$$

当无热漏时即 $q_3=0$，式(2.3.13)变为

$$(T_1-T_2)/T_1^{2/(m_1+1)}=\text{const} \qquad (2.3.48)$$

式(2.3.48)为 2.2.4.2 节广义对流传热规律下无热漏传热过程熵产生最小化时的优化结果即式(2.2.14)。

(1) 若进一步有 $m_1 = m_3 = 1$，式(2.3.46)变为牛顿传热规律下的优化结果即式(2.3.25)。

(2) 若进一步有 $m_1 = m_3 = 1.25$，热流率 $q_1(T_1,T_2)$ 和热漏流率 $q_3(T_3,T_2)$ 均服从 Dulong-Petit 传热规律 [$q \propto (\Delta T)^{1.25}$]，由式(2.3.45)和式(2.3.46)得

$$C_2 \mathrm{d}T_2 / \mathrm{d}t = k_1(T_1 - T_2)^{5/4} + k_3(T_3 - T_2)^{5/4} \tag{2.3.49}$$

$$\frac{4k_1(T_1-T_2)^{9/4}}{5T_1^2} + k_3(T_3-T_2)^{5/4}\left[\frac{4(T_1-T_2)}{5T_1^2} + \frac{1}{T_3} - \frac{1}{T_1}\right] = \mathrm{const} \tag{2.3.50}$$

式(2.3.49)和式(2.3.50)为 Dulong-Petit 传热规律下存在热漏时传热过程熵产生最小化最优性条件。对于数值计算，式(2.3.47)变为

$$\frac{\mathrm{d}T_1}{\mathrm{d}t} = \frac{T_1\left[36k_1(T_1-T_2)^{5/4} + 16k_3(T_3-T_2)^{5/4} + 5k_3(T_2-T_2)^{1/4}(5T_1^2T_3^{-1} - T_1 - 4T_2)\right]}{\left[36k_1T_1(T_1-T_2)^{5/4} - 32k_1(T_1-T_2)^{9/4} + 4k_3T_1(T_3-T_2)^{5/4}\right]} \frac{\mathrm{d}T_2}{\mathrm{d}t} \tag{2.3.51}$$

当无热漏时即 $q_3 = 0$，式(2.3.48)变为

$$(T_1 - T_2)/T_2^{8/9} = \mathrm{const} \tag{2.3.52}$$

式(2.3.53)为 2.2.4.2 节 Dulong-Petit 传热规律下无热漏传热过程熵产生最小时的优化结果即式(2.2.16)。

2.3.4.3 混合传热条件下的优化结果

当 $m_1 = m_3 = n_3 = 1$ 且 $n_1 = 4$ 时，即热、冷流体间传热和热漏分别服从辐射传热规律和牛顿传热规律($m_3 = 1, n_3 = 1$)，式(2.3.3)和式(2.3.11)变为

$$C_2 \mathrm{d}T_2 / \mathrm{d}t = k_1(T_1^4 - T_2^4) + k_3(T_3 - T_2) \tag{2.3.53}$$

$$\frac{k_1(T_1^4 - T_2^4)^2}{4T_1^5} + k_3(T_3 - T_2)\left(\frac{T_1^4 - T_2^4}{4T_1^5} + \frac{1}{T_3} - \frac{1}{T_1}\right) = \mathrm{const} \tag{2.3.54}$$

对于数值计算，式(2.3.12)变为

$$\frac{\mathrm{d}T_1}{\mathrm{d}t} = \frac{T_1\left[8k_1T_2^3(T_1^4-T_2^4) + k_3(4T_1^5T_3^{-1} + 4T_3^4 - 3T_1^4 - 5T_2^4)\right]}{\left[8k_1T_1^4(T_1^4-T_2^4) - 5k_1(T_1^4-T_2^4)^2 + 3k_3T_1^4(T_3-T_2)\right]} \frac{\mathrm{d}T_2}{\mathrm{d}t} \tag{2.3.55}$$

当无热漏时即 $q_3 = 0$，式(2.3.54)变为辐射传热规律下的优化结果即式(2.3.44)。

2.3.5 数值算例与讨论

环境温度取为 $T_3 = 300\text{K}$，冷流体初态温度和末态温度的取值与2.2.5节相同。

2.3.5.1 牛顿传热规律下的数值算例

此时有 $m_1 = m_3 = n_1 = n_3 = 1$。当 $\Delta T_2 = 100\text{K}$ 和 $\Delta T_2 = 600\text{K}$ 时，C_2 / k_1 均取1000s。为分析热漏的影响，当 $\Delta T_2 = 100\text{K}$ 时，分别取 $k_3 / k_1 = 0.1$ 和 $k_3 / k_1 = 0.5$；当 $\Delta T_2 = 600\text{K}$ 时，分别取 $k_3 / k_1 = 0.1$ 和 $k_3 / k_1 = 0.25$。图2.7和图2.8分别为牛顿传热规律下 $\Delta T_2 = 100\text{K}$ 和 $\Delta T_2 = 600\text{K}$ 时热流体温度随时间的变化规律。由图可见，热流率一定的传热策略下热流体温度随时间呈线性规律变化；随着传热温差 ΔT_2 和热漏的增加，热流体温度一定的传热策略下的热流体温度升高；熵产生最小时热流体温度随时间呈非线性规律变化，当热漏和传热温差 ΔT_2 较大时，这种非线性特性较为显著，在一定程度上增加了装置的实现难度。

表2.2给出了几种特殊传热规律下传热过程熵产生比较结果。由表中牛顿传热规律下计算结果可见，当 $\Delta T_2 = 100\text{K}$ 时，无热漏时最小熵产生和热流率一定的传热策略下熵产生几乎相等，热漏为 $k_3 / k_1 = 0.1$ 和 $k_3 / k_1 = 0.5$ 时最小熵产生比热流率一定的传热策略下熵产生分别降低了1%和8%；当 $\Delta T_2 = 600\text{K}$ 时，无热漏时最小熵产生比热流率一定的传热策略下熵产生降低了2%，热漏为 $k_3 / k_1 = 0.1$ 和 $k_3 / k_1 = 0.25$ 时最小熵产生比热流率一定的传热策略下熵产生分别降低了6%和13%；同时熵产生最小和热流率一定这两种策略均优于热流体温度一定的传热策略。

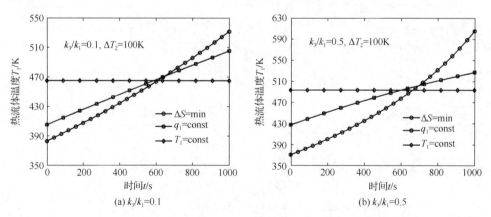

图2.7 牛顿传热规律下 $\Delta T_2 = 100\text{K}$ 时热流体温度变化规律

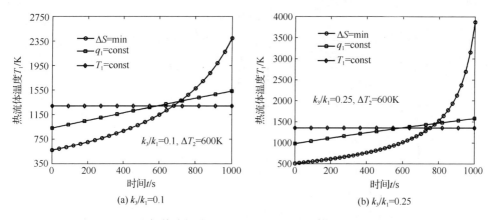

(a) $k_3/k_1=0.1$　　　　　　　　(b) $k_3/k_1=0.25$

图 2.8　牛顿传热规律下 $\Delta T_2 = 600\text{K}$ 时热流体温度变化规律

2.3.5.2　线性唯象传热规律下的数值算例

此时有 $m_1 = m_3 = -n_1 = -n_3 = 1$。由式(2.3.1)和式(2.3.2)可见，计算时 C_2/k_1 必须取为负值，当 $\Delta T_2 = 100\text{K}$ 时，取 $C_2/k_1 = -0.005\text{K}^{-2}\text{s}$；当 $\Delta T_2 = 600\text{K}$ 时，取 $C_2/k_1 = -0.001\text{K}^{-2}\text{s}$；为分析热漏的影响，当 $\Delta T_2 = 100\text{K}$ 时，分别取 $k_3/k_1 = 0.1$ 和 $k_3/k_1 = 0.5$；当 $\Delta T_2 = 600\text{K}$ 时，优化结果对于 k_3/k_1 的变化较为敏感，分别取 $k_3/k_1 = 0.01$ 和 $k_3/k_1 = 0.05$。图 2.9 和图 2.10 分别为线性唯象传热规律下 $\Delta T_2 = 100\text{K}$ 和 $\Delta T_2 = 600\text{K}$ 时热流体温度随时间的变化规律。由图可见，当传热温差 ΔT_2 和热漏较小时，热流率一定的传热策略下热流体温度随时间呈线性规律变化，随着传热温差 ΔT_2 和热漏的增加，热流率一定的传热策略下热流体温度随时间呈非

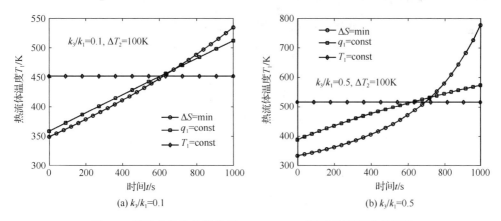

(a) $k_3/k_1=0.1$　　　　　　　　(b) $k_3/k_1=0.5$

图 2.9　线性唯象传热规律下 $\Delta T_2 = 100\text{K}$ 时热流体温度变化规律

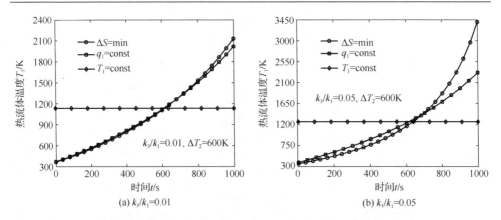

图 2.10　线性唯象传热规律下 $\Delta T_2 = 600$K 时热流体温度变化规律

线性规律变化；随着传热温差 ΔT_2 和热漏的增加，热流体温度一定的传热策略下的热流体温度升高；熵产生最小时热流体温度随时间呈非线性规律变化，随着热漏和传热温差 ΔT_2 的增大，这种非线性特性更为显著。

由表 2.2 中线性唯象传热规律下计算结果可见，当 $\Delta T_2 = 100$K 时，无热漏时熵产生最小和热流率一定两种传热策略是相一致的，两者熵产生也是相等的，有热漏时熵产生最小和热流率一定两种传热策略是不同的，热漏为 $k_3/k_1 = 0.1$ 和 $k_3/k_1 = 0.5$ 时最小熵产生比热流率一定的传热策略下熵产生分别降低了 1% 和 11%；同时熵产生最小和热流率一定这两种策略均优于热流体温度一定的传热策略。

2.3.5.3　辐射传热规律下的数值算例

此时有 $m_1 = m_3 = 1$ 和 $n_1 = n_3 = 4$。当 $\Delta T_2 = 100$K 时，取 $C_2/k_1 = 3 \times 10^{11} \text{K}^3 \text{s}$；当 $\Delta T_2 = 600$K 时，取 $C_2/k_1 = 1 \times 10^{12} \text{K}^3 \text{s}$。当 $\Delta T_2 = 100$K 时和 $\Delta T_2 = 600$K 时，分别取 $k_3/k_1 = 0.1$ 和 $k_3/k_1 = 0.5$。图 2.11 和图 2.12 分别为辐射传热规律下 $\Delta T_2 = 100$K 和 $\Delta T_2 = 600$K 时热流体温度随时间的变化规律。由图可见，当传热温差较小时，热流率一定下的热流体温度随时间呈线性规律变化，随着传热温差的增大，热流率一定下的热流体温度随时间呈非线性规律变化；随着传热温差 ΔT_2 和热漏的增加，热流体温度一定的传热策略下的热流体温度升高；熵产生最小时热流体温度随时间呈非线性规律变化，当热漏和传热温差 ΔT_2 较大时，这种非线性特性较为显著，在一定程度上增加了装置的实现难度；与牛顿和线性传热规律相比，辐射传热规律不同传热策略下热流体温度和熵产生差别较小。

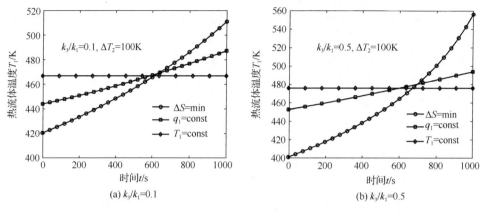

图 2.11 辐射传热规律下 $\Delta T_2 = 100\text{K}$ 时热流体温度变化规律

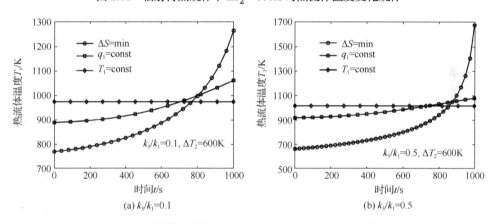

图 2.12 辐射传热规律下 $\Delta T_2 = 600\text{K}$ 时热流体温度变化规律

由表 2.2 中辐射传热规律下计算结果可见，当 $\Delta T_2 = 100\text{K}$ 时，无热漏时最小熵产生和热流率一定的传热策略下熵产生几乎相等，热漏为 $k_3/k_1 = 0.1$ 和 $k_3/k_1 = 0.5$ 时最小熵产生比热流率一定的传热策略下熵产生分别降低了 1%和 5%；当 $\Delta T_2 = 600\text{K}$ 时，无热漏时最小熵产生比热流率一定的传热策略下熵产生降低了 1%，热漏为 $k_3/k_1 = 0.1$ 和 $k_3/k_1 = 0.5$ 时最小熵产生比热流率一定的传热策略下熵产生分别降低了 5%和 30%；同时熵产生最小和热流率一定这两种策略均优于热流体温度一定的传热策略。

2.3.5.4　Dulong-Petit 传热规律下的数值算例

此时 $m_1 = m_3 = 1.25$ 和 $n_1 = n_3 = 1$。当 $\Delta T_2 = 100\text{K}$ 和 $\Delta T_2 = 600\text{K}$ 时，取 $C_2/k_1 = 1500\text{K}^{1/4}\text{s}$。当 $\Delta T_2 = 100\text{K}$ 时，分别取 $k_3/k_1 = 0.1$ 和 $k_3/k_1 = 0.5$；当 $\Delta T_2 = 600\text{K}$ 时，分别取 $k_3/k_1 = 0.1$ 和 $k_3/k_1 = 0.25$。图 2.13 和图 2.14 分别为 Dulong-Petit 传热规律

下 $\Delta T_2 =100\text{K}$ 和 $\Delta T_2 =600\text{K}$ 时热流体温度随时间的变化规律。由图可见，热流率一定的传热策略下热流体温度随时间呈近似线性规律变化；随着传热温差 ΔT_2 和热漏的增加，热流体温度一定的传热策略下的热流体温度升高；熵产生最小时热流体温度随时间呈非线性规律变化，当热漏和传热温差 ΔT_2 较大时，这种非线性特性较为显著。

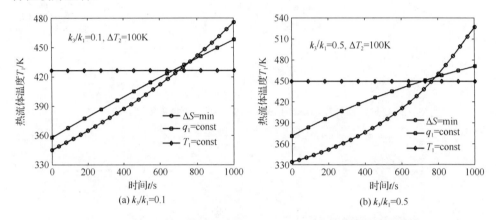

图 2.13 Dulong-Petit 传热规律下 $\Delta T_2 =100\text{K}$ 时热流体温度变化规律

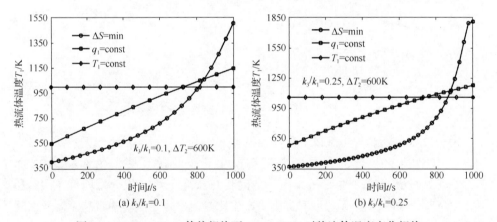

图 2.14 Dulong-Petit 传热规律下 $\Delta T_2 =600\text{K}$ 时热流体温度变化规律

由表 2.2 中 Dulong-Petit 传热规律下计算结果可见，当 $\Delta T_2 =100\text{K}$ 时，无热漏时最小熵产生和热流率一定两种传热策略熵产生几乎相等，热漏为 $k_3/k_1 =0.1$ 和 $k_3/k_1 =0.5$ 时最小熵产生比热流率一定传热策略下熵产生分别降低了 2% 和 18%；当 $\Delta T_2 =600\text{K}$ 时，无热漏最小熵产生比热流率一定的传热策略下熵产生降低了 3%，热漏为 $k_3/k_1 =0.1$ 和 $k_3/k_1 =0.25$ 时最小熵产生比热流率一定的传热策略下熵产生分别降低了 15% 和 37%；熵产生最小和热流率一定这两种策略均优于热流体温度一定的传热策略。

2.3.5.5 $[q \propto (\Delta(T^4))^{1.25}]$ 传热规律下的数值算例

此时有 $m_1 = m_3 = 1.25$ 和 $n_1 = n_3 = 4$。当 $\Delta T_2 = 100\text{K}$ 时取 $C_2/k_1 = 1 \times 10^{14} \text{K}^4 \text{s}$；当 $\Delta T_2 = 600\text{K}$ 时取 $C_2/k_1 = 6 \times 10^{14} \text{K}^4 \text{s}$。当 $\Delta T_2 = 100\text{K}$ 时和 $\Delta T_2 = 600\text{K}$ 时，分别取 $k_3/k_1 = 0.1$ 和 $k_3/k_1 = 0.5$。图 2.15 和图 2.16 为 $[q \propto (\Delta(T^4))^{1.25}]$ 传热规律下热流体温度随时间的变化规律。由图可见，当传热温差较小时，热流率一定下的热流体温度随时间呈线性规律变化，随着传热温差的增大，热流率一定下的热流体温度随时间呈非线性规律变化；随着传热温差 ΔT_2 和热漏的增加，热流体温度一定的传热策略下的热流体温度升高；熵产生最小时热流体温度随时间呈非线性变化，当热漏和传热温差 ΔT_2 较大时，这种非线性特性较为显著。

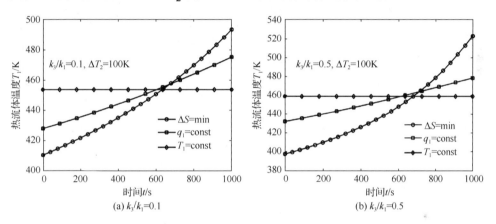

图 2.15 $[q \propto (\Delta(T^4))^{1.25}]$ 传热规律下 $\Delta T_2 = 100\text{K}$ 时热流体温度变化规律

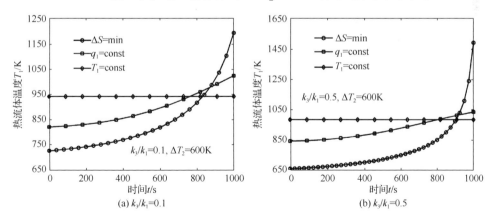

图 2.16 $[q \propto (\Delta(T^4))^{1.25}]$ 传热规律下 $\Delta T_2 = 600\text{K}$ 时热流体温度变化规律

由表 2.2 中[$q \propto (\Delta(T^4))^{1.25}$]传热规律下计算结果可见，当$\Delta T_2 = 100$K 时，无热漏时最小熵产生和热流率一定的传热策略下熵产生几乎相等，热漏为$k_3/k_1 = 0.1$和$k_3/k_1 = 0.5$时最小熵产生比热流率一定的传热策略下熵产生分别降低了 1%和 3%；当$\Delta T_2 = 600$K 时，无热漏时最小熵产生比热流率一定传热策略下熵产生降低了 1%，热漏为$k_3/k_1 = 0.1$和$k_3/k_1 = 0.5$时最小熵产生比热流率一定传热策略下分别降低了 5%和 34%；同时熵产生最小和热流率一定这两种策略均优于热流体温度一定的传热策略。

表 2.2　各种传热规律下传热过程熵产生比较

m_1	n_1	m_3	n_3	ΔT_2 /K	k_3/k_1	$\Delta S_{q_1=\text{const}}/\Delta S_{\min}$	$\Delta S_{T_1=\text{const}}/\Delta S_{\min}$
1	1	1	1	100	0	1.00	1.08
					0.1	1.01	1.10
					0.5	1.08	1.21
				600	0	1.02	1.08
					0.1	1.06	1.14
					0.25	1.13	1.23
1	−1	1	−1	100	0	1.00	1.20
					0.1	1.01	1.23
					0.5	1.11	1.36
				600	0	1.00	1.55
					0.01	1.00	1.58
					0.05	1.02	1.51
1	4	1	4	100	0	1.00	1.01
					0.1	1.01	1.04
					0.5	1.05	1.10
				600	0	1.01	1.05
					0.1	1.05	1.13
					0.5	1.30	1.55
1.25	1	1.25	1	100	0	1.00	1.24
					0.1	1.02	1.35
					0.5	1.18	1.60
				600	0	1.03	1.41
					0.1	1.15	1.71
					0.25	1.37	2.03

续表

m_1	n_1	m_3	n_3	ΔT_2 /K	k_3/k_1	$\Delta S_{q_1=\text{const}}/\Delta S_{\min}$	$\Delta S_{T_1=\text{const}}/\Delta S_{\min}$
1.25	4	1.25	4	100	0	1.00	1.28
					0.1	1.01	1.05
					0.5	1.03	1.10
				600	0	1.01	1.52
					0.1	1.05	1.24
					0.5	1.34	1.93

2.3.5.6 混合传热规律下的数值算例

在混合传热规律下,考虑热、冷流体间传热和热漏分别服从辐射传热规律和牛顿传热规律,此时有 $m_1 = m_3 = n_3 = 1$ 和 $n_1 = 4$。当 $\Delta T_2 = 100\text{K}$ 和 $\Delta T_2 = 600\text{K}$ 时,分别取 $C_2/k_1 = 3 \times 10^{11}\text{K}^3\text{s}$ 和 $C_2/k_1 = 1 \times 10^{12}\text{K}^3\text{s}$;为分析热漏的影响,分别取 $C_2/k_3 = 1 \times 10^4\text{s}$ 和 $C_2/k_3 = 2 \times 10^3\text{s}$。图2.17和图2.18分别为混合传热规律下 $\Delta T_2 = 100\text{K}$ 和 $\Delta T_2 = 600\text{K}$ 时热流体温度随时间的变化规律。由图可见,当传热温差较小时,热流率一定下的热流体温度随时间呈线性规律变化,随着传热温差的增大,热流率一定下的热流体温度随时间呈非线性规律变化;随着传热温差 ΔT_2 和热漏的增加,热流体温度一定的传热策略下的热流体温度升高;熵产生最小时热流体温度随时间呈非线性规律变化,当热漏和传热温差 ΔT_2 较大时,这种非线性特性较为显著。

计算结果表明,当 $\Delta T_2 = 100\text{K}$ 时,无热漏时最小熵产生和热流率一定的传热策略下熵产生几乎相等,热漏为 $C_2/k_3 = 1 \times 10^4\text{s}$ 和 $C_2/k_3 = 2 \times 10^3\text{s}$ 时最小熵产生比热流率一定的传热策略下熵产生分别降低了1%和9%;当 $\Delta T_2 = 600\text{K}$ 时,无热

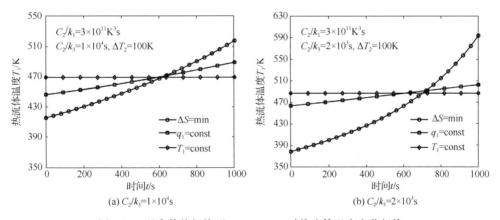

图2.17 混合传热规律下 $\Delta T_2 = 100\text{K}$ 时热流体温度变化规律

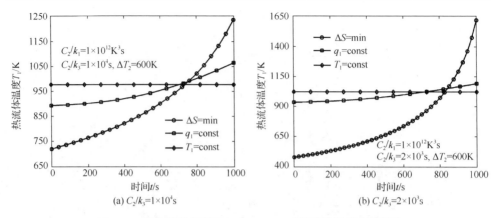

图 2.18 混合传热规律下 $\Delta T_2 = 600K$ 时热流体温度变化规律

漏时最小熵产生比热流率一定传热策略下熵产生降低了 1%，热漏为 $C_2/k_3 = 1 \times 10^4 s$ 和 $C_2/k_3 = 2 \times 10^3 s$ 时最小熵产生比热流率一定的传热策略下熵产生分别降低了 6%和 21%；同时熵产生最小和热流率一定这两种策略均优于热流体温度一定的传热策略。

2.3.5.7 几种特殊传热规律下优化结果的比较

牛顿传热规律下取 $C_2/k_1 = 1000s$，为了使不同的传热规律下传热流率具有可比性，C_2/k_1 根据具体的传热规律和温差 ΔT_2 的值进行相应的变化。当 $\Delta T_2 = 100K$ 和 $k_3/k_1 = 0.5$ 时，在线性唯象传热规律下取 $C_2/k_1 = -0.005K^{-2}s$，在辐射传热规律下取 $C_2/k_1 = 3 \times 10^{11} K^3 s$，在 Dulong-Petit 传热规律下取 $C_2/k_1 = 1500K^{1/4}s$，在 $[q \propto (\Delta(T^4))^{1.25}]$ 传热规律下取 $C_2/k_1 = 1 \times 10^{14} K^4 s$；当 $\Delta T_2 = 600K$ 和 $k_3/k_1 = 0.05$ 时，在线性唯象传热规律下取 $C_2/k_1 = -0.001K^{-2}s$，在辐射传热规律下取 $C_2/k_1 = 1 \times 10^{12} K^3 s$，在 Dulong-Petit 传热规律下取 $C_2/k_1 = 1500K^{1/4}s$，在 $[q \propto (\Delta(T^4))^{1.25}]$ 传热规律下取 $C_2/k_1 = 6 \times 10^{14} K^4 s$。

图 2.19(a) 和图 2.19(b) 分别为 $\Delta T_2 = 100K$ 和 $\Delta T_2 = 600K$ 时不同传热规律下熵产生最小时热流体温度最优变化规律。由图可见，线性唯象传热规律下传热过程前后热流体温度 T_1 变化最大，温度分布最不均匀；$[q \propto (\Delta(T^4))^{1.25}]$ 传热规律下热流体温度比辐射传热规律下分布要均匀，两者均比牛顿传热规律和 Dulong-Petit 传热规律下热流体温度分布要均匀。

由表 2.2 可见，各种传热规律下热流体温度一定的传热策略下传热过程熵产生大于热流率一定时的过程熵产生，并且其差值随着温差 ΔT_2 和热漏的增加而增加，因此热流率一定时传热策略优于热流体温度一定的传热策略。

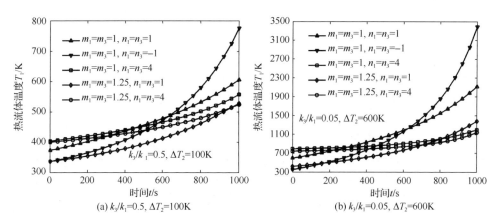

(a) $k_3/k_1=0.5, \Delta T_2=100\text{K}$　　(b) $k_3/k_1=0.05, \Delta T_2=600\text{K}$

图 2.19　不同传热规律下熵产生最小时热流体温度最优变化规律

2.4　普适传热规律下传热过程㶲耗散最小化

2.4.1　物理模型

本节的传热过程物理模型同 2.2.1 节相同，因此 2.2.1 节式(2.2.1)~式(2.2.3)也适用于本节。文献[20]~[22]定义了一物体所具有的热量传递的总能力——物理量㶲(E_h)：

$$E_h = Q_{vh}T/2 \tag{2.4.1}$$

式中，$Q_{vh} = Mc_vT$ 为物体的定容热容量；T 为物体温度。由式(2.4.1)得热、冷流体的㶲平衡方程分别为

$$\frac{1}{2}C_1T_{1,\text{inl}}^2 - \frac{1}{2}C_1T_{1,\text{out}}^2 = \int_0^\tau q_1(t)T_1(t)\mathrm{d}t \tag{2.4.2}$$

$$\frac{1}{2}C_2T_{2,\text{inl}}^2 + \int_0^\tau q_1(t)T_2(t)\mathrm{d}t = \frac{1}{2}C_2T_{2,\text{out}}^2 \tag{2.4.3}$$

将式(2.4.2)和式(2.4.3)相加得传热过程的㶲耗散函数 ΔE 为

$$\Delta E = \left(\frac{1}{2}C_1T_{1,\text{inl}}^2 + \frac{1}{2}C_2T_{2,\text{inl}}^2\right) - \left(\frac{1}{2}C_1T_{1,\text{out}}^2 + \frac{1}{2}C_2T_{2,\text{out}}^2\right) = \int_0^\tau q_1(t)[T_1(t)-T_2(t)]\mathrm{d}t \tag{2.4.4}$$

将式(2.2.1)代入式(2.4.4)得㶲耗散函数 ΔE 为[20-22]

$$\Delta E = \int_0^\tau k_1(T_1^n - T_2^n)^m (T_1 - T_2) \mathrm{d}t \tag{2.4.5}$$

由式(2.4.5)进一步得基于㶲耗散的传热过程当量热阻 R_E 为[20-22]

$$R_E = \frac{\Delta E}{Q_2^2} = \left[\int_0^\tau k_1(T_1^n - T_2^n)^m (T_1 - T_2) \mathrm{d}t\right] \Big/ \left[\int_0^\tau k_1(T_1^n - T_2^n)^m \mathrm{d}t\right] \tag{2.4.6}$$

由式(2.4.6)可见，在传热量 Q_2 一定的条件下，以传热过程㶲耗散最小为目标优化等价于以当量热阻 R_E 最小为目标优化，可见㶲耗散极值原理等价于最小热阻原理。由式(2.4.2)和式(2.4.3)可定义基于㶲的传热过程传热效率 η_E 为[20-22]

$$\eta_E = \Delta E_2 / \Delta E_1 = \Delta E_2 / (\Delta E_2 + \Delta E) \tag{2.4.7}$$

式中，ΔE_1 为热流体输出的总㶲流；ΔE_2 为冷流体得到的总㶲流；两者之差即传热过程的㶲耗散 ΔE。由式(2.4.3)可见，冷流体进口温度 $T_{2,\mathrm{inl}}$ 和出口温度 $T_{2,\mathrm{out}}$ 均给定，即冷流体的㶲变化率 ΔE_2 给定。由式(2.4.7)可见，在传热量 Q_2 一定的条件下，以㶲耗散最小为目标优化还等价于以传热效率 η_E 最大为目标优化。

综上所述，在总传热量 Q_2 一定的条件下传热过程㶲耗散 ΔE 越小，传热过程的热阻 R_E 越小，传热效率 η_E 越高，传热效果越好。

2.4.2 优化方法

现在的问题为在能量守恒方程式(2.2.2)的约束下求式(2.4.5)中 ΔE 最小化所对应的热、冷流体温度最优构型。将此优化问题转化为一类平均最优控制问题进行求解可简化问题的求解过程。式(2.2.2)变为

$$\int_{T_2(0)}^{T_2(\tau)} \{C_2 /[k_1(T_1^n - T_2^n)^m]\} \mathrm{d}T_2 = \tau \tag{2.4.8}$$

将式(2.2.2)代入式(2.4.4)得

$$\Delta E = \int_{T_2(0)}^{T_2(\tau)} C_2(T_1 - T_2) \mathrm{d}T_2 \tag{2.4.9}$$

现在的问题是在式(2.4.8)的约束下求式(2.4.9)中 ΔE 的最小值，建立变更的拉格朗日函数 L 如下：

$$L = C_2(T_1 - T_2) + \lambda C_2 /[k_1(T_1^n - T_2^n)^m] \tag{2.4.10}$$

式中，λ 为待定的拉格朗日常数，由极值条件 $\partial L/\partial T_1 = 0$ 得

$$T_1^n - T_2^n = aT_1^{(n-1)/(m+1)} \tag{2.4.11}$$

式中，$a = (\lambda mn/k_1)^{1/(m+1)}$ 也为待定积分常数，其值由冷流体初态温度 $T_2(0)$、终态温度 $T_2(\tau)$、传热幂指数 m 和 n 确定。由式(2.4.11)可见，普适传热规律 $[q \propto (\Delta(T^n))^m]$ 下传热过程㶲耗散最小时热、冷流体温度的 n 次幂之差与热流体的 $(n-1)/(m+1)$ 次幂之比为常数。将式(2.4.11)等号两边对时间 t 求导并经过整理得

$$\frac{dT_2}{dt} = \frac{[nT_1^{n-1} - (n-1)aT_1^{(n-m-2)/(m+1)}/(m+1)]}{n[T_1^n - aT_1^{(n-1)/(m+1)}]^{(n-1)/n}} \frac{dT_1}{dt} \tag{2.4.12}$$

将式(2.2.2)代入式(2.4.12)得

$$\frac{dT_1}{dt} = \frac{k_1 na^m[T_1^n - aT_1^{(n-1)/(m+1)}]^{(n-1)/n} T_1^{m(n-1)/(m+1)}/C_2}{nT_1^{n-1} - a(n-1)T_1^{(n-m-2)/(m+1)}/(m+1)} \tag{2.4.13}$$

式(2.4.11)和式(2.4.13)仅在少数传热规律下存在解析解，对于其他大多数情形，需要通过数值方法求解得到 $T_1(t)$ 与 $T_2(t)$，将其代入式(2.4.4)进行数值积分得传热过程的最小㶲耗散 $\Delta E_{\min}$。

2.4.3 特例分析

除了㶲耗散最小的传热策略，实际中还可能存在热流体温度一定、热流率一定和熵产生最小的传热策略。对于这些传热策略，2.2 节中有详细的描述，此处不再赘述。同时为便于比较，对于各种特殊传热规律下四种不同传热策略的解析结果，将在数值算例部分以列表的方式一并给出。

2.4.3.1 广义辐射传热规律下的优化结果

当 $m=1$ 时，即高、低温侧流体间传热服从广义辐射传热规律 $[q \propto \Delta(T^n)]$，式(2.4.11)和式(2.4.13)分别变为

$$T_1^n - T_2^n = aT_1^{(n-1)/2} \tag{2.4.14}$$

$$\frac{dT_1}{dt} = \frac{k_1 na[T_1^n - aT_1^{(n-1)/2}]^{(n-1)/n} T_1^{(n-1)/2}/C_2}{nT_1^{n-1} - a(n-1)T_1^{(n-3)/2}/2} \tag{2.4.15}$$

由式(2.4.14)可见，广义辐射传热规律下传热过程㶲耗散最小时传热过程热流率

$q_1(T_1,T_2)$ 与热流体温度 T_1 的 $(n-1)/2$ 次幂之比为常数。

(1) 若进一步有 $n=1$，式 (2.4.14) 和式 (2.4.15) 变为牛顿传热规律下的研究结果，此时对应于传热过程㶲耗散最小化时热、冷流体温度差为常数，与温差场均匀性原则[15-17]相一致。

(2) 若进一步有 $n=-1$，式 (2.4.14) 和式 (2.4.15) 变为线性唯象传热规律下的研究结果，此时对应于传热过程㶲耗散最小化时的热、冷流体温度比为常数。

(3) 若进一步有 $n=4$，式 (2.4.14) 和式 (2.4.15) 变为辐射传热规律下的优化结果，此时对应于传热过程㶲耗散最小化时的热流率与热流体温度的 3/2 次幂之比为常数。

2.4.3.2 广义对流传热规律下的优化结果

当 $n=1$ 时，即热、冷流体间传热服从广义对流传热规律[$q \propto (\Delta T)^m$]，式 (2.4.11) 和式 (2.4.13) 分别变为

$$T_1 - T_2 = a \tag{2.4.16}$$

$$dT_1/dt = k_1 a^m / C_2 \tag{2.4.17}$$

由式 (2.4.16) 可见，广义对流传热规律[$q \propto (\Delta T)^m$]下传热过程㶲耗散最小化时热、冷流体温度差或热流率 $q_1(T_1,T_2)$ 随时间保持为常数，与温差场均匀性原则[15-17]相一致。由于冷流体初态温度 $T_2(0)$ 和末态温度 $T_2(\tau)$ 均已知，由式 (2.4.16) 和式 (2.4.17) 得冷流体温度 $T_2(t)$ 和热流体温度 $T_1(t)$ 分别为

$$T_2(t) = T_2(0) + \Delta T_2 t/\tau \tag{2.4.18}$$

$$T_1(t) = T_2(0) + \Delta T_2 t/\tau + [C_2 \Delta T_2/(k_1\tau)]^{1/m} \tag{2.4.19}$$

将式 (2.4.18) 和式 (2.4.19) 代入式 (2.4.4) 得传热过程最小㶲耗散 $\Delta E_{\min}$ 为

$$\Delta E_{\min} = (C_2 \Delta T_2)^{(m+1)/m}/(k_1\tau)^{1/m} \tag{2.4.20}$$

(1) 若进一步有 $m=1$，式 (2.4.18)~式 (2.4.20) 变为牛顿传热规律下的优化结果。

(2) 若进一步有 $m=1.25$，式 (2.4.18)~式 (2.4.20) 变为 Dulong-Petit 传热规律下的优化结果。

2.4.3.3 传热过程㶲耗散率为常数

由式 (2.4.5) 和式 (2.4.14) 得传热过程的㶲耗散率 $\dot{E}_{\mathrm{dis}}$ 为

$$\dot{E}_{\text{dis}} = ak_1 T_1^{m(n-1)/(m+1)} [T_1 - (T_1^n - aT_1^{(n-1)/(m+1)})^{1/n}] \qquad (2.4.21)$$

由式(2.4.21)可见，当且仅当 $n=1$ 时，有 $\dot{E}_{\text{dis}} = \text{const}$ 成立，可见对应于传热过程㶲耗散最小时㶲耗散率为常数，在广义对流传热规律[$q \propto (\Delta T)^m$]($m \neq -1$)下均成立。

2.4.4 数值算例与讨论

计算参数的取值与 2.2.5 节相同。

2.4.4.1 牛顿传热规律下的数值算例

表 2.3 给出了牛顿传热规律下各种传热策略的参数关系。由表可见，以㶲耗散最小为目标优化的结果与热流率一定的传热策略相一致，而以熵产生最小为目标的优化结果为热、冷流体温度比为常数，两者得到的结论是显著不同的。

表 2.3 牛顿传热规律下各种传热策略

情形	热流体温度一定（$T_1 = \text{const}$）	热流率一定（$q_1 = \text{const}$）
热流体温度 $T_1(t)$	$T_1 = \dfrac{T_2(\tau) - T_2(0)\exp(-k_1\tau/C_2)}{1 - \exp(-k_1\tau/C_2)}$	$T_1(t) = T_2(0) + \dfrac{C_2 \Delta T_2}{k_1 \tau} + \dfrac{\Delta T_2 t}{\tau}$
冷流体温度 $T_2(t)$	$T_2(t) = T_1 - [T_1 - T_2(0)]\exp(-k_1 t/C_2)$	$T_2(t) = T_2(0) + \Delta T_2 t/\tau$
熵产生 ΔS	$\Delta S = C_2 \left\{ \ln\left[\dfrac{T_2(\tau)}{T_2(0)}\right] - \dfrac{\Delta T_2}{T_1} \right\}$	$\Delta S = C_2 \left\{ \ln\left[\dfrac{T_2(\tau)}{T_2(0)}\right] - \ln\left[\dfrac{T_1(\tau)}{T_1(0)}\right] \right\}$
㶲耗散 ΔE	$\Delta E = C_2[T_1 - T_2(0)]^2 [1 - \exp(-2k_1\tau/C_2)]/2$	$\Delta E = C_2^2 (\Delta T_2)^2 / k_1 \tau$
情形	熵产生最小（$\Delta S = \min$）[352,353]	㶲耗散最小（$\Delta E = \min$）
热流体温度 $T_1(t)$	$T_1(t) = T_2(0)\left[1 + \dfrac{C_2}{k_1\tau}\ln\dfrac{T_2(\tau)}{T_2(0)}\right][T_2(\tau)/T_2(0)]^{t/\tau}$	$T_1(t) = T_2(0) + \dfrac{C_2 \Delta T_2}{k_1 \tau} + \dfrac{\Delta T_2 t}{\tau}$
冷流体温度 $T_2(t)$	$T_2(t) = T_2(0)[T_2(\tau)/T_2(0)]^{t/\tau}$	$T_2(t) = T_2(0) + \Delta T_2 t/\tau$
熵产生 ΔS	$\Delta S = C_2 \left[\ln\dfrac{T_2(\tau)}{T_2(0)}\right]^2 \bigg/ \left[\dfrac{k_1\tau}{C_2} + \ln\dfrac{T_2(\tau)}{T_2(0)}\right]$	$\Delta S = C_2 \left\{ \ln\left[\dfrac{T_2(\tau)}{T_2(0)}\right] - \ln\left[\dfrac{T_1(\tau)}{T_1(0)}\right] \right\}$
㶲耗散 ΔE	$\Delta E = \dfrac{[C_2 T_2(0)]^2}{2k_1\tau} \ln\left[\dfrac{T_2(\tau)}{T_2(0)}\right] \left\{ \left[\dfrac{T_2(\tau)}{T_2(0)}\right]^2 - 1 \right\}$	$\Delta E = C_2^2 (\Delta T_2)^2 / k_1 \tau$

图 2.20 为牛顿传热规律下各种传热策略的热流体温度变化规律。由图可见，当传热量较小时即 $\Delta T_2 = 100\text{K}$，㶲耗散最小时热流体温度随时间呈线性变化，熵产生最小时的热流体温度呈近似线性变化并且与㶲耗散最小时的优化结果较为接近；当传热量较大时即 $\Delta T_2 = 600\text{K}$，两个不同优化目标下热流体温度最优构型存

在明显不同。

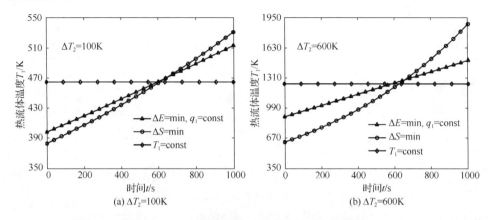

图 2.20　牛顿传热规律下热流体温度变化规律

表 2.4 给出了相应的各种传热策略下的部分参数计算结果。由表可见，当 $\Delta T_2=100\text{K}$ 时，㶲耗散最小与熵产生最小两种不同传热策略下熵产生和㶲耗散相差均小于 1%，热流体初态温度相差 13.7K，末态温度相差 15.1K；当 $\Delta T_2 = 600\text{K}$ 时，两者熵产生和㶲耗散分别相差 2.6%和 10.3%，热流体初态温度相差 270.4K，末态温度相差 388.8K；在四种不同传热策略中，热流体温度一定的传热策略熵产生与㶲耗散最大，因此这种传热策略下㶲损失最大，热量传递能力损失最大，传热效果最差。

表 2.4　牛顿传热规律下各种传热策略的结果比较

情形	$\Delta T_2=100\text{K}$				$\Delta T_2=600\text{K}$			
	$T_1(0)$ /K	$T_1(\tau)$ /K	$\Delta S/\Delta S_{\min}$	$\Delta E/\Delta E_{\min}$	$T_1(0)$ /K	$T_1(\tau)$ /K	$\Delta S/\Delta S_{\min}$	$\Delta E/\Delta E_{\min}$
$T_1=\text{const}$	458.2	458.2	1.085	1.907	1249.2	1249.2	1.086	1.085
$q_1=\text{const}$	400.0	500.0	1.005	1.000	900.0	1500.0	1.026	1.000
$\Delta S=\min$	386.3	515.1	1.000	1.007	629.6	1888.8	1.000	1.103
$\Delta E=\min$	400.0	500.0	1.005	1.000	900.0	1500.0	1.026	1.000

2.4.4.2　线性唯象传热规律下的数值算例

表 2.5 给出了线性唯象传热规律下各种传热策略的参数关系。由表可见，以㶲耗散最小为目标优化的结果为热、冷流体温度比为常数，而以熵产生最小为目标的优化结果与热流率一定的传热策略相一致，即热、冷流体温度倒数之差 $\Delta(T^{-1})$ 为常数[353,357,359,362,363]，两者得到的结论也存在显著不同。

表 2.5 线性唯象传热规律下各种传热策略

情形	热流体温度一定($T_1 = \text{const}$)	热流率一定($q_1 = \text{const}$)
热流体温度 $T_1(t)$	$T_1^2 \ln\left[\dfrac{T_1 - T_2(\tau)}{T_1 - T_2(0)}\right] + T_1 \Delta T_2 = -\dfrac{k_1 \tau}{C_2}$	$\dfrac{1}{T_1(t)} - \dfrac{1}{T_2(t)} = \dfrac{C_2 \Delta T_2}{k_1 \tau}$
冷流体温度 $T_2(t)$	$T_1^2 \ln\left[\dfrac{T_1 - T_2(t)}{T_1 - T_2(0)}\right] + T_1[T_2(t) - T_2(0)] = -\dfrac{k_1 t}{C_2}$	$T_2(t) = T(0) + \Delta T_2 t/\tau$
熵产生 ΔS	无解析解	$\Delta S = -C_2^2 (\Delta T_2)^2 / (k_1 \tau)$
㶲耗散 ΔE	无解析解	$\Delta E = C_2 \Delta T_2 \left[T(0) + \dfrac{\Delta T_2}{2} - \dfrac{k_1 \tau}{C_2 \Delta T_2}\right]$ $+ C_2 \left(\dfrac{k_1 \tau}{C_2 \Delta T_2}\right)^2 \ln \dfrac{T_2(\tau) + k_1 \tau/(C_2 \Delta T_2)}{T_2(0) + k_1 \tau/(C_2 \Delta T_2)}$

情形	熵产生最小($\Delta S = \min$)[353]	㶲耗散最小($\Delta E = \min$)
热流体温度 $T_1(t)$	$\dfrac{1}{T_1(t)} - \dfrac{1}{T_2(t)} = \dfrac{C_2 \Delta T_2}{k_1 \tau}$	$T_1(t) = \dfrac{\sqrt{\{[T_2(\tau)]^2 - [T_2(0)]^2\} t/\tau + [T_2(0)]^2}}{1 + C_2 \{[T_2(\tau)]^2 - [T_2(0)]^2\}/(2k_1\tau)}$
冷流体温度 $T_2(t)$	$T_2(t) = T(0) + \Delta T_2 t/\tau$	$T_2(t) = \sqrt{\{[T_2(\tau)]^2 - [T_2(0)]^2\} t/\tau + [T_2(0)]^2}$
熵产生 ΔS	$\Delta S = -C_2^2 (\Delta T_2)^2/(k_1 \tau)$	$\Delta S = -\dfrac{C_2^2 \{[T_2(\tau)]^2 - [T_2(0)]^2\}}{2 k_1 \tau} \ln \dfrac{T_2(\tau)}{T_2(0)}$
㶲耗散 ΔE	$\Delta E = C_2 \Delta T_2 \left[T_2(0) + \dfrac{\Delta T_2}{2} - \dfrac{k_1 \tau}{C_2 \Delta T_2}\right]$ $+ C_2 \left(\dfrac{k_1 \tau}{C_2 \Delta T_2}\right)^2 \ln \dfrac{T_2(\tau) + k_1\tau/(C_2 \Delta T_2)}{T_2(0) + k_1\tau/(C_2 \Delta T_2)}$	$\Delta E = -\dfrac{\{[T_2(\tau)]^2 - [T_2(0)]^2\}^2 C_2^2/(4k_1 \tau)}{1 + C_2 \{[T_2(\tau)]^2 - [T_2(0)]^2\}/(2k_1 \tau)}$

图 2.21 给出了线性唯象传热规律下 $\Delta T_2 = 100\text{K}$ 和 $\Delta T_2 = 600\text{K}$ 时各种传热策略的热流体温度变化规律。由图可见，当传热量较小时即 $\Delta T_2 = 100\text{K}$，熵产生最小和㶲耗散最小时的热流体温度均呈近似线性变化并且两者的优化结果较为接近；当传热量较大时即 $\Delta T_2 = 600\text{K}$，两个不同优化目标下热流体温度最优构型存在明显不同。

表 2.6 给出了相应的各种传热策略下的部分参数计算结果。由表可知，当 $\Delta T_2 = 100\text{K}$ 时，㶲耗散最小与熵产生最小两种不同传热策略下熵产生和㶲耗散相差小于 1%，热流体初态温度相差 10.7K，末态温度相差 15.2K；而当 $\Delta T_2 = 600\text{K}$ 时，两者熵产生和㶲耗散分别相差 11%和 21.8%，热流体初态温度相差 102.9K，末态温度相差 450.2K；与牛顿传热规律下所得结论一样，热流体温度一定传热策略㶲损失最大，热量传递能力损失最大，传热效果最差。

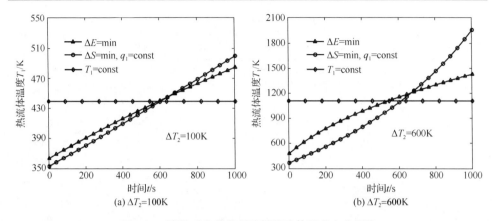

(a) $\Delta T_2=100\text{K}$ (b) $\Delta T_2=600\text{K}$

图 2.21 线性唯象传热规律下热流体温度变化规律

表 2.6 线性唯象传热规律下各种传热策略的结果比较

情形	$\Delta T_2 = 100\text{K}$				$\Delta T_2 = 600\text{K}$			
	$T_1(0)$ /K	$T_1(\tau)$ /K	$\Delta S / \Delta S_{\min}$	$\Delta E / \Delta E_{\min}$	$T_1(0)$ /K	$T_1(\tau)$ /K	$\Delta S / \Delta S_{\min}$	$\Delta E / \Delta E_{\min}$
$T_1 = \text{const}$	439.4	439.4	1.214	1.213	1108.6	1108.6	1.618	1.542
$q_1 = \text{const}$	352.9	500.0	1.000	1.010	365.9	1956.5	1.000	1.218
$\Delta S = \min$	352.9	500.0	1.000	1.010	365.9	1956.5	1.000	1.218
$\Delta E = \min$	363.6	484.8	1.007	1.000	468.8	1406.3	1.110	1.000

2.4.4.3 辐射传热规律下的数值算例

辐射传热规律下对应于㶲耗散最小时的最佳热、冷流体温度需要用数值方法计算。表 2.7 给出了辐射传热规律下各种传热策略的参数关系，其中辐射传热规律下对应于熵产生最小[353]和㶲耗散最小时的优化问题不存在解析解，因此在表中未给出。

图 2.22 给出了辐射传热规律下各种传热策略的热流体温度变化规律。由图可见，不同的传热策略下热流体变化规律也不同，但与牛顿和线性唯象传热规律下的结果相比，各种传热策略下热流体温度变化规律的差别减少了。

表 2.7 辐射传热规律下各种传热策略

情形	热流体温度一定（$T_1 = \text{const}$）	热流率一定（$q_1 = \text{const}$）
热流体温度 $T_1(t)$	$\dfrac{4k_1 T_1^3 \tau}{C_2} = \ln\left\{\dfrac{[T_1+T_2(\tau)][T_1-T_2(0)]}{[T_1+T_2(0)][T_1-T_2(\tau)]}\right\}$ $+ 2\arctan\left[\dfrac{T_2(\tau)}{T_1}\right] - 2\arctan\left[\dfrac{T_2(0)}{T_1}\right]$	$T_1(t) = \left\{\left[T(0) + \dfrac{\Delta T_2 t}{\tau}\right]^4 + \dfrac{C_2 \Delta T_2}{k_1 \tau}\right\}^{1/4}$

续表

情形	热流体温度一定（$T_1 = \text{const}$）	热流率一定（$q_1 = \text{const}$）
冷流体温度 $T_2(t)$	$\dfrac{4k_1 T_1^3 t}{C_2} = \ln\left\{\dfrac{[T_1+T_2(t)][T_1-T_2(0)]}{[T_1+T_2(0)][T_1-T_2(t)]}\right\} + 2\arctan\left[\dfrac{T_2(t)}{T_1}\right] - 2\arctan\left[\dfrac{T_2(0)}{T_1}\right]$	$T_2(t) = T_2(0) + \Delta T_2 t/\tau$
熵产生 ΔS	无解析解	无解析解
㶲耗散 ΔE	无解析解	无解析解

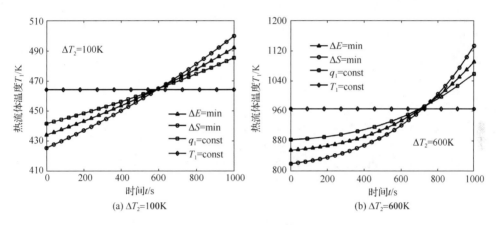

图 2.22 辐射传热规律下热流体温度变化规律

表 2.8 给出了相应的各种传热策略下的部分参数计算结果。由表可知，当 $\Delta T_2 = 100\text{K}$ 时，热流率一定、熵产生最小、㶲耗散最小等三种传热策略下熵产生和㶲耗散相差均小于 1%，热流体初态温度相差不大于 15.9K，末态温度相差不大于 14.9K；而当 $\Delta T_2 = 600\text{K}$ 时，三者熵产生相差也小于 1%，㶲耗散相差不超过 1.1%，热流体初态温度相差最大为 61.9K，末态温度相差最大为 74.7K；与牛顿和线性唯象传热规律下所得结论一样，热流体温度一定的传热策略㶲损失最大，热量传递能力损失最大，传热效果最差。

表 2.8 辐射传热规律下各种传热策略的结果比较

情形	$\Delta T_2 = 100\text{K}$				$\Delta T_2 = 600\text{K}$			
	$T_1(0)$ /K	$T_1(\tau)$ /K	$\Delta S/\Delta S_{\min}$	$\Delta E/\Delta E_{\min}$	$T_1(0)$ /K	$T_1(\tau)$ /K	$\Delta S/\Delta S_{\min}$	$\Delta E/\Delta E_{\min}$
$T_1 = \text{const}$	464.4	464.4	1.024	1.027	965.7	965.7	1.053	1.080
$q_1 = \text{const}$	441.8	485.6	1.002	1.001	883.1	1058.7	1.007	1.002
$\Delta S = \min$	425.9	500.5	1.000	1.005	821.2	1133.4	1.000	1.011
$\Delta E = \min$	434.3	492.2	1.002	1.000	856.7	1090.1	1.002	1.000

2.4.4.4 Dulong-Petit 传热规律 [$q \propto (\Delta T)^{1.25}$] 下的数值算例

表 2.9 给出了 Dulong-Petit 传热规律下各种传热策略的参数关系，其中 Dulong-Petit 传热规律下对应于熵产生最小时的优化问题不存在解析解，㶲耗散最小最优传热策略与热流率一定的传热策略相同，因此在表 2.9 中未给出。

表 2.9 Dulong-Petit 传热规律下各种传热策略

情形	热流体温度一定（$T_1 = \text{const}$）	热流率一定（$q_1 = \text{const}$）
热流体温度 $T_1(t)$	$[T_1 - T_2(\tau)]^{-1/4} - [T_1 - T_2(0)]^{-1/4} = \dfrac{k_1 \tau}{4 C_2}$	$T_1(t) = [T_2(0) + \Delta T_2 t / \tau] + \left(\dfrac{C_2 \Delta T_2}{k_1 \tau}\right)^{4/5}$
冷流体温度 $T_2(t)$	$[T_1 - T_2(t)]^{-1/4} - [T_1 - T_2(0)]^{-1/4} = \dfrac{k_1 t}{4 C_2}$	$T_2(t) = T_2(0) + \Delta T_2 t / \tau$
熵产生 ΔS	无解析解	无解析解
㶲耗散 ΔE	无解析解	$\Delta E = (C_2 \Delta T_2)^{9/5} / (k_1 \tau)^{4/5}$

图 2.23 为 Dulong-Petit 传热规律下热流体温度变化规律。表 2.10 给出了该传热规律下不同传热策略的传热过程的比较结果。由图和表可见，㶲耗散最小传热策略与热流率一定的传热策略相一致，热流率一定的传热策略优于热流体温度一定的传热策略；当 $\Delta T_2 = 100\text{K}$ 时，热流体温度一定的传热策略下熵产生和㶲耗散比最小熵产生和最小㶲耗散分别增加了 24.1% 和 28.8%，当 $\Delta T_2 = 600\text{K}$ 时，相对增加量分别变为 41.2% 和 54.9%；无论是以熵产生还是以㶲耗散作为评价准则，热流率一定的传热策略均优于热流体温度一定的传热策略。与熵产生最小的传热策略相比较，㶲耗散最小传热策略下热流体温度随时间是线性增加变化的，更易于工程实现。

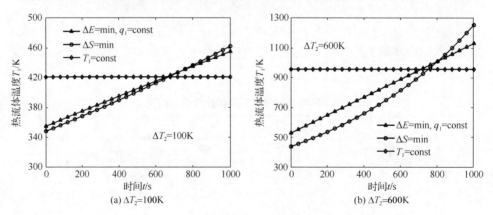

(a) $\Delta T_2 = 100\text{K}$ (b) $\Delta T_2 = 600\text{K}$

图 2.23 Dulong-Petit 传热规律下热流体温度变化规律

表 2.10 Dulong-Petit 传热规律下各种传热策略的结果比较

情形	$\Delta T_2 = 100K$				$\Delta T_2 = 600K$			
	$T_1(0)$ /K	$T_1(\tau)$ /K	$\Delta S/\Delta S_{min}$	$\Delta E/\Delta E_{min}$	$T_1(0)$ /K	$T_1(\tau)$ /K	$\Delta S/\Delta S_{min}$	$\Delta E/\Delta E_{min}$
T_1 = const	420.8	420.8	1.241	1.288	956.8	956.8	1.412	1.549
q_1 = const	355.1	455.0	1.004	1.000	530.9	1130.9	1.029	1.000
ΔS = min	348.4	462.3	1.000	1.006	439.4	1253.9	1.000	1.081
ΔE = min	355.1	455.0	1.004	1.000	530.9	1130.9	1.029	1.000

2.4.4.5 $[q \propto (\Delta(T^4))^{1.25}]$传热规律下的数值算例

此时 $m=1.25$，$n=4$，当 $\Delta T_2 = 100K$ 时取 $C_2/k_1 = 1 \times 10^{14} K^4 s$，当 $\Delta T_2 = 600K$ 时取 $C_2/k_1 = 6 \times 10^{14} K^4 s$。图 2.24 分别为$[q \propto (\Delta(T^4))^{1.25}]$传热规律下 $\Delta T_2 = 100K$ 和 $\Delta T_2 = 600K$ 时热流体温度变化规律。表 2.11 给出了该传热规律下不同传热策略的传热过程的比较结果。由表可见，$\Delta T_2 = 100K$ 时，热流体温度一定和热流率一定的传热策略下熵产生与最小熵产生分别相差 2.8%和 0.2%，两者的㶲耗散与最小㶲耗散分别相差 3.1%和 0.1%；当 $\Delta T_2 = 600K$ 时，热流体温度一定和热流率一定的传热策略与熵产生最小传热策略下的熵产生分别相差 5.2%和 1.1%，两者与㶲耗散最小传热策略的㶲耗散分别相差 8.7%和 0.3%。可见，无论是以㶲耗散最小还是以熵产生最小作为评价准则，热流率一定的传热策略均优于热流体温度一定的传热策略。

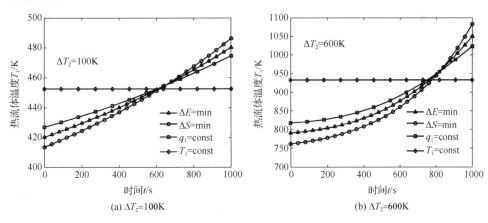

图 2.24 $[q \propto (\Delta(T^4))^{1.25}]$传热规律下热流体温度变化规律

表 2.11 [$q \propto (\Delta(T^4))^{1.25}$]传热规律下各种传热策略的结果比较

情形	$\Delta T_2 = 100$K				$\Delta T_2 = 600$K			
	$T_1(0)$ /K	$T_1(\tau)$ /K	$\Delta S / \Delta S_{min}$	$\Delta E / \Delta E_{min}$	$T_1(0)$ /K	$T_1(\tau)$ /K	$\Delta S / \Delta S_{min}$	$\Delta E / \Delta E_{min}$
$T_1 = $ const	451.3	451.3	1.028	1.031	947.2	947.2	1.052	1.087
$q_1 = $ const	426.9	474.4	1.002	1.001	818.9	1022.8	1.011	1.003
$\Delta S = $ min	413.6	486.2	1.000	1.004	763.0	1083.2	1.000	1.012
$\Delta E = $ min	420.3	480.3	1.002	1.000	792.3	1050.6	1.003	1.000

2.4.4.6 几种特殊传热规律下优化结果的比较

本节各种特殊传热规律下的参数取值与 2.2.5.3 节的相同。图 2.25(a) 和图 2.26(b) 分别为 $\Delta T_2 = 100$K 和 $\Delta T_2 = 600$K 时不同传热规律㶲耗散最小传热策略下热流体温度随时间的最优变化规律。由图可见，牛顿传热规律和 Dulong-Petit 传热规律下热流体温度均随时间呈线性变化，线性唯象传热规律下热流体温度随时间的变化曲线是上凸的，辐射传热规律和[$q \propto (\Delta(T^4))^{1.25}$]传热规律下热流体温度随时间的变化曲线是下凹的；各种传热规律下的差别随着传热量的增大而增大。由此可见，传热规律影响传热过程㶲耗散最小时热流体温度最优构型。

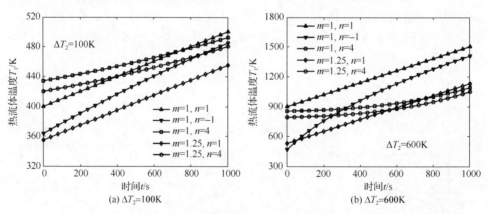

图 2.25 不同传热规律下㶲耗散最小时热流体温度最优变化规律

2.5 传热过程㶲耗散最小逆优化

2.5.1 物理模型

2.2 节~2.4 节均是在已知具体传热规律条件下寻求传热过程特定优化目标下

的热、冷流体最优温度分布，反过来，若已知传热过程的流体温度分布规律，能否寻求最优解为该流体温度分布规律时传热规律所具有的普适特征呢？在数学上，这类研究问题称为逆最优控制问题[376, 377]。Kolin'Ko 和 Tsirlin[376]和 Tsirlin 等[377]研究了对应于传热过程最小熵产生的温度差为常数时的传热规律所具有的普适特征。本节将进一步以㶲耗散最小为目标对传热过程进行研究，并寻求各种特定温度分布规律下传热规律所具有的普适特征。传热过程传热规律 $q(T_1,T_2)$ 未知，满足条件：①当 $T_1>T_2$ 时，有 $q_1(T_1,T_2)>0$；②当 $T_1<T_2$ 时，有 $q_1(T_1,T_2)<0$；③当 $T_1=T_2$ 时，有 $q_1(T_1,T_2)=0$。由式(2.4.4)得传热过程的㶲耗散函数为

$$\Delta E = \int_0^\tau q_1(T_1,T_2)(T_1-T_2)\mathrm{d}t \tag{2.5.1}$$

相应的约束条件为

$$\int_0^\tau q_1(T_1,T_2)\mathrm{d}t = Q_2, \quad C_2\mathrm{d}T_2/\mathrm{d}t = q_1(T_1,T_2) \tag{2.5.2}$$

式(2.5.2)第一项表示传热过程总传热量给定，第二项表示传热过程满足热力学第一定律。

2.5.2 优化方法

现在的问题为在能量守恒方程式(2.5.2)的约束下求使式(2.5.1)中 ΔE 最小化所对应的热、冷流体温度最优构型。式(2.5.2)变为

$$\int_{T_2(0)}^{T_2(\tau)}[C_2/q_1(T_1,T_2)]\mathrm{d}T_2 = \tau \tag{2.5.3}$$

式中，$T_2(0)$ 和 $T_2(\tau)$ 分别为冷流体的传热过程初态和末态温度。将式(2.5.2)代入式(2.5.1)得

$$\Delta E = \int_{T_2(0)}^{T_2(\tau)} C_2(T_1-T_2)\mathrm{d}T_2 \tag{2.5.4}$$

优化问题最终变为在式(2.5.3)的约束下求式(2.5.4)中的 ΔE 最小值，建立拉格朗日函数如下：

$$L = C_2(T_1-T_2) + \lambda C_2/q_1(T_1,T_2) \tag{2.5.5}$$

式中，λ 为待定的拉格朗日常数，由极值条件 $\partial L/\partial T_1=0$ 得

$$y_1(T_1,T_2) = \frac{1}{q_1^2(T_1,T_2)} \frac{\partial q_1}{\partial T_1} = \text{const} \tag{2.5.6}$$

2.5.3 特例分析与讨论

过增元等[15-17]提出并验证了传热过程的温差场均匀性原则，由2.4.3.2节可知广义对流传热规律下传热过程㶲耗散最小时热、冷流体温度差为常数，与温差场均匀性原则相一致。本节将以温度差为常数、热流率为常数以及㶲耗散率为常数等三种温度分布规律为例寻求其对应于传热过程㶲耗散最小时的传热规律普适特征。

2.5.3.1 温度差一定

传热过程温度差为常数，则有

$$T_1 - T_2 = \text{const} \tag{2.5.7}$$

对比式(2.5.6)和式(2.5.7)得 $y_1 = y_1(T_1 - T_2)$，必有如下关系式成立：

$$\frac{\partial y_1}{\partial T_1} + \frac{\partial y_1}{\partial T_2} = 0 \tag{2.5.8}$$

将式(2.5.6)对温度T_1和T_2分别求导得

$$\frac{\partial y_1}{\partial T_1} = \frac{1}{q_1^2(T_1,T_2)} \frac{\partial^2 q_1}{\partial T_1 \partial T_1} - \frac{2}{q_1^3(T_1,T_2)} \left(\frac{\partial q_1}{\partial T_1}\right)^2 \tag{2.5.9}$$

$$\frac{\partial y_2}{\partial T_2} = \frac{1}{q_1^2(T_1,T_2)} \frac{\partial^2 q_1}{\partial T_1 \partial T_2} - \frac{2}{q_1^3(T_1,T_2)} \frac{\partial q_1}{\partial T_1} \frac{\partial q_1}{\partial T_2} \tag{2.5.10}$$

联立式(2.5.8)~式(2.5.10)得

$$\frac{\partial^2 q_1}{\partial T_1 \partial T_1} + \frac{\partial^2 q_1}{\partial T_1 \partial T_2} = \frac{2}{q_1(T_1,T_2)} \frac{\partial q_1}{\partial T_1} \left(\frac{\partial q_1}{\partial T_1} + \frac{\partial q_1}{\partial T_2}\right) \tag{2.5.11}$$

式(2.5.11)进一步变为

$$\frac{\partial}{\partial T_1}\left(\frac{\partial q_1}{\partial T_1} + \frac{\partial q_1}{\partial T_2}\right) = \frac{2}{q_1(T_1,T_2)} \frac{\partial q_1}{\partial T_1} \left(\frac{\partial q_1}{\partial T_1} + \frac{\partial q_1}{\partial T_2}\right) \tag{2.5.12}$$

由式(2.5.12)得

$$\frac{\partial}{\partial T_1}\left(\ln\left|\frac{\partial q_1}{\partial T_1}+\frac{\partial q_1}{\partial T_2}\right|\right)=2\frac{\partial(\ln q_1)}{\partial T_1} \tag{2.5.13}$$

进一步得

$$\frac{\partial}{\partial T_1}\ln\left|\left(\frac{\partial q_1}{\partial T_1}+\frac{\partial q_1}{\partial T_2}\right)\bigg/q_1^2\right|=0 \tag{2.5.14}$$

由式(2.5.14)可见，偏微分号下的函数必为温度 T_2 的连续函数，得

$$\ln\left|\left(\frac{\partial q_1}{\partial T_1}+\frac{\partial q_1}{\partial T_2}\right)\bigg/q_1^2\right|=y_2(T_2) \tag{2.5.15}$$

式中，$y_2(T_2)$ 表示自变量为 T_2 的任意函数。根据文献[376]和[377]可知，式(2.5.15)可采用特征值法求解，式(2.5.15)可分解为如下三个微分等式：

$$\dot{T}_1=1,\ \dot{T}_2=1,\ \dot{q}_1=y_2(T_2)q_1^2 \tag{2.5.16}$$

式(2.5.16)的解为如下等式：

$$T_1(t)=t+a_1,\quad T_2=t+a_2 \tag{2.5.17}$$

$$q_1(t)=1\bigg/\left[a_3-\int y_2(t+a_2)\mathrm{d}t\right] \tag{2.5.18}$$

式中，a_1、a_2 和 a_3 均为待定积分常数，令 $a_3=y_3(T_1-T_2)$ 表示常数 T_1-T_2 的任意函数，联立式(2.5.17)和式(2.5.18)消去 t 和 $\mathrm{d}t$ 得

$$q_1(T_1,T_2)=1\bigg/\left[y_3(T_1-T_2)-\int y_2(T_2)\mathrm{d}T_2\right] \tag{2.5.19}$$

进一步令 $y_4(T_2)=\int y_2(T_2)\mathrm{d}T_2$ 和 $y_5(T_1-T_2)=1/y_3(T_1-T_2)$，式(2.5.19)变为

$$q_1(T_1,T_2)=\frac{y_5(T_1-T_2)}{1-y_4(T_2)y_5(T_1-T_2)} \tag{2.5.20}$$

由式(2.5.20)可见，对应于传热过程㶲耗散最小时温度差为常数不仅在牛顿传热规律[$q\propto\Delta T$]下成立，而且在广义对流传热规律[$q\propto(\Delta T)^m$]和{$q\propto[(\Delta T)+(\Delta T)^m]$}传热规律下均成立。

2.5.3.2 热流率一定

传热过程热流率为常数,则有

$$q_1(T_1, T_2) = \text{const} \tag{2.5.21}$$

对比式(2.5.6)和式(2.5.21)可见,必有如下关系式成立:

$$\frac{\partial^2 q_1}{\partial T_1 \partial T_1} \bigg/ \frac{\partial^2 q_1}{\partial T_1 \partial T_2} = \frac{\partial q_1}{\partial T_1} \bigg/ \frac{\partial q_1}{\partial T_2} \tag{2.5.22}$$

式(2.5.22)进一步变为

$$\frac{\partial}{\partial T_1} \ln \left| \frac{\partial q_1}{\partial T_1} \bigg/ \frac{\partial q_1}{\partial T_2} \right| = 0 \tag{2.5.23}$$

由式(2.5.23)进一步得

$$\frac{\partial q_1}{\partial T_1} \bigg/ \frac{\partial q_1}{\partial T_2} = y_2(T_2) \tag{2.5.24}$$

$y_2(T_2)$ 表示自变量 T_2 的任意函数,式(2.5.24)变为

$$\frac{\partial q_1}{\partial T_1} - y_2(T_2) \frac{\partial q_1}{\partial T_2} = 0 \tag{2.5.25}$$

相应地,式(2.5.25)的特征方程为

$$\dot{T}_1 = 1, \quad \dot{T}_2 = -y_2(T_2) \tag{2.5.26}$$

由式(2.5.26)得

$$T_1(t) = a_1 + t, \quad y_3(T_2) = a_2 + t \tag{2.5.27}$$

式中,a_1 和 a_2 为待定积分常数,函数 $y_3(T_2)$ 对温度 T_2 的导数满足下式:

$$\mathrm{d}y_3 / \mathrm{d}T_2 = -1 / y_2(T_2) \tag{2.5.28}$$

由式(2.5.27)消掉 t 得

$$T_1 - y_3(T_2) = a_1 - a_2 = \text{const} \tag{2.5.29}$$

因此式(2.5.25)的通解为

$$q(T_1,T_2) = y_4[T_1 - y_3(T_2)] \tag{2.5.30}$$

由于热流率需满足当 $T_1 = T_2$ 时，$q_1(T_1,T_2) = 0$，显然传热过程传热规律 $q_1(T_1,T_2)$ 必满足下式：

$$q_1(T_1,T_2) = (T_1 - T_2)y_5(T_1 - T_2) \tag{2.5.31}$$

对比式(2.5.20)和式(2.5.31)得，因为式(2.5.20)包含式(2.5.31)，所以若传热过程㶲耗散最小时的热流率为常数，那么其温度差为常数，但反过来却不一定成立。

2.5.3.3 局部㶲耗散率一定

传热过程的局部㶲耗散率为常数，则有

$$q_1(T_1,T_2)(T_1 - T_2) = \text{const} \tag{2.5.32}$$

对比式(2.5.6)和式(2.5.32)可见，必有传热规律 $q_1(T_1,T_2)$ 满足如下关系式：

$$\frac{q_1 \dfrac{\partial^2 q_1}{\partial T_1 \partial T_1} - 2\left(\dfrac{\partial q_1}{\partial T_1}\right)^2}{q_1 \dfrac{\partial^2 q_1}{\partial T_1 \partial T_2} - 2\dfrac{\partial q_1}{\partial T_1}\dfrac{\partial q_1}{\partial T_2}} = \frac{\dfrac{\partial q_1}{\partial T_1}(T_1 - T_2) + q_1}{\dfrac{\partial q_1}{\partial T_2}(T_1 - T_2) - q_1} \tag{2.5.33}$$

式(2.5.33)为对应于传热过程㶲耗散最小时㶲耗散率为常数的传热规律所具有的一类普适特征。式(2.5.33)较为复杂，难以像前两种情形一样得到其解析解。将 $[q \propto (\Delta T)^m]$ 代入式(2.5.33)得等式成立，可见广义对流传热规律下传热过程㶲耗散最小时的㶲耗散率为常数，此即 2.4.3.3 节的研究结果。

2.6 热漏对传热过程㶲耗散最小化的影响

2.6.1 物理模型

物理模型和相关假设条件同 2.3.1 节，因此 2.3.1 节的式(2.3.1)~式(2.3.4)也适用于本节。类比 2.3.1 节传热过程熵产生分析，此时传热过程㶲耗散也主要包含两部分：一是热、冷流体间传热，二是冷流体与外界环境间的热漏，得

$$\Delta E = \int_0^\tau [q_1(T_1,T_2)(T_1-T_2) + q_3(T_3,T_2)(T_3-T_2)]\mathrm{d}t \tag{2.6.1}$$

2.6.2 优化方法

现在的问题为在式(2.3.3)和式(2.3.4)的约束下求式(2.6.1)中 ΔE 的最小值。本节优化方法与 2.3.1 节一样,均采用平均最优控制优化方法。将式(2.3.6)代入式(2.6.1)得

$$\Delta E = \int_{T_2(0)}^{T_2(\tau)} \frac{C_2\left[q_1(T_1,T_2)(T_1-T_2) + q_3(T_3,T_2)(T_3-T_2)\right]}{q_1(T_1,T_2) + q_3(T_3,T_2)} dT_2 \quad (2.6.2)$$

现在的问题为在式(2.3.4)和式(2.3.7)的约束下求式(2.6.2)的最小值,建立变更的拉格朗日函数如下:

$$L = \frac{C_2\left[q_1(T_1,T_2)(T_1-T_2) + q_3(T_3,T_2)(T_3-T_2) + \lambda_1\right]}{q_1(T_1,T_2) + q_3(T_3,T_2)} + \lambda_2 C_2 \quad (2.6.3)$$

式中,λ_1 和 λ_2 为拉格朗日乘子,均为待定常数。由极值条件 $\partial L/\partial T_1 = 0$ 得

$$q_1^2 \left/ \frac{\partial q_1}{\partial T_1} + q_3\left(q_1\left/\frac{\partial q_1}{\partial T_1}\right. + T_1 - T_3\right)\right. = \text{const} \quad (2.6.4)$$

将式(2.3.1)和式(2.3.2)代入式(2.6.4)得

$$k_1(T_1^{n_1} - T_2^{n_1})^{m_1+1}/(m_1 n_1 T_1^{n_1-1}) + k_3(T_3^{n_3} - T_2^{n_3})^{m_3}[(T_1^{n_1} - T_2^{n_1})/(m_1 n_1 T_1^{n_1-1}) + T_1 - T_3] = \text{const}$$

$$(2.6.5)$$

将式(2.6.5)两边同时对时间 t 求导得

$$\frac{dT_1}{dt} = \frac{T_1 \left\{ \begin{array}{l} k_1(m_1+1)(T_1^{n_1} - T_2^{n_1})^{m_1}(n_1 T_2^{n_1-1}) + k_3 n_1 T_2^{n_1-1}(T_3^{n_3} - T_2^{n_3})^{m_3} \\ + m_3 n_3 k_3 T_2^{n_3-1}(T_3^{n_3} - T_2^{n_3})^{m_3-1}\left[(1+m_1 n_1)T_1^{n_1} - T_2^{n_1} - m_1 n_1 T_1^{n_1-1} T_3\right] \end{array} \right\}}{\left[\begin{array}{l} k_1 n_1 T_1^{n_1}(m_1+1)(T_1^{n_1} - T_2^{n_1})^{m_1} \\ -k_1(n_1-1)(T_1^{n_1} - T_2^{n_1})^{m_1+1} + k_3 T_1^{n_1}(m_1 n_1+1)(T_3^{n_3} - T_2^{n_3})^{m_3} \end{array} \right]} \frac{dT_2}{dt}$$

$$(2.6.6)$$

若无热漏即 $q_3 = 0$,由式(2.6.5)得

$$(T_1^{n_1} - T_2^{n_1})/T_1^{(n_1-1)/(m_1+1)} = \text{const} \quad (2.6.7)$$

式(2.6.7)为 2.4.2 节普适传热规律[$q \propto (\Delta(T^n))^m$]下无热漏传热过程㶲耗散最小时的优化结果即式(2.4.11)。由式(2.6.5)和式(2.6.7)可见,有热漏和无热漏时传热过

程㶲耗散最小时热、冷流体温度间的最佳关系式是显著不同的,因此热漏影响传热过程㶲耗散最小时的流体温度最优构型。

2.6.3 特例分析

除了㶲耗散最小的传热策略,还有热流体温度 T_1 一定、热流率 $q_1(T_1,T_2)$ 一定以及熵产生最小最优传热策略。这三种传热策略在 2.3.3 节有较为详细的阐述,此处不再赘述。

2.6.3.1 广义辐射传热规律下的优化结果

当 $m_1 = m_3 = 1$ 时,即热流率 $q_1(T_1,T_2)$ 和热漏流率 $q_3(T_3,T_2)$ 均服从广义辐射传热规律 $[q \propto \Delta(T^n)]$,式(2.3.3)和式(2.6.5)变为

$$C_2 \mathrm{d}T_2 / \mathrm{d}t = k_1(T_1^{n_1} - T_2^{n_1}) + k_3(T_3^{n_3} - T_2^{n_3}) \tag{2.6.8}$$

$$k_1(T_1^{n_1} - T_2^{n_1})^2 /(n_1 T_1^{n_1-1}) + k_3(T_3^{n_3} - T_2^{n_3})[(T_1^{n_1} - T_2^{n_1})/(n_1 T_1^{n_1-1}) + T_1 - T_3] = \mathrm{const} \tag{2.6.9}$$

式(2.6.8)和式(2.6.9)为广义辐射传热规律下存在热漏时传热过程㶲耗散最小化时的最优性条件。对于数值计算,式(2.6.6)变为

$$\frac{\mathrm{d}T_1}{\mathrm{d}t} = \frac{T_1 \left\{ \begin{array}{l} 2k_1 n_1 T_2^{n_1-1}(T_1^{n_1} - T_2^{n_1}) + k_3 n_1 T_2^{n_1-1}(T_3^{n_3} - T_2^{n_3}) \\ + k_3 n_3 T_2^{n_3-1}\left[(1+n_1)T_1^{n_1} - T_2^{n_1} - n_1 T_1^{n_1-1} T_3\right] \end{array} \right\}}{\left[2k_1 n_1 T_1^{n_1}(T_1^{n_1} - T_2^{n_1}) - k_1(n_1-1)(T_1^{n_1} - T_2^{n_1})^2 + k_3 T_1^{n_1}(n_1+1)(T_3^{n_3} - T_2^{n_3}) \right]} \frac{\mathrm{d}T_2}{\mathrm{d}t} \tag{2.6.10}$$

当无热漏时即 $q_3 = 0$,式(2.6.7)变为

$$(T_1^{n_1} - T_2^{n_1}) / T_1^{(n_1-1)/2} = \mathrm{const} \tag{2.6.11}$$

式(2.6.11)为 2.4.3.1 节广义辐射传热规律下无热漏传热过程㶲耗散最小化的研究结果即式(2.4.14)。

(1) 若进一步有 $n_1 = n_3 = 1$,即热流率 $q_1(T_1,T_2)$ 和热漏流率 $q_3(T_3,T_2)$ 均服从牛顿传热规律 $[q \propto \Delta T]$,由式(2.6.8)和式(2.6.9)得

$$C_2 \mathrm{d}T_2 / \mathrm{d}t = k_1(T_1 - T_2) + k_3(T_3 - T_2) \tag{2.6.12}$$

$$(k_1 + k_3)(T_1 - T_2)^2 - k_3(T_1 - T_3)^2 = \mathrm{const} \tag{2.6.13}$$

式(2.6.12)和式(2.6.13)为牛顿传热规律下存在热漏时传热过程㶲耗散最小化时的最优性条件。作变量代换令 $y_1 = T_1 - T_3$、$y_2 = T_2 - T_3$、$\beta_1 = C_2/k_1$、$\beta_2 = k_3/k_1$ 和 $\beta_3 = \sqrt{\beta_2(1+\beta_2)}/\beta_1$，由式(2.6.12)和式(2.6.13)得

$$y_1(t) = \left\{\begin{array}{l}\beta_1\beta_3\{y_2(\tau)\cosh(\beta_3 t) - y_2(0)\cosh[\beta_3(\tau-t)]\} \\ +(1+\beta_2)\{y_2(\tau)\sinh(\beta_3 t) + y_2(0)\sinh[\beta_3(\tau-t)]\}\end{array}\right\} \Big/ \sinh(\beta_3\tau) \quad (2.6.14)$$

$$y_2(t) = \{y_2(\tau)\sinh(\beta_3 t) + y_2(0)\sinh[\beta_3(\tau-t)]\}/[\sinh(\beta_3\tau)] \quad (2.6.15)$$

将式(2.6.15)和式(2.6.14)代入式(2.6.1)得传热过程最小㶲耗散 $\Delta E_{\min}$。当无热漏时即 $q_3 = 0$，式(2.6.11)变为

$$T_1 - T_2 = \text{const} \quad (2.6.16)$$

式(2.6.16)为 2.4.3.1 节牛顿传热规律下无热漏传热过程㶲耗散最小时的优化结果。

(2)若进一步有 $n_1 = n_3 = -1$，即热流率 $q_1(T_1, T_2)$ 和热漏流率 $q_3(T_3, T_2)$ 均服从线性唯象传热规律[$q \propto \Delta(T^{-1})$]，式(2.6.8)和式(2.6.9)分别变为

$$C_2 dT_2/dt = k_1(T_1^{-1} - T_2^{-1}) + k_3(T_3^{-1} - T_2^{-1}) \quad (2.6.17)$$

$$k_1(1 - T_1/T_2)^2 - k_3(T_3^{-1} - T_2^{-1})(T_3 - T_1^2/T_2) = \text{const} \quad (2.6.18)$$

式(2.6.17)和式(2.6.18)为线性唯象传热规律下存在热漏时传热过程㶲耗散最小化时的最优性条件。对于数值计算，式(2.6.10)变为

$$\frac{dT_1}{dt} = \frac{T_1[2k_1(T_1^{-1} - T_2^{-1}) + k_3(T_1^{-2}T_3 + T_3^{-1} - 2T_2^{-1})]}{2k_1 T_2(T_1^{-1} - T_2^{-1})} \frac{dT_2}{dt} \quad (2.6.19)$$

当无热漏时即 $q_3 = 0$，式(2.6.11)变为

$$T_1/T_2 = \text{const} \quad (2.6.20)$$

式(2.6.20)为 2.4.3.1 节线性唯象传热规律下无热漏传热过程㶲耗散最小时的优化结果。

(3)若进一步有 $n_1 = n_3 = 4$，即热流率 $q_1(T_1, T_2)$ 和热漏流率 $q_3(T_3, T_2)$ 均服从辐射传热规律[$q \propto \Delta(T^4)$]，式(2.6.8)和式(2.6.9)分别变为

$$C_2 dT_2/dt = k_1(T_1^4 - T_2^4) + k_3(T_3^4 - T_2^4) \quad (2.6.21)$$

$$k_1(T_1^4 - T_2^4)^2(4T_1^5) + k_3(T_3^4 - T_2^4)[(T_1^4 - T_2^4)/(4T_1^5) + T_3^{-1} - T_1^{-1}] = \text{const} \quad (2.6.22)$$

式(2.6.21)和式(2.6.22)为辐射传热规律下存在热漏时传热过程㶲耗散最小化时的最优性条件。对于数值计算，式(2.6.10)变为

$$\frac{dT_1}{dt} = \frac{T_1 T_2^3 [8k_1(T_1^4 - T_2^4) + 4k_3(5T_1^4 + T_3^4 - 2T_2^4 - 4T_1^3 T_3)]}{\left[8k_1 T_1^4(T_1^4 - T_2^4) - 3k_1(T_1^4 - T_2^4)^2 + 5k_3 T_1^4(T_3^4 - T_2^4)\right]} \frac{dT_2}{dt} \quad (2.6.23)$$

当无热漏时即 $q_3 = 0$，式(2.6.11)变为

$$(T_1^4 - T_2^4)/T_1^{3/2} = \text{const} \quad (2.6.24)$$

式(2.6.24)为 2.4.3.1 节辐射传热规律下无热漏传热过程㶲耗散最小时的优化结果。

2.6.3.2 广义对流传热规律下的优化结果

当 $n_1 = n_3 = 1$ 时，即热流率 $q_1(T_1, T_2)$ 和热漏流率 $q_3(T_3, T_2)$ 均服从广义对流传热规律 $[q \propto (\Delta T)^m]$，式(2.3.3)和式(2.6.5)变为

$$C_2 dT_2/dt = k_1(T_1 - T_2)^{m_1} + k_3(T_3 - T_2)^{m_3} \quad (2.6.25)$$

$$k_1(T_1 - T_2)^{m_1+1}/m + k_3(T_3 - T_2)^{m_3}[(T_1 - T_2)/m_1 + T_1 - T_3] = \text{const} \quad (2.6.26)$$

式(2.6.25)和式(2.3.46)为广义对流传热规律下存在热漏时传热过程㶲耗散最小化时的最优性条件。对于数值计算，式(2.6.6)变为

$$\frac{dT_1}{dt} = \frac{\left\{ \begin{array}{l} k_1(m_1+1)(T_1-T_2)^{m_1} + k_3(T_3-T_2)^{m_3} \\ + m_3 k_3 (T_3-T_2)^{m_3-1}\left[(1+m_1)T_1 - T_2 - m_1 T_3\right] \end{array} \right\}}{(m_1+1)\left[k_1(T_1-T_2)^{m_1} + k_3(T_3-T_2)^{m_3}\right]} \frac{dT_2}{dt} \quad (2.6.27)$$

当无热漏时即 $q_3 = 0$，式(2.6.7)变为

$$T_1 - T_2 = \text{const} \quad (2.6.28)$$

式(2.6.28)为 2.4.3.2 节广义对流传热规律下无热漏传热过程㶲耗散最小时的优化结果即式(2.4.16)。

(1) 若进一步有 $m_1 = m_3 = 1$，式(2.6.25)和式(2.6.26)变为牛顿传热规律下的优化结果。

(2) 若进一步有 $m_1 = m_3 = 1.25$，即热流率 $q_1(T_1, T_2)$ 和热漏流率 $q_3(T_3, T_2)$ 均服从 Dulong-Petit 传热规律 $[q \propto (\Delta T)^{1.25}]$，由式(2.6.25)和式(2.6.26)得

$$C_2 dT_2 / dt = k_1(T_1 - T_2)^{5/4} + k_3(T_3 - T_2)^{5/4} \quad (2.6.29)$$

$$4k_1(T_1 - T_2)^{9/4}/5 + k_3(T_3 - T_2)^{5/4}[4(T_1 - T_2)/5 + T_1 - T_3] = \text{const} \quad (2.6.30)$$

对于数值计算，式(2.6.27)变为

$$\frac{dT_1}{dt} = \frac{\left[36k_1(T_1 - T_2)^{5/4} + k_3(T_3 - T_2)^{1/4}(45T_1 - 36T_2 - 9T_3)\right]}{36\left[k_1(T_1 - T_2)^{5/4} + k_3(T_3 - T_2)^{5/4}\right]} \frac{dT_2}{dt} \quad (2.6.31)$$

当无热漏时即 $q_3 = 0$，式(2.6.30)变为 2.4.3.2 节 Dulong-Petit 传热规律下无热漏传热过程㶲耗散最小时的优化结果。

2.6.3.3 混合传热条件下的优化结果

当 $m_1 = m_3 = n_3 = 1$ 且 $n_1 = 4$ 时，即热、冷流体间传热和热漏分别服从辐射传热规律和牛顿传热规律，式(2.3.3)和式(2.6.5)分别变为

$$C_2 dT_2 / dt = k_1(T_1^4 - T_2^4) + k_3(T_3 - T_2) \quad (2.6.32)$$

$$k_1(T_1^4 - T_2^4)^2/(4T_1^3) + k_3(T_3 - T_2)[(T_1^4 - T_2^4)/(4T_1^3) + T_1 - T_3] = \text{const} \quad (2.6.33)$$

对于数值计算，式(2.6.6)变为

$$\frac{dT_1}{dt} = \frac{T_1\left[8k_1 T_2^3(T_1^4 - T_2^4) + 5k_3(T_1^4 - T_2^4) + 4k_3 T_3(T_2^3 - T_1^3)\right]}{\left[8k_1 T_1^4(T_1^4 - T_2^4) - 3k_1(T_1^4 - T_2^4)^2 + 5k_3 T_1^4(T_3 - T_2)\right]} \frac{dT_2}{dt} \quad (2.6.34)$$

当无热漏时即 $q_3 = 0$，式(2.6.33)变为辐射传热规律下无热漏传热过程㶲耗散最小时的优化结果即式(2.6.24)。

2.6.4 数值算例与讨论

各传热规律下计算参数的取值与 2.3.5 节相同。

2.6.4.1 牛顿传热规律下的数值算例

图 2.26 和图 2.27 分别为 $\Delta T_2 = 100\text{K}$ 和 $\Delta T_2 = 600\text{K}$ 时牛顿传热规律下热流体温度随时间的变化规律。由图可见，对于有热漏情形，㶲耗散最小的传热策略与热流率一定的传热策略两者是不同的，而由 2.4.4.1 节可知，无热漏情形下㶲耗散最小的传热策略与热流率一定的传热策略两者是相同的，可见热漏影响牛顿传热规律下传热过程㶲耗散最小时热流体温度最优构型；熵产生最小的传热策略下热

流体温度传热过程前后温度变化量最大,随着温差 ΔT_2 和热漏的增加,热流体温度一定的传热策略下热流体温度升高,熵产生最小的传热策略下热流体温度的非线性特性更为显著,从而在一定程度上增加了装置的实现难度。

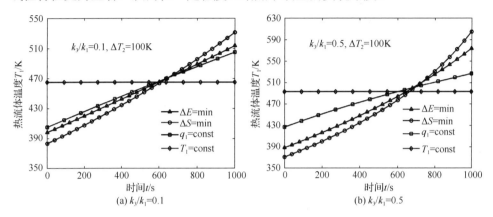

图 2.26　牛顿传热规律下 $\Delta T_2 = 100\mathrm{K}$ 时热流体温度变化规律

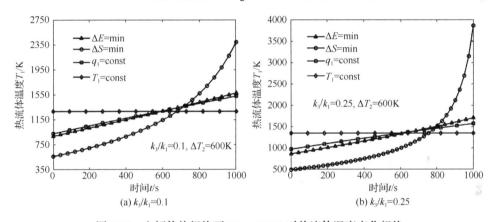

图 2.27　牛顿传热规律下 $\Delta T_2 = 600\mathrm{K}$ 时热流体温度变化规律

表 2.12 给出了牛顿传热规律下各种传热策略的结果比较。由表中计算结果可见,当传热量较小即温差 ΔT_2 较小时,熵产生最小和㶲耗散最小两种传热策略下较为接近,无论是以熵产生最小为目标还是以㶲耗散最小为目标,热流率一定的传热策略优于热流体温度一定的传热策略,四种不同传热策略优化结果间的差别随着热漏的增加而增加;当传热量较大即温差 ΔT_2 较大时,熵产生最小和㶲耗散最小两种传热策略下的差别较大,当以熵产生最小为优化目标时,㶲耗散最小的传热策略优于热流率一定的传热策略,两者均优于热流体温度一定的传热策略,当以㶲耗散最小为优化目标时,热流率一定的传热策略优于热流体温度一定的传热策略,两者均优于熵产生最小的传热策略。

表 2.12 牛顿传热规律下各种传热策略的结果比较

情形	$k_3/k_1=0.1, \Delta T_2=100\text{K}$				$k_3/k_1=0.5, \Delta T_2=100\text{K}$			
	$T_1(0)$ /K	$T_1(\tau)$ /K	$\Delta S/\Delta S_{\min}$	$\Delta E/\Delta E_{\min}$	$T_1(0)$ /K	$T_1(\tau)$ /K	$\Delta S/\Delta S_{\min}$	$\Delta E/\Delta E_{\min}$
$T_1=\text{const}$	464.9	464.9	1.105	1.100	493.1	493.1	1.205	1.171
$q_1=\text{const}$	405.1	505.1	1.013	1.002	427.1	527.1	1.082	1.037
$\Delta S=\min$	383.1	531.5	1.000	1.008	370.8	605.1	1.000	1.010
$\Delta E=\min$	398.2	513.6	1.007	1.000	388.5	573.8	1.016	1.000

情形	$k_3/k_1=0.1, \Delta T_2=600\text{K}$				$k_3/k_1=0.25, \Delta T_2=600\text{K}$			
	$T_1(0)$ /K	$T_1(\tau)$ /K	$\Delta S/\Delta S_{\min}$	$\Delta E/\Delta E_{\min}$	$T_1(0)$ /K	$T_1(\tau)$ /K	$\Delta S/\Delta S_{\min}$	$\Delta E/\Delta E_{\min}$
$T_1=\text{const}$	1289.3	1289.3	1.135	1.100	1351.2	1351.2	1.226	1.124
$q_1=\text{const}$	930.5	1530.5	1.059	1.002	978.1	1578.1	1.131	1.010
$\Delta S=\min$	567.9	2396.2	1.000	1.210	502.6	3865.8	1.000	1.497
$\Delta E=\min$	889.2	1581.8	1.047	1.000	869.9	1711.2	1.096	1.000

2.6.4.2 线性唯象传热规律下的数值算例

图 2.28 和图 2.29 分别为 $\Delta T_2=100\text{K}$ 和 $\Delta T_2=600\text{K}$ 时线性唯象传热规律下热流体温度随时间的变化规律。由图可见，在传热过程初态，热流体温度一定的传热策略下热流体初态温度最高，㶲耗散最小的传热策略次之，熵产生最小的传热策略下最低；在传热过程末态，熵产生最小的传热策略下热流体末态温度最高，热流率一定的传热策略次之，热流体温度一定的传热策略下最低；各种不同传热策略下热流体温度随时间变化规律的差别随着温差 ΔT_2 和热漏的增加而增加。

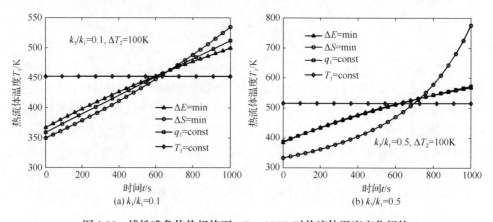

图 2.28 线性唯象传热规律下 $\Delta T_2=100\text{K}$ 时热流体温度变化规律

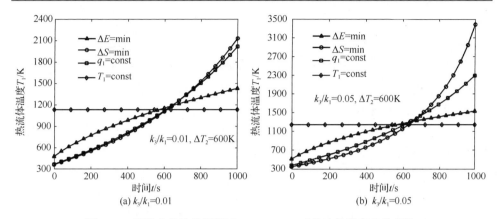

图 2.29 线性唯象传热规律下 $\Delta T_2 = 600K$ 时热流体温度变化规律

表 2.13 给出了线性唯象传热规律下各种传热策略的结果比较。由表中计算结果可见，当以熵产生最小为目标时，热流率一定的传热策略优于㶲耗散最小的传热策略，两者均优于热流体温度一定的传热策略；当以㶲耗散最小为目标时，热流率一定的策略优于熵产生最小和热流体温度一定两种传热策略，当传热温差 ΔT_2 和热漏较小时，熵产生最小的传热策略优于热流体温度一定的传热策略，两者的差别随着传热温差 ΔT_2 和热漏的增加而减小；熵产生最小的传热策略下热流体温度传热过程前后温度变化量最大，随着温差 ΔT_2 和热漏的增加，热流体温度一定的传热策略下热流体温度升高，熵产生最小的传热策略下热流体温度的非线性特性更为显著，从而在一定程度上增加了装置的实现难度。

表 2.13 线性唯象传热规律下各种传热策略的结果比较

情形	$k_3/k_1=0.1$, $\Delta T_2=100K$				$k_3/k_1=0.5$, $\Delta T_2=100K$			
	$T_1(0)$ /K	$T_1(\tau)$ /K	$\Delta S/\Delta S_{min}$	$\Delta E/\Delta E_{min}$	$T_1(0)$ /K	$T_1(\tau)$ /K	$\Delta S/\Delta S_{min}$	$\Delta E/\Delta E_{min}$
$T_1=$ const	452.3	452.3	1.233	1.221	516.1	516.1	1.359	1.249
$q_1=$ const	358.9	512.0	1.007	1.002	387.9	573.2	1.111	1.005
$\Delta S=$ min	349.4	534.7	1.000	1.015	333.5	776.6	1.000	1.043
$\Delta E=$ min	367.0	499.5	1.019	1.000	385.2	568.5	1.114	1.000
情形	$k_3/k_1=0.01$, $\Delta T_2=600K$				$k_3/k_1=0.05$, $\Delta T_2=600K$			
	$T_1(0)$ /K	$T_1(\tau)$ /K	$\Delta S/\Delta S_{min}$	$\Delta E/\Delta E_{min}$	$T_1(0)$ /K	$T_1(\tau)$ /K	$\Delta S/\Delta S_{min}$	$\Delta E/\Delta E_{min}$
$T_1=$ const	1134.0	1134.0	1.583	1.513	1248.6	1248.6	1.507	1.425
$q_1=$ const	367.9	2016.0	1.001	1.194	376.4	2301.0	1.016	1.137
$\Delta S=$ min	362.9	2131.4	1.000	1.244	351.3	3385.4	1.000	1.442
$\Delta E=$ min	476.8	1429.2	1.111	1.000	513.6	1538.4	1.157	1.000

2.6.4.3 辐射传热规律下的数值算例

图 2.30 和图 2.31 分别为 $\Delta T_2 = 100\text{K}$ 和 $\Delta T_2 = 600\text{K}$ 时辐射传热规律下热流体温度随时间的变化规律。由图可见，在传热过程初态，热流体温度一定的传热策略下热流体初态温度最高，热流率一定的传热策略次之，熵产生最小的传热策略下最低；在传热过程末态，熵产生最小的传热策略下热流体末态温度最高，㶲耗散最小的传热策略次之，热流体温度一定的传热策略下最低；各种不同传热策略下热流体温度随时间变化规律的差别随着温差 ΔT_2 和热漏的增加而增加；与牛顿传热规律和线性唯象传热规律优化结果相比，辐射传热规律下各种不同传热策略的热流体温度随时间变化规律差别较小。

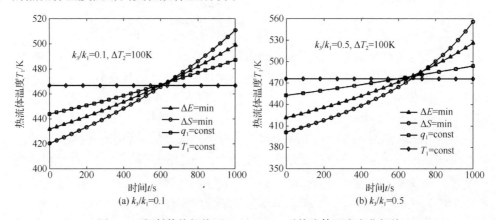

图 2.30 辐射传热规律下 $\Delta T_2 = 100\text{K}$ 时热流体温度变化规律

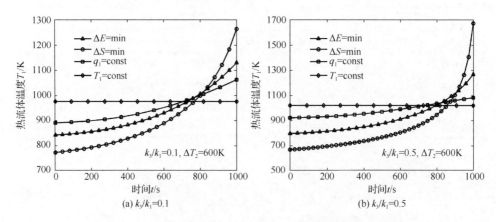

图 2.31 辐射传热规律下 $\Delta T_2 = 600\text{K}$ 时热流体温度变化规律

表 2.14 给出了辐射传热规律下各种传热策略的结果比较。由表中计算结果可见，当以熵产生最小为目标时，㶲耗散最小的传热策略优于热流率一定的传热策略，两者均优于热流体温度一定的传热策略；当以㶲耗散最小为目标时，熵产生最小和热流率一定两种传热策略均优于热流体温度一定的传热策略，当传热温差 ΔT_2 较小时，熵产生最小的传热策略优于热流率一定的传热策略，当传热温差 ΔT_2 较大时，热流率一定的传热策略优于熵产生最小的传热策略。

表 2.14 辐射传热规律下各种传热策略的结果比较

情形	$k_3/k_1=0.1$, $\Delta T_2=100\text{K}$				$k_3/k_1=0.5$, $\Delta T_2=100\text{K}$			
	$T_1(0)$ /K	$T_1(\tau)$ /K	$\Delta S/\Delta S_{min}$	$\Delta E/\Delta E_{min}$	$T_1(0)$ /K	$T_1(\tau)$ /K	$\Delta S/\Delta S_{min}$	$\Delta E/\Delta E_{min}$
$T_1=\text{const}$	466.7	466.7	1.037	1.035	476.2	476.2	1.097	1.078
$q_1=\text{const}$	444.0	487.2	1.010	1.004	452.9	494.0	1.051	1.028
$\Delta S=\min$	420.5	511.0	1.000	1.004	401.4	556.2	1.000	1.014
$\Delta E=\min$	431.9	499.1	1.002	1.000	421.8	526.4	1.010	1.000
情形	$k_3/k_1=0.1$, $\Delta T_2=600\text{K}$				$k_3/k_1=0.5$, $\Delta T_2=600\text{K}$			
	$T_1(0)$ /K	$T_1(\tau)$ /K	$\Delta S/\Delta S_{min}$	$\Delta E/\Delta E_{min}$	$T_1(0)$ /K	$T_1(\tau)$ /K	$\Delta S/\Delta S_{min}$	$\Delta E/\Delta E_{min}$
$T_1=\text{const}$	975.7	975.7	1.132	1.124	1018.6	1018.6	1.550	1.354
$q_1=\text{const}$	890.0	1062.7	1.048	1.018	920.5	1081.1	1.296	1.125
$\Delta S=\min$	771.8	1266.0	1.000	1.038	666.1	1676.7	1.000	1.177
$\Delta E=\min$	841.5	1130.3	1.015	1.000	794.6	1267.8	1.076	1.000

2.6.4.4 Dulong-Petit 传热规律下的数值算例

图 2.32 和图 2.33 分别为 $\Delta T_2=100\text{K}$ 和 $\Delta T_2=600\text{K}$ 时 Dulong-Petit 传热规律下热流体温度随时间的变化规律。由图可见，有热漏情形下㶲耗散最小的传热策略与热流率一定的传热策略两者是不同的，且两者的差别随着温差 ΔT_2 和热漏的增加而增加，而由 2.4.4.4 节可知，无热漏情形下㶲耗散最小的传热策略与热流率一定的传热策略两者是相同的，可见热漏影响 Dulong-Petit 传热规律下传热过程㶲耗散最小时热流体温度最优构型；熵产生最小的传热策略下热流体温度传热过程前后变化量在四种传热策略中最大；随着温差 ΔT_2 和热漏的增加，热流体温度一定的传热策略下热流体温度升高，熵产生最小的传热策略下热流体温度的非线性特性更为显著。

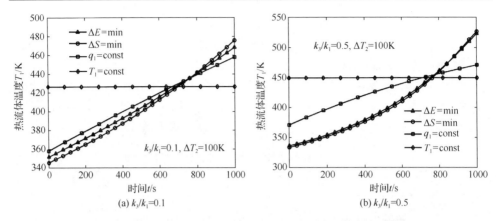

图 2.32 Dulong-Petit 传热规律下 $\Delta T_2 = 100\text{K}$ 时热流体温度变化规律

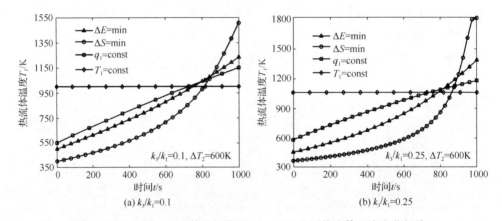

图 2.33 Dulong-Petit 传热规律下 $\Delta T_2 = 600\text{K}$ 时热流体温度变化规律

表 2.15 给出了 Dulong-Petit 传热规律下各种传热策略的结果比较。由表中计算结果可见，当传热量较小即温差 ΔT_2 较小时，熵产生最小和㶲耗散最小两种传热策略下较为接近，无论是以熵产生最小为目标还是以㶲耗散最小为目标，热流率一定的传热策略优于热流体温度一定的传热策略，四种不同传热策略优化结果间的差别随着热漏的增加而增加；当传热量较大即温差 ΔT_2 较大时，熵产生最小和㶲耗散最小两种传热策略下的差别较大，当以熵产生最小为优化目标时，㶲耗散最小的传热策略优于热流率一定的传热策略，两者均优于热流体温度一定的传热策略，当以㶲耗散最小为优化目标时，热流率一定的传热策略优于熵产生最小的传热策略，两者均优于热流体温度一定的传热策略。

表 2.15 Dulong-Petit 传热规律下各种传热策略的结果比较

情形	$k_3/k_1=0.1$, $\Delta T_2=100\text{K}$				$k_3/k_1=0.5$, $\Delta T_2=100\text{K}$			
	$T_1(0)$ /K	$T_1(\tau)$ /K	$\Delta S/\Delta S_{\min}$	$\Delta E/\Delta E_{\min}$	$T_1(0)$ /K	$T_1(\tau)$ /K	$\Delta S/\Delta S_{\min}$	$\Delta E/\Delta E_{\min}$
$T_1=\text{const}$	426.5	426.5	1.354	1.356	449.7	449.7	1.598	1.566
$q_1=\text{const}$	358.0	458.0	1.024	1.009	371.3	471.3	1.177	1.133
$\Delta S=\min$	345.4	475.8	1.000	1.005	334.2	526.8	1.000	1.001
$\Delta E=\min$	351.8	468.3	1.007	1.000	336.8	523.4	1.011	1.000
情形	$k_3/k_1=0.1$, $\Delta T_2=600\text{K}$				$k_3/k_1=0.25$, $\Delta T_2=600\text{K}$			
	$T_1(0)$ /K	$T_1(\tau)$ /K	$\Delta S/\Delta S_{\min}$	$\Delta E/\Delta E_{\min}$	$T_1(0)$ /K	$T_1(\tau)$ /K	$\Delta S/\Delta S_{\min}$	$\Delta E/\Delta E_{\min}$
$T_1=\text{const}$	1000.8	1000.8	1.706	1.670	1062.8	1062.8	2.026	1.798
$q_1=\text{const}$	550.6	1150.6	1.153	1.023	582.1	1182.1	1.373	1.103
$\Delta S=\min$	403.7	1509.5	1.000	1.136	370.1	1816.3	1.000	1.143
$\Delta E=\min$	501.8	1234.2	1.087	1.000	457.4	1389.0	1.159	1.000

2.6.4.5 $[q \propto (\Delta(T^4))^{1.25}]$ 传热规律下的数值算例

图 2.34 和图 2.35 分别为 $\Delta T_2=100\text{K}$ 和 $\Delta T_2=600\text{K}$ 时 $[q \propto (\Delta(T^4))^{1.25}]$ 传热规律下热流体温度随时间的变化规律。由图可见，在传热过程初态，热流体温度一定的传热策略下热流体初态温度最高，热流率一定的传热策略次之，熵产生最小的传热策略下最低，在传热过程末态，熵产生最小的传热策略下热流体末态温度

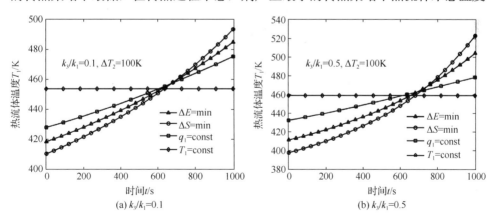

图 2.34 $[q \propto (\Delta(T^4))^{1.25}]$ 传热规律下 $\Delta T_2=100\text{K}$ 时热流体温度变化规律

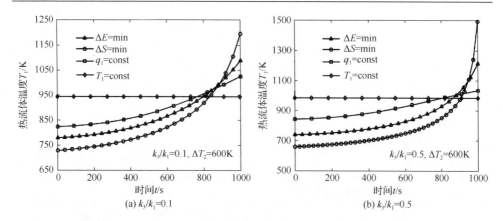

图 2.35 $[q \propto (\Delta(T^4))^{1.25}]$ 传热规律下 $\Delta T_2 = 600K$ 时热流体温度变化规律

最高,㶲耗散最小的传热策略次之,热流体温度一定的传热策略下最低;各种不同传热策略下热流体温度随时间变化规律的差别随着温差 ΔT_2 和热漏的增加而增加。

表 2.16 给出了 $[q \propto (\Delta(T^4))^{1.25}]$ 传热规律各种传热策略下传热过程计算参数结果比较。由表中计算结果可见,当以熵产生最小为目标时,㶲耗散最小的传热策略优于热流率一定的传热策略,两者均优于热流体温度一定的传热策略;当以㶲耗散最小为目标时,熵产生最小和热流率一定两种传热策略均优于热流体温度一定的传热策略,两者的差别随着温差 ΔT_2 和热漏的增加而减小。

表 2.16 $[q \propto (\Delta(T^4))^{1.25}]$ 传热规律下各种传热策略的结果比较

情形	$k_3/k_1 = 0.1, \Delta T_2 = 100K$				$k_3/k_1 = 0.5, \Delta T_2 = 100K$			
	$T_1(0)$ /K	$T_1(\tau)$ /K	$\Delta S/\Delta S_{min}$	$\Delta E/\Delta E_{min}$	$T_1(0)$ /K	$T_1(\tau)$ /K	$\Delta S/\Delta S_{min}$	$\Delta E/\Delta E_{min}$
T_1 = const	453.9	453.9	1.052	1.053	459.2	459.2	1.102	1.095
q_1 = const	428.0	475.4	1.009	1.004	432.4	478.5	1.031	1.019
ΔS = min	410.5	493.6	1.000	1.003	398.0	523.2	1.000	1.007
ΔE = min	418.6	485.0	1.002	1.000	411.6	504.3	1.005	1.000
情形	$k_3/k_1 = 0.1, \Delta T_2 = 600K$				$k_3/k_1 = 0.5, \Delta T_2 = 600K$			
	$T_1(0)$ /K	$T_1(\tau)$ /K	$\Delta S/\Delta S_{min}$	$\Delta E/\Delta E_{min}$	$T_1(0)$ /K	$T_1(\tau)$ /K	$\Delta S/\Delta S_{min}$	$\Delta E/\Delta E_{min}$
T_1 = const	944.0	944.0	1.242	1.261	985.4	985.4	1.929	1.672
q_1 = const	823.4	1025.9	1.052	1.022	843.4	1035.8	1.341	1.155
ΔS = min	729.1	1195.7	1.000	1.032	660.6	1494.5	1.000	1.127
ΔE = min	779.5	1089.2	1.014	1.000	740.0	1215.4	1.069	1.000

2.6.4.6 混合传热规律下的数值算例

在混合传热规律下，考虑热、冷流体传热和热漏分别服从辐射传热规律和牛顿传热规律。图 2.36 和图 2.37 分别为 $\Delta T_2 = 100\text{K}$ 和 $\Delta T_2 = 600\text{K}$ 时混合传热规律下热流体温度随时间的变化规律。由图可见，在传热过程初态，热流体温度一定的传热策略下热流体初态温度最高，热流率一定的传热策略次之，熵产生最小的传热策略下最低，在传热过程末态，熵产生最小的传热策略下热流体末态温度最高，㶲耗散最小的传热策略次之，热流体温度一定传热策略下最低；各种不同传热策略下热流体温度随时间变化规律的差别随着温差 ΔT_2 和热漏的增加而增加。

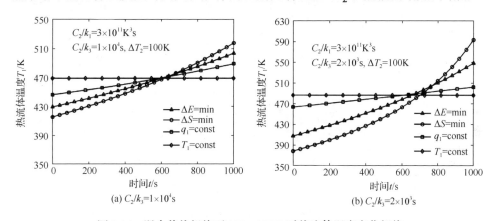

图 2.36　混合传热规律下 $\Delta T_2 = 100\text{K}$ 时热流体温度变化规律

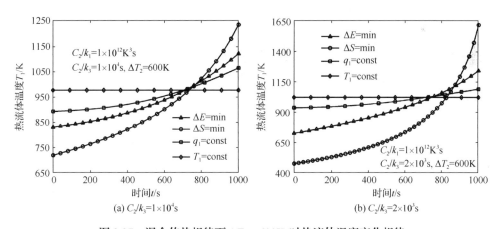

图 2.37　混合传热规律下 $\Delta T_2 = 600\text{K}$ 时热流体温度变化规律

表 2.17 给出了混合传热规律下各种传热策略的结果比较。由表中计算结果可见，当以熵产生最小为目标时，㶲耗散最小的传热策略优于热流率一定的传热策

略，两者均优于热流体温度一定的传热策略；当以㶲耗散最小为目标时，熵产生最小和热流率一定两种传热策略均优于热流体温度一定的传热策略，当传热温差 ΔT_2 较小时，熵产生最小的传热策略优于热流率一定的传热策略，当传热温差 ΔT_2 较大时，热流率一定的传热策略优于熵产生最小的传热策略。

表 2.17 混合传热规律下各种传热策略的结果比较

情形	$C_2/k_3=1\times10^4$s, $\Delta T_2=$100K				$C_2/k_3=2\times10^3$s, $\Delta T_2=$100K			
	$T_1(0)$ /K	$T_1(\tau)$ /K	$\Delta S/\Delta S_{min}$	$\Delta E/\Delta E_{min}$	$T_1(0)$ /K	$T_1(\tau)$ /K	$\Delta S/\Delta S_{min}$	$\Delta E/\Delta E_{min}$
$T_1=$const	468.9	468.9	1.015	1.041	486.7	486.7	1.164	1.120
$q_1=$const	446.2	488.9	1.053	1.007	463.7	502.4	1.110	1.062
$\Delta S=$min	415.3	517.6	1.000	1.005	378.6	593.5	1.000	1.026
$\Delta E=$min	429.4	503.5	1.003	1.000	407.7	548.6	1.021	1.000
情形	$C_2/k_3=1\times10^4$s, $\Delta T_2=$600K				$C_2/k_3=2\times10^3$s, $\Delta T_2=$600K			
	$T_1(0)$ /K	$T_1(\tau)$ /K	$\Delta S/\Delta S_{min}$	$\Delta E/\Delta E_{min}$	$T_1(0)$ /K	$T_1(\tau)$ /K	$\Delta S/\Delta S_{min}$	$\Delta E/\Delta E_{min}$
$T_1=$const	977.5	977.5	1.119	1.111	1023.6	1023.6	1.477	1.255
$q_1=$const	893.9	1065.0	1.047	1.016	936.9	1091.3	1.324	1.107
$\Delta S=$min	720.7	1236.8	1.000	1.044	477.8	1619.5	1.000	1.246
$\Delta E=$min	831.4	1122.2	1.017	1.000	728.4	1242.4	1.116	1.000

2.6.4.7 几种特殊传热规律下优化结果的比较

图 2.38(a) 和图 2.38(b) 分别为 $\Delta T_2=100$K 和 $\Delta T_2=600$K 时不同传热规律下㶲耗散最小时热流体温度最优变化规律。由图可见，牛顿传热规律下热流体温度随时间呈近似线性规律变化；辐射传热规律和 $[q\propto(\Delta(T^4))^{1.25}]$ 传热规律下热流体温度随时间的变化曲线是下凹的，两者与牛顿传热规律和 Dulong-Petit 传热规律下相比温度分布较为均匀；线性唯象传热规律下热流体温度随时间的变化曲线是上凸的，其热流体温度传热过程前后变化较大，温度分布最不均匀；各种传热规律下热流体温度之间的差别随着传热量的增大而增大。由此可见，传热规律影响传热过程㶲耗散最小时流体温度分布最优构型。

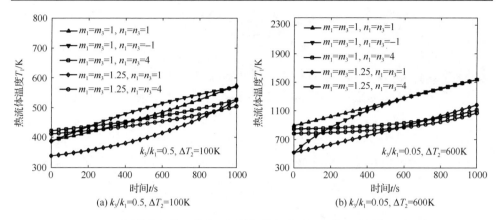

图 2.38 不同传热规律下传热过程㶲耗散最小时热流体温度最优变化规律

2.7 液-固相变传热过程㶲耗散最小化

2.7.1 物理模型

图 2.39 为厚度为 l 的一维平板，除了一侧与外界热源(熔化过程)或冷源(凝固过程)进行热交换，其他部位均处于热绝缘状态。对于熔化过程，平板初态为纯固态；对于凝固过程，平板的初态为纯液态。平板的初态温度为其熔点温度 T_m，即仅考虑纯相变过程的吸热和放热过程。考虑实际情况，平板的熔化过程或凝固过程必须在给定的时间 τ 内完成。平板上的位置以变量 x 表示，$x=0$ 对应于平板与外界热源(熔化过程)或冷源(凝固过程)接触点，$x=l$ 对应于平板的另一端，$x=\delta$ 对应于平板熔化过程或凝固过程时的相变转化点。

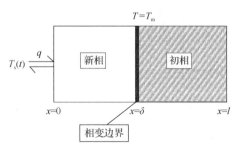

图 2.39 简单一维液-固相变过程模型

相变热扩散过程满足单相 Stefan 方程，即无内热源的一维非稳态导热微分方程：

$$\alpha \frac{\partial^2 T(x,t)}{\partial x^2} = \frac{\partial T}{\partial t} \tag{2.7.1}$$

式中，平板温度 $T(x,t)$ 为位置 x 和时间 t 的函数；热扩散率 $\alpha = k/(\rho c_V)$；k 为热导率；ρ 为密度；c_V 为定容比热容，这些参数均可近似为常数，并且假定在不同相下的参数均相等。对于 $x \leqslant \delta(t)$ 的平板区域，温度分布满足：$T(x=\delta,t) = T_{\mathrm{m}}$，$T(x,t=0) = T_{\mathrm{m}}$ 以及 $T(x=0,t) = T_{\mathrm{s}}(t)$。假定固、液两相的密度相同，那么因密度差而引起的两相界面移动就可忽略，相变边界点随时间的运动规律满足 Stefan 条件：

$$\rho Q_{\mathrm{lh}} \dot{\delta} = \pm k \left(\frac{\partial T}{\partial x} \right)_{x=\delta} \tag{2.7.2}$$

式中，$\delta(t=0) = 0$；$\dot{\delta}$ 表示 $\mathrm{d}\delta/\mathrm{d}t$；$Q_{\mathrm{lh}}$ 表示相变潜热。在本节出现的符号"±"，"+"对应于凝固过程，"−"对应于熔化过程；对于符号"∓"，"−"对应于凝固过程，"+"对应于熔化过程。对于该平板相变过程，单位面积的熵产率为

$$\sigma = -k \int_0^\delta \frac{\partial T}{\partial x} \frac{\partial (1/T)}{\partial x} \mathrm{d}x \tag{2.7.3}$$

文献[20]~[22]定义了一物体所具有的热量传递的总能力——物理量㶲(E_{h})：

$$E_{\mathrm{h}} = Q_{\mathrm{h}} T / 2 \tag{2.7.4}$$

式中，$Q_{\mathrm{h}} = Mc_V T$ 为物体的定容热容量；T 为物体温度。由此得到相变过程单位面积的㶲耗散率为

$$\dot{E}_{\mathrm{dis}} = k \int_0^\delta (\partial T/\partial x)^2 \mathrm{d}x \tag{2.7.5}$$

同文献[370]忽略相变面传播过程的熵产生相似，本节也不考虑该过程的㶲耗散，得在时间 τ 内整个过程的熵产生和㶲耗散分别为

$$\Delta S = \int_0^\tau \sigma \mathrm{d}t \tag{2.7.6}$$

$$\Delta E = \int_0^\tau \dot{E}_{\mathrm{dis}} \mathrm{d}t \tag{2.7.7}$$

定义无量纲温度 $\theta = c_V(T - T_{\mathrm{m}})/Q_{\mathrm{lh}}$，那么在平板表面的 θ 值即 Stefan 数 $\theta_{\mathrm{s}}(t)$，

由于 $\theta_s(t)$ 与时间有关，求解相对复杂。同时对于小 Stefan 数相变过程，大部分摄动性分析局限于包含时间相关边界条件，造成求解困难。Charach 等[780, 781]提出了一种可以解决时间相关边界条件问题的摄动性分析方法，即相变边界面随时间均匀变化，满足如下小 Stefan 数约束和弱时间相关约束两个条件：

$$|\theta_s(t)| \ll 1 \tag{2.7.8}$$

$$\frac{\delta^2(t)}{\alpha}\left|\frac{\mathrm{d}\theta_s(t)}{\mathrm{d}t}\right| \ll |\theta_s(t)| \tag{2.7.9}$$

那么 Stefan 方程的解由准静态近似给出如下[780, 781]：

$$\delta^2 \cong 2\alpha\int_0^t |\theta_s(t')|\mathrm{d}t' \tag{2.7.10}$$

$$\theta \cong (C/Q_{\mathrm{lh}})[T_s(t) - T_m][1 - (x/\delta)] \tag{2.7.11}$$

式 (2.7.10) 表明优化 Stefan 数 $\theta_s(t)$ 与优化相变点位置 $\delta(t)$ 是等效的[370]。由式(2.7.2)和式(2.7.11)以及 $\theta = C(T - T_m)/Q_{\mathrm{lh}}$ 得平板温度分布 $T(x,t)$ 为

$$T(x,t) = T_m \pm (\rho Q_{\mathrm{lh}}/k)\dot{\delta}(x - \delta) \tag{2.7.12}$$

联立式(2.7.3)、式(2.7.6)和式(2.7.12)得相变过程的熵产生 ΔS 为

$$\Delta S = \mp \rho Q_{\mathrm{lh}}\int_0^\tau \dot{\delta}\{T_m^{-1} - [T_m \mp (\rho Q_{\mathrm{lh}}\delta\dot{\delta}/k)]^{-1}\}\mathrm{d}t \tag{2.7.13}$$

联立式(2.7.5)、式(2.7.7)和式(2.7.12)得相变过程的㶲耗散 ΔE 为

$$\Delta E = \rho^2 Q_{\mathrm{lh}}^2 k^{-1}\int_0^\tau (\delta\dot{\delta}^2)\mathrm{d}t \tag{2.7.14}$$

2.7.2 优化方法

现在的问题是在总过程时间 τ 一定下求解对应于相变过程㶲耗散最小时外界温度 $T_s(t)$ 的最优时间路径，本问题属于最优控制问题。建立变更的拉格朗日函数 L 如下：

$$L = \rho^2 Q_{\mathrm{lh}}^2 k^{-1}\delta\dot{\delta}^2 \tag{2.7.15}$$

式(2.7.15)取极值的条件为如下欧拉–拉格朗日方程：

$$\frac{\partial L}{\partial \delta} - \frac{d}{dt}\left(\frac{\partial L}{\partial \dot{\delta}}\right) = 0 \qquad (2.7.16)$$

将式(2.7.15)代入式(2.7.16)得

$$\dot{\delta}^2 + 2\delta\ddot{\delta} = 0 \qquad (2.7.17)$$

式中，$\ddot{\delta} = d^2\delta/dt^2$。已知边界条件：$\delta(0) = 0$，$\delta(\tau) = l$，由式(2.7.17)可进一步得

$$\delta/l = (t/\tau)^{2/3} \qquad (2.7.18)$$

式(2.7.18)是对应于过程㶲耗散最小最优传热策略下无量纲相变位置δ/l随无量纲时间t/τ的变化关系。将式(2.7.18)两边对t求导得

$$\dot{\delta} = 2l(t/\tau)^{-1/3}/(3\tau) \qquad (2.7.19)$$

联立式(2.7.18)和式(2.7.19)得

$$\dot{\delta}\tau/l = 2(\delta/l)^{-1/2}/3 \qquad (2.7.20)$$

式(2.7.20)是对应于㶲耗散最小最优传热策略下无量纲相变边界移动速度$\dot{\delta}\tau/l$随无量纲相变位置δ/l的变化关系。由式(2.7.2)可知，相变过程传热流率为$q = \rho Q_{lh}\dot{\delta}$，由于密度$\rho$、相变潜热$Q_{lh}$为常量，仅与相变材料的物性有关，所以相变边界移动速度$\dot{\delta}$随时间的变化规律实质上反映的是相变过程热流率q随时间的变化规律。将式(2.7.19)和式(2.7.20)代入式(2.7.12)得

$$T_s(t) = T(x=0,t) = T_m \mp \frac{2\rho Q_{lh} l^2}{3k\tau}\left(\frac{t}{\tau}\right)^{1/3} \qquad (2.7.21)$$

定义平板凝固过程特征时间$t_0 = \rho Q_{lh} l^2 /(2kT_m)$，式(2.7.21)变为

$$\frac{T_s(t)}{T_m} = 1 \mp \frac{4t_0}{3\tau}\left(\frac{t}{\tau}\right)^{1/3} \qquad (2.7.22)$$

由于在平板凝固过程中T_s为有限值，不低于0K，所以有关系式$\tau > 4t_0/3$成立。将式(2.7.18)和式(2.7.19)代入式(2.7.13)得相变过程㶲耗散最小时的熵产生$\Delta S_{\Delta E=\min}$为

$$\Delta S_{\Delta E=\min} = \mp \frac{\rho Q_{lh} l}{T_m}\left[\frac{9}{8}\left(\frac{\tau}{t_0}\right)^2 \ln\left(1 \mp \frac{4}{3}\frac{t_0}{\tau}\right) \pm \frac{3}{2}\frac{\tau}{t_0} + 1\right] \qquad (2.7.23)$$

将式(2.7.18)和式(2.7.19)代入式(2.7.14)得相变过程最小㶲耗散 $\Delta E_{\min}$ 为

$$\Delta E_{\min} = 4\rho^2 Q_{lh}^2 l^3 /(9k\tau) \tag{2.7.24}$$

2.7.3 其他传热策略

文献[370]以熵产生最小为目标优化平板相变过程,并将熵产生最小的传热策略与恒温传热策略进行了比较。本节将㶲耗散最小的传热策略与以上两种传热策略相比较。

2.7.3.1 熵产生最小的传热策略

对于平板熵产生最小时相变过程,无量纲相变位置 δ/l 随无量纲时间 t/τ 的变化关系为[370]

$$\frac{t}{\tau} = \left(\frac{\delta}{l}\right)^{3/2} \left(1 \mp \frac{t_0}{\tau} \pm \frac{t_0}{\tau}\sqrt{\frac{\delta}{l}}\right) \tag{2.7.25}$$

无量纲热源温度 $T_s(t)/T_m$ 随无量纲相变位置 δ/l 的变化关系为[370]

$$\frac{T_s(t)}{T_m} = \left(1 \pm \frac{t_0}{\tau}\right) \bigg/ \left(1 \mp \frac{t_0}{\tau} \pm \frac{4}{3}\frac{t_0}{\tau}\sqrt{\frac{\delta}{l}}\right) \tag{2.7.26}$$

由式(2.7.26)可知,t_0 为 $T_s(t)$ 处于 0K 时平板的凝固时间。相变过程的最小熵产生 $\Delta S_{\min}$ 为[370]

$$\Delta S_{\min} = \frac{8}{9}\frac{\rho Q_{lh} l}{T_m}\frac{t_0}{\tau}\left(1 \mp \frac{t_0}{\tau}\right)^{-1} \tag{2.7.27}$$

联立式(2.7.14)和式(2.7.25)得熵产生最小时的传热策略下相变过程的㶲耗散 $\Delta E_{\Delta S=\min}$ 为

$$\Delta E_{\Delta S=\min} = \frac{\rho^2 Q_{lh}^2 l^3}{k t_0}\left\{\pm\frac{5}{4} - \frac{3}{4}\frac{\tau}{t_0} \mp \frac{9}{16}\left(\frac{\tau}{t_0} \mp 1\right)^2 \ln\left[3\left(\frac{\tau}{t_0} \mp 1\right) \bigg/ \left(3\frac{\tau}{t_0} \pm 1\right)\right]\right\} \tag{2.7.28}$$

2.7.3.2 恒温传热策略

恒温传热策略即外界温度 $T_s(t)$ 恒定。令平板表面的温度恒为 T_{sc},由于 t_0 为 $T_s(t)$ 处于 0K 时平板的凝固时间,所以根据相变过程准静态近似得

$$T_{\text{sc}} - T_{\text{m}} = \mp (t_0/\tau) T_{\text{m}} \tag{2.7.29}$$

将式(2.7.29)代入式(2.7.13)得恒温相变过程熵产生为

$$\Delta S_{T_{\text{s}}=\text{const}} = \mp \frac{\rho Q_{\text{lh}} l (T_{\text{sc}} - T_{\text{m}})}{T_{\text{m}} T_{\text{sc}}} = \frac{\rho Q_{\text{lh}} l}{T_{\text{m}}} \frac{t_0}{\tau} \left(1 \mp \frac{t_0}{\tau}\right)^{-1} \tag{2.7.30}$$

将式(2.7.29)代入式(2.7.14)得恒温相变过程的㶲耗散为

$$\Delta E_{T_{\text{s}}=\text{const}} = \mp \rho Q_{\text{lh}} l (T_{\text{sc}} - T_{\text{m}}) = \rho Q_{\text{lh}} l T_{\text{m}} \frac{t_0}{\tau} = \frac{\rho^2 Q_{\text{lh}}^2 l^3}{2k\tau} \tag{2.7.31}$$

2.7.3.3 不同传热策略的比较

由式(2.7.18)可见，在㶲耗散最小的传热策略下，凝固过程和熔化过程两者的无量纲相变位置 δ/l 随无量纲时间 t/τ 的变化规律是相同的，而由式(2.7.25)可见，熵产生最小最优传热策略下，凝固过程和熔化过程两者的无量纲相变位置 δ/l 随无量纲时间 t/τ 的变化规律是不同的。由式(2.7.20)可见，在㶲耗散最小的传热策略下，凝固过程和熔化过程两者的无量纲相变边界移动速度 $\dot{\delta}\tau/l$ 随无量纲相变位置 δ/l 的变化规律也是相同的，而由式(2.7.25)可见，熵产生最小的传热策略下，凝固过程和熔化过程两者的无量纲相变边界移动速度 $\dot{\delta}\tau/l$ 随无量纲相变位置 δ/l 的变化规律是不同的。由式(2.7.12)得 $T(x=0,t) = T_{\text{m}} \mp (\rho Q_{\text{lh}} \delta \dot{\delta}/k)$，$T(x=\delta,t) = T_{\text{m}}$，式(2.7.13)进一步变为

$$\Delta S = \rho^2 Q_{\text{lh}}^2 k^{-1} \int_0^\tau \frac{\delta \dot{\delta}^2}{T_{\text{m}}[T_{\text{m}} \mp (\rho Q_{\text{lh}} \delta \dot{\delta}/k)]} \mathrm{d}t = \rho^2 Q_{\text{lh}}^2 k^{-1} \int_0^\tau \frac{\delta \dot{\delta}^2}{T(x=0,t)T(x=\delta,t)} \mathrm{d}t \tag{2.7.32}$$

对比式(2.7.14)和式(2.7.32)可见，㶲耗散和熵产生是两个不同的物理量，对于凝固和熔化两个不同过程的㶲耗散 ΔE 可用同一个数学表达式来描述，而两个不同过程的熵产生 ΔS 则需用不同的数学表达式来描述，这主要是由于熔化过程与凝固过程两者温度分布不同造成的，在平板 $x=\delta$ 相变处两者温度相同，均为 $T(x=\delta,t) = T_{\text{m}}$，而在平板 $x=0$ 处，凝固过程的温度为 $T(x=0,t) = T_{\text{m}} - (\rho Q_{\text{lh}} \delta \dot{\delta}/k)$，熔化过程的温度为 $T(x=0,t) = T_{\text{m}} + (\rho Q_{\text{lh}} \delta \dot{\delta}/k)$，对于平板 $0 \leqslant x < \delta$ 的区域，物质同相且分布均匀，可认为此区域传热过程为传热服从傅里叶定律的一维热传导过程，凝固和熔化两不同过程的温度分布不同，温度梯度均仅为控制变量 δ 的函数，若两不同过程的 δ 和 $\dot{\delta}$ 值相等，则两过程温度梯度大小相等方向相反。对于传热服从傅里叶

定律的一维导热过程，导热热阻一定，不同温度相同温差下（如 500K→400K 和 300K←400K）传热过程㶲耗散率是相等的而熵产率是不等的，即㶲耗散率仅与温度梯度有关，而熵产率不仅与温度梯度有关而且与其局部温度有关。因此，以㶲耗散最小为目标时，凝固与熔化过程的优化规律一致，以熵产生最小为目标时，两者的优化规律不一致。

对比式(2.7.27)和式(2.7.30)可知，熵产生最小的传热策略下相变过程的熵产生是恒温传热策略下的熵产生的 8/9，且与其他参数的取值无关[370]。对比式(2.7.24)和式(2.7.31)可知，㶲耗散最小的传热策略下相变过程的㶲耗散也是恒温传热策略下的㶲耗散的 8/9，且与其他参数的取值无关。由式(2.7.22)和式(2.7.29)得

$$\frac{\max(T_s - T_m)_{\Delta E=\min}}{(T_{sc} - T_m)_{T_s=\text{const}}} = \frac{4}{3} \tag{2.7.33}$$

由式(2.7.26)和式(2.7.29)得

$$\frac{\max(T_s - T_m)_{\Delta S=\min}}{(T_{sc} - T_m)_{T_s=\text{const}}} = \frac{4}{3}\{1 \pm [t_0/(3\tau)]\}^{-1} \tag{2.7.34}$$

对比式(2.7.33)和式(2.7.34)可知，㶲耗散最小和熵产生最小两种传热策略的表面温度最大温差均大于恒温传热策略的表面温度最大温差。㶲耗散最小和熵产生最小两种传热策略下表面温度最大温差略有不同，前者是后者的 $\{1 \pm [t_0/(3\tau)]\}$ 倍。

如果不是相变过程的时间 τ 一定，而是表面温度最大温差一定，那么㶲耗散最小和熵产生最小两种传热策略下的相变过程的时间均较恒温传热策略要长。由式(2.7.26)和式(2.7.29)得

$$(t_{\text{opt}})_{\Delta S=\min}/\tau = (4/3) + \max|T_s - T_m|/(3T_m) \tag{2.7.35}$$

由式(2.7.35)可见，在相变过程表面最大温差较小时，熵产生最小的传热策略下的相变过程的时间约为恒温传热策略下过程时间的 4/3[370]，因此 $(t_{\text{opt}})_{\Delta S=\min}/\tau$ 的具体大小还与相变过程的最大温差有关。由式(2.7.22)和式(2.7.29)得

$$(t_{\text{opt}})_{\Delta E=\min}/\tau = 4/3 \tag{2.7.36}$$

由式(2.7.36)可见，在平板表面最大温差一定的条件下，㶲耗散最小的传热策略下的相变过程的时间为恒温传热策略下过程时间的 4/3，且与其他参数无关。虽然过程时间比恒温传热策略下过程时间多了 1/3，但最小㶲耗散为恒温传热策略下㶲耗散的 2/3。

2.7.4 数值算例与讨论

根据文献[370]的参数取值，同时为分析参数 t_0/τ 对优化结果的影响，取 t_0/τ 分别为 0.05 和 0.5。由式(2.7.29)可见，t_0/τ 的值表述的是相变过程平均传热温差的相对大小。图 2.40 给出的是无量纲相变边界移动速度 $\dot{\delta}\tau/l$ 随无量纲相变边界位置 δ/l 的变化关系，图 2.41 给出的是无量纲相变边界位置 δ/l 随无量纲时间 t/τ 的变化关系。由于在㶲耗散最小的传热策略下，$\dot{\delta}\tau/l$ 随 δ/l 的变化规律和 δ/l 随 t/τ 的变化规律对于凝固过程和熔化过程均是相同的，所以在图 2.40 和图 2.41 中均以一条曲线表示。由图 2.40 可看出，两种不同优化目标的传热策略下，相变边界移动速度随着过程的进行逐渐变慢，并且在相变过程之初变化幅度较大，同时㶲耗散最小的传热策略的 $\dot{\delta}\tau/l$ 随 δ/l 的变化曲线介于熵产生最小的传热策略下凝固过程和熔化过程之间，因此㶲耗散最小的传热策略下 δ/l 随 t/τ 的变化规律也满足这种关系，如图 2.41 所示。由于在相变过程之初，相变边界从平板左侧 $x=0$ 处向右侧开始移动，其速度由零瞬时变为某一有限值，此时可认为加速度无限大即 $d^2\delta/dt^2 \to \infty$，因此在图 2.40 中曲线初始位置变化较为陡峭；随着相变界面的移动，$\dot{\delta}$ 值逐渐减小，表明热源与相变物体间的热流率在减小，这主要是因为初始相变边界点 $\delta=0$ 处离热源位置 $x=0$ 较近，可认为此时传热热阻较小，随着相变过程的进行，相变界面离热源位置越来越远，表明传热热阻在逐渐增大，热流率的递减规律与传热热阻的递增规律两者相互匹配，有利于从整体上降低整个相变过程的热量传递能力损耗即㶲耗散。显然，热源与相变物体间热流率的减少，导致了无量纲相变边界位置随无量纲时间的变化先快后慢。对于凝固过程㶲耗散最小的传热策略，其相变边界移动速度在凝固过程之初小于熵产生最小的传热策略下的相变边界移动速度，在凝固过程之末大于熵产生最小的传热策略下的相变边界移动速度，而对于熔化过程，两个不同优化目标的传热策略下的相变边界移动速度大小关系与凝固过程正好相反，同时对比图 2.40(a) 和图 2.40(b)、图 2.41(a) 和图 2.41(b) 可看出，两个不同优化目标对应的最优传热策略下 $\dot{\delta}\tau/l$ 随 δ/l 的变化规律、δ/l 随 t/τ 的变化规律的差别，随着参数 t_0/τ 值的增大而增大。

图 2.42 给出的是各种相变传热策略下无量纲外界温度 $T_s(t)/T_m$ 随无量纲时间 t/τ 的变化规律，包括㶲耗散最小、熵产生最小和外界温度一定等三种不同传热策略下的结果。由图可见，㶲耗散最小与熵产生最小两种不同传热策略下的外界温度随时间的最优变化规律是不同的，并且随着参数 t_0/τ 值的增大，两者的差别也增大。

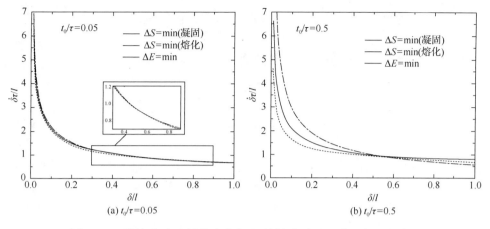

图 2.40 无量纲相变边界移动速度随无量纲相变边界位置的变化关系

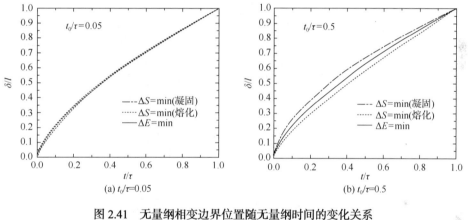

图 2.41 无量纲相变边界位置随无量纲时间的变化关系

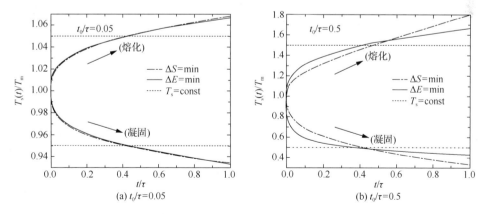

图 2.42 各种相变传热策略下无量纲外界温度随无量纲时间的变化规律

表 2.18 和表 2.19 分别是凝固过程和熔化过程各种传热策略下数值计算比较结果。由表 2.18 可见，当 $t_0/\tau = 0.05$ 时，㶲耗散最小和熵产生最小两种传热策略下的㶲耗散和熵产生均相差很小，仅为 0.02%；当 $t_0/\tau = 0.5$ 时，㶲耗散最小的传热策略下㶲耗散和熵产生与熵产生最小的传热策略下㶲耗散和熵产生分别相差 1.97%和 6.18%，而恒温传热策略下的㶲耗散和熵产生与最小㶲耗散和最小熵产生均相差 12.5%。由表 2.19 可见，当 $t_0/\tau = 0.05$ 时，㶲耗散最小和熵产生最小两种传热策略下的㶲耗散和熵产生均相差很小，仅为 0.02%；当 $t_0/\tau = 0.5$ 时，㶲耗散最小的传热策略下㶲耗散和熵产生与熵产生最小的传热策略下㶲耗散和熵产生分别相差 1.55%和 0.82%，而恒温传热策略下的㶲耗散和熵产生与最小㶲耗散和最小熵产生均相差 12.5%，与 t_0/τ 的取值无关。

表 2.18 凝固过程各种传热策略的比较

传热策略	$t_0/\tau = 0.05$		$t_0/\tau = 0.5$	
	$\Delta E / \Delta E_{min}$	$\Delta S / \Delta S_{min}$	$\Delta E / \Delta E_{min}$	$\Delta S / \Delta S_{min}$
$\Delta E = \min$	1.0000	1.0002	1.0000	1.0618
$\Delta S = \min$	1.0002	1.0000	1.0197	1.0000
$T_s = \text{const}$	1.1250	1.1250	1.1250	1.1250

表 2.19 熔化过程各种传热策略的比较

传热策略	$t_0/\tau = 0.05$		$t_0/\tau = 0.5$	
	$\Delta E / \Delta E_{min}$	$\Delta S / \Delta S_{min}$	$\Delta E / \Delta E_{min}$	$\Delta S / \Delta S_{min}$
$\Delta E = \min$	1.0000	1.0002	1.0000	1.0082
$\Delta S = \min$	1.0002	1.0000	1.0155	1.0000
$T_s = \text{const}$	1.1250	1.1250	1.1250	1.1250

2.8 本章小结

本章研究了普适传热规律 $[q \propto (\Delta(T^n))^m]$ 下无热漏与有热漏传热过程熵产生最小化和㶲耗散最小化、无热漏传热过程㶲耗散最小逆优化和液-固相变传热过程㶲耗散最小化。得到的主要结论如下。

（1）对于普适传热规律 $[q \propto (\Delta(T^n))^m]$ 下无热漏传热过程，熵产生最小时的热、冷流体温度的 n 次幂之差与热流体温度的 $(n+1)/(m+1)$ 次幂之比为常数，㶲耗散最小时的热、冷流体温度的 n 次幂之差与热流体温度的 $(n-1)/(m+1)$ 次幂之比为常数。

(2) 对应于无热漏传热过程熵产生最小时的局部熵产率为常数,不仅在牛顿传热规律和线性唯象传热规律下成立,而且在$[q \propto (\Delta(T^{-1}))^m]$($m \neq -1$)传热规律下均成立;广义对流传热规律下㶲耗散最小时的优化结果与温差场均匀性原则相一致;对应于㶲耗散最小时局部㶲耗散率为常数在广义对流传热规律$[q \propto (\Delta T)^m]$($m \neq -1$)和$\{q \propto [(\Delta T) + (\Delta T)^m]\}$传热规律下均成立;若传热过程㶲耗散最小时的热流率为常数,其温度差也为常数,但反过来却不一定成立。

(3) 当传热量较小时,㶲耗散最小和熵产生最小两者优化结果较为接近,两者的差别随着传热量和热漏的增大而增大;熵产生最小时热流体温度随时间呈显著的非线性规律变化导致工程实现较难,而㶲耗散最小时热流体温度随时间呈线性或近似线性规律变化则易于工程实现;无论是以熵产生最小还是以㶲耗散最小为优化目标,热流率一定的传热策略均优于热流体温度一定的传热策略。

(4) 传热规律与热漏均显著影响传热过程熵产生最小化和㶲耗散最小化时的热、冷流体温度间的最优关系。本章借助于传热规律和传热过程模型的普适化,完成了传热过程有限时间热力学动态优化结果的集成。

(5) 相变过程最小㶲耗散为恒温传热策略下㶲耗散的 8/9,且与系统其他参数无关;㶲耗散最小与熵产生最小两种不同优化目标下得到的优化结果是显著不同的;熵产生最小即过程可用能损失最小,㶲耗散最小表明过程热量传递能力损耗最小,实际相变过程不涉及热功转换,因此优化目标应取㶲耗散最小较为合适。

第3章 传质过程动态优化

3.1 引　　言

本书第 2 章对传热过程进行了动态优化，由于传质与传热间具有类比性，可以将传热过程的研究思路和方法进一步拓展到传质过程动态优化。传质过程根据传质方向分为单向传质和双向传质。常见的单向传质过程有气-液-固相内和相际单向扩散传质过程、气流通过节流阀的节流过程和溶液通过半透膜的渗透过程等。双向传质过程发生于不同混合物流间组分交换，如蒸馏过程。传质的驱动力主要是在两个相互接触的子系统间存在的压差、温度差、浓度差以及化学势差。

Tsirlin[111-115]、Mironova 等[121]和 Berry 等[127]研究了不同传质规律下等温节流、单向等温传质、双向等温传质过程熵产生最小化，结果表明线性传质规律[$g \propto \Delta\mu$]下单向等温传质过程熵产生最小时的化学势差为常数，并将此研究结果进一步拓展到热驱动分离和机械分离[519-521]、多元混合物分离最优次序的确定[522]以及二元蒸馏分离过程[524]等优化研究中。Mironova[381]和毕月虹等[387]研究了线性传质规律下气体水合物结晶过程熵产生最小时组分浓度随时间的最优变化规律。

基于质量传递与热量传递现象之间的类比性，陈群等[24-27,643,644]、李志信和过增元[592]定义了质量积，并提出了传质优化的质量积耗散（文献[24]称为质量传递势容耗散函数）极值原理和最小质阻原理，对空间站通风排污[24,25,27,592]、光催化氧化反应器[26,592]以及蒸发冷却[643,644]等传质过程进行了优化。柳雄斌等[707,772]以积耗散最小为目标对流体分配通道网络进行了优化。陈林等[773]基于质量积耗散极值原理提出了溶液除湿性能分析与优化的湿阻法。袁芳和陈群[774]建立了间接蒸发冷却系统传热传质性能的优化准则。

本章将以积耗散最小为目标优化给定传质量条件下等温节流过程，并与压力差一定和压力比一定两种传质策略相比较；以积耗散最小为目标优化给定传质量条件下单向等温传质过程，并与压力差一定和压力比一定两种传质策略相比较；进一步以低浓度侧混合物与外界存在质漏为例，研究质漏对单向等温传质过程熵产生最小化和积耗散最小化的影响；以积耗散最小为目标优化扩散传质规律[$g \propto \Delta c$]下等摩尔双向等温传质过程，并与浓度比一定和熵产生最小两种传质策略相比较；分别以熵产生最小和积耗散最小为目标研究普适传质规律下等温结晶过程，并与浓度一定和传质流率一定传质策略相比较。

3.2 普适传质规律下等温节流过程积耗散最小化

3.2.1 物理模型

节流是指当气体在管道中流动时,由于局部阻力,如遇到缩口和调节阀门时,其压力显著下降的一种特殊流动过程,这种现象称为节流或焦耳-汤姆孙效应(Joule-Thomson Effect)[782]。绝热节流过程中,在缩孔附近由于流速增加,比焓下降,流体在通过缩孔时动能增加,压力下降,产生强烈的扰动和摩擦,使增加的动能转变为热能又为流体所吸收,因此流体在绝热节流前的比焓等于绝热节流后的比焓。但由于扰动和摩擦的不可逆性,节流后的压力不能回复到与节流前一样,因此绝热节流是不可逆过程。流体在孔口附近发生强烈的扰动及涡流,处于极度不平衡状态,如图 3.1 所示,故不能用平衡热力学方法分析孔口附近的状况。但在距孔口较远的地方,如图中截面 1-1 和 2-2,流体仍处于平衡状态,可采用经典热力学方法分析。绝热节流前后流体(液体、气体)的温度变化称为节流的温度效应,可以用绝热节流系数或焦耳-汤姆孙系数 μ_J (Joule-Thomson Coefficient)表征,其物理意义为单位压力下降时温度变化值,具体如下:

$$\mu_J = (\partial T / \partial p)_h = [T(\partial V / \partial T)_p - V]/c_p \tag{3.2.1}$$

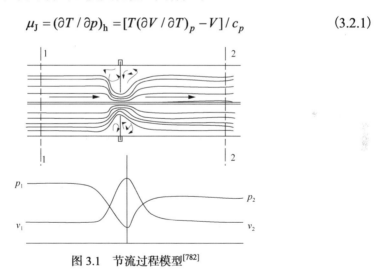

图 3.1 节流过程模型[782]

$\mu_J > 0$,节流后流体的温度降低称为节流冷效应;$\mu_J < 0$,节流后流体的温度升高称为节流热效应;$\mu_J = 0$,节流后流体的温度相等称为节流零效应。对于理想气体,因 $T(\partial V / \partial T)_p = V$,故绝热节流恒为节流零效应。

考虑一个等温气体膨胀过程,压力由 p_1 降低到 p_2,膨胀率与前后压力差有关。令气体节流过程传质流率为 $g(p_1, p_2)$,根据文献[707]和[772]得节流过程的积耗散

ΔE 为

$$\Delta E = \int_0^\tau g(p_1, p_2)(p_1 - p_2)\mathrm{d}t \tag{3.2.2}$$

忽略过程与环境传热造成的影响。类比于传热中的热阻定义式 $R_E = \Delta E/Q^{2[20-22]}$，若通过节流阀的总时间 τ 和总传质量 G 均一定，由式(3.2.2)得基于积耗散的质阻 R_E 为

$$R_E = \Delta E / G^2 = \left[\int_0^\tau g(p_1, p_2)(p_1 - p_2)\mathrm{d}t\right] / G^2 \tag{3.2.3}$$

由式(3.2.3)可见，在传质量一定的条件下，以质阻 R_E 最小为目标优化等价于以积耗散 ΔE 最小为目标优化。假定气体离开腔室的总体积 V_1 一定，则气体节流过程腔室压力变化的控制方程为

$$\dot{p}_1 = -RTg(p_1, p_2)/V_1, \qquad p_1(0) = p_{10} \tag{3.2.4}$$

式中，R 为普适气体常数；T 为气体所处温度，节流过程的总传质量 G 一定，得

$$\int_0^\tau g(p_1, p_2)\mathrm{d}t = G \tag{3.2.5}$$

3.2.2 优化方法

设 p_2 为优化问题的控制变量，由式(3.2.4)得

$$\mathrm{d}t = -V_1 \mathrm{d}p_1 / [RTg(p_1, p_2)] \tag{3.2.6}$$

令 $p_{1\tau} = p_1(\tau)$，将式(3.2.6)分别代入式(3.2.2)、式(3.2.4)和式(3.2.5)得

$$\Delta E = -V_1 \int_{p_{10}}^{p_{1\tau}} (p_1 - p_2)\mathrm{d}p_1 / (RT) \tag{3.2.7}$$

$$-\int_{p_{10}}^{p_{1\tau}} V_1 / [RTg(p_1, p_2)]\mathrm{d}p_1 = \tau \tag{3.2.8}$$

$$p_{1\tau} = p_{10} - GRT/V_1 \tag{3.2.9}$$

现在的问题为在式(3.2.8)的约束下求式(3.2.7)中 ΔE 的最小值，建立变更的拉格朗日函数 L 如下：

$$L = -\frac{V_1}{RT}(p_1 - p_2) - \lambda \frac{V_1}{RTg(p_1, p_2)} \quad (3.2.10)$$

式中，λ 为待定常数。由极值条件 $\partial L / \partial p_2 = 0$ 得

$$1 + \frac{\lambda}{g^2(p_1, p_2)} \frac{\partial g}{\partial p_2} = 0 \quad (3.2.11)$$

3.2.3 其他传质策略

除了积耗散最小（$\Delta E = \min$）的传质策略，还有熵产生最小（$\Delta S = \min$）[111-115, 127]、压力差为常数（$p_1 - p_2 = \text{const}$）和压力比为常数（$p_1 / p_2 = \text{const}$）的传质策略。

3.2.3.1 熵产生最小的传质策略

节流过程熵产生为

$$\Delta S = \int_0^\tau g(p_1, p_2) R \ln(p_1 / p_2) \mathrm{d}t \quad (3.2.12)$$

其对应的最优性条件为[111-115, 127]

$$\partial g(p_1, p_2) / \partial p_2 = -a_1 g^2(p_1, p_2) / p_2 \quad (3.2.13)$$

式中，a_1 为积分常数。联立式(3.2.4)和式(3.2.13)可得压力 $p_1(t)$ 和 $p_2(t)$，将其分别代入式(3.2.2)和式(3.2.12)得熵产生最小的传质策略下过程的积耗散 $\Delta E_{\Delta S=\min}$ 和熵产生 $\Delta S_{\min}$。

3.2.3.2 压力比为常数的传质策略

若节流过程压力比为常数，即

$$p_1 / p_2 = a_2 \quad (3.2.14)$$

式中，a_2 为常数。令 $p_2(0) = p_{20}$ 和 $p_2(\tau) = p_{2\tau}$，将式(3.2.14)代入式(3.2.4)得

$$\int_{p_{20}}^{p_{2\tau}} [1/g(p_2)] \mathrm{d}p_2 = -RT\tau / (a_2 V_1) \quad (3.2.15)$$

由式(3.2.14)和式(3.2.15)可确定压力 $p_1(t)$ 和 $p_2(t)$，将其分别代入式(3.2.2)和式(3.2.12)得压力比为常数的传质策略下过程的积耗散 $\Delta E_{p_1/p_2=\text{const}}$ 和熵产生 $\Delta S_{p_1/p_2=\text{const}}$。

3.2.3.3 压力差为常数的传质策略

若节流过程压力差为常数,即

$$p_1 - p_2 = a_3 \tag{3.2.16}$$

式中,a_3 为常数。将式(3.2.16)代入式(3.2.4)得

$$\int_{p_{20}}^{p_{2\tau}} 1/g(p_2) \mathrm{d}p_2 = -RT\tau/V_1 \tag{3.2.17}$$

由式(3.2.16)和式(3.2.17)可确定压力 $p_1(t)$ 和 $p_2(t)$,将其分别代入式(3.2.2)和式(3.2.12)得压力差为常数的传质策略下过程的积耗散 $\Delta E_{p_1-p_2=\text{const}}$ 和熵产生 $\Delta S_{p_1-p_2=\text{const}}$。

3.2.4 特例分析

本节将对 $[g \propto (\Delta p)^m]$ 和 $[g \propto \Delta \mu]$ 两种传质规律分别进行分析。对于 $[g \propto (\Delta p)^m]$ 传质规律,当 $m=1/2$ 时,如在流体力学中的伯努利方程中压力损失与质量流率的平方成正比,当 $m=1$ 时,如反映多孔介质渗流规律的实验定律——达西定律(Darcy's Law);对于 $[g \propto \Delta \mu]$ 传质规律,如线性不可逆热力学中常常假定传质流率 g 以化学势差 $\Delta \mu$ 为驱动力。

3.2.4.1 $[g \propto (\Delta p)^m]$ 传质规律下的优化结果

当节流过程服从 $[g \propto (\Delta p)^m]$ 传质规律时,有

$$g(p_1, p_2) = h(p_1 - p_2)^m \tag{3.2.18}$$

式中,h 为传质系数,将其代入式(3.2.11)得

$$p_1 - p_2 = [-hR/(m\lambda)]^{1/(m+1)} \tag{3.2.19}$$

由式(3.2.19)可见,对应于 $[g \propto (\Delta p)^m]$ 传质规律下节流过程积耗散最小时压力差为常数,即过程的质量流率为常数。经推导得压力 $p_1(t)$、$p_2(t)$ 和过程最小积耗散 $\Delta E_{\min}$ 分别为

$$p_1(t) = p_{10} - GRTt/(V_1\tau) \tag{3.2.20}$$

$$p_2(t) = p_{10} - GRTt/(V_1\tau) - [G/(h\tau)]^{1/m} \tag{3.2.21}$$

$$\Delta E_{\min} = G^{(m+1)/m} / (h\tau)^{1/m} \tag{3.2.22}$$

特别地，当 $m=1/2$ 时，式(3.2.21)和式(3.2.22)分别变为

$$p_2(t) = p_{10} - GRTt/(V_1\tau) - [G/(h\tau)]^2, \quad \Delta E_{\min} = G^3/(h\tau)^2 \tag{3.2.23}$$

当 $m=1$ 时，式(3.2.21)和式(3.2.22)分别变为

$$p_2(t) = p_{10} - GRTt/(V_1\tau) - G/(h\tau), \quad \Delta E_{\min} = G^2/(h\tau) \tag{3.2.24}$$

对于熵产生最小的传质策略，由式(3.2.4)和式(3.2.13)得[111-115, 121, 127]

$$\int_{p_{20}}^{p_{2\tau}} \left\{ \left[\frac{1}{m+1} \left(\frac{m}{a_1 h} \right)^{1/(m+1)} p_2^{-m/(m+1)} + 1 \right] \middle/ \left(\frac{mp_2}{a_1 h} \right)^{m/(m+1)} \right\} \mathrm{d}p_2 = -\frac{kRT\tau}{V_1} \tag{3.2.25}$$

特别地，当 $m=1/2$ 时，式(3.2.25)进一步变为[111-115, 121, 127]

$$\frac{2}{3} \left(\frac{1}{2a_1 h} \right)^{2/3} (p_{20}^{1/3} - p_{2\tau}^{1/3}) + \frac{1}{2}(p_{20}^{2/3} - p_{2\tau}^{2/3}) = \frac{hRT\tau}{3V_1} \left(\frac{1}{2a_1 h} \right)^{1/3} \tag{3.2.26}$$

联立式(3.2.4)和式(3.2.26)可得[$g \propto (\Delta p)^{1/2}$]传质规律下过程熵产生最小时压力 $p_1(t)$ 和 $p_2(t)$ 随时间的最优变化规律，将其分别代入式(3.2.2)和式(3.2.12)得相应过程的积耗散 $\Delta E_{\Delta S=\min}$ 和最小熵产生 $\Delta S_{\min}$。当 $m=1$ 时，式(3.2.25)进一步变为[111-115, 121, 127]

$$\frac{p_{20}^2 - p_{2\tau}^2}{4} + 2\left(\frac{1}{a_1 h}\right)^{1/2} (p_{20}^{1/2} - p_{2\tau}^{1/2}) = \frac{hRT\tau}{V_1} \tag{3.2.27}$$

联立式(3.2.4)和式(3.2.27)可得[$g \propto \Delta p$]传质规律下过程熵产生最小时压力 $p_1(t)$ 和 $p_2(t)$ 随时间的最优变化规律，将其分别代入式(3.2.2)和式(3.2.12)得相应过程的积耗散 $\Delta E_{\Delta S=\min}$ 和最小熵产生 $\Delta S_{\min}$。

对于压力比为常数的传质策略，将式(3.2.18)代入式(3.2.15)得

$$p_{2\tau}^{1-m} - p_{20}^{1-m} = -hRT\tau(a_2-1)^m(1-m)/(a_2 V_1) \tag{3.2.28}$$

特别地，当 $m=1/2$ 时，得压力 $p_1(t)$ 和 $p_2(t)$ 随时间的变化规律分别为

$$p_1(t) = [p_{20}^{1/2} + (p_{2\tau}^{1/2} - p_{20}^{1/2})t/\tau]^2 \bigg/ \left\{ 1 - \left[\frac{2(p_{20}^{1/2} - p_{2\tau}^{1/2})V_1}{hRT\tau} \right]^2 \right\} \quad (3.2.29)$$

$$p_2(t) = [p_{20}^{1/2} + (p_{2\tau}^{1/2} - p_{20}^{1/2})t/\tau]^2 \quad (3.2.30)$$

已知边界条件 $p_1(0) = p_{10}$ 和 $p_1(\tau) = p_{1\tau}$，由式(3.2.29)和式(3.2.30)得 $p_1(t)$ 和 $p_2(t)$，将其分别代入式(3.2.2)和式(3.2.12)得相应过程的积耗散 $\Delta E_{p_1/p_2=\text{const}}$ 和熵产生 $\Delta S_{p_1/p_2=\text{const}}$。当 $m=1$ 时，得压力 $p_1(t)$ 和 $p_2(t)$ 随时间的变化规律分别为

$$p_1(t) = p_{20}(p_{2\tau}/p_{20})^{t/\tau} / [1 - V_1 \ln(p_{20}/p_{2\tau})/(hRT\tau)] \quad (3.2.31)$$

$$p_2(t) = p_{20}(p_{2\tau}/p_{20})^{t/\tau} \quad (3.2.32)$$

已知边界条件 $p_1(0) = p_{10}$ 和 $p_1(\tau) = p_{1\tau}$，由式(3.2.31)和式(3.2.32)得 $p_1(t)$ 和 $p_2(t)$，将其分别代入式(3.2.2)和式(3.2.12)得相应过程的积耗散 $\Delta E_{p_1/p_2=\text{const}}$ 和熵产生 $\Delta S_{p_1/p_2=\text{const}}$。

3.2.4.2 $[g \propto \Delta\mu]$ 传质规律下的优化结果

当节流过程服从线性传质规律 $[g \propto \Delta\mu]$ 时，有

$$g = h(\mu_1 - \mu_2) = hRT \ln(p_1/p_2) \quad (3.2.33)$$

将式(3.2.33)代入式(3.2.11)得

$$p_2 hRT [\ln(p_1/p_2)]^2 = \lambda \quad (3.2.34)$$

由式(3.2.4)和式(3.2.34)得

$$\frac{dp_2}{dt} = -\frac{RT}{V_1}\sqrt{\frac{\lambda hRT}{p_2}} \bigg/ \left[\left(1 - \frac{1}{2}\sqrt{\frac{\lambda}{hRTp_2}}\right) \exp\left(\sqrt{\frac{\lambda}{hRTp_2}}\right) \right] \quad (3.2.35)$$

式(3.2.35)只能采用数值方法计算，联立式(3.2.34)和式(3.2.35)可解得 $p_1(t)$ 和 $p_2(t)$ 随时间 t 的最优路径，将其代入式(3.2.2)和式(3.2.12)进行数值积分可分别得最小积耗散 $\Delta E_{\min}$ 和熵产生 $\Delta S_{\Delta E=\min}$。

对于熵产生最小的传质策略，由式(3.2.4)和式(3.2.13)得压力 $p_1(t)$、$p_2(t)$ 和最小熵产生 $\Delta S_{\min}$ 分别为[111-115, 121, 127]

$$p_1(t) = p_{10} + (p_{1\tau} - p_{10})t/\tau \tag{3.2.36}$$

$$p_2(t) = [p_{10} + (p_{1\tau} - p_{10})t/\tau]\exp\{[(p_{1\tau} - p_{10})V_1]/(hR^2T^2\tau)\} \tag{3.2.37}$$

$$\Delta S_{\min} = [(p_{10} - p_{1\tau})V_1]^2/(hR^3T^3\tau) \tag{3.2.38}$$

将式(3.2.36)和式(3.2.37)代入式(3.2.2)得相应过程的积耗散 $\Delta E_{\Delta S=\min}$ 为

$$\Delta E_{\Delta S=\min} = (p_{10}^2 - p_{1\tau}^2)V_1\{1-\exp[(p_{1\tau} - p_{10})V_1/(hR^2T^2\tau)]\}/(2RT) \tag{3.2.39}$$

对于压力差为常数的传质策略，将式(3.2.33)代入式(3.2.17)不存在解析解，只能采用数值方法求解。

3.2.5 数值算例与讨论

假定高压气腔的封闭体积为 $V_1 = 1\text{ m}^3$，温度为 $T = 298.13\text{ K}$，普适气体常数为 $R=8.314\text{J}/(\text{mol}\cdot\text{K})$，封闭腔初态压力为 $p_{10}=1.5\times10^6\text{Pa}$，末态压力为 $p_{1\tau}=3\times10^5\text{Pa}$，传质过程时间 $\tau=30\text{ s}$，则过程的传质量为 $G=(p_{10}-p_{1\tau})V_1/(RT)=484.1\text{ mol}$。本节将分别给出[$g\propto(\Delta p)^{1/2}$]、[$g\propto\Delta p$]和[$g\propto\Delta\mu$]等三种特殊传质规律下的积耗散最小（$\Delta E=\min$）优化结果，并与熵产生最小（$\Delta S=\min$）、压力差为常数（$p_1-p_2=\text{const}$）和压力比为常数（$p_1/p_2=\text{const}$）的传质策略相比较，最后比较各种不同传质规律下的优化结果。

3.2.5.1 [$g\propto(\Delta p)^{1/2}$]传质规律下的数值算例

令传质系数为 $h=3.61\times10^{-2}\text{ Pa}^{1/2}\text{s}$。图3.2和图3.3分别为[$g\propto(\Delta p)^{1/2}$]传质规律下入口侧压力 p_1 和出口侧压力 p_2 随时间 t 的变化规律，图3.4为该传质规律下积耗散率 $\text{d}E/\text{d}t$ 随时间 t 的变化规律，由于 $\Delta E=\min$ 的传质策略与 $p_1-p_2=\text{const}$ 的传质策略相一致，所以在图中仅给出了 $\Delta E=\min$、$\Delta S=\min$ 和 $p_1/p_2=\text{const}$ 等3种不同传质策略。由图可见，$\Delta E=\min$ 的传质策略下压力 p_1 和 p_2 随时间 t 呈线性规律递减，$\Delta S=\min$ 与 $p_1/p_2=\text{const}$ 的传质策略下压力 p_1 和 p_2 随时间 t 呈非线性规律递减；$\Delta E=\min$ 的传质策略下过程积耗散率 $\text{d}E/\text{d}t$ 随时间 t 保持为常数，$\Delta S=\min$ 和 $p_1/p_2=\text{const}$ 的传质策略下积耗散率 $\text{d}E/\text{d}t$ 随时间 t 的增加而减少。

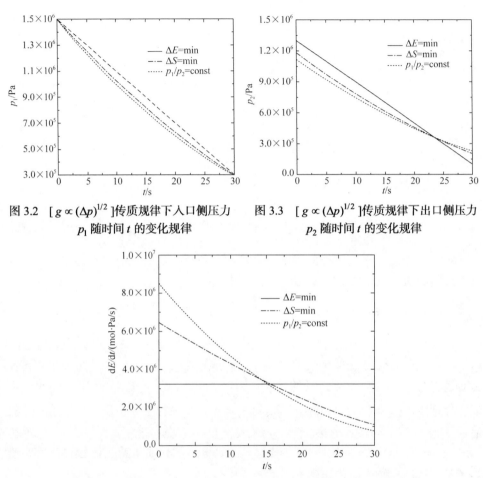

图3.2 [$g \propto (\Delta p)^{1/2}$]传质规律下入口侧压力 p_1 随时间 t 的变化规律

图3.3 [$g \propto (\Delta p)^{1/2}$]传质规律下出口侧压力 p_2 随时间 t 的变化规律

图3.4 [$g \propto (\Delta p)^{1/2}$]传质规律下积耗散率 dE/dt 随时间 t 的变化规律

表 3.1 给出了各种传质策略下节流过程关键参数的计算结果。由表可见,当以熵产生最小为优化目标时,$p_1/p_2 = \text{const}$ 的传质策略下熵产生小于 $\Delta E = \min$ 的传质策略下熵产生,即 $\mu_1 - \mu_2 = \text{const}$ 的传质策略优于 $p_1 - p_2 = \text{const}$ 的传质策略,由不可逆热力学理论[34-36]可知,传质过程的传质流率 g 是以化学势差 $\Delta\mu$ 为驱动力的,特别是在线性不可逆热力学中常常假定等温传质过程服从线性传质规律 [$g \propto \Delta\mu$],所以传质过程传质流率 g 与化学势差 $\Delta\mu$ 等于传质过程的熵产生 ΔS 乘以过程温度 T,如式(3.2.12)所示,同时计算结果也表明 $\Delta\mu = \text{const}$ 的传质策略的熵产生小于 $\Delta p = \text{const}$ 的传质策略下的熵产生,这正反映了以熵表征的传质过程是以化学势差为热力学力驱动传质流率的这种本质特征;当以积耗散最小为优化目标时,$\Delta E = \min$ 的传质策略下的积耗散小于 $p_1/p_2 = \text{const}$ 的传质策略下的积耗散,这表明 $p_1 - p_2 = \text{const}$ 的传质策略优于 $\mu_1 - \mu_2 = \text{const}$ 的传质策略,这充分反映

了以积表征的传质过程是以压力差为热力学力驱动传质流率的这种本质特征。

表 3.1 各种传质策略下节流过程关键参数的计算结果

情形		p_{20} /(×10⁵ Pa)	$p_{2\tau}$ /(×10⁵ Pa)	ΔS /(×10³ J/K)	ΔE /(×10⁷ mol·Pa)
$g \propto (\Delta p)^{1/2}$	ΔE = min	13.002	1.0016	1.3349	9.6747
	ΔS = min	11.832	2.0239	1.1657	10.4342
	p_1 / p_2 = const	11.179	2.2360	1.1841	11.1093
$g \propto \Delta p$	ΔE = min	12.998	0.9978	1.3383	9.6934
	ΔS = min	12.092	1.8594	1.1966	10.3393
	p_1 / p_2 = const	10.971	2.1940	1.2596	11.7152
$g \propto \Delta \mu$	ΔE = min	12.471	1.8598	1.0838	9.3165
	ΔS = min	11.666	2.3332	1.0118	9.6849
	$p_1 - p_2$ = const	12.999	0.9992	1.3504	9.7245

3.2.5.2 [$g \propto \Delta p$]传质规律下的数值算例

令传质系数为 $h = 8.07 \times 10^{-5}$ Pa·s。图 3.5 和图 3.6 分别为该传质规律下入口侧压力 p_1 和出口侧压力 p_2 随时间 t 的变化规律，图 3.7 为该传质规律下积耗散率 dE/dt 随时间 t 的变化规律。由图可见，ΔE = min 的传质策略下压力 p_1 和 p_2 随时间 t 呈线性规律递减，ΔS = min 与 p_1 / p_2 = const 的传质策略下压力 p_1 和 p_2 随时间 t 呈非线性规律递减；ΔE = min 的传质策略下过程积耗散率 dE/dt 随时间 t 保持为常数，ΔS = min 和 p_1 / p_2 = const 的传质策略下积耗散率 dE/dt 随时间 t 的增加而减少。

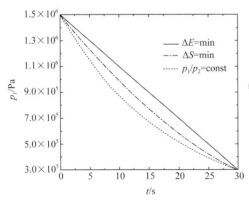

图 3.5 [$g \propto \Delta p$]传质规律下入口侧压力 p_1 随时间 t 的变化规律

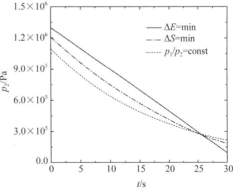

图 3.6 [$g \propto \Delta p$]传质规律下出口侧压力 p_2 随时间 t 的变化规律

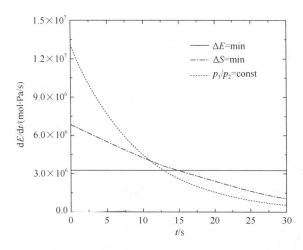

图 3.7 $[g \propto \Delta p]$ 传质规律下积耗散率 dE/dt 随时间 t 的变化规律

由表 3.1 可见,当以熵产生最小为优化目标时, $p_1/p_2 = \text{const}$ 的传质策略下熵产生小于 $\Delta E = \min$ 的传质策略下熵产生,即 $\mu_1 - \mu_2 = \text{const}$ 的传质策略优于 $p_1 - p_2 = \text{const}$ 的传质策略;当以积耗散最小为优化目标时, $\Delta E = \min$ 的传质策略与 $p_1 - p_2 = \text{const}$ 的传质策略相一致,这表明此时 $p_1 - p_2 = \text{const}$ 的传质策略优于 $\mu_1 - \mu_2 = \text{const}$ 的传质策略。

3.2.5.3 $[g \propto \Delta \mu]$ 传质规律下的数值算例

令传质系数为 $h = 2.59 \times 10^{-2} \text{ mol}^2/(\text{J} \cdot \text{s})$。图 3.8 和图 3.9 分别为该传质规律下入口侧压力 p_1 和出口侧压力 p_2 随时间 t 的变化规律,图 3.10 为该传质规律下积耗散率 dE/dt 随时间 t 的变化规律,由于 $\Delta S = \min$ 的传质策略与 $p_1/p_2 = \text{const}$ 的传质策略相一致,所以在图中仅给出了 $\Delta E = \min$、$\Delta S = \min$ 和 $p_1 - p_2 = \text{const}$ 等 3 种不同传质策略。由图可见, $\Delta S = \min$ 的传质策略下压力 p_1 和 p_2 随时间呈线性规律递减, $\Delta E = \min$ 与 $p_1 - p_2 = \text{const}$ 的传质策略下压力 p_1 和 p_2 随时间 t 呈非线性规律递减; $\Delta S = \min$ 的传质策略下过程积耗散率 dE/dt 随时间 t 的增加而减少; $p_1 - p_2 = \text{const}$ 的传质策略下过程积耗散率 dE/dt 随着时间 t 的增加而增加; $\Delta E = \min$ 的传质策略下过程积耗散率 dE/dt 随时间 t 的增加而略有增加,相比前两种传质策略, $\Delta E = \min$ 的传质策略下积耗散率 dE/dt 分布较为均匀,其积耗散最小。

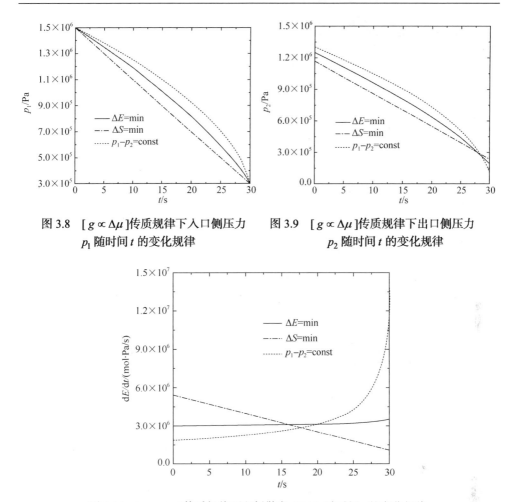

图 3.8 [$g \propto \Delta\mu$]传质规律下入口侧压力 p_1 随时间 t 的变化规律

图 3.9 [$g \propto \Delta\mu$]传质规律下出口侧压力 p_2 随时间 t 的变化规律

图 3.10 [$g \propto \Delta\mu$]传质规律下积耗散率 $\mathrm{d}E/\mathrm{d}t$ 随时间 t 的变化规律

由表 3.1 可见，当以熵产生最小为优化目标时，$\Delta S = \min$ 的传质策略下熵产生小于 $p_1 - p_2 = \mathrm{const}$ 的传质策略下熵产生，即 $\mu_1 - \mu_2 = \mathrm{const}$ 的传质策略优于 $p_1 - p_2 = \mathrm{const}$ 的传质策略；当以积耗散最小为优化目标时，$\Delta S = \min$ 的传质策略下积耗散小于 $p_1 - p_2 = \mathrm{const}$ 的传质策略下的积耗散，即 $\mu_1 - \mu_2 = \mathrm{const}$ 传质策略优于 $p_1 - p_2 = \mathrm{const}$ 传质策略。以上分析表明，无论是以熵产生最小还是以积耗散最小为目标优化线性传质规律[$g \propto \Delta\mu$]下等温节流过程，$\mu_1 - \mu_2 = \mathrm{const}$ 的传质策略均优于 $p_1 - p_2 = \mathrm{const}$ 的传质策略，即驱动力均分原则较为接近最优策略。

3.2.5.4 各种传质规律下积耗散最小优化结果的比较

图 3.11 和图 3.12 分别为各种传质规律下入口侧压力 p_1 与出口侧压力 p_2 随时

间 t 的最优变化规律。由图可见，$g \propto (\Delta p)^{1/2}$ 与 $g \propto \Delta p$ 传质规律下压力 p_1 和 p_2 随时间 t 呈线性规律下降，$g \propto \Delta \mu$ 传质规律下压力 p_1 和 p_2 随时间 t 呈非线性规律下降。由此可见，不同传质规律下积耗散最小时压力 p_1 和 p_2 随时间 t 的最优变化规律明显不同。差异产生的原因为传质规律及传质系数的取值均不同。这表明传质规律影响节流过程积耗散最小时压力随时间的最优变化规律。

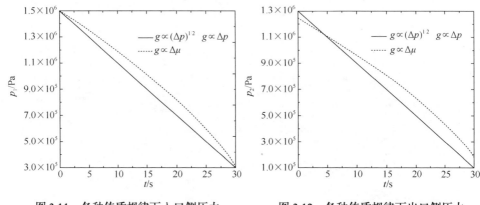

图3.11　各种传质规律下入口侧压力 p_1 随时间 t 的最优变化规律

图3.12　各种传质规律下出口侧压力 p_2 随时间 t 的最优变化规律

3.3　普适传质规律下单向等温传质过程积耗散最小化

3.3.1　物理模型

图3.13为单向等温传质过程模型，高、低浓度侧均为二元混合物，其中参与传质过程的组分称为关键组分，不参与传质过程的组分统称为惰性成分，两混合物接触界面仅允许关键组分通过。c_1 和 c_2 ($c_1 > c_2$) 分别为高、低浓度侧混合物中关键组分的浓度(以质量分数或摩尔分数表示)，m_1 和 m_2 分别为高、低浓度侧混合物中的关键组分的数量流率(以质量流率或摩尔流率表示)，M_1 和 M_2 分别为高、低浓度侧混合物的总数量流率。l 为传质设备的总长度，过程传质流率为 g_1，满足关系式 $g_1 = -\mathrm{d}m_1 / \mathrm{d}x = \mathrm{d}m_2 / \mathrm{d}x$。由于以时间 t 和以位置 x 为变量优化等价，对于图3.13中的以位置为变量的传质过程，优化目标为过程的积耗散率最小，优化变量浓度 c_1 与 c_2 也仅随位置 x 变化，因此可以忽略时间因素的影响，为便于分析，本节将以单位时间内的传质过程为研究对象，优化目标相应变为单位时间的积耗散 ΔE 最小。

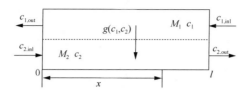

图 3.13 一类单向等温传质过程模型

根据文献[24]~[27]、[592]、[643]、[644]和[704]，关键组分质量积 E 的定义式如下：

$$E = \frac{1}{2}mc = \frac{1}{2}Mc^2 \tag{3.3.1}$$

式中，c 为混合物中组分的浓度，当浓度 c 以质量分数表示时，m 和 M 分别为混合物中关键组分的质量和混合物总质量；当浓度 c 以摩尔分数表示时，m 和 M 分别为混合物中关键组分的物质的量和混合物总的物质的量，而摩尔质量仅与具体物质特性有关，因此以质量分数和以摩尔分数表示是等价的，两者可相互转换。质量积 E 是描述混合物中的关键组分向周围介质扩散能力的物理量。由式(3.3.1)得质量积 E 的微元变化为

$$dE = d(mc)/2 = (mdc + cdm)/2 \tag{3.3.2}$$

式中，等号右边第一项是由于关键组分浓度变化引起的质量积的变化量；第二项是由于关键组分数量变化引起的质量积的变化量。由于混合物由关键组分和惰性成分两部分组成，令混合物中的惰性成分数量为 $\tilde{m}$，进一步得如下关系式：

$$\tilde{m} = M(1-c) = m(1-c)/c \tag{3.3.3}$$

由式(3.3.3)得

$$m = \tilde{m}c/(1-c) \tag{3.3.4}$$

将式(3.3.4)对浓度 c 求导进一步得

$$dm = \tilde{m}dc/(1-c)^2 \tag{3.3.5}$$

将式(3.3.4)和式(3.3.5)代入式(3.3.2)得

$$dE = (c - c^2/2)dm \tag{3.3.6}$$

由式(3.3.6)得传质过程高、低浓度侧的积平衡方程分别为

$$\Delta E_1 = E_{1,\text{inl}} - E_{1,\text{out}} = (m_{1,\text{inl}} c_{1,\text{inl}} - m_{1,\text{out}} c_{1,\text{out}})/2 = \int_0^l [g_1(c_1 - c_1^2/2)] \mathrm{d}x \quad (3.3.7)$$

$$\Delta E_2 = E_{2,\text{out}} - E_{2,\text{inl}} = (m_{2,\text{out}} c_{2,\text{out}} - m_{2,\text{inl}} c_{2,\text{inl}})/2 = \int_0^l [g_1(c_2 - c_2^2/2)] \mathrm{d}x \quad (3.3.8)$$

将式(3.3.7)与式(3.3.8)相减得

$$\Delta E = \Delta E_1 - \Delta E_2 = E_{\text{inl}} - E_{\text{out}} = \int_0^l \{g_1(c_1 - c_2)[1 - (c_1 + c_2)/2]\} \mathrm{d}x \quad (3.3.9)$$

式中，ΔE_1 为高浓度侧流体输出的总积流；ΔE_2 为低浓度侧流体得到的总积流，两者之差为传质过程积耗散 ΔE，式(3.3.9)还表明高、低浓度侧混合物出口的总积流 E_{out} 小于两者入口的总积流 E_{inl}，其差值为该单向等温传质过程的积耗散 ΔE。

类比于传热中的热阻定义式 $R_E = \Delta E / Q^{2\,[20\text{-}22]}$，由式(3.3.9)得基于积耗散 ΔE 的传质过程当量质阻 R_E 为

$$R_E = \Delta E / G_2^2 = \int_0^l g_1(c_1-c_2)[1-(c_1+c_2)/2] \mathrm{d}x \Big/ \left[\int_0^l g_1(c_1,c_2) \mathrm{d}x\right]^2 \quad (3.3.10)$$

式中，G_2 为单位时间内关键组分的传质量，以低浓度侧混合物得到的关键组分总质量表示。质量积耗散极值原理指出[24-27, 592, 643, 644, 704]：给定质量流边界，传质过程浓度差越小越好等价于积耗散越小越好；给定浓度边界，质量流越大越好等价于积耗散越大越好，两者均可统一为最小质阻 R_E 原理，因此 R_E 衡量的是该传质过程的效果，R_E 越小表明传质过程效果越好。由式(3.3.10)可见，在传质量 G_2 一定的条件下，ΔE 最小化等价于 R_E 最小化。由式(3.3.7)~式(3.3.9)进一步得基于质量积的传质效率(积传递效率) η_E：

$$\eta_E = \Delta E_2 / \Delta E_1 = (\Delta E_1 - \Delta E)/\Delta E_1 \quad (3.3.11)$$

若过程的总传质量 G_2 一定，即低浓度侧混合物关键组分的初态浓度 $c_{2,\text{inl}}$ 和末态浓度 $c_{2,\text{out}}$ 均一定，由式(3.3.8)可见传质过程输出的总积流 ΔE_2 给定。在传质量 G_2 一定的条件下，以传质过程积耗散 ΔE 最小为优化目标还等价于以传质效率 η_E 最大为目标。综上所述，在总传质量 G_2 一定条件下传质过程积耗散越小，传质过程的当量质阻 R_E 越小，传质效率 η_E 越高。

对于如图 3.13 所示的一维传质过程，仅考虑关键组分参与传质过程，得如下关系式：

$$\mathrm{d}M_2/\mathrm{d}x = \mathrm{d}m_2/\mathrm{d}x = g_1(c_1,c_2) \quad (3.3.12)$$

联立式(3.3.5)和式(3.3.12)得

$$\mathrm{d}c_2 / \mathrm{d}x = g_1(c_1, c_2)(1-c_2)^2 / \tilde{m}_2 \quad (3.3.13)$$

式中，$\tilde{m}_2$ 为低浓度侧惰性成分的摩尔流率。

3.3.2 优化方法

现在的问题为在式(3.3.13)的约束下求使式(3.3.9)中的 ΔE 最小化时高、低浓度侧关键组分浓度 c_1 和 c_2 的沿程最优分布规律。同 3.2.2 节一样，本节采用平均最优控制方法进行优化。由式(3.3.12)得

$$\int_{c_{2,\mathrm{inl}}}^{c_{2,\mathrm{out}}} \tilde{m}_2 / [g_1(c_1, c_2)(1-c_2)^2] \mathrm{d}c_2 = l \quad (3.3.14)$$

将式(3.3.14)代入式(3.3.9)得

$$\Delta E = \int_{c_{2,\mathrm{inl}}}^{c_{2,\mathrm{out}}} \tilde{m}_2 \{(c_1-c_2)[1-(c_1+c_2)/2]/(1-c_2)^2\} \mathrm{d}c_2 \quad (3.3.15)$$

现在的问题变为在式(3.3.13)的约束下求式(3.3.15)中 ΔE 的最小值，建立变更的拉格朗日函数 L 如下：

$$L = \frac{\tilde{m}_2}{(1-c_2)^2} \left[(c_1-c_2)\left(1 - \frac{c_1+c_2}{2}\right) + \frac{\lambda}{g_1(c_1, c_2)} \right] \quad (3.3.16)$$

式中，λ 为待定拉格朗日常数。由极值条件 $\partial L / \partial c_1 = 0$ 得

$$g_1^2(c_1, c_2)(1-c_1) = \lambda \partial g_1 / \partial c_1 \quad (3.3.17)$$

式(3.3.17)为传质过程积耗散最小时的最优性条件，对于具体的传质规律 $g_1(c_1, c_2)$，联立式(3.3.13)和式(3.3.17)可解得最优的 $c_1(x)$ 和 $c_2(x)$，然后将其代入式(3.3.9)得单向等温传质过程最小积耗散 $\Delta E_{\min}$。

3.3.3 其他传质策略

为了与熵产生最小（$\Delta S = \min$）优化结果相比较，根据可能存在的传质情形，抽象出浓度差为常数（$c_1 - c_2 = \mathrm{const}$）和浓度比为常数（$c_1 / c_2 = \mathrm{const}$）的传质策略。在热力学优化研究中，人们通常希望将各种研究结果归结为各种简单的优化原则以便为实际过程提供有力的理论指导，如前人提出的驱动力均分原则[357, 359, 360, 363, 548-553, 555-557]、熵产生均分原则[359, 363, 548, 557]、温差场均匀性原

则[15-17, 365, 366]等。对于扩散传质规律[$g \propto \Delta c$]，传质流率g_1是以浓度差Δc为驱动力的，因此$c_1 - c_2 = \text{const}$传质策略等价于扩散传质规律下的驱动力均分原则；同样地，对于线性传质规律[$g \propto \Delta \mu$]，传质流率g_1是以化学势差$\Delta \mu$为驱动力的，而混合物中组分化学势μ与其浓度c间满足关系式$\mu = \mu_0 + RT \ln c$，式中μ_0为组分的标准化学势，R和T分别为普适气体常数和温度，可见$c_1 / c_2 = \text{const}$也就是$\mu_1 - \mu_2 = \text{const}$，因此$c_1 / c_2 = \text{const}$的传质策略等价于线性传质规律下的驱动力均分原则。

3.3.3.1 熵产生最小的传质策略

传质过程的熵产生为

$$\Delta S = \int_0^l g_1(c_1, c_2)[\mu_1(c_1) - \mu_2(c_2)]\mathrm{d}x / T \tag{3.3.18}$$

式中，$\mu_1(c_1)$和$\mu_2(c_2)$分别为高、低浓度侧关键组分的化学势。由文献[111]~[115]、[121]和[127]可知，熵产生最小时的最优性条件为

$$\frac{T}{g_1^2(c_1, c_2)} \frac{\partial g_1}{\partial c_1} = \lambda \frac{\partial \mu_1}{\partial c_1} \tag{3.3.19}$$

式中，λ为待定常数。首先将具体的传质规律$g_1(c_1, c_2)$代入式(3.3.13)和式(3.3.19)进行联立求解得浓度$c_1(x)$和$c_2(x)$，然后将其分别代入式(3.3.9)和式(3.3.18)得过程的积耗散$\Delta E_{\Delta S=\min}$和最小熵产生$\Delta S_{\min}$。

3.3.3.2 浓度差为常数的传质策略

传质过程浓度差为常数，即

$$c_1 - c_2 = a_1 = \text{const} \tag{3.3.20}$$

式中，a_1为待定常数。将具体的传质规律$g_1(c_1, c_2)$代入式(3.3.13)并联立式(3.3.20)求解得$c_1(x)$和$c_2(x)$，然后将其分别代入式(3.3.9)和式(3.3.18)得过程的积耗散$\Delta E_{c_1-c_2=\text{const}}$和熵产生$\Delta S_{c_1-c_2=\text{const}}$。

3.3.3.3 浓度比为常数的传质策略

传质过程浓度比为常数，即

$$c_1 / c_2 = a_2 = \text{const} \tag{3.3.21}$$

式中，a_2 为待定常数。将具体的传质规律 $g(c_1,c_2)$ 代入式 (3.3.13) 并联立式 (3.3.21) 求解得 $c_1(x)$ 和 $c_2(x)$，然后将其分别代入式 (3.3.9) 和式 (3.3.18) 得过程的积耗散 $\Delta E_{c_1/c_2=\text{const}}$ 和熵产生 $\Delta S_{c_1/c_2=\text{const}}$。

3.3.4 特例分析

本节将对线性传质规律 [$g \propto \Delta \mu$] 和扩散传质规律 [$g \propto \Delta c$] 分别进行分析。

3.3.4.1 线性传质规律下的优化结果

1. 积耗散最小的传质策略

当传质过程服从线性传质规律时，即

$$g(c_1,c_2) = h_\mu(\mu_1 - \mu_2) = h_\mu RT \ln(c_1/c_2) \tag{3.3.22}$$

式中，h_μ 为唯象传质系数。将式 (3.3.22) 代入式 (3.3.17) 得

$$c_1(1-c_1)[\ln(c_1/c_2)]^2 = \lambda/(h_\mu RT) = \text{const} \tag{3.3.23}$$

式 (3.3.23) 为线性传质规律 [$g \propto \Delta \mu$] 下单向等温传质过程高、低浓度侧混合物中关键组分浓度间的最优关系。由式 (3.3.23) 进一步得

$$c_2 = c_1 \exp\left\{-\sqrt{\lambda/[h_\mu RT c_1(1-c_1)]}\right\} \tag{3.3.24}$$

将式 (3.3.24) 对 x 求导得

$$\frac{dc_2}{dx} = \exp\left[-\sqrt{\frac{\lambda}{h_\mu RT c_1(1-c_1)}}\right]\left[1 - \frac{(2c_1-1)}{2c_1^{1/2}(1-c_1)^{3/2}}\sqrt{\frac{\lambda}{h_\mu RT}}\right]\frac{dc_1}{dx} \tag{3.3.25}$$

将式 (3.3.24) 和式 (3.3.25) 代入式 (3.3.13) 得

$$\frac{dc_1}{dx} = -\frac{\sqrt{\frac{\lambda h_\mu RT}{c_1(1-c_1)}}\left\{1 - c_1 \exp\left[-\sqrt{\frac{\lambda}{h_\mu RT c_1(1-c_1)}}\right]\right\}^2}{\tilde{m}_2 \exp\left[-\sqrt{\frac{\lambda}{h_\mu RT c_1(1-c_1)}}\right]\left[1 - \frac{(2c_1-1)}{2c_1^{1/2}(1-c_1)^{3/2}}\sqrt{\frac{\lambda}{h_\mu RT}}\right]} \tag{3.3.26}$$

由边界条件 $c_2(0) = c_{2,\text{inl}}$ 和 $c_2(l) = c_{2,\text{out}}$，联立式 (3.3.24) 和式 (3.3.26) 可解得 $c_1(x)$ 和 $c_2(x)$，将其分别代入式 (3.3.9) 和式 (3.3.18) 数值积分得传质过程最小积耗散 $\Delta E_{\min}$ 和相应的熵产生 $\Delta S_{\Delta E=\min}$。

2. 熵产生最小的传质策略

由文献[111]~[115]、[121]和[127]可知，对应于熵产生最小时的高、低浓度侧关键组分化学势差 $\Delta\mu$ 为常数，已知边界条件 $c_2(0)=c_{2,\text{inl}}$ 和 $c_2(l)=c_{2,\text{out}}$，经推导得传质过程浓度 $c_2(x)$、$c_1(x)$ 和最小熵产生 $\Delta S_{\min}$ 分别为

$$c_2(x)=[(c_{2,\text{inl}}-c_{2,\text{out}})x-lc_{2,\text{inl}}(1-c_{2,\text{out}})]/[(c_{2,\text{inl}}-c_{2,\text{out}})x-l(1-c_{2,\text{out}})] \quad (3.3.27)$$

$$c_1(x)=\frac{(c_{2,\text{inl}}-c_{2,\text{out}})x-lc_{2,\text{inl}}(1-c_{2,\text{out}})}{(c_{2,\text{inl}}-c_{2,\text{out}})x-l(1-c_{2,\text{out}})}\exp\left[-\frac{\tilde{m}_2(c_{2,\text{inl}}-c_{2,\text{out}})}{h_\mu RTl(1-c_{2,\text{inl}})(1-c_{2,\text{out}})}\right] \quad (3.3.28)$$

$$\Delta S_{\min}=\tilde{m}_2^2(c_{2,\text{out}}-c_{2,\text{inl}})^2/[h_\mu IT(1-c_{2,\text{inl}})^2(1-c_{2,\text{out}})^2] \quad (3.3.29)$$

将式(3.3.27)和式(3.3.28)代入式(3.3.9)得线性传质规律下传质过程熵产生最小时的积耗散 $\Delta E_{\Delta S=\min}$。

3. 浓度差为常数的传质策略

当浓度差为常数时，将式(3.3.20)代入式(3.3.13)得

$$\mathrm{d}c_2/\mathrm{d}x=\{h_\mu RT(1-c_2)^2\ln[(c_2+a_1)/c_2]\}/\tilde{m}_2 \quad (3.3.30)$$

已知边界条件 $c_2(0)=c_{2,\text{inl}}$ 和 $c_2(l)=c_{2,\text{out}}$，由式(3.3.30)得待定常数 a_1、浓度 $c_1(x)$ 和 $c_2(x)$。将 $c_1(x)$ 和 $c_2(x)$ 分别代入式(3.3.9)和式(3.3.18)数值积分得传质过程积耗散 $\Delta E_{c_1-c_2=\text{const}}$ 和熵产生 $\Delta S_{c_1-c_2=\text{const}}$。

3.3.4.2 扩散传质规律下的优化结果

1. 积耗散最小的传质策略

当传质过程服从扩散传质规律 $[g\propto\Delta c]$ 时，即

$$g_1=h_c(c_1-c_2) \quad (3.3.31)$$

式中，h_c 为扩散传质系数。将式(3.3.31)代入式(3.3.17)得

$$\lambda=h_c(1-c_1)(c_1-c_2)^2 \quad (3.3.32)$$

由式(3.3.32)可见，扩散传质规律下单向等温传质过程积耗散最小时的最优传质策略如下：高、低浓度侧关键组分浓度差的平方 $(c_1-c_2)^2$ 与高浓度侧惰性成分浓度 $(1-c_1)$ 的乘积为常数。由式(3.3.32)进一步得

$$c_2=c_1-\sqrt{\lambda/[h_c(1-c_1)]} \quad (3.3.33)$$

将式(3.3.33)对 x 求导得

$$\mathrm{d}c_2/\mathrm{d}x = \left\{1 - \sqrt{\lambda/[h_c(1-c_1)^3]}\Big/2\right\} \cdot \mathrm{d}c_1/\mathrm{d}x \tag{3.3.34}$$

将式(3.3.33)和式(3.3.34)代入式(3.3.13)得

$$\frac{\mathrm{d}c_1}{\mathrm{d}x} = \frac{h_c}{\tilde{m}_2}\left\{\left[1-c_1+\sqrt{\frac{\lambda}{h_c(1-c_1)}}\right]^2 \sqrt{\frac{\lambda}{h_c(1-c_1)}}\right\}\Bigg/\left[1-\frac{1}{2}\sqrt{\frac{\lambda}{h_c(1-c_1)^3}}\right] \tag{3.3.35}$$

已知边界条件 $c_2(0) = c_{2,\mathrm{inl}}$ 和 $c_2(l) = c_{2,\mathrm{out}}$，联立式(3.3.33)和式(3.3.35)可得 $c_1(x)$ 和 $c_2(x)$，将其代入分别式(3.3.9)和式(3.3.18)数值积分得传质过程的最小积耗散 $\Delta E_{\min}$ 和相应的熵产生 $\Delta S_{\Delta E=\min}$。

2. 熵产生最小的传质策略

由文献[111]~[115]、[121]和[127]可知，扩散传质规律下传质过程熵产生最小时的浓度 $c_1(x)$ 和 $c_2(x)$ 满足的关系式为

$$(c_1 - c_2)^2 / c_1 = a_4 \tag{3.3.36}$$

式中，a_4 为积分常数。由式(3.3.36)可见，对应于传质过程熵产生最小时最优传质策略如下：高、低浓度侧关键组分的浓度差的平方 $(c_1-c_2)^2$ 与高浓度侧关键组分浓度 c_1 之比为常数。

由式(3.3.36)和式(3.3.13)得

$$\frac{\mathrm{d}c_2}{\mathrm{d}x} = \frac{h_c(1-c_2)^2}{\tilde{m}_2}\left(\frac{a_4}{2} + \sqrt{c_2 a_4 + \frac{a_4^2}{4}}\right) \tag{3.3.37}$$

已知边界条件 $c_2(0) = c_{2,\mathrm{inl}}$ 和 $c_2(l) = c_{2,\mathrm{out}}$，由式(3.3.36)和式(3.3.37)可得浓度 $c_1(x)$ 和 $c_2(x)$，将其分别代入式(3.3.9)和式(3.3.18)数值积分得传质过程的积耗散 $\Delta E_{\Delta S=\min}$ 和最小熵产生 $\Delta S_{\min}$。

3. 浓度差为常数的传质策略

当浓度差为常数时，即 $g(c_1,c_2) = \mathrm{const}$ 或 $c_1 - c_2 = \mathrm{const}$，传质过程遵循浓度梯度均匀原则。已知边界条件 $c_2(0) = c_{2,\mathrm{inl}}$ 和 $c_2(l) = c_{2,\mathrm{out}}$，经推导得浓度 $c_2(x)$、$c_1(x)$ 和积耗散 $\Delta E_{c_1-c_2=\mathrm{const}}$ 分别为

$$c_2(x) = \frac{(c_{2,\mathrm{out}} - c_{2,\mathrm{inl}})(x/l) + c_{2,\mathrm{inl}}(1-c_{2,\mathrm{out}})}{(c_{2,\mathrm{out}} - c_{2,\mathrm{inl}})(x/l) + (1-c_{2,\mathrm{out}})} \tag{3.3.38}$$

$$c_1(x) = \frac{(c_{2,\text{out}} - c_{2,\text{inl}})(x/l) + c_{2,\text{inl}}(1 - c_{2,\text{out}})}{(c_{2,\text{out}} - c_{2,\text{inl}})(x/l) + (1 - c_{2,\text{out}})} - \frac{\tilde{m}_1(c_{2,\text{inl}} - c_{2,\text{out}})}{hl(1 - c_{2,\text{inl}})(1 - c_{2,\text{out}})} \quad (3.3.39)$$

$$\Delta E_{c_1 - c_2 = \text{const}} = \frac{\tilde{m}_2^3 (c_{2,\text{out}} - c_{2,\text{inl}})^3}{2(hl)^2 (1 - c_{2,\text{inl}})^3 (1 - c_{2,\text{out}})^3} + \frac{\tilde{m}_2^2 (c_{2,\text{inl}} - c_{2,\text{out}})}{hl(1 - c_{2,\text{inl}})(1 - c_{2,\text{out}})} \ln \frac{(1 - c_{2,\text{inl}})}{(1 - c_{2,\text{out}})} \quad (3.3.40)$$

将式(3.3.38)和式(3.3.39)代入式(3.3.18)数值积分得相应的熵产生 $\Delta S_{c_1 - c_2 = \text{const}}$。

4. 浓度比为常数的传质策略

若高、低浓度化学势侧浓度比为常数，即 $c_1(x)/c_2(x) = \text{const}$，由于混合物中组分化学势 μ 与其浓度 c 间满足关系式 $\mu = \mu_0 + RT \ln c$，所以 $c_1(x)/c_2(x) = \text{const}$ 实质上是高、低浓度侧关键组分化学势差为常数即 $\Delta \mu = \text{const}$。将式(3.3.21)代入式(3.3.9)得

$$dc_2 / dx = h_c c_2 (a_2 - 1)(1 - c_2)^2 / \tilde{m}_2 \quad (3.3.41)$$

已知边界条件 $c_2(0) = c_{1,\text{inl}}$ 和 $c_2(l) = c_{2,\text{out}}$，由式(3.3.41)可解得常数 a_2 和 $c_2(x)$ 分别为

$$a_2 = \frac{\tilde{m}_1}{hl} \left\{ \ln \left[\frac{c_{2,\text{out}}(1 - c_{2,\text{inl}})}{c_{2,\text{inl}}(1 - c_{2,\text{out}})} \right] + \frac{c_{2,\text{out}} - c_{2,\text{inl}}}{(1 - c_{2,\text{out}})(1 - c_{2,\text{inl}})} \right\} + 1 \quad (3.3.42)$$

$$\ln \left[\frac{c_2(x)}{1 - c_2(x)} \right] + \left[\frac{1}{1 - c_2(x)} \right] = \frac{x}{l} \left\{ \ln \left[\frac{c_{2,\text{out}}(1 - c_{2,\text{inl}})}{c_{2,\text{inl}}(1 - c_{2,\text{out}})} \right] + \frac{c_{2,\text{out}} - c_{2,\text{inl}}}{(1 - c_{2,\text{out}})(1 - c_{2,\text{inl}})} \right\} + \ln \left(\frac{c_{2,\text{inl}}}{1 - c_{2,\text{inl}}} \right) + \left(\frac{1}{1 - c_{2,\text{inl}}} \right) \quad (3.3.43)$$

式(3.3.43)确定了浓度比为常数的传质策略下高浓度侧浓度 $c_2(x)$ 随位置 x 的变化关系，在 $c_{2,\text{inl}}$、$c_{2,\text{out}}$ 和 l 给定的条件下，由式(3.3.43)通过 Matlab 工具箱中非线性方程求解函数"@fsolve"不断改变变量 x 的值可得浓度 $c_1(x)$ 的一系列数值解，进一步得 $c_1(x) = a_2 c_2(x)$，将其代入式(3.3.9)和式(3.3.18)数值积分得传质过程㶲耗散 $\Delta E_{c_1/c_2 = \text{const}}$ 和熵产生 $\Delta S_{c_1/c_2 = \text{const}}$。

3.3.5 数值算例与讨论

假定低浓度侧惰性成分的摩尔流率为 $\tilde{m}_2 = 10 \text{ mol/s}$，关键组分的进口浓度为

$c_{2,\text{inl}} = 0.2$。为分析传质量的影响,令低浓度侧关键组分的出口浓度分别为 $c_{2,\text{out}} = 0.4$ 和 $c_{2,\text{out}} = 0.6$,即考虑两类传质浓度差 $\Delta c_2 = 0.2$ 和 $\Delta c_2 = 0.4$。普适气体常数为 $R = 8.3145 \text{ J/(mol·K)}$,传质设备长度为 $l = 3 \text{ m}$,系统内温度恒为 $T = 298.15 \text{ K}$。本节将首先分别给出线性传质规律[$g \propto \Delta \mu$]和扩散传质规律[$g \propto \Delta c$]下的数值算例,然后比较两种不同传质规律下的优化结果。

3.3.5.1 线性传质规律[$g \propto \Delta \mu$]下的数值算例

在线性传质规律下,当 $\Delta c_2 = 0.2$ 时取 $h_\mu = 4 \times 10^{-3} \text{ J/(mol}^2 \cdot \text{m·s)}$,当 $\Delta c_2 = 0.4$ 时取 $h_\mu = 1 \times 10^{-2} \text{ J/(mol}^2 \cdot \text{m·s)}$。图 3.14 和图 3.15 分别为关键组分浓度 c_1 和局部积耗散率 $\text{d}E/\text{d}t$ 随位置 x 的变化规律,其中包括浓度比为常数、浓度差为常数、熵产生最小和积耗散最小等四种不同传质策略。由于熵产生最小的传质策略与浓度比为常数的传质策略相一致,所以在图中两者用同一条线表示。由图可见,各种传质策略下关键组分浓度均随位置呈非线性规律变化;当传质量较小即 Δc_2 较小时,浓度差为常数、熵产生最小和积耗散最小三种传质策略差别较大,随着传质量的增加,熵产生最小和积耗散最小两者的差别减小,而浓度差为常数的传质策略与上述两种最优传质策略差别增大;浓度差为常数的传质策略下局部积耗散率 $\text{d}E/\text{d}t$ 随着位置 x 的增加而单调减少;当传质量较小时,熵产生最小的传质策略下局部积耗散率 $\text{d}E/\text{d}t$ 随着位置 x 的增加而单调增加,当传质量较大时,局部积耗散率 $\text{d}E/\text{d}t$ 随着位置 x 的增加先增加后减少;与浓度差为常数和熵产生最小两种传质策略相比较,积耗散最小的传质策略下局部积耗散率 $\text{d}E/\text{d}t$ 随位置保持不变,即与积耗散分布均匀原则[770]相一致,所以传质过程总积耗散 ΔE 最小,传质效果较好。

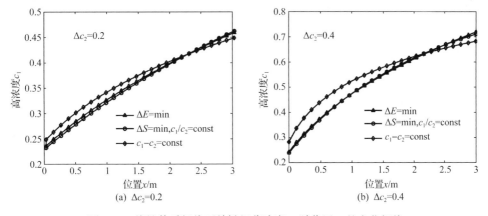

图 3.14 线性传质规律下关键组分浓度 c_1 随位置 x 的变化规律

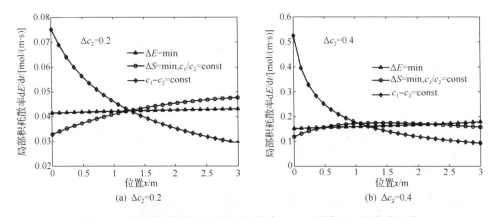

图 3.15 线性传质规律下局部积耗散率 dE/dt 随位置 x 的变化规律

表 3.2 列出了线性传质规律下各种传质策略的结果比较。对于线性传质规律，即传质流率 g_1 是以化学势差 $\Delta\mu$ 为驱动力的，当以传质过程熵产生最小为评价准则时，$\Delta S=\min$ 的传质策略与 $c_1/c_2=\text{const}$ 的传质策略相一致，即与驱动力均分原则 $\Delta\mu=\text{const}$ 相一致，与 $c_1-c_2=\text{const}$ 的传质策略相比，$\Delta E=\min$ 的传质策略下熵产生较为接近 $\Delta S=\min$ 的传质策略下熵产生。当以传质过程积耗散最小为评价准则时，与 $c_1-c_2=\text{const}$ 相比，$\Delta S=\min$ 的传质策略积耗散要较为接近 $\Delta E=\min$ 的传质策略下积耗散，由于 $\Delta S=\min$ 的传质策略与 $\Delta\mu=\text{const}$（或 $c_1/c_2=\text{const}$）的传质策略相一致，这表明驱动力均分原则较为接近积耗散最小时的传质策略，即驱动力均分原则 $\Delta\mu=\text{const}$ 优于 $c_1-c_2=\text{const}$ 传质策略。

表 3.2 线性传质规律[$g \propto \Delta\mu$]下各种传质策略的结果比较

情形	$\Delta c_2=0.2$				$\Delta c_2=0.4$			
	$c_{1,\text{inl}}$	$c_{1,\text{out}}$	$\Delta S/\Delta S_{\min}$	$\Delta E/\Delta E_{\min}$	$c_{1,\text{inl}}$	$c_{1,\text{out}}$	$\Delta S/\Delta S_{\min}$	$\Delta E/\Delta E_{\min}$
$c_1-c_2=\text{const}$	0.4465	0.2465	1.033	1.020	0.6815	0.2815	1.070	1.065
$\Delta S=\min$	0.4601	0.2301	1.000	1.002	0.7098	0.2366	1.000	1.000
$\Delta E=\min$	0.4570	0.2340	1.002	1.000	0.7183	0.2416	1.002	1.000

3.3.5.2 扩散传质规律[$g \propto \Delta c$]下的数值算例

在扩散传质规律[$g \propto \Delta c$]下，当 $\Delta c_2=0.2$ 和 $\Delta c_2=0.4$ 时均取传质系数 $h_c=40$ mol/s。图 3.16 和图 3.17 分别为各种传质策略下关键组分浓度 c_1 和局部积耗散率 dE/dt 随位置 x 的变化规律。由图可见，浓度差为常数的传质策略下关键组分浓度随时间呈近似线性规律变化，其他各种传质策略下关键组分浓度随时间呈显著的非线性规律变化；当传质量较小时，四种不同传质策略下的关键组分浓度随位置的分布规律显著不同，熵产生最小和积耗散最小两种最优策略下的差别随着传质量的增加而减小,这与线性传质规律下得到的结论是一致的,浓度差为常数和浓度比为常数两种传质策略与上述两种最优传质策略之间的差别随着传质量的增加而增大;浓度差为常数的传质策略下局部积耗散率 dE/dt 随着 x 的增加而单调减少;当传质量较小时,浓度比为常数和熵产生最小两种传质策略下的局部积耗散率 dE/dt 随着 x 的增加而单调增加,当传质量较大时,浓度比为常数和熵产生最小两种传质策略下的局部积耗散率 dE/dt 随着 x 的增加先增加后减少;与上述三种不同的传质策略相比较,当传质量较小时,积耗散最小的传质策略下局部积耗散率 dE/dt 随 x 基本保持不表,当传质量较大时,局部积耗散率随 x 的增加略有增加,它的局部积耗散率分布在各种传质策略中最均匀,所以传质过程总积耗散率 ΔE 最小,传质效果最好。

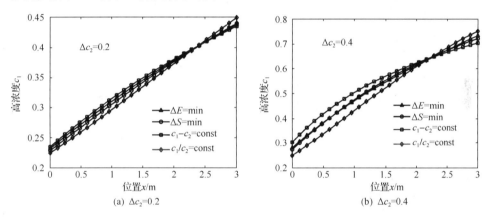

图 3.16 扩散传质规律下关键组分浓度 c_1 随位置 x 的变化规律

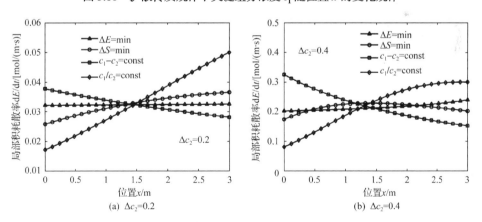

图 3.17 扩散传质规律下局部积耗散率 dE/dt 随位置 x 的变化规律

表 3.3 列出了扩散传质规律下各种传质策略的结果比较。当以传质过程熵产生最小为评价准则时,与 $c_1/c_2 = \text{const}$ 和 $c_1 - c_2 = \text{const}$ 相比,$\Delta E = \min$ 的传质策

略下熵产生较为接近 $\Delta S = \min$ 的传质策略下熵产生；$c_1 - c_2 = \text{const}$ 的传质策略下熵产生小于 $c_1 / c_2 = \text{const}$ 的传质策略下熵产生，所以 $c_1 - c_2 = \text{const}$ 的传质策略优于 $c_1 / c_2 = \text{const}$ 的传质策略。当以传质过程积耗散最小为评价准则时，与 $c_1 / c_2 = \text{const}$ 和 $c_1 - c_2 = \text{const}$ 的传质策略相比，$\Delta S = \min$ 的传质策略积耗散要较为接近 $\Delta E = \min$ 的传质策略下积耗散；$c_1 - c_2 = \text{const}$ 的传质策略下积耗散小于 $c_1 / c_2 = \text{const}$ 的传质策略下积耗散，所以 $c_1 - c_2 = \text{const}$ 的传质策略优于 $c_1 / c_2 = \text{const}$ 的传质策略。本节研究的是扩散传质规律[$g \propto \Delta c$]下的等温传质过程，所以 $c_1 - c_2 = \text{const}$ 的传质策略实质上等价于驱动力均分原则，它优于 $c_1 / c_2 = \text{const}$ 的传质策略。

表 3.3　扩散传质规律[$g \propto \Delta c$]下各种传质策略的结果比较

情形	$\Delta c_2 = 0.2$				$\Delta c_2 = 0.4$			
	$c_{1,\text{inl}}$	$c_{1,\text{out}}$	$\Delta S / \Delta S_{\min}$	$\Delta E / \Delta E_{\min}$	$c_{1,\text{inl}}$	$c_{1,\text{out}}$	$\Delta S / \Delta S_{\min}$	$\Delta E / \Delta E_{\min}$
$c_1 / c_2 = \text{const}$	0.4466	0.2233	1.010	1.022	0.7519	0.2508	1.020	1.022
$c_1 - c_2 = \text{const}$	0.4347	0.2347	1.009	1.003	0.7042	0.3042	1.014	1.016
$\Delta S = \min$	0.4397	0.2286	1.000	1.002	0.7219	0.2753	1.000	1.001
$\Delta E = \min$	0.4374	0.2320	1.003	1.000	0.7339	0.2815	1.001	1.000

3.3.5.3　不同传质规律下优化结果的比较

在线性传质规律[$g \propto \Delta \mu$]下，当 $\Delta c_2 = 0.2$ 时取 $h_\mu = 4 \times 10^{-3}$ J/($\text{mol}^2 \cdot \text{m} \cdot \text{s}$)，当 $\Delta c_2 = 0.4$ 时取 $h_\mu = 1 \times 10^{-2}$ J/($\text{mol}^2 \cdot \text{m} \cdot \text{s}$)；在扩散传质规律[$g \propto \Delta c$]下，当 $\Delta c_2 = 0.2$ 和 $\Delta c_2 = 0.4$ 时均取传质系数 $h_c = 40$ mol/s。图 3.18 为两种不同传质规律下过程积耗散最小时关键组分浓度 c_1 最优构型(即浓度随位置 x 的最优变化规律)。由图可见，当传质量较小时，线性传质规律下浓度 c_1 高于扩散传质规律下浓度 c_1，两者的差别随着传质量的增加而减小。由此可见，不同传质规律下积耗散最小时关键组分浓度 c_1 随位置 x 的最优变化规律明显不同。差异产生的原因有两点：一是两者的传质规律不同；二是两者的传质系数的取值不同。这表明传质规律影响传质过程积耗散最小时高、低浓度侧关键组分浓度最优构型。由不可逆热力学理论可知，传质过程传质流率 g 与化学势差 $\Delta \mu$ 等于传质过程的熵产生 ΔS 乘以过程温度 T，如式(3.3.18)所示，线性传质规律下熵产生最小的传质策略与化学势差为常数的传质策略相一致，这正反映了以熵表征的传质过程是以化学势差为热力学力驱动质量流的这种本质特征；本节从质量积 E 的定义式出发，推导出传质过程的积耗散为式(3.3.9)，计算结果表明扩散传质规律下等浓度差传质策略的积耗散小于等化学势差传质策略的积耗散，这充分反映了以积表征的传质过程是以浓度差为热力学力驱动质量流的这种本质特征。对于传质过程,应用扩散传质规律远比线性传质规律有效,同时当传质过程明显不参与能量转换时,优化目标选择积耗散最小较为合适。

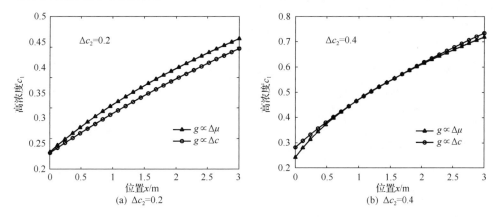

图 3.18 不同传质规律下过程积耗散最小时关键组分浓度 c_1 最优构型

3.4 存在质漏的单向等温传质过程熵产生最小化

3.4.1 物理模型

在 3.3 节单向等温传质过程积耗散优化的基础上,本节将以低浓度侧流体与外界存在质漏的单向等温传质过程(图 3.19)为例,研究质漏对单向等温传质过程熵产生最小化的影响。c_3 为外界环境中的关键组分浓度。除了质漏,本节模型其他假设条件与 3.3.1 节相同。令 $g_1(c_1,c_2)$ 和 $g_3(c_3,c_2)$ 分别表示高、低浓度流体间的传质流率和低浓度流体与环境间的质漏流率。对于低浓度侧混合物,由质量守恒定律得

$$dM_2/dx = d(M_2c_2)/dx = g_1(c_1,c_2) + g_3(c_3,c_2) \tag{3.4.1}$$

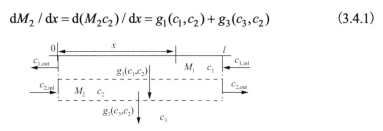

图 3.19 存在质漏的单向等温传质过程模型

令低浓度侧混合物惰性成分的摩尔流率为 $\tilde{m}_2$,则有 $M_2 = \tilde{m}_2/(1-c_2)$,式(3.4.1)变为

$$\frac{\tilde{m}_2}{(1-c_2)^2}\frac{dc_2}{dx} = g_1(c_1,c_2) + g_3(c_3,c_2) \tag{3.4.2}$$

考虑低浓度侧混合物关键组分总传质量 G_2 一定，有

$$\int_{c_2(0)}^{c_2(l)} \tilde{m}_2/(1-c_2)^2 dc_2 = \int_0^l [g_1(c_1,c_2) + g_3(c_3,c_2)]dx = G_2 \tag{3.4.3}$$

式中，$c_2(0) = c_{2,\text{inl}}$ 和 $c_2(l) = c_{2,\text{out}}$ 分别为低浓度侧混合物进口和出口浓度，总熵产生 ΔS 来源于两部分：一是高、低浓度侧混合物间的有限浓度差传质，二是低浓度侧混合物与外界环境间的质漏，得

$$\Delta S = \int_0^l [g_1(c_1,c_2)(\mu_1-\mu_2) + g_3(c_3,c_2)(\mu_3-\mu_2)]dx/T \tag{3.4.4}$$

3.4.2 优化方法

现在的问题为在式(3.4.2)和式(3.4.3)的约束下求式(3.4.4)中 ΔS 最小化时高、低浓度侧关键组分浓度 c_1 和 c_2 的沿程最优分布规律。将此最优控制问题转化为一类平均最优控制问题可简化问题的求解过程。由式(3.4.2)得

$$dx = \tilde{m}_2 dc_2 / \{(1-c_2)^2 [g_1(c_1,c_2) + g_3(c_3,c_2)]\} \tag{3.4.5}$$

由式(3.4.5)进一步得

$$\int_{c_2(0)}^{c_2(l)} \tilde{m}_2 / \{(1-c_2)^2 [g_1(c_1,c_2) + g_3(c_3,c_2)]\} dc_2 = l \tag{3.4.6}$$

将式(3.4.5)代入式(3.4.4)得

$$\Delta S = \frac{1}{T}\int_0^l \left\{\frac{\tilde{m}_2[g_1(c_1,c_2)(\mu_1-\mu_2) + g_3(c_3,c_2)(\mu_3-\mu_2)]}{(1-c_2)^2[g_1(c_1,c_2) + g_3(c_3,c_2)]}\right\} dc_2 \tag{3.4.7}$$

优化问题为在式(3.4.3)和式(3.4.6)的约束下求式(3.4.7)中 ΔS 的最小值，建立变更的拉格朗日函数如下：

$$L = \frac{\tilde{m}_2}{(1-c_2)^2}\left[\frac{g_1(c_1,c_2)(\mu_1-\mu_2) + g_3(c_3,c_2)(\mu_3-\mu_2) + \lambda_2}{g_1(c_1,c_2) + g_3(c_3,c_2)} + \lambda_1\right] \tag{3.4.8}$$

式中，λ_1 和 λ_2 分别为对应于式(3.4.3)和式(3.4.6)的拉格朗日乘子，均为待定常数。由极值条件 $\partial L/\partial c_1 = 0$ 得

$$g_1^2 \frac{\partial \mu_1}{\partial c_1} \bigg/ \frac{\partial g_1}{\partial c_1} + g_3\left(g_1\frac{\partial \mu_1}{\partial c_1}\bigg/\frac{\partial g_1}{\partial c_1} + \mu_1 - \mu_3\right) = \lambda_2 \tag{3.4.9}$$

由 $\partial g_1/\partial c_1 = (\partial g_1/\partial \mu_1)\cdot(\partial \mu_1/\partial c_1)$，式(3.4.9)可变为

$$g_1^2 \bigg/ \frac{\partial g_1}{\partial \mu_1} + g_3\left(g_1 \bigg/ \frac{\partial g_1}{\partial \mu_1} + \mu_1 - \mu_3\right) = \lambda_2 \qquad (3.4.10)$$

理想混合物中组分化学势 μ 与其浓度 c 间满足关系式 $\mu = \mu_0 + RT\ln c$，式中 μ_0 为组分的标准化学势，R 和 T 分别为普适气体常数和温度，进一步得 $\partial \mu_1/\partial c_1 = RT/c_1$，将其代入式(3.4.9)得

$$\frac{g_1^2}{c_1} \bigg/ \frac{\partial g_1}{\partial c_1} + g_3\left[\frac{g_1}{c_1} \bigg/ \frac{\partial g_1}{\partial c_1} + \ln(c_1/c_3)\right] = \frac{\lambda_2}{RT} \qquad (3.4.11)$$

式(3.4.10)和式(3.4.11)为存在质漏时单向等温传质过程熵产生最小时的最优性条件，对于具体的传质规律 $g_1(c_1,c_2)$ 和 $g_3(c_3,c_2)$，联立式(3.4.10)或式(3.4.11)与式(3.4.2)可得最优的 $c_1(x)$ 和 $c_2(x)$。当无质漏时即 $g_3(c_1,c_2)=0$，式(3.4.10)和式(3.4.11)分别变为

$$g_1^2 \bigg/ \frac{\partial g_1}{\partial \mu_1} = \lambda_2 \qquad (3.4.12)$$

$$\frac{g_1^2 RT}{c_1} \bigg/ \frac{\partial g_1}{\partial c_1} = \lambda_2 \qquad (3.4.13)$$

式(3.4.12)和式(3.4.13)为文献[111]~[115]、[121]、[127]和3.3.3.1节中无质漏单向等温传质过程熵产生最小时的最优性条件即式(3.3.19)。对比式(3.4.10)与式(3.4.12)、式(3.4.11)与式(3.4.13)可见，质漏影响单向等温传质过程熵产生最小时的高、低浓度侧关键组分浓度间最优关系。

3.4.3 特例分析

3.4.3.1 线性传质规律[$g \propto \Delta \mu$]下的优化结果

若传质流率 $g_1(c_1,c_2)$ 和质漏流率 $g_3(c_3,c_2)$ 均服从线性传质规律[$g \propto \Delta \mu$]，将 $g_1 = h_{1\mu}(\mu_1 - \mu_2)$ 和 $g_3 = h_{3\mu}(\mu_3 - \mu_2)$ 分别代入式(3.4.2)和式(3.4.10)得

$$\frac{\tilde{m}_2}{(1-c_2)^2}\frac{dc_2}{dx} = h_{1\mu}(\mu_1 - \mu_2) + h_{3\mu}(\mu_3 - \mu_2) \qquad (3.4.14)$$

$$(h_{1\mu} + h_{3\mu})(\mu_1 - \mu_2)^2 - h_{3\mu}(\mu_1 - \mu_3)^2 = \lambda_2 \qquad (3.4.15)$$

式中，$h_{1\mu}$ 和 $h_{3\mu}$ 分别为相应的唯象传质系数。将 $\mu = \mu_0 + RT\ln c$ 代入式(3.4.14)和式(3.4.15)得

$$\frac{\tilde{m}_2}{(1-c_2)^2}\frac{\mathrm{d}c_2}{\mathrm{d}x} = h_{1\mu}RT\ln\left(\frac{c_1}{c_2}\right) + h_{3\mu}RT\ln\left(\frac{c_3}{c_2}\right) \qquad (3.4.16)$$

$$(h_{1\mu}+h_{3\mu})\left[\ln\left(\frac{c_1}{c_2}\right)\right]^2 - h_{3\mu}\left[\ln\left(\frac{c_1}{c_3}\right)\right]^2 = \lambda_2/(RT)^2 \qquad (3.4.17)$$

优化问题需要通过数值方法求解。对于数值计算，将式(3.4.17)两边对位置 x 求导得

$$\frac{\mathrm{d}c_1}{\mathrm{d}x} = \frac{(h_{1\mu}+h_{3\mu})c_1\ln(c_1/c_2)}{\left[(h_{1\mu}+h_{3\mu})c_2\ln(c_1/c_2) - h_{3\mu}c_2\ln(c_1/c_3)\right]}\frac{\mathrm{d}c_2}{\mathrm{d}x} \qquad (3.4.18)$$

联立式(3.4.16)和式(3.4.18)得浓度 c_1 和 c_2 随位置 x 变化的最优路径。当无质漏时即 $g_3 = 0$，式(3.4.15)变为

$$\mu_1 - \mu_2 = \sqrt{\lambda_2/h_{1\mu}} \qquad (3.4.19)$$

式(3.4.19)为文献[111]~[115]、[121]、[127]和本书 3.4.3.1 节中线性传质规律下无质漏单向等温传质过程熵产生最小时的优化结果。

3.4.3.2 扩散传质规律 [$g \propto \Delta c$] 下的优化结果

若传质流率 $g_1(c_1,c_2)$ 和质漏流率 $g_3(c_3,c_2)$ 均服从扩散传质规律 [$g \propto \Delta c$]，将 $g_1 = h_{1c}(c_1-c_2)$ 和 $g_3 = h_{3c}(c_3-c_2)$ 分别代入式(3.4.2)和式(3.4.11)得

$$\frac{\tilde{m}_2}{(1-c_2)^2}\frac{\mathrm{d}c_2}{\mathrm{d}x} = h_{1c}(c_1-c_2) + h_{3c}(c_3-c_2) \qquad (3.4.20)$$

$$h_{1c}(c_1-c_2)^2/c_1 + h_{3c}(c_3-c_2)[1-(c_2/c_1)+\ln(c_1/c_3)] = \lambda_2/(RT) \qquad (3.4.21)$$

式中，h_{1c} 和 h_{3c} 分别为相应的扩散传质系数。优化问题需要通过数值方法求解。对于数值计算，将式(3.4.21)两边对位置 x 求导得

$$\frac{\mathrm{d}c_1}{\mathrm{d}x} = \frac{\{2h_{1c}c_1(c_1-c_2) + h_{3c}c_1^2[1-(c_2/c_1)+\ln(c_1/c_3)] + h_{3c}c_1(c_3-c_2)\}}{\left[2h_{1c}c_1(c_1-c_2) - h_{1c}(c_1-c_2)^2 + h_{3c}(c_3-c_2)(c_1+c_2)\right]}\frac{\mathrm{d}c_2}{\mathrm{d}x} \qquad (3.4.22)$$

联立式(3.4.20)和式(3.4.22)可求解浓度 c_1 和浓度 c_2 随位置 x 的最优变化路径。当

无质漏时即 $g_3 = 0$，式(3.4.21)可变为

$$(c_1 - c_2)^2 / c_1 = \lambda_2 / (h_{1c}RT) \qquad (3.4.23)$$

式(3.4.23)为文献[111]~[115]、[121]、[127]和 3.3.4.2 节扩散传质规律下无质漏单向等温传质过程熵产生最小时的优化结果即式(3.3.36)。

3.4.4 数值算例与讨论

为分析质漏对优化结果的影响，当传质浓度差为 $\Delta c_2 = 0.2$ 时，线性传质规律下分别取 $h_{3\mu} / h_{1\mu} = 0.01$ 和 $h_{3\mu} / h_{1\mu} = 0.05$，扩散传质规律下分别取 $h_{3c} / h_{1c} = 0.01$ 和 $h_{3c} / h_{1c} = 0.05$；当传质浓度差为 $\Delta c_2 = 0.4$ 时，线性传质规律下分别取 $h_{3\mu} / h_{1\mu} = 0.01$ 和 $h_{3\mu} / h_{1\mu} = 0.02$，扩散传质规律下分别取 $h_{3c} / h_{1c} = 0.01$ 和 $h_{3c} / h_{1c} = 0.02$；其他参数的取值与 3.3.5 节相同。本节将首先分别给出线性和扩散传质规律下的数值算例，然后比较两种不同传质规律下的优化结果。

3.4.4.1 线性传质规律[$g \propto \Delta\mu$]下的数值算例

图 3.20 和图 3.21 分别为 $\Delta c_2 = 0.2$ 和 $\Delta c_2 = 0.4$ 时线性传质规律下关键组分浓度 c_1 随位置 x 的变化规律。由图可见，线性传质规律下存在质漏的单向等温传质过程熵产生最小的传质策略与浓度比为常数的传质策略不一致，而由式(3.4.19)可知无质漏单向等温传质过程熵产生最小的传热策略与浓度比为常数的传质策略相一致，可见质漏影响单向等温传质过程熵产生最小时高浓度侧关键组分的浓度最优构型；在浓度差 Δc_2 和传质系数比 $h_{3\mu} / h_{1\mu}$ 均相等的条件下，各种传质策略下关键组分浓度 c_1 随位置 x 的变化规律存在显著不同，它们之间的差别随着传质量和质漏的增加而增加。

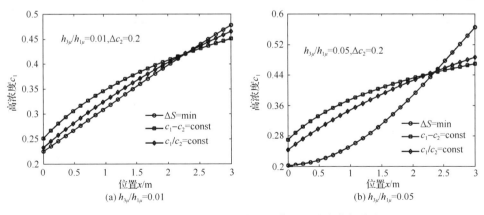

图 3.20　线性传质规律下关键组分浓度 c_1 随位置 x 的变化规律（$\Delta c_2 = 0.2$）

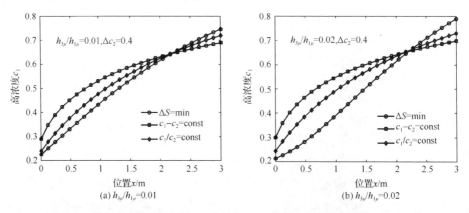

图 3.21 线性传质规律下关键组分浓度 c_1 随位置 x 的变化规律（$\Delta c_2 = 0.4$）

表 3.4 给出了两种不同传质规律下单向等温传质过程熵产生比较结果。由表中线性传质规律下计算结果可见，对于传质量较小情形即 $\Delta c_2 = 0.2$，当传质系数比 $h_{3\mu}/h_{1\mu}$ 分别为 0.01 和 0.05 时，熵产生最小的传质策略与浓度比为常数的传质策略相比熵产生分别降低了 0.8% 和 8.9%，与浓度差为常数的传质策略相比熵产生分别降低了 5.4% 和 15.8%；对于传质量较大情形即 $\Delta c_2 = 0.4$，当传质系数比 $h_{3\mu}/h_{1\mu}$ 分别为 0.01 和 0.02 时，熵产生最小的传质策略与浓度比为常数的传质策略相比熵产生分别降低了 1.2% 和 3.9%，与浓度差为常数的传质策略相比熵产生分别降低了 9.3% 和 12.0%。由此可见，各种传质策略的熵产生随着传质量和质漏的增加而增加，浓度比为常数的传质策略较为接近熵产生最小的传质策略，它优于浓度差为常数的传质策略。

表 3.4 两种传质规律下单向等温传质过程熵产生比较

情形	Δc_2	$h_{3\mu}/h_{1\mu}$ 或 h_{3c}/h_{1c}	$\dfrac{\Delta S_{c_1/c_2=\text{const}}}{\Delta S_{\min}}$	$\dfrac{\Delta S_{c_1-c_2=\text{const}}}{\Delta S_{\min}}$
$g \propto \Delta\mu$	0.2	0	1.000	1.033
		0.01	1.008	1.054
		0.05	1.089	1.158
	0.4	0	1.000	1.070
		0.01	1.012	1.093
		0.02	1.039	1.120
$g \propto \Delta c$	0.2	0	1.010	1.009
		0.01	1.002	1.036
		0.05	1.096	1.182
	0.4	0	1.020	1.014
		0.01	1.006	1.027
		0.02	1.001	1.043

3.4.4.2 扩散传质规律[$g \propto \Delta c$]下的数值算例

在扩散传质规律[$g \propto \Delta c$]下，当 $\Delta c_2 = 0.2$ 和 $\Delta c_2 = 0.4$ 时均取传质系数 $h_c = 40 \text{ mol/s}$。图 3.22 和图 3.23 分别为 $\Delta c_2 = 0.2$ 和 $\Delta c_2 = 0.4$ 时扩散传质规律下关键组分浓度 c_1 随位置 x 的变化规律。由图可见，在浓度差 Δc_2 和传质系数比 h_{3c}/h_{1c} 均相等的条件下，各种传质策略下关键组分浓度 c_1 随位置 x 的变化规律存在显著不同，它们之间的差别随着传质量的增加而增大。

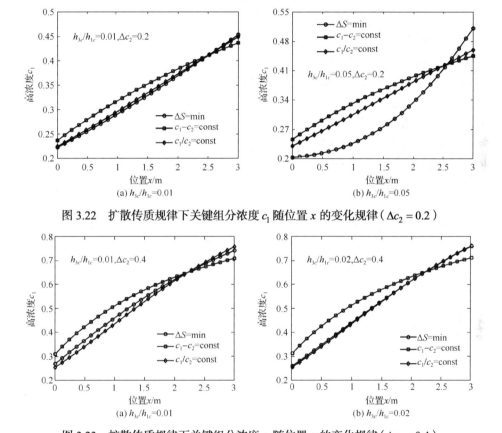

图 3.22 扩散传质规律下关键组分浓度 c_1 随位置 x 的变化规律（$\Delta c_2 = 0.2$）

图 3.23 扩散传质规律下关键组分浓度 c_1 随位置 x 的变化规律（$\Delta c_2 = 0.4$）

由表 3.4 扩散传质规律下计算结果可见，对于传质量较小情形即 $\Delta c_2 = 0.2$，当传质系数比 h_{3c}/h_{1c} 分别为 0.01 和 0.05 时，熵产生最小的传质策略与浓度比为常数的传质策略相比熵产生分别降低了 0.2% 和 9.6%，与浓度差为常数的传质策略相比熵产生分别降低了 3.6% 和 18.2%；对于传质量较大情形即 $\Delta c_2 = 0.4$，当传质系数比 h_{3c}/h_{1c} 分别为 0.01 和 0.02 时，熵产生最小的传质策略与浓度比为常数的传质策略相比熵产生差小于 1%，与浓度差为常数的传质策略相比熵产生分别降低了 2.7%和 4.3%。由此可见，各种传质策略下过程熵产生随着传质量的增加而增加，对于无质漏单向等温传质过程，浓度差为常数的传质策略较为接近熵产生最小的策略，而对于有质漏单向等温传质过程，浓度比为常数的传质策略较为接近熵产生最小的策略。

3.4.4.3 不同传质规律下优化结果的比较

在线性传质规律[$g \propto \Delta\mu$]下取唯象传质系数 $h_\mu = 4 \times 10^{-3}$ J/(mol^2·m·s)，在扩散传质规律[$g \propto \Delta c$]下取扩散传质系数 $h_c = 40$ mol/s，传质系数比 $h_{3\mu}/h_{1\mu}$ 和 h_{3c}/h_{1c} 分别取 0.01 和 0.05。图 3.24 为 $\Delta c_2 = 0.2$ 时不同传质规律下过程熵产生最小时关键组分浓度 c_1 的最优构型。由图可见，线性传质规律下浓度 c_1 高于扩散传质规律下浓度 c_1，两者的差别随着质漏的增加而增加；当质漏较小时，两种不同传质规律下关键组分浓度 c_1 呈近似线性规律变化，当质漏较大时，两种不同传质规律下关键组分浓度 c_1 呈显著的非线性规律变化。由此可见，不同传质规律和质漏下熵产生最小时关键组分浓度 c_1 和 c_2 随位置 x 的最优变化规律明显不同。差异产生的原因有两点：一是两者的传质规律不同；二是两者的传质系数和质漏系数的取值不同。这表明传质规律和质漏影响传质过程熵产生最小时关键组分浓度最优构型。

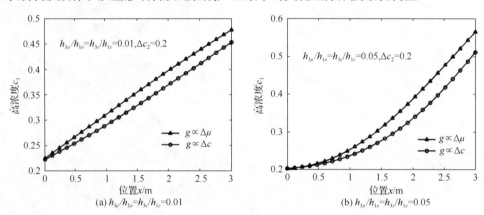

图 3.24 不同传质规律下过程熵产生最小时关键组分浓度 c_1 最优构型（$\Delta c_2 = 0.2$）

3.5 质漏对单向等温传质过程积耗散最小化的影响

3.5.1 物理模型

本节与 3.4.1 节唯一的区别在于两者的优化目标不同，因此 3.4.1 节的物理模型及式(3.4.1)~式(3.4.3)对于本节也是适用的。类比于 3.4.1 节传质过程熵产生分析，有质漏传质过程的总积耗散 ΔE 来源于两部分：一是高、低浓度侧混合物间

的有限浓度差传质，二是低浓度侧混合物与外界环境间的质漏。由式(3.3.9)得

$$\Delta E = \int_0^l \{g_1(c_1,c_2)(c_1-c_2)[1-(c_1+c_2)/2]+g_3(c_3,c_2)(c_3-c_2)[1-(c_3+c_2)/2]\}\mathrm{d}x \quad (3.5.1)$$

3.5.2 优化方法

现在的问题为在式(3.4.2)和式(3.4.3)的约束下求使式(3.5.1)最小化时高、低浓度侧关键组分浓度c_1和c_2的沿程分布规律。与3.5.2节一样，本节采用平均最优控制优化方法。将式(3.4.5)代入式(3.5.1)得

$$\Delta E = \int_0^l \left\{\frac{\tilde{m}_2[g_1(c_1-c_2)[1-(c_1+c_2)/2]+g_3(c_3-c_2)[(1-(c_3+c_2)/2)]]}{(1-c_2)^2[g_1(c_1,c_2)+g_3(c_3,c_2)]}\right\}\mathrm{d}x \quad (3.5.2)$$

优化问题变为在式(3.4.3)和式(3.4.6)的约束下求式(3.5.2)的最小值，建立变更的拉格朗日函数如下：

$$L = \frac{\tilde{m}_2}{(1-c_2)^2}\left\{\frac{g_1(c_1-c_2)[1-(c_1+c_2)/2]+g_3(c_3-c_2)[1-(c_3+c_2)/2]+\lambda_2}{g_1+g_3}+\lambda_1\right\} \quad (3.5.3)$$

式中，λ_1和λ_2为拉格朗日乘子，均为待定常数。由极值条件$\partial L/\partial c_1 = 0$得

$$g_1^2(1-c_1)\Big/\frac{\partial g_1}{\partial c_1} + g_3\left[g_1(1-c_1)\Big/\frac{\partial g_1}{\partial c_1} + (c_1-c_2)\left(1-\frac{c_1+c_2}{2}\right) - (c_3-c_2)\left(1-\frac{c_3+c_2}{2}\right)\right] = \lambda_2$$

$$(3.5.4)$$

式(3.5.4)为存在质漏时单向等温传质过程积耗散最小时的最优性条件，对于具体的传质规律$g_1(c_1,c_2)$和$g_3(c_1,c_2)$，联立式(3.4.2)和式(3.5.4)可解得最优的$c_1(x)$和$c_2(x)$。特别地，当无质漏过程时即$g_3(c_1,c_2)=0$，式(3.5.4)变为

$$g_1^2(1-c_1)\Big/\frac{\partial g_1}{\partial c_1} = \lambda_2 \quad (3.5.5)$$

式(3.5.5)为3.3.2节无质漏时单向等温传质过程积耗散最小时的优化结果即式(3.3.17)。对比式(3.5.4)和式(3.5.5)可见，质漏影响单向等温传质过程积耗散最小时的高、低浓度侧关键组分最优关系。

3.5.3 特例分析

本节将对线性传质规律[$g \propto \Delta\mu$]和扩散传质规律[$g \propto \Delta c$]分别进行分析。

3.5.3.1 线性传质规律下的优化结果

当传质流率$g_1(c_1,c_2)$和质漏流率$g_3(c_1,c_2)$均服从线性传质规律[$g \propto \Delta\mu$]时，

将 $g_1 = h_{1\mu}(\mu_1 - \mu_2) = h_{1\mu} RT \ln(c_1/c_2)$ 和 $g_3 = h_{3\mu}(\mu_3 - \mu_2) = h_{3\mu} RT \ln(c_3/c_2)$ 分别代入式 (3.4.2) 和式 (3.5.4) 得

$$\frac{\tilde{m}_2}{(1-c_2)^2}\frac{dc_2}{dx} = h_{1\mu} RT \ln\left(\frac{c_1}{c_2}\right) + h_{3\mu} RT \ln\left(\frac{c_3}{c_2}\right) \tag{3.5.6}$$

$$h_{1\mu} c_1 (1-c_1) \left[\ln\left(\frac{c_1}{c_2}\right)\right]^2 + h_{3\mu} \ln\left(\frac{c_3}{c_2}\right) \begin{bmatrix} c_1(1-c_1)\ln\left(\dfrac{c_1}{c_2}\right) + (c_1-c_2)\left(1-\dfrac{c_1+c_2}{2}\right) \\ -(c_3-c_2)\left(1-\dfrac{c_3+c_2}{2}\right) \end{bmatrix} = \frac{\lambda_2}{RT} \tag{3.5.7}$$

式中,$h_{1\mu}$ 和 $h_{3\mu}$ 分别为相应的唯象传质系数。式 (3.5.6) 和式 (3.5.7) 为线性传质规律下存在质漏的单向等温传质过程积耗散最小化时的最优性条件。优化问题需要通过数值方法求解。对于数值计算,将式 (3.5.7) 对位置 x 求导得

$$\frac{dc_1}{dt} = \frac{\left\{4h_{1\mu} c_1 (1-c_1)\ln(c_1/c_2) + h_{3\mu}\begin{bmatrix} 2c_1(1-c_1)\ln(c_1 c_3/c_2^2) + (c_1-c_2) \\ \times(2-c_1-c_2) - (c_3-c_2)(2-c_3-c_2) \end{bmatrix}\right\}}{2c_2\left\{\begin{aligned}&h_{1\mu}(1-2c_1)[\ln(c_1/c_2)]^2 + 2h_{1\mu}(1-c_1)\ln(c_1/c_2) \\ &+h_{3\mu}\ln(c_3/c_2)[(1-2c_1)\ln(c_1/c_2) + 2(1-c_1)]\end{aligned}\right\}} \frac{dc_2}{dt} \tag{3.5.8}$$

当无质漏时即 $g_3 = 0$,式 (3.5.5) 变为

$$c_1(1-c_1)[\ln(c_1/c_2)]^2 = \lambda_2 / (h_{1\mu} RT) \tag{3.5.9}$$

式 (3.5.9) 为 3.3.4.1 节线性传质规律下无质漏单向等温传质过程积耗散最小时的优化结果即式 (3.3.23)。

3.5.3.2 扩散传质规律下的优化结果

当传质流率 $g_1(c_1, c_2)$ 和质漏流率 $g_3(c_1, c_2)$ 均服从扩散传质规律 $[g \propto \Delta c]$ 时,将 $g_1 = h_{1c}(c_1 - c_2)$ 和 $g_3 = h_{3c}(c_3 - c_2)$ 分别代入式 (3.4.2) 和式 (3.5.4) 得

$$\frac{\tilde{m}_2}{(1-c_2)^2}\frac{dc_2}{dx} = h_{1c}(c_1 - c_2) + h_{3c}(c_3 - c_2) \tag{3.5.10}$$

$$h_{1c}(c_1-c_2)^2(1-c_1) + h_{3c}(c_3-c_2)\left[(c_1-c_2)\left(2-\frac{3c_1+c_2}{2}\right) - (c_3-c_2)\left(1-\frac{c_3+c_2}{2}\right)\right] = \lambda_2 \tag{3.5.11}$$

式中，h_{1c} 和 h_{3c} 分别为相应的扩散传质系数。式(3.5.10)和式(3.5.11)为扩散传质规律下存在质漏的单向等温传质过程积耗散最小化时的最优性条件。优化问题需要通过数值方法求解。对于数值计算，将式(3.5.11)两边对位置 x 求导得

$$\frac{dc_1}{dx} = \frac{\begin{Bmatrix} 4h_{1c}(c_1-c_2)(1-c_1) + h_{3c}(c_3-c_2)(1-c_1) \\ + h_{3c}\left[(c_1-c_2)(4-3c_1-c_2) - (c_3-c_2)(2-c_3-c_2)\right] \end{Bmatrix}}{2\left[2h_{1c}(c_1-c_2)(1-c_1) - h_{1c}(c_1-c_2)^2 + h_{3c}(c_3-c_2)(2+c_2-3c_1)\right]} \frac{dc_2}{dx} \quad (3.5.12)$$

联立式(3.5.10)和式(3.5.12)求解得浓度 c_1 和 c_2 随位置 x 的最优变化路径。当无质漏时即 $g_3 = 0$，式(3.5.5)变为

$$(c_1 - c_2)^2 (1 - c_1) = \lambda_2 / h_{1c} \quad (3.5.13)$$

式(3.5.13)为 3.3.4.2 节扩散传质规律下无质漏单向等温传质过程积耗散最小时的优化结果即式(3.3.33)。

3.5.4 数值算例与讨论

各计算参数的取值与 3.4.4 节相同。本节将首先分别给出[$g \propto \Delta\mu$]和[$g \propto \Delta c$]传质规律下的数值算例，然后比较两种不同传质规律下的优化结果。

3.5.4.1 线性传质规律[$g \propto \Delta\mu$]下的数值算例

图 3.25 和图 3.26 分别为 $\Delta c_2 = 0.2$ 和 $\Delta c_2 = 0.4$ 时线性传质规律下关键组分浓度 c_1 随位置 x 的变化规律。由图可见，在浓度差 Δc_2 和传质系数比 $h_{3\mu}/h_{1\mu}$ 均相等的条件下，各种传质策略下对应的高浓度侧关键组分浓度 c_1 也不同；两种不同目标下的最优传质策略与其他两种传质策略间的差别随着传质量和质漏的增加而增加。

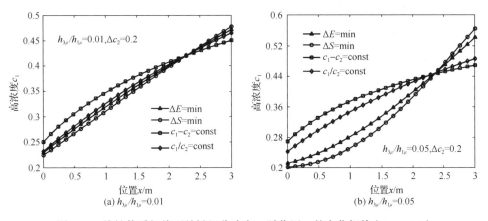

图 3.25 线性传质规律下关键组分浓度 c_1 随位置 x 的变化规律（$\Delta c_2 = 0.2$）

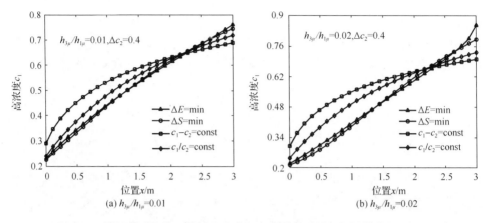

图 3.26 线性传质规律下关键组分浓度 c_1 随位置 x 的变化规律（$\Delta c_2 = 0.4$）

表 3.5 给出了线性传质规律[$g \propto \Delta\mu$]下各种传质策略的结果比较。由表中计算结果可见，线性传质规律[$g \propto \Delta\mu$]下存在质漏的单向等温传质过程熵产生最小和积耗散最小两种最优传质策略优化结果较为接近，浓度比为常数的传质策略下过程的熵产生和积耗散均小于浓度差为常数的传质策略下的熵产生和积耗散，因此浓度比为常数的传质策略优于浓度差为常数的传质策略。

表 3.5 线性传质规律[$g \propto \Delta\mu$]下各种传质策略的结果比较

情形	$h_{3\mu}/h_{1\mu}=0.01$, $\Delta c_2=0.2$				$h_{3\mu}/h_{1\mu}=0.05$, $\Delta c_2=0.2$			
	$c_{1,\text{inl}}$	$c_{1,\text{out}}$	$\Delta S/\Delta S_{\min}$	$\Delta E/\Delta E_{\min}$	$c_{1,\text{inl}}$	$c_{1,\text{out}}$	$\Delta S/\Delta S_{\min}$	$\Delta E/\Delta E_{\min}$
$c_1/c_2=\text{const}$	0.4653	0.2326	1.008	1.002	0.4868	0.2434	1.089	1.058
$c_1-c_2=\text{const}$	0.4509	0.2509	1.054	1.039	0.4695	0.2695	1.158	1.128
$\Delta S=\min$	0.4778	0.2250	1.000	1.003	0.5650	0.2024	1.000	1.010
$\Delta E=\min$	0.4719	0.2301	1.003	1.000	0.5424	0.2122	1.008	1.000
情形	$h_{3\mu}/h_{1\mu}=0.01$, $\Delta c_2=0.4$				$h_{3\mu}/h_{1\mu}=0.02$, $\Delta c_2=0.4$			
	$c_{1,\text{inl}}$	$c_{1,\text{out}}$	$\Delta S/\Delta S_{\min}$	$\Delta E/\Delta E_{\min}$	$c_{1,\text{inl}}$	$c_{1,\text{out}}$	$\Delta S/\Delta S_{\min}$	$\Delta E/\Delta E_{\min}$
$c_1/c_2=\text{const}$	0.7203	0.2401	1.013	1.012	0.7309	0.2436	1.039	1.037
$c_1-c_2=\text{const}$	0.6904	0.2904	1.092	1.093	0.6996	0.2996	1.120	1.129
$\Delta S=\min$	0.7465	0.2254	1.000	1.002	0.7908	0.2122	1.000	1.003
$\Delta E=\min$	0.7624	0.2315	1.002	1.000	0.8554	0.2193	1.004	1.000

3.5.4.2 扩散传质规律[$g \propto \Delta c$]下的数值算例

图 3.27 和图 3.28 分别为 $\Delta c_2 = 0.2$ 和 $\Delta c_2 = 0.4$ 时扩散传质规律下关键组分浓度 c_1 随位置 x 的变化规律。由图可见，在浓度差 Δc_2 和传质系数比 h_{3c}/h_{1c} 均相等的条件下，各种传质策略下高浓度侧关键组分浓度 c_1 随位置 x 的分布规律显著不同，两种不同目标下的最优传质策略与其他两种传质策略间的差别随着传质量和质漏的增加而增加。

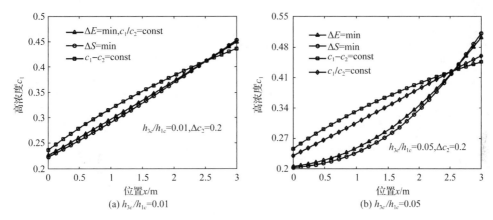

图 3.27 扩散传质规律下关键组分浓度 c_1 随位置 x 的变化规律（$\Delta c_2 = 0.2$）

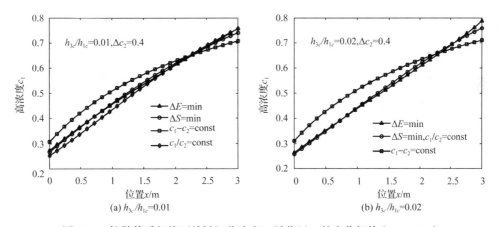

图 3.28 扩散传质规律下关键组分浓度 c_1 随位置 x 的变化规律（$\Delta c_2 = 0.4$）

表 3.6 给出了扩散传质规律[$g \propto \Delta c$]下各种传质策略的结果比较。由表中计算结果可见，扩散传质规律[$g \propto \Delta c$]下存在质漏的单向等温传质过程浓度比为常数、熵产生最小和积耗散最小三种不同传质策略下优化结果较为接近，同时浓

度比为常数的传质策略下过程熵产生和积耗散均小于浓度差为常数的传质策略下过程熵产生和积耗散，因此浓度比为常数的传质策略优于浓度差为常数的传质策略。

表3.6 扩散传质规律[$g \propto \Delta(c)$]下各种传质策略的结果比较

情形	$h_{3c}/h_{1c}=0.01$, $\Delta c_2=0.2$				$h_{3c}/h_{1c}=0.05$, $\Delta c_2=0.2$			
	$c_{1,\text{inl}}$	$c_{1,\text{out}}$	$\Delta S/\Delta S_{\min}$	$\Delta E/\Delta E_{\min}$	$c_{1,\text{inl}}$	$c_{1,\text{out}}$	$\Delta S/\Delta S_{\min}$	$\Delta E/\Delta E_{\min}$
$c_1/c_2=\text{const}$	0.4492	0.2246	1.002	1.001	0.4596	0.2298	1.096	1.050
$c_1-c_2=\text{const}$	0.4368	0.2368	1.036	1.019	0.4454	0.2454	1.182	1.128
$\Delta S=\min$	0.4535	0.2227	1.000	1.004	0.5112	0.2026	1.000	1.010
$\Delta E=\min$	0.4500	0.2261	1.002	1.000	0.5016	0.2051	1.003	1.000
情形	$h_{3c}/h_{1c}=0.01$, $\Delta c_2=0.4$				$h_{3c}/h_{1c}=0.02$, $\Delta c_2=0.4$			
	$c_{1,\text{inl}}$	$c_{1,\text{out}}$	$\Delta S/\Delta S_{\min}$	$\Delta E/\Delta E_{\min}$	$c_{1,\text{inl}}$	$c_{1,\text{out}}$	$\Delta S/\Delta S_{\min}$	$\Delta E/\Delta E_{\min}$
$c_1/c_2=\text{const}$	0.7564	0.2522	1.006	1.008	0.7608	0.2537	1.001	1.003
$c_1-c_2=\text{const}$	0.7076	0.3076	1.027	1.029	0.7111	0.3111	1.043	1.043
$\Delta S=\min$	0.7402	0.2671	1.000	1.001	0.7594	0.2590	1.000	1.001
$\Delta E=\min$	0.7582	0.2733	1.002	1.000	0.7881	0.2651	1.002	1.000

3.5.4.3 不同传质规律下优化结果的比较

在线性传质规律[$g \propto \Delta\mu$]下取唯象传质系数 $h_\mu = 4\times10^{-3}$ J/(mol$^2 \cdot$m$\cdot$s)，在扩散传质规律[$g \propto \Delta c$]下取扩散传质系数 $h_c = 40$ mol/s，传质系数比 $h_{3\mu}/h_{1\mu}$ 和 h_{3c}/h_{1c} 分别取0.01和0.05。图3.29 为 $\Delta c_2=0.2$ 时不同传质规律下过程积耗散最小时关键组分浓度 c_1 的最优构型。由图3.29可见，线性传质规律下浓度 c_1 高于扩散传质规律下浓度 c_1，两者的差别随着质漏的增加而增加；当质漏较小时，两种不同传质规律下关键组分浓度 c_1 呈近似线性规律变化，当质漏较大时，两种不同传质规律下关键组分浓度 c_1 呈显著的非线性规律变化。由此可见，不同传质规律和质漏下积耗散最小时关键组分浓度 c_1 和 c_2 随位置 x 的最优变化规律明显不同。差异产生的原因有两点：一是两者的传质规律不同；二是两者的传质系数和质漏系数的取值不同。这表明传质规律和质漏影响传质过程积耗散最小时高、低浓度侧混合物中关键组分浓度最优构型。

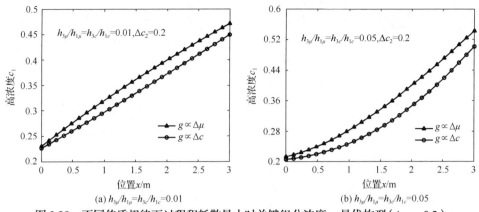

图 3.29 不同传质规律下过程积耗散最小时关键组分浓度 c_1 最优构型（$\Delta c_2 = 0.2$）

3.6 扩散传质规律下等摩尔双向等温传质过程积耗散最小化

3.6.1 物理模型

图 3.30 为一类等摩尔双向等温传质过程模型，假设过程两侧流体仅为由参与质量传递的组分 1 和组分 2 组成的二元混合物（由于惰性成分不参与质量传递，所以可忽略其对传质过程的影响），根据组分 1 浓度的高低，流体 1 称为高浓度混合物，流体 2 称为低浓度混合物。c_1 和 c_2（$c_1 > c_2$）分别为高、低浓度侧混合物中组分 1 的浓度（以摩尔分数表示），m_1 和 m_2 分别为高、低浓度侧混合物中组分 1 的摩尔流率，M_1 和 M_2 分别为高、低浓度侧混合物的总摩尔流率。l 为传质设备的总长度，高、低浓度侧的传质流率为 g，满足关系式 $g = -\mathrm{d}m_1/\mathrm{d}x = \mathrm{d}m_2/\mathrm{d}x$，传质过程服从扩散传质规律 [$g \propto \Delta c$]。

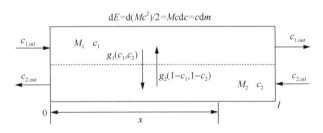

图 3.30 一类等摩尔双向等温传质过程模型

根据文献[24]~[27]、[592]、[643]、[644]和[704]，混合物中组分的质量积 E 的定义式如下：

$$E = mc/2 = Mc^2/2 \tag{3.6.1}$$

式中，c 为混合物中该组分的浓度。由式(3.6.1)进一步得组分质量积 E 的微元变化：

$$dE = d(Mc^2)/2 = Mcdc = cdm \quad (3.6.2)$$

考虑高、低浓度侧等摩尔双向传质过程服从扩散传质规律[$g \propto \Delta c$]，即

$$g_1(c_1,c_2) = -g_2(1-c_1,1-c_2) = g(c_1,c_2) = h(c_1-c_2) \quad (3.6.3)$$

式中，$g_1(c_1,c_2)$ 为组分 1 的传质流率；$g_2(1-c_1,1-c_2)$ 为组分 2 的传质流率；h 为传质系数。由式(3.6.3)得传质过程高、低浓度侧的积平衡方程分别为

$$E_{1,\text{inl}} - E_{1,\text{out}} = \frac{1}{2}M_1(c_{1,\text{inl}}^2 - c_{1,\text{out}}^2) + \frac{1}{2}M_1\left[(1-c_{1,\text{inl}})^2 - (1-c_{1,\text{out}})^2\right] = \int_0^l g(2c_1-1)dx \quad (3.6.4)$$

$$E_{2,\text{inl}} - E_{2,\text{out}} = \frac{1}{2}M_2(c_{2,\text{inl}}^2 - c_{2,\text{out}}^2) + \frac{1}{2}M_2\left[(1-c_{2,\text{inl}})^2 - (1-c_{2,\text{out}})^2\right] = -\int_0^l g(2c_2-1)dx \quad (3.6.5)$$

将式(3.6.4)与式(3.6.5)相加得

$$\Delta E = (E_{1,\text{inl}} + E_{2,\text{inl}}) - (E_{1,\text{out}} + E_{2,\text{out}}) = E_{\text{inl}} - E_{\text{out}} = 2\int_0^l h(c_1-c_2)^2 dx \quad (3.6.6)$$

式(3.6.6)表明高、低浓度混合物出口的总积流 E_{out} 小于两者入口的总积流 E_{inl}，其差值为该双向等温传质过程的积耗散函数 ΔE，积耗散函数 ΔE 衡量的是质量传递能力损失的不可逆性，在传质量一定的条件下，积耗散 ΔE 越小，传质效果越好。对于如图 3.30 所示的双向等温传质过程，得如下关系式：

$$M_1 dc_1/dx = -g(c_1,c_2) \quad (3.6.7)$$

3.6.2 优化方法

现在的问题为在式(3.6.7)的约束下求式(3.6.6)中 ΔE 最小化时高、低浓度侧关键组分浓度 c_1 和 c_2 的沿程最优分布规律。本问题属于最优控制问题，建立变更的拉格朗日函数如下：

$$L = 2h(c_1-c_2)^2 + \lambda(x)[M_1 dc_1/dx + h(c_1-c_2)] \quad (3.6.8)$$

式中，$\lambda(x)$ 为拉格朗日乘子，其为位置 x 的函数。式(3.6.8)取极值的条件为如下欧拉-拉格朗日方程组：

$$\frac{\partial L}{\partial c_1} - \frac{d}{dx}\left[\frac{\partial L}{\partial (dc_1/dx)}\right] = 0, \quad \frac{\partial L}{\partial c_2} - \frac{d}{dx}\left[\frac{\partial L}{\partial (dc_2/dx)}\right] = 0 \tag{3.6.9}$$

将式(3.6.8)代入式(3.6.9)得

$$4h(c_1 - c_2) + \lambda h - M_1 d\lambda/dx = 0 \tag{3.6.10}$$

$$-4h(c_1 - c_2) - \lambda h = 0 \tag{3.6.11}$$

联立式(3.6.10)和式(3.6.11)得

$$d\lambda/dx = 0 \tag{3.6.12}$$

式(3.6.12)表明拉格朗日乘子 $\lambda(x)$ 为常数，与位置变量 x 无关。由式(3.6.11)得

$$c_1 - c_2 = a \tag{3.6.13}$$

式中，a 为待定积分常数。式(3.6.13)表明对应于等摩尔双向等温传质过程积耗散最小时两侧相同组分的浓度差为常数，即过程的传质流率 $g(c_1, c_2)$ 为常数。已知边界条件 $c_1(0) = c_{1,\text{inl}}$ 和 $c_1(l) = c_{1,\text{out}}$，由式(3.6.7)进一步得

$$c_1(x) = (c_{1,\text{out}} - c_{1,\text{inl}})(x/l) + c_{1,\text{inl}} \tag{3.6.14}$$

由式(3.6.14)可见，高浓度侧组分浓度 c_1 随位置 x 呈线性变化。由质量守恒定律得

$$N = gl = M_1(c_{1,\text{inl}} - c_{1,\text{out}}) \tag{3.6.15}$$

联立式(3.6.13)和式(3.6.15)得

$$a = M_1(c_{1,\text{inl}} - c_{1,\text{out}})/(hl) \tag{3.6.16}$$

将式(3.6.14)和式(3.6.16)代入式(3.6.13)得

$$c_2(x) = c_{1,\text{inl}} - (M_1 + h_1 x)(c_{1,\text{inl}} - c_{1,\text{out}})/(hl) \tag{3.6.17}$$

将式(3.6.16)代入式(3.6.6)得传质过程最小积耗散 $\Delta E_{\min}$ 为

$$\Delta E_{\min} = 2N^2/(hl) = 2M_1^2(c_{1,\text{inl}} - c_{1,\text{out}})^2/(hl) \tag{3.6.18}$$

3.6.3 其他传质策略

文献[111]~[115]、[121]和[127]以熵产生最小为目标优化了扩散传质规律 [$g \propto \Delta c$]下等摩尔双向传质过程，而除了积耗散最小（$\Delta E = \min$）和熵产生最小（$\Delta S = \min$）的传质策略，实际传质过程还可能存在浓度比为常数（$c_1/c_2 = \mathrm{const}$）的传质策略。

3.6.3.1 熵产生最小的传质策略

传质过程的熵产生 ΔS 为

$$\Delta S = R\int_0^l g(c_1,c_2)\ln\left[\frac{c_1(1-c_2)}{c_2(1-c_1)}\right]\mathrm{d}x \tag{3.6.19}$$

式中，R 为普适气体常数。由文献[111]~[115]、[121]和[127]可知，传质过程熵产生最小时的最优性条件为

$$a\frac{\partial g(c_1,c_2)}{\partial c_2} = M_1 R \frac{g^2(c_1,c_2)}{c_2(c_2-1)} \tag{3.6.20}$$

将式(3.6.3)代入式(3.6.20)得

$$ac_2(1-c_2) = M_1 hR(c_1-c_2)^2 \tag{3.6.21}$$

式中，a 为待定积分常数。由式(3.6.21)进一步得

$$c_1 = c_2 + \sqrt{ac_2(1-c_2)/(M_1 hR)} \tag{3.6.22}$$

将式(3.6.22)对位置变量 x 求导得

$$\frac{\mathrm{d}c_1}{\mathrm{d}x} = \left[1+(1/2-c_2)\sqrt{\frac{a}{M_1 hRc_2(1-c_2)}}\right]\frac{\mathrm{d}c_2}{\mathrm{d}x} \tag{3.6.23}$$

将式(3.6.22)和式(3.6.23)代入式(3.6.7)得

$$\frac{\mathrm{d}c_2}{\mathrm{d}x} = -\frac{hc_2(1-c_2)\sqrt{a/(M_1 hR)}}{M_1[\sqrt{c_2(1-c_2)}+(1/2-c_2)\sqrt{a/(M_1 hR)}]} \tag{3.6.24}$$

已知边界条件 $c_1(0) = c_{1,\mathrm{inl}}$ 和 $c_1(l) = c_{1,\mathrm{out}}$，联立式(3.6.22)和式(3.6.24)可确定积分常数 a、$c_1(x)$ 和 $c_2(x)$，将其代入式(3.6.19)数值积分得传质过程最小熵产生 $\Delta S_{\min}$。

3.6.3.2 浓度比为常数的传质策略

高、低浓度侧浓度比(化学势差)为常数，即 $c_1(x)/c_2(x) = \text{const}$。3.4 节以熵产生最小为目标优化了线性传质规律 $[g \propto \Delta\mu]$ 下单向等温传质过程，结果表明高、低浓度侧化学势差为常数。由于混合物中组分化学势 μ 与其浓度 c 间满足关系式 $\mu = \mu_0 + RT\ln c$，式中 μ_0 为组分的标准化学势，因此 $c_1(x)/c_2(x) = \text{const}$ 实质上是高、低浓度侧相同组分化学势差为常数即 $\mu_1 - \mu_2 = \text{const}$。令 $c_2/c_1 = a$，由式 (3.6.7) 得

$$M_1 dc_1 / dx = h(a-1)c_1 \tag{3.6.25}$$

已知边界条件 $c_1(0) = c_{1,\text{inl}}$ 和 $c_1(l) = c_{1,\text{out}}$，由式 (3.6.25) 得

$$c_1(x) = c_{1,\text{inl}}(c_{1,\text{out}}/c_{1,\text{inl}})^{x/l} \tag{3.6.26}$$

$$a = 1 + M_1 \ln(c_{1,\text{out}}/c_{1,\text{inl}})/(hl) \tag{3.6.27}$$

由式 (3.6.26) 和式 (3.6.27) 进一步得

$$c_2(x) = c_{1,\text{inl}}\{1 + [M_1 \ln(c_{1,\text{out}}/c_{1,\text{inl}})]/(hl)\}(c_{1,\text{out}}/c_{1,\text{inl}})^{x/l} \tag{3.6.28}$$

将式 (3.6.26) 和式 (3.6.28) 代入式 (3.6.6) 得

$$\Delta E_{c_1/c_2=\text{const}} = [M_1^2 (c_{1,\text{out}}^2 - c_{1,\text{inl}}^2) \ln(c_{1,\text{out}}/c_{1,\text{inl}})]/(hl) \tag{3.6.29}$$

对比式 (3.6.18) 和式 (3.6.29) 得

$$\Delta E_{c_1/c_2=\text{const}} / \Delta E_{\min} = (c_{1,\text{inl}} + c_{1,\text{out}})\ln(c_{1,\text{inl}}/c_{1,\text{out}})/[2(c_{1,\text{inl}} - c_{1,\text{out}})] \tag{3.6.30}$$

由式 (3.6.30) 可见，浓度比为常数的传质策略下过程积耗散 $\Delta E_{c_1/c_2=\text{const}}$ 与最小积耗散 $\Delta E_{\min}$ 的比值仅与高浓度侧进、出口浓度有关，而与流率 M_1、传质系数 h 和传质设备长度 l 等参数均无关。

3.6.4 数值算例与讨论

假定高浓度侧流体总摩尔流率为 $M_1 = 18 \text{ mol/s}$，组分 1 的进口浓度和出口浓度分别为 $c_{1,\text{inl}} = 0.8$ 和 $c_{1,\text{out}} = 0.4$，传质设备总长度 $l = 3\text{m}$，传质系数 $h = 20\text{mol}/(\text{m}\cdot\text{s})$，则该传质设备单位时间内组分 1 的传质量为 $N = M_1(c_{1,\text{inl}} - c_{1,\text{out}}) = $

7.2mol/s，普适气体常数为 $R=8.3145\text{J}/(\text{mol}\cdot\text{K})$，传质设备系统内温度恒为 $T=298.15\text{K}$。

图 3.31 和图 3.32 分别为各种传质策略下低浓度侧浓度 c_2 和局部积耗散率 $\text{d}E/\text{d}x$ 随位置 x 的变化规律，其中包括浓度比为常数、熵产生最小和积耗散最小等传质策略。由图可见，$\Delta E=\min$ 的传质策略下浓度 c_2 随位置 x 呈线性变化；$\Delta S=\min$ 的传质策略下浓度 c_2 随位置 x 呈非线性变化，在混合物的入口（$x=3\text{m}$）和出口（$x=0$）处，$\Delta E=\min$ 的传质策略下的浓度 c_2 均要略低于 $\Delta S=\min$ 的传质策略下的浓度 c_2，而在传质设备的中间段（$x=1.1\sim1.8\text{m}$），前者要略高于后者；$c_1/c_2=\text{const}$ 的传质策略下浓度 c_2 随位置 x 也呈指数规律变化，在混合物的入口处，$c_1/c_2=\text{const}$ 的传质策略下浓度 $c_{2,\text{inl}}$ 高于其他两种传质策略下浓度 $c_{2,\text{inl}}$，在混合物的出口处，$c_1/c_2=\text{const}$ 的传质策略下浓度 $c_{2,\text{out}}$ 低于其他两种传质策略下浓度 $c_{2,\text{out}}$；$c_1/c_2=\text{const}$ 的传质策略下局部积耗散率随 x 的增加呈非线性递减变化，$\Delta S=\min$ 的传质策略下局部积耗散率随 x 的增加先增加后减少，$\Delta E=\min$ 的传质策略下局部积耗散率随 x 的增加保持不变，即与积耗散均匀分布原则相一致。以上分析表明，以积耗散最小为目标优化与以熵产生最小为优化目标是不同的。

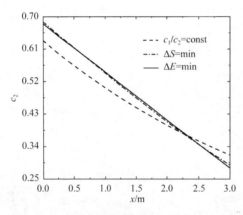
图 3.31 各种传质策略下低浓度侧浓度 c_2 随位置 x 的变化规律

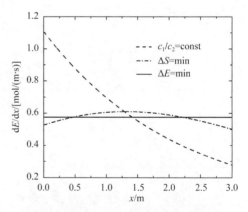
图 3.32 各种传质策略下局部积耗散率 $\text{d}E/\text{d}x$ 随位置 x 的变化规律

表 3.7 列出了各种传质策略下传质过程关键参数的计算结果。$\Delta E=\min$ 的传质策略与 $c_1-c_2=\text{const}$ 的传质策略相一致，$c_1/c_2=\text{const}$ 的传质策略与 $\mu_1-\mu_2=\text{const}$ 的传质策略相一致，$c_1/c_2=\text{const}$ 的传质策略下积耗散和熵产生均大于 $\Delta S=\min$ 和 $\Delta E=\min$ 的传质策略下相应的积耗散和熵产生，这表明 $c_1-c_2=\text{const}$ 的传质策略优于 $\mu_1-\mu_2=\text{const}$ 的传质策略。由不可逆热力学理论可知，传质流率是以化学势差 $\Delta\mu$ 为驱动力的，而扩散传质规律表述的传质流率是

以浓度差 Δc 为驱动力的,以积耗散最小为目标优化等摩尔双向等温传质过程得到的结果与等浓度差驱动力原则相一致,并且优于等化学势差的传质策略,这正反映了积表征的传质过程是以浓度差为热力学力驱动传质流率的这种本质特征。对于实际传质过程,应用扩散传质规律[$g \propto \Delta c$]远比线性传质规律[$g \propto \Delta \mu$]有效,同时本节的双向等温传质过程明显不参与能量转换,因此优化目标应选择积耗散最小较合适。

表 3.7 各种传质策略下传质过程关键参数的计算结果

情形	$c_{2,\text{inl}}$	$c_{2,\text{out}}$	$M_2 / (\text{mol}/\text{s})$	$\Delta S / (\text{W}/\text{K})$	$\Delta E / (\text{mol}/\text{s})$
$c_1/c_2 = \text{const}$	0.3168	0.6336	22.7257	31.9817	1.7966
$\Delta S = \min$	0.2881	0.6853	18.1288	30.8882	1.7293
$\Delta E = \min$	0.2800	0.6800	18.0000	30.9092	1.7280

3.7 普适传质规律下等温结晶过程熵产生最小化

3.7.1 物理模型

在结晶过程中,关键组分从溶液中结晶到已经存在的晶体表面,晶体表面浓度大于溶液的平衡浓度,结晶体的初始尺寸为未知量,可以由一些分布状态定义。在给定的压力 p 和温度 T 下,液相中结晶体的浓度和平衡浓度分别为 c_1 和 c_{eq},其相应的化学势分别为

$$\mu_1 = \mu_0(T, p) + RT \ln c_1, \quad \mu_2 = \mu_0(T, p) + RT \ln c_{\text{eq}} \tag{3.7.1}$$

式中,$\mu_0(T, p)$ 为结晶物的标准化学势;R 为普适气体常数。令结晶过程传质流率为 $g(c_1, c_{\text{eq}})$,传质流率 g 依赖于结晶体 F 的净表面即依赖于结晶体质量 M。对于初始质量为 $M_i(0)$ 的结晶体而言,假定结晶体均匀成核为球面,那么表面积 $F_i(M_i)$ 正比于 $M_i^{2/3}$。由于 $F_i(M_i)$ 为 M_i 的凸函数,如图 3.33 所示,所以实际结晶过程所有晶体净表面积 F_Σ 必然小于同等结晶质量条件下假定所有晶体的表面积相同时的所有晶体净表面积 $\bar{F}_\Sigma$。由于过程的熵产生为传质系数的单调函数,即熵产生随着结晶体质量的增加而增加,所以以 $\bar{F}_\Sigma = K M_\Sigma^{3/2}$ 作为传质面积给出了过程熵产生的下限,本节将基于此进行分析。

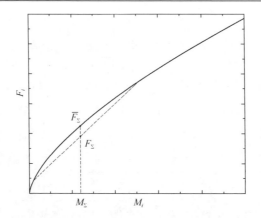

图 3.33　结晶体表面积 F_i 随其质量 M_i 的变化规律

假定结晶过程不存在成核和再结晶过程，结晶过程中所有晶体的质量均相同，结晶体的净质量 M 随时间的变化关系式满足如下方程：

$$dM/dt = g(M^{2/3}, c_1, c_{eq}), \quad M(0) = M_0, \quad M(\tau) = \bar{M} \tag{3.7.2}$$

式中，τ 为结晶过程的总时间；$g(M^{2/3}, c_1, c_{eq})$ 为结晶过程传质流率，其为传质面积 $\bar{F}_\Sigma(M^{2/3})$、c_1 和 c_{eq} 的函数，由此得结晶过程的总熵产生 ΔS 为

$$\Delta S = \int_0^\tau g(M^{2/3}, c_1, c_{eq}) R \ln(c_1/c_{eq}) dt \tag{3.7.3}$$

结晶过程的总质量一定，相应的约束条件为

$$\int_0^\tau g(M^{2/3}, c_1, c_{eq}) dt = \bar{M} - M_0 \tag{3.7.4}$$

3.7.2　优化方法

现在的问题为在式 (3.7.2) 的约束下求式 (3.7.3) 的最小值，本节将采用平均最优控制优化方法求解。式 (3.7.4) 变为

$$\int_{M_0}^{\bar{M}} 1/g(M^{2/3}, c_1, c_{eq}) dM = \tau \tag{3.7.5}$$

将式 (3.7.2) 代入式 (3.7.3) 得

$$\Delta S = \int_{M_0}^{\bar{M}} R \ln(c_1/c_{eq}) dM \tag{3.7.6}$$

优化问题变为在式(3.7.5)的约束下求式(3.7.6)的 ΔS 最小值。建立变更的拉格朗日函数 L 如下：

$$L = R\ln(c_1/c_{eq}) + \lambda / g(M^{2/3}, c_1, c_{eq}) \tag{3.7.7}$$

式中，λ 为待定常数，由极值条件 $\partial L/\partial c_1 = 0$ 得

$$\frac{g^2(M^{2/3}, c_1, c_{eq})}{c_1} = \frac{\lambda}{R}\frac{\partial g}{\partial c_1} \tag{3.7.8}$$

式(3.7.8)为普适传质规律下等温结晶过程熵产生最小化时的最优性条件，针对具体的传质规律 $g(M^{2/3}, c_1, c_{eq})$，可通过联立式(3.7.2)和式(3.7.8)求解对应于熵产生最小时浓度 c_1 和结晶量 M 随时间 t 变化的最优路径，然后将其代入式(3.7.3)进行积分得过程的最小熵产生 $\Delta S_{\min}$。

3.7.3 其他传质策略

为了与最优策略相比较，根据实际可能存在的传质策略以及浓度 c_1 与平衡浓度 c_{eq} 之间的关系，抽象出浓度 c_1 一定（$c_1 = \text{const}$）和传质流率一定（$g = \text{const}$）的传质策略，由于平衡浓度 c_{eq} 一定，所以浓度 c_1 一定的传质策略与浓度差一定（$c_1 - c_{eq} = \text{const}$）和浓度比为常数（$c_1/c_{eq} = \text{const}$）的传质策略均一致。

3.7.3.1 浓度 c_1 一定的传质策略

对于浓度 c_1 一定的传质策略，由式(3.7.2)可得结晶量 M 随时间 t 的变化规律和浓度 c_1，将其代入式(3.7.3)得结晶过程的熵产生 $\Delta S_{c_1 = \text{const}}$。

3.7.3.2 传质流率一定的传质策略

对于传质流率一定的传质策略，已知边界条件 $M(0) = M_0$ 和 $M(\tau) = \bar{M}$，由式(3.7.2)得

$$M(t) = M_0 + (\bar{M} - M_0)t/\tau \tag{3.7.9}$$

若已知传质流率 $g(M^{2/3}, c_1, c_{eq})$ 的形式，可进一步得浓度 $c_1(t)$ 随时间的变化规律，将式(3.7.9)和 $c_1(t)$ 代入式(3.7.3)得结晶过程熵产生 $\Delta S_{g = \text{const}}$。

3.7.4 特例分析

本节将对线性传质规律[$g \propto \Delta\mu$]和扩散传质规律[$g \propto \Delta c$]分别进行分析。

3.7.4.1 线性传质规律[$g \propto \Delta\mu$]下的结果

1. 熵产生最小的传质策略

当结晶传质过程服从线性传质规律[$g \propto \Delta\mu$]时，即

$$g(M^{2/3}, c_1, c_{eq}) = h_\mu M^{2/3}[\mu_1(c_1) - \mu_2(c_{eq})] = h_\mu RT M^{2/3} \ln(c_1/c_{eq}) \quad (3.7.10)$$

式中，h_μ 为传质系数。已知边界条件 $M(0) = M_0$ 和 $M(\tau) = \bar{M}$，经推导得结晶量 $M(t)$、浓度 $c_1(t)$ 和最小熵产生 $\Delta S_{\min}$ 分别为

$$M(t) = [M_0^{2/3} + (\bar{M}^{2/3} - M_0^{2/3})t/\tau]^{3/2} \quad (3.7.11)$$

$$c_1(t) = c_{eq} \exp\left\{\frac{3(\bar{M}^{2/3} - M_0^{2/3})}{2h_\mu RT\tau[M_0^{2/3} + (\bar{M}^{2/3} - M_0^{2/3})t/\tau]^{1/2}}\right\} \quad (3.7.12)$$

$$\Delta S_{\min} = 9(\bar{M}^{2/3} - M_0^{2/3})^2/(4h_\mu T\tau) \quad (3.7.13)$$

式(3.7.11)~式(3.7.13)为文献[111]~[115]、[121]、[127]、[381]和[387]中线性传质规律下等温结晶过程熵产生最小时的优化结果。由式(3.7.11)可见，线性传质规律下熵产生最小时结晶量的 $2/3$ 次方随时间呈线性规律变化。

2. 浓度 c_1 一定的传质策略

当结晶过程浓度 c_1 为常数时，经推导得结晶量 $M(t)$、浓度 c_1 和过程熵产生 $\Delta S_{c_1 = \text{const}}$ 分别为

$$M(t) = [M_0^{1/3} + (\bar{M}^{1/3} - M_0^{1/3})t/\tau]^3 \quad (3.7.14)$$

$$c_1 = c_{eq} \exp[3(\bar{M}^{1/3} - M_0^{1/3})/(h_\mu RT\tau)] \quad (3.7.15)$$

$$\Delta S_{c_1 = \text{const}} = 3(\bar{M} - M_0)(\bar{M}^{1/3} - M_0^{1/3})/(h_\mu T\tau) \quad (3.7.16)$$

3. 传质流率一定的传质策略

当传质过程传质流率一定时，经推导得浓度 $c_1(t)$ 和过程熵产生 $\Delta S_{g = \text{const}}$ 分别为

$$c_1(t) = c_{eq} \exp\{(\bar{M} - M_0)/\{h_\mu RT\tau[M_0 + (\bar{M} - M_0)t/\tau]^{2/3}\}\} \quad (3.7.17)$$

$$\Delta S_{g = \text{const}} = 3(\bar{M} - M_0)(\bar{M}^{1/3} - M_0^{1/3})/(h_\mu T\tau) \quad (3.7.18)$$

对比式(3.7.16)和式(3.7.18)可知,浓度c_1一定和传质流率g一定两种不同传质策略下浓度c_1和结晶量M随时间的变化规律不同,但两者的熵产生相等。

3.7.4.2 扩散传质规律[$g \propto \Delta c$]下的结果

1. 熵产生最小的传质策略

当结晶传质过程服从扩散传质规律时,即

$$g(M^{2/3}, c_1, c_{eq}) = h_c M^{2/3}(c_1 - c_{eq}) \tag{3.7.19}$$

式中,h_c为传质系数。将式(3.7.19)代入式(3.7.8)得

$$(c_1 - c_{eq})^2 / c_1 = \lambda / (h_c R M^{2/3}) \tag{3.7.20}$$

由式(3.7.20)进一步得

$$M = \{\lambda c_1 / [h_c R (c_1 - c_{eq})^2]\}^{3/2} \tag{3.7.21}$$

将式(3.7.21)代入式(3.7.2)得

$$dc_1/dt = -2h_c(c_1 - c_{eq})^3 \sqrt{h_c R c_1 / \lambda} / [3(c_1 + c_{eq})] \tag{3.7.22}$$

式(3.7.22)只能通过数值方法求解,由边界条件$M(0) = M_0$和$M(\tau) = \bar{M}$可确定式(3.7.22)中的待定常数λ及浓度c_1随时间的最优变化规律,将其代入式(3.7.3)数值积分得过程的最小熵产生$\Delta S_{\min}$。

2. 浓度c_1一定的传质策略

当结晶过程浓度c_1为常数时,经推导得结晶量$M(t)$、浓度c_1和过程熵产生$\Delta S_{c_1 = \text{const}}$分别为

$$M(t) = [M_0^{1/3} + (\bar{M}^{1/3} - M_0^{1/3}) t / \tau]^3 \tag{3.7.23}$$

$$c_1 = c_{eq} + 3(\bar{M}^{1/3} - M_0^{1/3}) / (h_c \tau) \tag{3.7.24}$$

$$\Delta S_{c_1=\text{const}} = R[3(M_0 \bar{M})^{1/3}(\bar{M}^{1/3} - M_0^{1/3}) + (\bar{M}^{1/3} - M_0^{1/3})^3] \ln\left[\frac{c_{eq} + 3(\bar{M}^{1/3} - M_0^{1/3})/(h_c \tau)}{c_{eq}}\right] \tag{3.7.25}$$

由式(3.7.23)可见,扩散传质规律浓度c_1一定的传质策略下结晶量的1/3次方随时间呈线性规律变化。

3. 传质流率一定的传质策略

当传质过程传质流率一定时，由式(3.7.9)和式(3.7.19)得

$$c_1(t) = c_{eq} + (\bar{M} - M_0) / \{h_c \tau [M_0 + (\bar{M} - M_0) t / \tau]^{2/3}\} \tag{3.7.26}$$

将式(3.7.9)和式(3.7.26)代入式(3.7.3)进行数值积分得过程熵产生 $\Delta S_{g=\text{const}}$。

3.7.5 数值算例与讨论

3.7.5.1 线性传质规律[$g \propto \Delta \mu$]下的数值算例

令传质系数为 $h_\mu = 1 \times 10^{-6}$ $\text{mol}^2 / (\text{J} \cdot \text{s})$，初态结晶量 $M_0 = 0.50$ mol，末态结晶量 $\bar{M} = 5.00$ mol，过程时间 $\tau = 1000$ s，过程温度为 $T = 298.15$ K，普适气体常数为 $R = 8.3145$ J/(mol·K)，平衡浓度 $c_{eq} = 0.05$。图 3.34 和图 3.35 分别为线性传质规律下浓度 c_1 和熵产率 $\text{d}S / \text{d}t$ 随时间 t 的变化规律，其中包括熵产生最小、浓度一定和传质流率一定的传质策略。由图可见，$g = \text{const}$ 的传质策略下浓度 c_1 初期下降较快，末期下降较慢；$g = \text{const}$ 的传质策略下初期浓度 $c_1(0)$ 高于 $\Delta S = \min$ 的传质策略下的初期浓度 $c_1(0)$，但其末期浓度 $c_1(\tau)$ 低于 $\Delta S = \min$ 的传质策略下的末期浓度 $c_1(\tau)$；$g = \text{const}$ 的传质策略下熵产率 $\text{d}S / \text{d}t$ 随着时间 t 的增加而降低；$c_1 = \text{const}$ 的传质策略下熵产率 $\text{d}S / \text{d}t$ 随着时间 t 的增加而增加；$\Delta S = \min$ 的传质策略下熵产率 $\text{d}S / \text{d}t$ 随着时间 t 的增加保持为定值，即与熵产生均分原则[360, 363]相一致。表 3.8 列出了不同传质规律下各种传质策略的结果比较。由表可见，$c_1 = \text{const}$ 和 $g = \text{const}$ 的传质策略下的熵产生 ΔS 相等，其为 $\Delta S = \min$ 传质策略下熵产生的 1.045 倍。

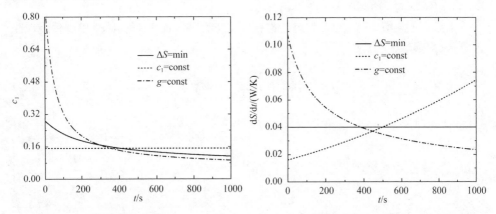

图 3.34 线性传质规律下浓度 c_1 随时间 t 的变化规律

图 3.35 线性传质规律下熵产率 $\text{d}S / \text{d}t$ 随时间 t 的变化规律

3.7.5.2 扩散传质规律[$g \propto \Delta c$]下的数值算例

令传质系数为 $h_c = 0.03\,\text{mol/s}$,其他参数与线性传质规律下参数取值相同。图 3.36 和图 3.37 分别为扩散传质规律下浓度 c_1 和熵产率 $\text{d}S/\text{d}t$ 随时间 t 的变化规律。由图可见,$\Delta S = \min$ 和 $g = \text{const}$ 的传质策略下浓度 c_1 随时间 t 呈非线性规律下降,$g = \text{const}$ 的传质策略下的初期浓度 $c_1(0)$ 高于 $\Delta S = \min$ 的传质策略下的初期浓度 $c_1(0)$,但其末期浓度 $c_1(\tau)$ 低于 $\Delta S = \min$ 的传质策略下的末期浓度 $c_1(\tau)$;$c_1 = \text{const}$ 的传质策略下熵产率 $\text{d}S/\text{d}t$ 随着时间 t 的增加而增加,$g = \text{const}$ 的传质策略下熵产率 $\text{d}S/\text{d}t$ 随着时间 t 的增加而降低,$\Delta S = \min$ 的传质策略熵产率 $\text{d}S/\text{d}t$ 随着时间 t 的增加略有降低。由表 3.8 可见,$c_1 = \text{const}$ 的传质策略下熵产生为最小熵产生时的 1.043 倍;$g = \text{const}$ 的传质策略要略优于 $c_1 = \text{const}$ 的传质策略,其熵产生为最小熵产生的 1.006 倍。

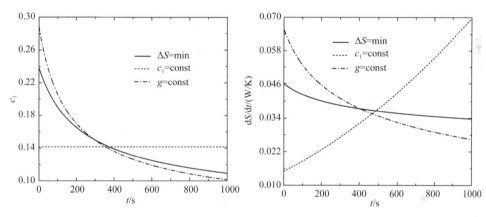

图 3.36 扩散传质规律下浓度 c_1 随时间 t 的变化规律

图 3.37 扩散传质规律下熵产率 $\text{d}S/\text{d}t$ 随时间 t 的变化规律

表 3.8 不同传质规律下各种传质策略的结果比较

传质策略	线性传质规律[$g \propto \Delta \mu$]			扩散传质规律[$g \propto \Delta c$]		
	$c_1(0)$	$c_1(\tau)$	$\Delta S/(\text{J/K})$	$c_1(0)$	$c_1(\tau)$	$\Delta S/(\text{J/K})$
$\Delta S = \min$	0.2874	0.1126	39.7150	0.2384	0.1092	37.366
$c_1 = \text{const}$	0.1515	0.1515	41.4881	0.1416	0.1416	38.956
$g = \text{const}$	0.8921	0.0930	41.4881	0.2881	0.1013	37.601

3.7.5.3 不同传质规律下优化结果的比较

图 3.38 和图 3.39 分别为不同传质规律下浓度 c_1 和结晶量 M 随时间 t 的最优变

化规律。由图可见,线性传质规律下初期浓度$c_1(0)$高于扩散传质规律下的初期浓度$c_1(0)$,且两者的差值随着时间的增加而减少,两种不同传质规律下熵产生最小时浓度c_1随时间t的最优变化规律明显不同;两种不同传质规律下结晶量M随时间t均呈非线性规律变化,扩散传质规律下结晶量M高于线性传质规律下结晶量M。计算结果表明,线性传质规律下熵产率dS/dt随着时间t的增加保持不变,扩散传质规律下熵产率dS/dt随着时间t的增加而减少,并且同等条件下前者的总熵产生为后者的 1.063 倍。由此可见,传质规律影响结晶过程的最小熵产生及对应的浓度最优构型。

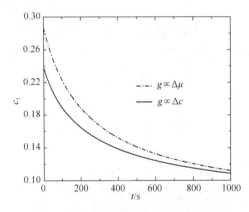

图 3.38　不同传质规律下浓度 c_1 随时间　　图 3.39　不同传质规律下结晶量 M 随时间
　　　　　　t 的最优变化规律　　　　　　　　　　　　　　t 的最优变化规律

3.8　普适传质规律下等温结晶过程积耗散最小化

3.8.1　物理模型

物理模型描述同 3.7.1 节。根据文献[24]~[27]对于单体组分扩散过程的分析,得结晶过程的积耗散为 ΔE 为

$$\Delta E = \int_0^\tau g(M^{2/3}, c_1, c_{\text{eq}})(c_1 - c_{\text{eq}}) \mathrm{d}t \tag{3.8.1}$$

由式(3.7.4)和式(3.8.1)得基于结晶过程积耗散的质阻 R_E 为

$$R_E = \Delta E / (\bar{M} - M_0)^2 = \int_0^\tau g(M^{2/3}, c_1, c_{\text{eq}})(c_1 - c_{\text{eq}}) \mathrm{d}t / (\bar{M} - M_0)^2 \tag{3.8.2}$$

由式(3.8.2)可知,在给定传质量 $\bar{M} - M_0$ 的条件下,以质阻 R_E 最小为目标优化等价于以过程积耗散 ΔE 最小为目标优化。

3.8.2 优化方法

现在的问题为在式(3.7.2)的约束下求式(3.8.1)的最小值,与3.7.2节一样,本节采用平均最优控制优化方法。将式(3.7.2)代入式(3.8.1)得

$$\Delta E = \int_{M_0}^{\bar{M}} (c_1 - c_{eq}) dM \tag{3.8.3}$$

优化问题变为在式(3.7.5)的约束下求式(3.8.3)中 ΔE 的最小值。建立变更的拉格朗日函数 L 如下:

$$L = c_1 - c_{eq} + \lambda / [g(M^{2/3}, c_1, c_{eq})] \tag{3.8.4}$$

式中,λ 为待定常数,由极值条件 $\partial L / \partial c_1 = 0$ 得

$$\lambda \partial g / \partial c_1 = g^2(M^{2/3}, c_1, c_{eq}) \tag{3.8.5}$$

式(3.8.5)为普适传质规律下等温结晶过程积耗散最小化时的最优性条件。针对具体的传质规律 $g(M^{2/3}, c_1, c_{eq})$,可通过联立式(3.7.2)和式(3.8.5)求解积耗散最小时浓度 c_1 和结晶量 M 随时间 t 变化的最优路径,然后将其代入式(3.8.1)进行积分得相应过程的最小积耗散 $\Delta E_{\min}$。

3.8.3 特例分析

本节将对扩散传质规律和线性传质规律分别进行分析。

3.8.3.1 扩散传质规律 $[g \propto \Delta c]$ 下的结果

当结晶传质过程服从扩散传质规律 $[g \propto \Delta c]$ 时,有

$$g = h_c M^{2/3}(c_1 - c_{eq}) \tag{3.8.6}$$

式中,h_c 为传质系数。已知边界条件 $M(0) = M_0$ 和 $M(\tau) = \bar{M}$,经推导得结晶量 $M(t)$、浓度 $c_1(t)$ 和过程最小积耗散 $\Delta E_{\min}$ 分别为

$$M(t) = [M_0^{2/3} + (\bar{M}^{2/3} - M_0^{2/3})t/\tau]^{3/2} \tag{3.8.7}$$

$$c_1(t) = c_{eq} + 3(\bar{M}^{2/3} - M_0^{2/3}) / [2h_c \tau \sqrt{M_0^{2/3} + (\bar{M}^{2/3} - M_0^{2/3})t/\tau}] \tag{3.8.8}$$

$$\Delta E_{\min} = 9(\bar{M}^{2/3} - M_0^{2/3})^2 / (4h_c \tau) \tag{3.8.9}$$

由式(3.8.7)可见，扩散传质规律下等温结晶过程积耗散最小时结晶量 M 的 $2/3$ 次幂随时间 t 呈线性规律变化。

3.8.3.2 线性传质规律[$g \propto \Delta\mu$]下的结果

当结晶传质过程服从线性传质规律[$g \propto \Delta\mu$]时，有

$$g = h_\mu M^{2/3}(\mu_1 - \mu_{eq}) = h_\mu M^{2/3} RT \ln(c_1/c_{eq}) \tag{3.8.10}$$

式中，h_μ 为传质系数。式(3.8.5)变为

$$h_\mu M^{2/3} RT[\ln(c_1/c_{eq})]^2 c_1 = \lambda \tag{3.8.11}$$

联立式(3.7.2)和式(3.8.11)得

$$dc_1/dt = -2(h_\mu RT c_1)^{3/2}[\ln(c_1/c_{eq})]^3 / \{3\sqrt{\lambda}[2 + \ln(c_1/c_{eq})]\} \tag{3.8.12}$$

式(3.8.12)只能采用数值方法进行计算。由边界条件 $M(0) = M_0$ 和 $M(\tau) = \bar{M}$ 可确定式(3.8.12)中的待定常数 λ 及浓度 c_1 随时间的最优变化规律，将其代入式(3.8.1)进行数值积分得最小积耗散 $\Delta E_{\min}$。

3.8.4 数值算例与讨论

3.8.4.1 扩散传质规律下的数值算例

参数取值与3.7.5.2节相同。图3.40和图3.41分别为扩散传质规律下浓度 c_1 和积耗散率 dE/dt 随时间 t 的变化规律，其中包括积耗散最小、熵产生最小、浓度一定和传质流率一定等四种传质策略。由图可见，$\Delta E = \min$、$\Delta S = \min$ 和 $g = \text{const}$ 等各种传质策略下浓度 c_1 随时间 t 均呈非线性规律变化；在传质过程初期，$g = \text{const}$ 的传质策略下浓度 $c_1(0)$ 最高，$c_1 = \text{const}$ 的传质策略下浓度 $c_1(0)$ 最低，$\Delta S = \min$ 的传质策略下浓度 $c_1(0)$ 高于 $\Delta E = \min$ 的传质策略下浓度 $c_1(0)$；在传质过程末期，$c_1 = \text{const}$ 的传质策略下浓度 $c_1(\tau)$ 最高，$g = \text{const}$ 的传质策略下浓度 $c_1(0)$ 最低，$\Delta E = \min$ 的传质策略下浓度 $c_1(\tau)$ 高于 $\Delta S = \min$ 的传质策略下浓度 $c_1(\tau)$；$g = \text{const}$ 和 $\Delta S = \min$ 的传质策略下积耗散率 dE/dt 随时间 t 的增加而降低，$c_1 = \text{const}$ 的传质策略下积耗散率 dE/dt 随时间 t 的增加而增加，$\Delta E = \min$ 的传质策略下积耗散率 dE/dt 随时间 t 的增加保持为常数，即与积耗散分布均匀原则[770]相一致。

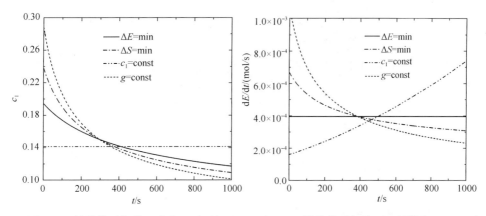

图 3.40 扩散传质规律下浓度 c_1 随时间 t 的变化规律

图 3.41 扩散传质规律下积耗散率 dE/dt 随时间 t 的变化规律

表 3.9 给出了扩散传质规律下各种传质策略的结果比较。由表可见,当以熵产生最小为优化目标时,$g = \mathrm{const}$ 的传质策略优于 $c_1 = \mathrm{const}$ 的传质策略,而 $\Delta E = \min$ 的传质策略优于以上两种传质策略;当以积耗散最小为优化目标时,$c_1 = \mathrm{const}$ 的传质策略优于 $g = \mathrm{const}$ 的传质策略,而 $\Delta S = \min$ 的传质策略优于以上两种传质策略。

表 3.9 不同传质规律下各种传质策略的结果比较

传质策略		$c_1(0)$	$c_1(\tau)$	$\Delta S / (\mathrm{J/K})$	$\Delta E / \mathrm{mol}$
$g \propto \Delta c$	$\Delta E = \min$	0.1945	0.1171	37.592	0.3947
	$\Delta S = \min$	0.2384	0.1092	37.366	0.3983
	$c_1 = \mathrm{const}$	0.1416	0.1416	38.956	0.4123
	$g = \mathrm{const}$	0.2881	0.1013	37.601	0.4125
$g \propto \Delta \mu$	$\Delta E = \min$	0.2156	0.1228	39.9224	0.4358
	$\Delta S = \min$	0.2874	0.1126	39.7150	0.4434
	$c_1 = \mathrm{const}$	0.1515	0.1515	41.4881	0.4570
	$g = \mathrm{const}$	0.8921	0.0930	41.4881	0.5758

3.8.4.2 线性传质规律下的数值算例

参数取值与 3.7.5.1 节相同。图 3.42 和图 3.43 分别给出了线性传质规律下浓度 c_1 和积耗散率 dE/dt 随时间 t 的变化规律。由图可见,$\Delta E = \min$、$\Delta S = \min$ 和 $g = \mathrm{const}$ 三种传质策略下浓度 c_1 随时间 t 呈非线性规律递减。在传质过程初期,

$g = \text{const}$ 的传质策略下浓度 $c_1(0)$ 最高，$c_1 = \text{const}$ 的传质策略下浓度 $c_1(0)$ 最低，$\Delta S = \min$ 的传质策略下浓度 $c_1(0)$ 高于 $\Delta E = \min$ 的传质策略下浓度 $c_1(0)$；在传质过程末期，$c_1 = \text{const}$ 的传质策略下浓度 $c_1(\tau)$ 最高，$g = \text{const}$ 的传质策略下浓度 $c_1(0)$ 最低，$\Delta E = \min$ 的传质策略下浓度 $c_1(\tau)$ 高于 $\Delta S = \min$ 的传质策略下浓度 $c_1(\tau)$；$g = \text{const}$ 和 $\Delta S = \min$ 的传质策略下积耗散率 dE/dt 随时间 t 的增加而降低，$c_1 = \text{const}$ 和 $\Delta E = \min$ 的传质策略下积耗散率 dE/dt 随时间 t 的增加而增加。

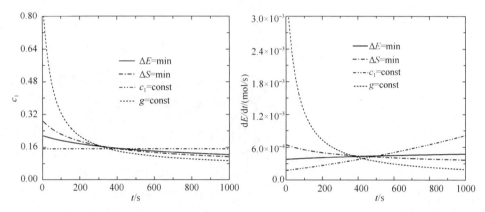

图 3.42 线性传质规律下浓度 c_1 随时间 t 的变化规律

图 3.43 线性传质规律下积耗散率 dE/dt 随时间 t 的变化规律

由表 3.9 可见，当以熵产生最小为优化目标时，$g = \text{const}$ 的传质策略与 $c_1 = \text{const}$ 的传质策略下熵产生相等，而 $\Delta E = \min$ 的传质策略优于以上两种传质策略；当以积耗散最小为优化目标时，$c_1 = \text{const}$ 的传质策略优于 $g = \text{const}$ 的传质策略，而 $\Delta S = \min$ 的传质策略优于以上两种传质策略。

3.8.4.3 不同传质规律下优化结果的比较

图 3.44 和图 3.45 分别给出了不同传质规律下积耗散最小时浓度 c_1 和结晶量 M 随时间 t 的最优变化规律。由图可见，线性传质规律下的浓度 c_1 高于扩散传质规律下的浓度 c_1，且两者的差值随着时间的增加而减少，可见两种不同传质规律下积耗散最小时浓度 c_1 随时间 t 的最优变化规律明显不同；两种不同传质规律下结晶量 M 随时间 t 均呈非线性规律变化，扩散传质规律下结晶量 M 高于线性传质规律下结晶量 M。计算结果表明线性传质规律下积耗散率 dE/dt 随着时间 t 的增加而增加，扩散传质规律下积耗散率 dE/dt 随着时间 t 的增加保持不变，并且同等条件下前者的积耗散为后者的 1.104 倍。由此可见，传质规律影响结晶过程的积耗散及对应的浓度最优构型。

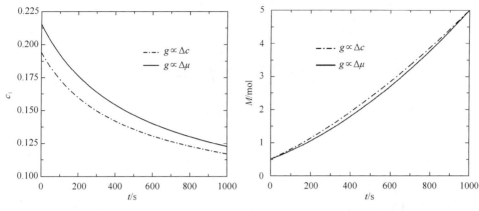

图 3.44　不同传质规律下浓度 c_1 随时间 t 的最优变化规律

图 3.45　不同传质规律下结晶量 M 随时间 t 的最优变化规律

3.9　本章小结

本章研究了给定传质量条件下等温节流过程积耗散最小化、无质漏单向等温传质过程积耗散最小化、有质漏的单向等温传质过程熵产生最小化和积耗散最小化、等摩尔双向等温传质过程积耗散最小化以及等温结晶过程熵产生最小化和积耗散最小化，导出了过程压力和组分浓度间的最优关系，并均与传统的传质策略相比较。得到的主要结论如下。

(1) 传质规律影响等温节流过程、单向等温传质、等温结晶过程熵产生最小化和积耗散最小化时的压力和组分浓度最优构型；质漏影响单向等温传质过程熵产生最小化和积耗散最小化时的高、低浓度侧关键组分浓度最优构型；传质规律和传质过程模型的普适化，前人研究结果均为本结果的特例，完成了等温传质过程热力学动态优化结果的集成。

(2) 对于等温节流、单向等温传质、等摩尔双向等温传质和等温结晶等一系列传质过程，积耗散最小和熵产生最小两种优化目标得到的优化结果是显著不同的。熵产生和积耗散代表着不同的物理意义，研究传质过程性能时优化目标的选取与传质过程的具体热力系统实际需求有关，根据 Gouy-Stodola 理论，熵产生最小即过程的可用能损失最小，当传质过程涉及能量转换时，如蒸馏与分离过程和等温化学循环等，应以熵产生最小为目标优化；对于不涉及能量转换的单纯传质过程，如空间站通风排污过程、蒸发冷却过程和本章的结晶过程等，应以积耗散最小为优化目标(固定质流边界)较合适。

第4章 电容器充电和电池做功电路动态优化

4.1 引　　言

温度差导致热量传递，化学势差导致质量传递，电势差导致电量传递，由此可见，导电过程和传热传质过程间存在较大的相似性。本书第2~3章研究了传热传质过程动态优化问题，同样地，其研究思路和方法可进一步拓广应用于电容器充电和电池做功电路动态优化研究中。

文献[730]~[733]和[735]在不同时期分别研究了如图4.1(a)所示由常电阻器和常电容器串联的RC电路中电容器充电过程，结果表明电路焦耳热耗散最小时电源电压最优时间路径由三段组成，包括初态瞬时增加段、中间线性增加段以及末态瞬时降低段。Desoete和de Vos[734]用一个MOS三极管代替如图4.1(a)所示RC电路中的常电阻器，限于问题的复杂性不存在解析解，采用HSpice软件对电路进行了仿真研究。de Vos和Desoete[736]进一步考虑电阻器的非线性特性，研究了"差函数"和"函数差"两种非线性电流传输条件下如图4.1(a)所示RC电路焦耳热耗散最小时常电容器最优充电过程。De Vos和Desoete[738]还研究了包含两个电容器和两个电阻器的串联型与并联型复杂电路，以焦耳热耗散最小为目标对电容器充电过程进行了优化。Paul等[737]考虑大规模集成电路中电容器的非线性特性，以充电时间最短和焦耳热耗散最小为目标分别优化了如图4.1(a)所示RC电路中非线性电容器充电过程电源电压最优路径，并将其与线性电压充电策略进行了比较。Paul等[737]和陈金灿[739]研究了如图4.1(b)所示的包含一个旁通电阻器R_i的RC电

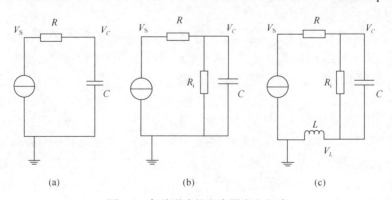

图4.1　各种形式的电容器充电电路

路的常电容器充电问题，得到了对应于电路焦耳热耗散最小时电源电压最优时间路径。Branoga[740]在文献[737]和[739]的基础上，进一步考虑在 RC 电路中串联一个电感器 L，如图 4.1(c)所示，研究了该电路焦耳热耗散最小时的常电容器最优充电问题。

  Bejan 和 Dan[741]首先应用变分法研究了有限时间内具有内耗散常电容电池放电过程的最大输出功，结果表明最大输出功小于电池的初始㶲并且随负载电阻的增加而减少。Chen 和 Zhou[743]研究了常电容电池充电过程的焦耳热耗散最小优化问题，并将其与恒电压充电策略进行了比较。Yan[744]进一步对文献[741]的研究结果进行深入分析，结果表明电池放电过程存在合理的放电时间区间，对文献[741]的研究结果进行了修正。施哲强等[745]应用函数求极值方法研究了有限时间内常电容电池最大输出功优化。施哲强和陈金灿[742]、陈金灿等[746]应用变分法研究了有限时间内常电容电池的最大输出功，并对负载的匹配问题和放电时间的选择问题作了较详细的讨论。但文献[741]~[746]均仅限于一类常电容电池的分析与优化，实际电池放电放电过程远比常电容电池情形复杂得多，因此更为普适的电池模型应该是具有非线性电容特性的。

  Watowich 和 Berry[514]最先将有限时间热力学和最优控制理论相结合分别导出了一类简单反应 $A+B \rightleftharpoons X+Y$（其中 A 和 B 为反应物，X 和 Y 为反应产物）条件下燃料电池放电过程最大输出功和最大利润时电流随时间变化的最优路径。Sieniutycz[506-508, 515-517]建立了非稳态燃料电池系统的物理模型，并分析了内部各种过电位损失对其最优性能的影响。文献[514]研究的是一类 $A+B \rightleftharpoons X+Y$ 型简单化学反应下的电化学系统，Schon 和 Andresen[511]和本书著者[513,783]以反应产物 B 的产量最大化为目标分别优化了 $nA \rightleftharpoons mB$ 型[511]和 $xA \rightleftharpoons yB \rightleftharpoons zC$ 型[513]化学反应，以熵产生最小化为目标分别优化了 $xA \rightleftharpoons yB \rightleftharpoons zC$ 型[783]化学反应，结果表明反应级数对化学反应过程最优路径有较大影响。

  本章将首先同时考虑电阻器和电容器的非线性特性，分别以充电时间最短和焦耳热耗散最小为目标优化如图 4.1(a)所示 RC 电路中电容器充电过程，然后考虑电容器的非线性特性，以电路焦耳热耗散最小为目标优化如图 4.1(b)所示存在旁通电阻器的 RC 电路和如图 4.1(c)所示存在旁通电阻器的 LRC 电路中电容器充电过程，并与恒电压充电策略和线性电压充电策略相比较；接着考虑电池电容的非线性特性，以输出功最大为目标优化具有内耗散的电池放电过程电源电压随时间的变化规律；最后考虑化学反应级数的影响，分别以最大输出功和最大利润为目标优化 $aA+bB \rightleftharpoons xX+yY$（其中 a、b、x 和 y 为相应物质的化学计量系数）型电化学反应下搅拌式和耗散流燃料电池的电流路径。

4.2 非线性 RC 电路最优充电过程

4.2.1 物理模型

考虑如图 4.1(a) 所示的 RC 电路中电容器充电问题，电源电压 $V_S(t)$ 为完全可控变量，满足条件 $|V_S(t)| \leq V_{\max}$，因此可以随意改变其随时间变化的最优路径。电容器 C 的电压 $V_C(t)$ 也为可控变量，其随时间的变化关系满足如下等式：

$$I_C = C \frac{dV_C}{dt} \tag{4.2.1}$$

式中，I 为进入电容器的电流。根据欧姆定律，流过电阻器 R 的电流满足如下等式：

$$I_R = \frac{1}{R}(V_S - V_R) \tag{4.2.2}$$

由于电阻器 R 与电容器 C 在电路中串联，有 $I_R = I_C = I$。

此外，根据文献[731]和[736]~[740]，对此 RC 电路还作如下假设。

(1) 电阻器电阻 R 为非线性的，流过其的电流 I 为电压 V_S 和 V_C 的函数即 $I = I(V_S, V_C)$。除了常见的欧姆定律即式 (4.2.2)，电流 I 可以为其电压 $V_R = V_S - V_C$ 的非线性函数，即[736,738]

$$I = \phi(V_R) \tag{4.2.3}$$

式中，函数 $\phi(V_R)$ 满足约束条件：① $\phi(0) = 0$；②对于所有的自变量 $V_R \neq 0$，$V_R \times \phi(V_R) > 0$ 恒成立；③ $d\phi/dV_R > 0$。一个典型的 $\phi(V_R)$ 例子为[731, 736, 738]

$$\phi(V_R) = \phi_0 \left[\exp\left(\frac{V_R}{V_{T1}} \right) - 1 \right] \tag{4.2.4}$$

式中，ϕ_0 和 V_{T1} 均为常数，此函数为描述通过二极管电流变化规律的 Shockley 模型，参数 V_{T1} 为热电压，仅与负载的物理参数有关。由式 (4.2.3) 可见，电流为电压差的函数，文献[736]和[738]称式 (4.2.3) 为"差函数(Function of Difference)"电流传输规律。此外文献[736]和[738]还讨论了另一类非线性电流传输形式，即

$$I = \psi(V_S) - \psi(V_C) \tag{4.2.5}$$

同样的，函数 $\psi(V_i)$（$i=S,C$）满足条件 $d\psi/dV_i>0$。由式(4.2.5)可见，电流为关于电压 V_S 和 V_C 的函数之差，文献[736]和[738]称式(4.2.5)为"函数差(Difference of Function)"电流传输规律。一个典型的 $\psi(V)$ 例子为[731, 738, 779]

$$\psi(V)=\psi_0\ln^2\left[1+\exp\left(\frac{V-V_{\text{Th}}}{V_{\text{T2}}}\right)\right] \tag{4.2.6}$$

式中，ψ_0、V_{T2} 和 V_{Th} 均为常数。这个函数描述的是通过晶体三极管电流变化规律的 Enz-Krummenacher-Vittoz 模型[731, 738, 784]，参数 V_{T2} 与热电压相关，参数 V_{Th} 与三极管的临界电压和应用触发电压相关。本节将首先不考虑电流传输规律的具体类型，而作形式 $I=I(V_S,V_C)$ 统一处理进行推导，然后针对具体的传输规律进行个例分析。

(2) 电容器电容 C 是非线性的，其为电压 V_C 的非线性函数。本节以一类非线性电容函数 $C(V_C)=C_0V_0^m/(V_C-V_0)^m$ [731, 737]为例进行研究，其中 C_0、V_0 和 m 均为常数。当 m 为偶数时，它还包括形式 $C(V_C)\propto 1/(V_0-V_C)^m$ 和 $C(V_C)\propto C_0/(V_0+V_C)^m$ [731, 737]。

(3) 充电过程的总时间 τ 为有限值，优化问题的边界条件为 $V_C(0)=0$ 和 $V_C(\tau)=V_H$。

为了便于不同充电策略下电容器充电过程的能量损耗比较，引入充电效率 η，定义为电容器的总蓄能与电源传递总能之比：

$$\eta=\frac{E_C}{E_S}=\frac{\int_0^{V_H}V_C C dV_C}{\int_0^{V_H}V_S C dV_C} \tag{4.2.7}$$

式中，E_C 为电容器充电过程储存的总电能；E_S 为电源释放的总电能。

4.2.2 优化方法

本节将分别以充电时间 τ 最短和电路焦耳热耗散 E_R 最小为优化目标，对电容器充电过程电源电压和电容器电压进行优化。

4.2.2.1 充电时间最短

当以时间最短为优化目标时，最优控制问题的性能泛函为

$$\max \quad -\tau = \int_0^\tau -1 \mathrm{d}t \tag{4.2.8}$$

相应的约束条件为

$$C(V_C)\frac{\mathrm{d}V_C}{\mathrm{d}t} = I(V_S, V_C) \tag{4.2.9}$$

建立变更的哈密顿函数 H 有

$$H = -1 + \lambda \frac{I(V_S, V_C)}{C(V_C)} \tag{4.2.10}$$

根据庞特里亚金极小值原理，可知哈密顿函数在控制变量 $V_S(t)$ 的可行域内处处取极大值，即

$$\lambda \frac{I(V_{S,\mathrm{opt}}, V_C)}{C(V_C)} > \lambda \frac{I(V_S, V_C)}{C(V_C)} \tag{4.2.11}$$

最优控制变量 $V_{S,\mathrm{opt}}$ 为

$$V_{S,\mathrm{opt}}(t) = \begin{cases} +V_{\max}, & \lambda/C(V_C) > 0 \\ -V_{\max}, & \lambda/C(V_C) < 0 \\ \mathrm{undef.}, & \lambda/C(V_C) = 0 \end{cases} \tag{4.2.12}$$

文献[737]讨论了电容器的非线性特性对充电过程时间最短时电源电压最优路径的影响，结果表明电源电压最优时间路径为一阶阶跃输入信号函数，且与电容器的非线性特性无关。根据时间最优控制的有限切换定理[169, 171]，对于 n 阶线性定常系统的全部特征值均存在且均为实数，时间最优控制也存在，其最优解为在两个边界值间相互切换，切换次数 $N \leqslant n-1$，此定理对于非线性定常系统也适用。对于本节的一阶系统，仅有一个实特征值，初始状态的一次切换确定了时间最短控制问题的最优解，其最优解为一阶阶跃输入信号函数。由以上分析可知，电容器充电时间最短最优控制问题的电源电压最优时间路径不仅与电容器的非线性特性无关[737]，而且与电阻器的非线性特性无关，充电效率仅与电容器的非线性有关，这是对已有文献[737]研究结论的一个拓展。

4.2.2.2 焦耳热耗散最小

当以电路焦耳热耗散最小为优化目标时，最优控制问题的性能泛函为

$$\min \quad E_R = \int_0^\tau (V_S - V_C) I(V_S, V_C) \mathrm{d}t \tag{4.2.13}$$

优化问题的约束条件依然为式(4.2.9)。求解此最优控制问题目前通用方法主要有两种：①采用极小值原理优化方法，首先建立哈密顿函数，然后求解正则方程和极值条件得到最优解，文献[733]和[737]即采用此方法求解；②采用欧拉-拉格朗日方程优化方法，首先建立变更的拉格朗日函数，然后求解欧拉方程组得到最优解，文献[734]、[736]、[738]~[740]即采用此方法求解。上述两种方法均为经典优化方法，本节将采用平均最优控制优化方法。与前两种经典优化方法相比，采用平均最优控制优化方法得到的最优解为电源电压V_S和电容电压V_C间的最佳关系式，此优化结果对于实际电容器充电电路优化设计的理论指导意义更大。式(4.2.9)可变为

$$\int_0^{V_H} \frac{C(V_C)}{I(V_S, V_C)} \mathrm{d}V_C = \tau \tag{4.2.14}$$

将式(4.2.9)代入式(4.2.13)得

$$E_R = \int_0^{V_H} (V_S - V_C) C(V_C) \mathrm{d}V_C \tag{4.2.15}$$

优化问题为在式(4.2.14)的约束下求式(4.2.15)中E_R的极小值。建立变更的拉格朗日函数L如下：

$$L = (V_S - V_C) C(V_C) + \lambda \frac{C(V_C)}{I(V_S, V_C)} \tag{4.2.16}$$

式中，λ为待定拉格朗日常数。由极值条件$\partial L / \partial V_S = 0$得

$$\frac{\partial I / \partial V_S}{I^2(V_S, V_C)} = \frac{1}{\lambda} \tag{4.2.17}$$

已知边界条件$V_C(0) = 0$和$V_C(\tau) = V_H$，对于具体的电容函数$C(V_C)$和电流传输规律$I(V_S, V_C)$，可通过联立式(4.2.9)和式(4.2.17)求解电源电压V_S和电容器电压V_C随时间的最优变化规律。特别地，若电阻R为常数，将式(4.2.2)代入式(4.2.17)得

$$V_S - V_C = \sqrt{\lambda R} = \mathrm{const} \tag{4.2.18}$$

由式(4.2.18)可见，当电阻R为常数时，无论电容C是常数还是非线性的，电容器充电过程焦耳热耗散最小时过程电源电压和电容器电压之差为常数。

4.2.3 特例分析与讨论

4.2.3.1 常电阻和常电容情形

此时电容 C 和电阻 R 均为常数。令 $t_0 = RC$，其为电路的时间常数。定义无量纲参数 $\xi = t/\tau$ 和 $\delta = t_0/\tau$。已知边界条件 $V_C(0) = 0$ 和 $V_C(1) = V_H$，经推导得电源电压 $V_S(\xi)$、电容电压 $V_C(\xi)$、最小焦耳热耗散 $E_{R,\min}$ 和充电效率 $\eta_{\max}$ 分别为[730-738]

$$V_C(\xi) = V_H \xi \tag{4.2.19}$$

$$V_S(\xi) = V_H(\delta + \xi) \tag{4.2.20}$$

$$E_{R,\min} = V_H^2 \delta^2 \tau / R \tag{4.2.21}$$

$$\eta_{\max} = 1/(1 + 2\delta) \tag{4.2.22}$$

由式(4.2.20)得电源电压的最优路径为"阶跃+斜坡"策略[730-738]：在 $t = 0$ 时刻瞬时变化至 $V_S(0+) = \delta V_H$，然后呈线性规律变化至 $V_S(\tau-) = (\delta+1)V_H$ 处，再瞬时变化至 $V_S(\tau+) = V_H$，如图 4.2 所示。

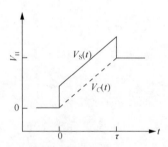

图 4.2 焦耳热耗散最小时电压最优路径[730-738]

为了与最小焦耳热耗散的充电策略相比较，根据文献[737]和[743]，同时考虑实际中可能的电容器充电过程，抽象出恒电压（$V_S = \text{const}$）和线性电压（斜坡，$V_S = kt$）两种充电策略。

对于恒电压充电策略，$V_S = \text{const}$。由式(4.2.9)得 V_S 和 $V_C(\xi)$ 分别为

$$V_S = V_H / [1 - \exp(-1/\delta)] \tag{4.2.23}$$

$$V_C(\xi) = V_H \frac{1 - \exp(-\xi/\delta)}{1 - \exp(-1/\delta)} \tag{4.2.24}$$

将式(4.2.23)和式(4.2.24)代入式(4.2.13)得焦耳热耗散 $E_{R,V_S=\text{const}}$ 和充电效率

$\eta_{V_S=\text{const}}$ 分别为

$$E_{R,V_S=\text{const}} = \frac{V_H^2 \tau}{R} \frac{\delta[1+\exp(-1/\delta)]}{2[1-\exp(-1/\delta)]} \quad (4.2.25)$$

$$\eta_{V_S=\text{const}} = \frac{1-\exp(-1/\delta)}{2} \quad (4.2.26)$$

由式(4.2.26)可见，恒电压充电策略下充电效率$\eta_{V_S=\text{const}}$不可能大于50%。

对于线性电压充电策略，$V_S = kt$。由式(4.2.9)得V_S和$V_C(t)$分别为[737]

$$V_S(t) = kt \quad (4.2.27)$$

$$V_C(t) = k(t-t_0) + kt_0 \exp(-t/t_0) \quad (4.2.28)$$

式(4.2.27)和式(4.2.28)中的k值由超越方程$V_C(\tau) = V_H$确定。将式(4.2.27)和式(4.2.28)代入式(4.2.7)得电路焦耳热耗散$E_{R,V_S=kt}$和充电过程效率$\eta_{V_S=kt}$分别为[737]

$$E_{R,V_S=kt} = \frac{k^2 t_0^2 \{\tau + 2t_0[\exp(-\tau/t_0)-1] + t_0[1-\exp(-2\tau/t_0)]/2\}}{R} \quad (4.2.29)$$

$$\eta_{V_S=kt} = \frac{[1-\delta+\delta\exp(-1/\delta)]^2}{1+2\delta(1+\delta)\exp(-1/\delta)+2\delta-2\delta^2} \quad (4.2.30)$$

由式(4.2.22)、式(4.2.26)和式(4.2.30)可见，三种不同充电策略下的充电效率均仅与参数δ有关，因此可以很方便地比较不同充电策略下的结果。图4.3为充电效率η随参数δ的变化规律。由图4.3可见，随着参数δ的增加，各种充电策略下的充电效率η均减少；对于恒电压充电策略，其充电效率不可能大于50%，而对于线性电压和焦耳热耗最小的充电策略，当$\delta < 0.5$时，即充电时间τ大于系统时间常数t_0的2倍时，线性电压充电策略和焦耳热耗散充电策略下充电过程效率$\eta > 50\%$，当参数δ趋于零时，充电效率$\eta_{\max}$和$\eta_{V_S=kt}$均趋近于1；当δ值较小时，线性电压充电策略下充电效率大于恒电压充电策略下充电效率，此时线性电压充电策略优于恒电压充电策略；当δ值较大时，恒电压充电策略下充电效率大于线性电压充电策略下充电效率，此时恒电压充电策略优于线性电压充电策略。因此，当电路时间常数较小或充电过程时间较长时，线性电压充电策略较为接近焦耳热耗散最小的充电策略；反之，当电路时间常数较大或充电过程时间较短时，恒电压充电策略较为接近焦耳热耗散最小的充电策略。

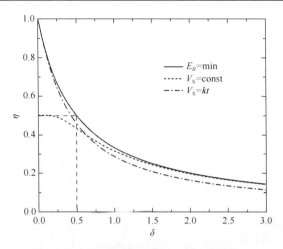

图 4.3 充电效率 η 随参数 δ 的变化规律

4.2.3.2 常电阻和非线性电容情形

当电阻 R 为常数,电容 C 具有非线性特性时,文献[737]仅考虑了非线性电容 $C(V_C) = C_0 V_0^2 / (V_C - V_0)^2$,本节考虑一类更为普适的非线性电容 $C(V_C) = C_0 V_0^m / (V_C - V_0)^m$,其中 m 为偶数。令 $t_0 = RC_0$,定义无量纲参数 $x = V_H / V_0$,$\xi = t / \tau$,$\delta = t_0 / \tau$,已知边界条件 $V_C(0) = 0$ 和 $V_C(\tau) = V_H$,由式(4.2.1)和式(4.2.18)得 $V_C(\xi)$ 和 $V_S(\xi)$ 分别为

$$V_C(\xi) = V_0 \{1 + [(x-1)^{1-m}\xi + \xi - 1]^{1/(1-m)}\} \tag{4.2.31}$$

$$V_S(\xi) = V_0 \{1 + [(x-1)^{1-m}\xi + \xi - 1]^{1/(1-m)} + \delta[(x-1)^{1-m} + 1] / (1-m)\} \tag{4.2.32}$$

由式(4.2.32)可见,常电阻非线性电容条件下充电过程电源电压最优路径也由三段组成,包含初态和末态的瞬时变化段以及中间的如式(4.2.32)所示非线性变化段。将式(4.2.31)和式(4.2.32)代入式(4.2.13)积分得焦耳热耗散 E_R 为

$$E_R = \frac{V_0^2 \tau}{R} \frac{\{\delta[(x-1)^{1-m} + 1]\}^2}{(1-m)^2} \tag{4.2.33}$$

进一步得,当 $m=2$ 时,充电效率 η 为[737]

$$\eta = \frac{(1-x)[x+(1-x)\ln(1-x)]}{(1-x)[x+(1-x)\ln(1-x)]+x^2\delta} \tag{4.2.34}$$

当 $m \neq 2$ 时，充电效率 η 为

$$\eta = \frac{(m-1)[(1-m)x^2+mx-1+(x-1)^m]}{(m-1)[(1-m)x^2+mx-1+(x-1)^m]+\delta(m-2)(x-1)^m[(x-1)^{1-m}+1]^2} \tag{4.2.35}$$

图 4.4 为该常电阻非线性电容下充电效率 η 随参数 x 的变化规律。由图可见，随着电压比 x 的增加，充电效率 η 减少；在电压比 x 相等的条件下，随着 m 值的增加，充电效率 η 减少，且 m 值越大，效率 η 在越小的电压比 x 处趋于零；随着参数 δ 的增加，充电效率 η 减少。因此，为降低 RC 电路的焦耳热耗散和提高充电效率，RC 电路应选择特征电压 V_0 较大或 m 值较小的电容器以及时间常数 t_0 较小的电路。

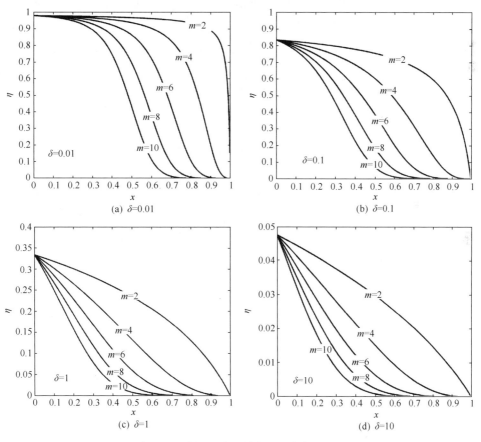

图 4.4 常电阻非线性电容下效率 η 随参数 x 的变化规律

4.2.3.3 非线性电阻和常电容情形

此时电容 C 为常数,电阻为如式(4.2.4)所示非线性函数,即

$$I(V_S, V_C) = I_0 \left[\exp\left(\frac{V_S - V_C}{V_{T1}}\right) - 1 \right] \quad (4.2.36)$$

式中,I_0 和 V_{T1} 均为常数。将式(4.2.36)代入式(4.2.17)得

$$\exp\left(\frac{V_S - V_C}{V_{T1}}\right) \bigg/ \left[\exp\left(\frac{V_S - V_C}{V_{T1}}\right) - 1\right]^2 = \frac{I_0 V_{T1}}{\lambda} = \text{const} \quad (4.2.37)$$

式(4.2.37)是关于 $\exp[(V_S - V_C)/V_{T1}]$ 的代数方程,因此 $\exp[(V_S - V_C)/V_{T1}] = \text{const}$,进一步得 $V_S - V_C = \text{const}$。由此可见,对于所有的"差函数"形式电流传输函数,均可导出焦耳热耗散最小时电源电压和电容器电压之差为常数,此即文献[734]和[736]的研究结果。

定义无量纲参数 $x = V_H / V_T$,$\xi = t/\tau$,$\beta_1 = CV_{T1}/(I_0 \tau)$。已知边界条件 $V_C(0) = 0$ 和 $V_C(\tau) = V_H$,由式(4.2.9)得

$$V_C = V_H \xi \quad (4.2.38)$$

$$V_S = V_H \xi + V_T \ln(1 + \beta_1 \xi) \quad (4.2.39)$$

由式(4.2.39)可见,该非线性电阻常电容条件下充电过程电源电压最优路径由三段组成,包含初态和末态的瞬时变化段以及中间的如式(4.2.39)所示非线性变化段。进一步得充电过程焦耳热耗散 E_R 和效率 η 分别为

$$E_R / (CV_T^2) = x \ln(1 + \beta_1 x) \quad (4.2.40)$$

$$\eta = x / [x + 2\ln(1 + \beta_1 x)] \quad (4.2.41)$$

图 4.5 为该非线性电阻常电容下充电效率 η 随参数 x 的变化规律。由图可见,随着电压比 x 的增加,充电效率 η 增加;在电压比 x 相等的条件下,随着 β_1 值的增加,充电效率 η 减少。因此,为降低 RC 电路的焦耳热耗散和提高充电效率,RC 电路应选择电容 C 较小的电容器和热电压 V_T 较小的电阻器。

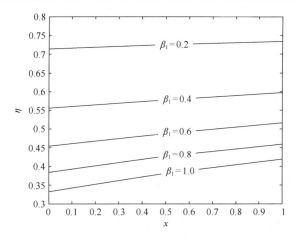

图 4.5 非线性电阻常电容下效率 η 随参数 x 的变化规律

4.2.3.4 非线性阻容情形

此时电容 C 和电阻 R 均具有非线性特性。若电容为 $C(V_C) = C_0 V_0^m / (V_C - V_0)^m$ 和电流传输函数为式(4.2.36)，得充电过程焦耳热耗散最小时电源电压 V_S 和电容器电压 V_C 之差为常数，此时电流随时间也保持为常数，此性质与电容的非线性特性无关，这是对文献[734]和[736]中非线性电阻常电容情形下研究结果的一个拓展。

定义无量纲参数 $x = V_H / V_0$，$\xi = t/\tau$，$B = V_T / V_0$，$\beta_2 = C_0 V_0 / (I_0 \tau)$。已知边界条件 $V_C(0) = 0$ 和 $V_C(1) = V_H$，经推导得电容器电压 $V_C(\xi)$ 和电源电压 $V_S(\xi)$ 分别为

$$V_C(\xi) = V_0 \{1 + [(x-1)^{1-m} \xi + \xi - 1]^{1/(1-m)}\} \tag{4.2.42}$$

$$V_S(\xi)/V_0 = 1 + [(x-1)^{1-m} \xi + \xi - 1]^{1/(1-m)} + B \ln\{1 + \beta_2[(x-1)^{1-m} + 1]/(1-m)\} \tag{4.2.43}$$

由式(4.2.43)可见，该非线性阻容条件下充电过程电源电压最优路径也由三段组成，包含初态和末态的瞬时变化段以及中间的如式(4.2.43)所示非线性变化段。充电过程的焦耳热耗散 E_R 为

$$\frac{E_R}{C_0 V_0^2} = \frac{B[(x-1)^{1-m} + 1]}{(1-m)} \ln \left\{ 1 + \frac{\beta_2[(x-1)^{1-m} + 1]}{1-m} \right\} \tag{4.2.44}$$

进一步得，当 $m = 2$ 时，电容器充电过程的效率 η 为

$$\eta = \frac{x + (1-x) \ln(1-x)}{x + (1-x) \ln(1-x) + Bx \ln[1 + \beta_2 x/(1-x)]} \tag{4.2.45}$$

当 $m \neq 2$ 时，电容器充电过程的效率 η 为

$$\eta = \cfrac{(x-1)^m + (1-m)x^2 + mx - 1}{\left\{\begin{array}{l}(x-1)^m + (1-m)x^2 + mx - 1 - B(m-2)[x-1+(x-1)^m] \\ \times \ln\{1 + \beta_2[(x-1)^{1-m} + 1]/(1-m)\}\end{array}\right\}} \quad (4.2.46)$$

图 4.6 为该非线性阻容下充电效率 η 随参数 x 的变化规律。由图可见，当 $m = 2$ 时，随着电压比 x 的增加，充电效率 η 单调减少，当 $m > 2$ 时，随着电压比 x 的增加，效率 η 先增加后减少，可见此时存在最佳的充电电压比 x 使充电效率 η 取最大值 $\eta_{\max}$；对于 $m > 2$，当 x 较小时，效率 η 随着 m 值的增加而升高，当 x 较大时，效率 η 随着 m 值的增加而降低；随着参数 B 和 β_2 的增加，充电过程效率 η 减少。因此，为降低电路焦耳热耗散和提高充电效率 η，应选择热电压 V_T 较小的电阻器、特征电容 C_0 和电压 V_0 较小的电容器；当充电电压 x 较小时，应选择 m 值（$m = 2$ 除外）较大的电容器；当充电电压 x 较大时，应选择 m 值较小的电容器。

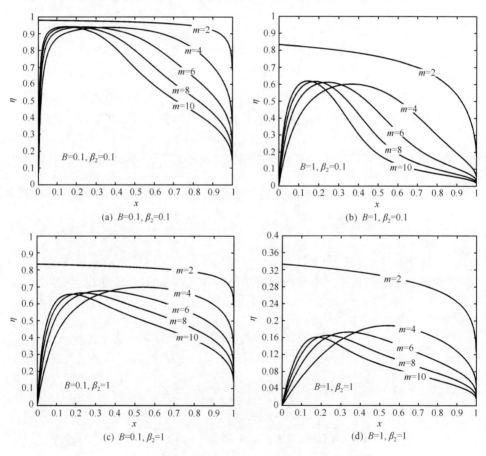

图 4.6 非线性阻容下效率 η 随参数 x 的变化规律

4.3 存在旁通电阻器的 RC 电路非线性电容器最优充电过程

4.3.1 物理模型

考虑如图 4.1(b)所示的 RC 电路中电容器充电问题,它通常作为电路中逻辑"非门"的线性近似,与电容器 C 平行的旁通电阻来自于封闭的 NMOS(N 型 MOS)晶体三极管。对于旁通电阻器或 NMOS 晶体三极管对 RC 电路的必要性,文献[737]认为旁通电阻器限制了电路的最大节能潜力,然而,如果没有这个旁通电阻器,那么当电路传输门关闭时,将会产生一个问题:与传输门平行的寄生电容器将会产生一定的电压输出,从而造成不必要的能量耗散,这称为充电共享,必须采取必要的措施予以避免,因此,旁通一个 NMOS 晶体三极管是必要的。本节与 4.2.1 节相比唯一的区别在于图 4.1(b) 比图 4.1(a) 多了一个旁通电阻器 R_i。本节假定电阻 R 和 R_i 均为常数,而电容 C 为非线性的,其满足 4.2.1 节中第(2)条假设。由基尔霍夫电流定律可知,流过电阻器 R 的电流 I_R 为流过旁通电阻器 R_i 和电容器 C 的电流之和,即

$$I_R = V_C / R_i + I_C \tag{4.3.1}$$

将式(4.2.1)和式(4.2.2)代入式(4.3.1)得

$$C dV_C / dt = (V_S - V_C) / R - V_C / R_i \tag{4.3.2}$$

电路中总的焦耳热耗散 E_R 包括电阻 R 和 R_i 的焦耳热耗散,得

$$E_R = \int_0^\tau \left[\frac{(V_S - V_C)^2}{R} + \frac{V_C^2}{R_i} \right] dt \tag{4.3.3}$$

电路的充电效率 η 为电容器的总蓄能 E_C 与电源 E_S 的总输出能之比

$$\eta = E_C / E_S = \left[\int_0^{V_H} (CV_C) dV_C \right] / \left\{ \int_0^\tau [V_S(V_S - V_C)/R] dt \right\} \tag{4.3.4}$$

4.3.2 优化方法

优化问题为在有限时间 τ 内合理控制电源电压 V_S 使电路的焦耳热耗散 E_R 最小,即在式(4.3.2)的约束下求式(4.3.3)中 E_R 取最小值时电压 V_S 和 V_C 随时间变化的最优路径。建立哈密顿函数 H 如下:

$$H = \frac{(V_S - V_C)^2}{R} + \frac{V_C^2}{R_i} + \lambda \frac{1}{C}\left(\frac{V_S - V_C}{R} - \frac{V_C}{R_i}\right) \tag{4.3.5}$$

式中，λ 为时间相关的拉格朗日乘子。优化问题的状态方程为式(4.3.2)，相应的协态方程为

$$\frac{d\lambda}{dt} = -\frac{\partial H}{\partial V_C} = \frac{2(V_S - V_C)}{R} - \frac{2V_C}{R_i} + \lambda \frac{1}{C^2}\frac{dC}{dV_C}\left(\frac{V_S - V_C}{R} - \frac{V_C}{R_i}\right) + \frac{\lambda}{C}\left(\frac{1}{R} + \frac{1}{R_i}\right) \tag{4.3.6}$$

由极值条件 $\partial H / \partial V_S = 0$ 得

$$2(V_S - V_C) + \lambda / C = 0 \tag{4.3.7}$$

由式(4.3.6)和式(4.3.7)得

$$C\frac{dV_S}{dt} = (V_S - V_C)\left(\frac{1}{R} + \frac{1}{R_i}\right) \tag{4.3.8}$$

$$C^2 \frac{d^2 V_C}{dt^2} + C\frac{dC}{dV_C}\left(\frac{dV_C}{dt}\right)^2 = \left(\frac{1}{R} + \frac{1}{R_i}\right)\frac{V_C}{R_i} \tag{4.3.9}$$

式(4.3.9)为优化问题的控制方程。已知边界条件 $V_C(0) = 0$ 和 $V_C(\tau) = V_H$，将 C 代入式(4.3.9)可求得电压 V_C 随时间变化的最优路径。

4.3.3 特例分析与讨论

4.3.3.1 常电容下的优化结果

当 $C = \text{const}$ 时，电路时间常数为 $t_0 = RC$，定义无量纲参数 $\alpha = R_i / R$，$\delta = t_0 / \tau$，$\xi = t / \tau$，由式(4.3.9)得电容器电压 V_C、电源电压 V_S 和充电效率 $\eta_{\max}$ 分别为[737,739]

$$V_C = V_H \sinh(\beta_1 \xi / \delta) / \sinh(\beta_1 / \delta) \tag{4.3.10}$$

$$V_S(\xi) = \left[\beta_1 \cosh(\beta_1 \xi / \delta) + \frac{1+\alpha}{\alpha}\sinh(\beta_1 \xi / \delta)\right] \Big/ \sinh(\beta_1 / \delta) \tag{4.3.11}$$

$$\eta_{\max} = \alpha / [\alpha + 2 + 2\sqrt{1+\alpha}\coth(\beta_1 / \delta)] \tag{4.3.12}$$

式中，$\beta_1 = \sqrt{1+\alpha}/\alpha$。式(4.3.10)~式(4.3.12)为文献[737]和[739]的研究结果。由式(4.3.10)可见，常电容有旁通电阻器时充电过程焦耳热耗散最小时电容器电压随

时间呈反双曲正弦规律变化。

为了与焦耳热耗散最小优化结果相比较，与 4.2.3.1 节一样，本节抽象出恒电压充电策略（$V_S = \text{const}$）和线性电压充电策略（$V_S = kt$）。

对于恒电压充电策略，由式(4.3.2)得电压 V_C 和 $V_S(\xi)$ 分别为

$$V_C = V_H \frac{\exp(\beta_2/\delta) - \exp[\beta_2(1-\xi)/\delta]}{\exp(\beta_2/\delta) - 1} \qquad (4.3.13)$$

$$V_S = V_H \frac{\beta_2 \exp(\beta_2/\delta)}{\exp(\beta_2/\delta) - 1} \qquad (4.3.14)$$

式中，$\beta_2 = (1+\alpha)/\alpha$。将式(4.3.13)和式(4.3.14)代入式(4.3.4)得充电效率 $\eta_{V_S=\text{const}}$ 为

$$\eta_{V_S=\text{const}} = \frac{\delta[1 - \exp(-\beta_2/\delta)]^2}{2\beta_2(\beta_2 - 1) + 2\delta[1 - \exp(-\beta_2/\delta)]} \qquad (4.3.15)$$

由式(4.3.15)可见，由于 $\beta_2 > 1$，易得 $\eta < 50\%$，可见与 4.2.3.1 节无旁通电阻器时恒电压充电策略下研究结果一样，有旁通电阻器时恒电压充电策略下充电过程效率也不可能超过 50%。

对于线性电压充电策略，由式(4.3.2)得电压 $V_C(t)$ 和 $V_S(t)$ 分别为

$$V_C(t) = \frac{kt}{\beta_2} - \frac{kt_0}{\beta_2^2} + \frac{kt_0}{\beta_2^2} \exp\left(-\frac{\beta_2 t}{t_0}\right) \qquad (4.3.16)$$

$$V_S(t) = kt \qquad (4.3.17)$$

式中，k 的值通过方程 $V_C(\tau) = V_H$ 确定。将式(4.3.16)和式(4.3.17)代入式(4.3.4)得充电效率 $\eta_{V_S=kt}$ 为

$$\eta_{V_S=kt} = \frac{3\delta[\beta_2 - \delta + \delta\exp(-\beta_2/\delta)]^2}{2\beta_2^4 - 2\beta_2^3 + 3\delta\beta_2^2 + 6\delta^2[\beta_2\exp(-\beta_2/\delta) + \delta\exp(-\beta_2/\delta) - \delta]} \qquad (4.3.18)$$

由式(4.3.12)、式(4.3.15)和式(4.3.18)可见，三种不同策略下的充电效率 η 均仅与参数 α 和 δ 有关。图 4.7 为常电容有旁通电阻器时充电效率 η 随参数 δ 的变化规律。由图可见，$E_R = \min$ 的充电策略下效率 η 随着参数 δ 的增加单调递减，这表明对于 $E_R = \min$ 的充电策略，电路时间常数 t_0 越小或充电时间 τ 越长，电路焦耳热耗散 E_R 越小和充电效率 η 越高；$V_S = kt$ 和 $V_S = \text{const}$ 的充电策略下效率 η 随着参数 δ 的增加先增加后减少，这表明对于 $V_S = kt$ 和 $V_S = \text{const}$ 的充电策略，存在最佳的

时间常数 t_0 与充电时间 τ 之比使电路焦耳热耗散 E_R 最小和充电效率 η 最高；当 δ 较小时，$V_S = kt$ 的充电策略下效率 η 高于 $V_S =$ const 充电策略下的效率 η，当 δ 较大时，$V_S =$ const 充电策略下效率 η 高于 $V_S = kt$ 充电策略下的效率 η，这表明当电路时间常数 t_0 较小或充电时间 τ 较长时，$V_S = kt$ 充电策略较为接近 $E_R =$ min 充电策略，反之，当电路时间常数 t_0 较大或充电过程 τ 时间较短时，$V_S =$ const 充电策略较为接近 $E_R =$ min 充电策略；随着参数 α 的增加，电路的充电效率 η 均增加，这表明随着旁通电阻 R_i 的增加，电路焦耳热耗散 E_R 减少，电路充电效率增加，因此降低电路焦耳热耗散和提高充电效率，旁通电阻 R_i 应满足条件 $R_i \gg R$。

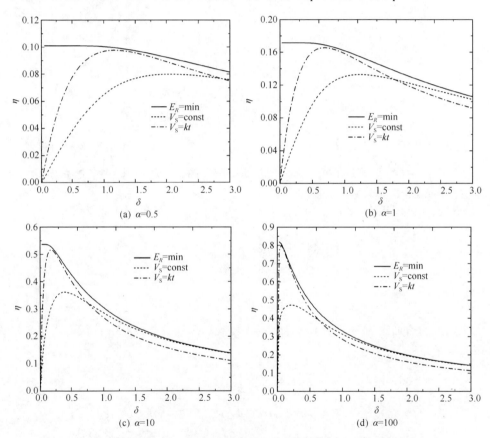

图 4.7 常电容有旁通电阻时充电效率 η 随参数 δ 的变化规律

4.3.3.2 非线性电容下的优化结果

本节以非线性电容 $C(V_C) = C_0 V_0^m / (V_C - V_0)^m$ 为例，研究电容特性对优化结果的影响，对于其他形式的非线性电容，可采用与本节类似的思路进行分析。令

$t_0 = RC_0$，定义无量纲参数 $\alpha = R_i / R$、$\xi = t / \tau$ 和 $\delta = t_0 / \tau$，式(4.3.2)和式(4.3.8)分别变为

$$\frac{dV_C}{d\xi} = (V_S - \beta_2 V_C)(V_C - V_0)^m / (\delta V_0^m) \tag{4.3.19}$$

$$\frac{dV_R}{d\xi} = \beta_2 (V_S - V_C)(V_C - V_0)^m / (\delta V_0^m) \tag{4.3.20}$$

式中，$\beta_2 = (1+\alpha)/\alpha$。已知边界条件 $V_C(0) = 0$ 和 $V_C(1) = V_H$，联立式(4.3.19)和式(4.3.20)得电压 V_S 和 V_C 随时间 ξ 变化的最优路径，然后将其代入式(4.3.3)和式(4.3.4)得充电过程的焦耳热耗散 E_R 和效率 η 分别为

$$E_R = \frac{\tau}{R} \int_0^1 \left[(V_S - V_C)^2 + V_C^2/\alpha \right] d\xi \tag{4.3.21}$$

$$\eta = \frac{E_C}{E_S} = \frac{\int_0^{V_H} \left[V_C V_0^m / (V_C - V_0)^m \right] dV_C}{\int_0^1 [V_S(V_S - V_C)/\delta] d\xi} \tag{4.3.22}$$

令电压比 $x = V_H / V_0 = 0.6$，图 4.8 为充电效率 η 随参数 δ 的变化规律。由图可见，各种非线性电容下充电效率 η 随着参数 δ 的增加而减少，这表明非线性电容下电路时间常数 t_0 越小或充电时间 τ 越大，电路充电效率 η 越高；随着 m 值的增加，充电效率 η 降低；随着 α 值的增加，电路充电效率 η 增加。因此，为降低电路焦耳热耗散和提高充电效率，应选择 m 值较小的电容器，旁通电阻 R_i 应满足 $R_i \gg R$。

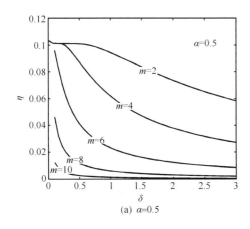
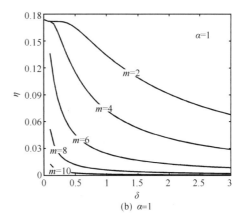

(a) α=0.5   (b) α=1

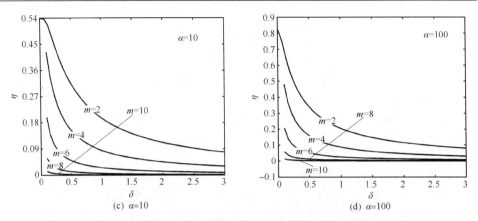

图4.8 非线性电容有旁通电阻时充电效率 η 随参数 δ 的变化规律（$x=0.6$）

令时间比 $\delta=1$，图4.9为充电效率 η 随参数 x 的变化规律。由图可见，随着电压比 x 的增加，充电效率 η 减少，这是因为电路焦耳热耗散增加幅度比电容器

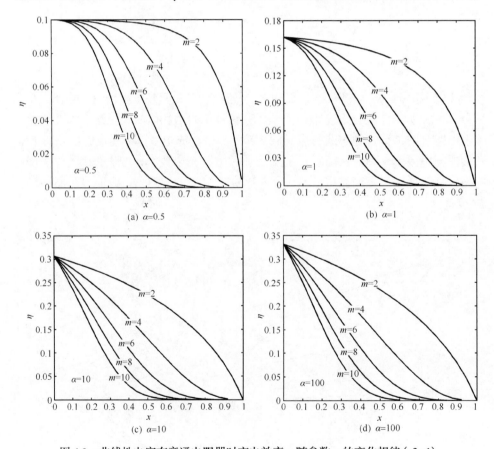

图4.9 非线性电容有旁通电阻器时充电效率 η 随参数 x 的变化规律（$\delta=1$）

总蓄能增加幅度大；在电压比 x 相等的条件下，随着 m 值的增加，电路充电效率 η 减少，并且 m 值越大，效率 η 在较小的电压比 x 处趋于零；随着参数 α 的增加，电容器的充电效率 η 增加，并且 α 越大，特性曲线 η-x 越平坦。因此，为降低电路焦耳热耗散和提高充电效率，应选择特征电压 V_0 较大和 m 值较小的电容器，旁通电阻 R_i 应满足 $R_i \gg R$。

4.4 存在旁通电阻器的 LRC 电路非线性电容器最优充电过程

4.4.1 物理模型

考虑如图 4.1(c) 所示的 RC 电路中电容器充电问题。对比图 4.1(b) 和图 4.1(c) 可知，本节与 4.3.1 节的物理模型相比唯一的区别在于多了一个串联的电感器 L，其他条件与 4.3.1 节相同。电感器 L 上的电压 V_L 和电流 I_L 满足如下等式：

$$V_L = L \frac{\mathrm{d}I_L}{\mathrm{d}t} \tag{4.4.1}$$

式中，L 为电感的感抗。根据欧姆定律，得流过电阻器 R 的电流 I_R 为

$$I_R = \frac{V_S - V_C - V_L}{R} \tag{4.4.2}$$

由基尔霍夫电流定律可知，流过电阻器 R 的电流 I_R 为流过旁通电阻器 R_i 和电容器 C 的电流之和，也等于流过电感器的电流 I_L，即

$$I_R = I_L = \frac{V_C}{R_i} + I_C \tag{4.4.3}$$

将式 (4.2.1) 和式 (4.4.3) 代入式 (4.4.1) 得电感电压 V_L 为

$$V_L = \frac{L}{R_i} \frac{\mathrm{d}V_C}{\mathrm{d}t} + L \frac{\mathrm{d}C}{\mathrm{d}V_C} \left(\frac{\mathrm{d}V_C}{\mathrm{d}t} \right)^2 + LC \frac{\mathrm{d}^2 V_C}{\mathrm{d}t^2} \tag{4.4.4}$$

将式 (4.4.4) 代入式 (4.4.2) 得

$$V_S = \left(\frac{R}{R_i} + 1 \right) V_C + \left(RC + \frac{L}{R_i} \right) \frac{\mathrm{d}V_C}{\mathrm{d}t} + L \frac{\mathrm{d}C}{\mathrm{d}V_C} \left(\frac{\mathrm{d}V_C}{\mathrm{d}t} \right)^2 + LC \frac{\mathrm{d}^2 V_C}{\mathrm{d}t^2} \tag{4.4.5}$$

电路中总的焦耳热耗散包括电阻器 R 和 R_i 的焦耳热耗散，得

$$E_R = \int_0^\tau \left[\frac{(V_S - V_C - V_L)^2}{R} + \frac{V_C^2}{R_i} \right] dt \qquad (4.4.6)$$

将式(4.4.2)~式(4.4.4)代入式(4.4.6)得

$$E_R = \int_0^\tau \left[\left(\frac{V_C}{R_i} + C\frac{dV_C}{dt} \right)^2 R + \frac{V_C^2}{R_i} \right] dt \qquad (4.4.7)$$

式中，τ 为充电过程总时间。电路的充电效率 η 为电容器的总蓄能与电源的总输出能之比

$$\eta = \frac{E_C}{E_S} = \frac{\int_0^{V_H} CV_C dV_C}{\int_0^\tau [V_S(V_S - V_C - V_L)/R] dt} \qquad (4.4.8)$$

4.4.2 优化方法

优化问题为在有限时间 τ 内合理控制电源电压 V_S 使电路的焦耳热耗散 E_R 最小，即在式(4.4.5)的约束下求式(4.4.7)中 E_R 最小化时电压 V_S 和 V_C 随时间变化的最优路径。式(4.4.7)对应的欧拉−拉格朗日函数 L' 为

$$L' = \left(\frac{V_C}{R_i} + C\frac{dV_C}{dt} \right)^2 R + \frac{V_C^2}{R_i} \qquad (4.4.9)$$

式(4.4.9)取极值的必要条件为如下欧拉−拉格朗日方程成立：

$$\frac{\partial L'}{\partial V_C} - \frac{d}{dt}\frac{\partial L'}{\partial \dot{V}_C} = 0 \qquad (4.4.10)$$

式中，$\dot{V}_C = dV_C/dt$，参数上带点表示对时间的导数。将式(4.4.9)代入式(4.4.10)得

$$C^2 \frac{d^2 V_C}{dt^2} + C\frac{dC}{dV_C}\left(\frac{dV_C}{dt}\right)^2 = \left(\frac{1}{R} + \frac{1}{R_i}\right)\frac{V_C}{R_i} \qquad (4.4.11)$$

式(4.4.11)为优化问题的最优性条件。本节式(4.4.11)和 4.3 节式(4.3.9)相同，由此可见，充电过程焦耳热耗散最小时电容器电压最优时间路径仅与电容 C、旁通电阻 R_i 和电阻 R 有关，与电感器的感抗 L 无关。已知边界条件 $V_C(0) = 0$，$V_C(\tau) = V_H$，将 C 代入式(4.4.11)可求得电压 V_C 随时间变化的最优路径。式(4.4.11)仅在极少数特殊情形存在解析解，对于其他大多数情形需要求其数值解。对于数值计算，需要对高阶微分方程式进行降阶运算，式(4.4.11)等价于如下方程组：

$$\frac{dV_C}{dt} = y \tag{4.4.12}$$

$$\frac{dy}{dt} = \left[\left(\frac{1}{R}+\frac{1}{R_i}\right)\frac{V_C}{R_i} - C\frac{dC}{dV_C}y^2\right]\bigg/C^2 \tag{4.4.13}$$

由式(4.4.12)和式(4.4.13)可见，这是一个典型的微分方程组两点边界值问题。将式(4.4.11)代入式(4.4.4)得电感电压 V_L 随时间变化的最优路径为

$$V_L = \frac{L}{R_i}\frac{dV_C}{dt} + \frac{L}{C}\left(\frac{1}{R}+\frac{1}{R_i}\right)\frac{V_C}{R_i} \tag{4.4.14}$$

将式(4.4.11)代入式(4.4.5)得电源电压 V_S 随时间变化的最优路径为

$$V_S = V_C + \frac{L}{R_i}\frac{dV_C}{dt} + \frac{L}{C}\left(\frac{1}{R}+\frac{1}{R_i}\right)\frac{V_C}{R_i} + R\left(\frac{V_C}{R_i} + C\frac{dV_C}{dt}\right) \tag{4.4.15}$$

已知边界条件 $V_C(0)=0$ 和 $V_C(\tau)=V_H$，首先由式(4.4.12)和式(4.4.13)经数值求解得 V_C 和 dV_C/dt，然后将其代入式(4.4.14)和式(4.4.15)得 V_L 和 V_S，最后将电压 V_S、V_C 和 V_L 代入式(4.4.7)和式(4.4.8)得充电过程的焦耳热耗散 $E_{R,\min}$ 和充电效率 $\eta_{\max}$。

4.4.3 特例分析与讨论

4.4.3.1 常电容下的优化结果

定义电阻比 $\alpha=R_i/R$，无量纲常数 $\beta_1=\sqrt{1+\alpha}/\alpha$，时间常数 $t_0=RC$，无量纲常数 $\delta=t_0/\tau$ 和 $l=L/(Rt_0)$，无量纲时间 $\xi=t/\tau$。当电容 $C=\text{const}$ 时，由式(4.4.11)同样得 4.3.3.1 节式(4.3.10)。常电容有旁通电阻器的 LRC 电路充电过程焦耳热耗散最小时电容器电压随时间呈反双曲正弦规律变化，与常电容无电感有旁通电阻器的 RC 电路下的优化结果相同。将式(4.3.10)代入式(4.4.14)得电感电压 $V_L(\xi)$、电源电压 $V_S(\xi)$ 和充电效率 $\eta_{\max}$ 分别为

$$V_L = V_H \frac{l[\beta_1\cosh(\beta_1\xi/\delta) + (1+\alpha)\sinh(\beta_1\xi/\delta)]}{\alpha\sinh(\beta_1/\delta)} \tag{4.4.16}$$

$$V_S = \frac{(1+\alpha)(1+l)\sinh(\beta_1\xi/\delta) + \beta_1(\alpha+\gamma)\cosh(\beta_1\xi/\delta)}{\alpha\sinh(\beta_1/\delta)} \tag{4.4.17}$$

$$\eta_{\max} = \frac{1}{(1+l/\alpha)\{1+2[1+\sqrt{1+\alpha}\coth(\beta_1/\delta)]/\alpha\}} \tag{4.4.18}$$

式(4.4.16)~式(4.4.18)为文献[740]的研究结果。

为了与焦耳热耗散最小优化结果相比较,与4.2.3.1节和4.3.3.1节一样,抽象出恒电压充电策略($V_S = \text{const}$)和线性电压充电策略($V_S = kt$)。由式(4.4.15)得

$$\frac{dV_C}{d\xi} + \frac{(\alpha+l)(\alpha+1)V_C}{\alpha^2\delta(l+1)} - \frac{V_S}{\delta(l+1)} = 0 \quad (4.4.19)$$

对于恒电压充电策略,已知边界条件$V_C(0) = 0$和$V_C(1) = V_H$,由式(4.4.19)得电容器电压$V_C(\xi)$和电源电压V_S分别为

$$V_C(\xi) = V_H \frac{1 - \exp\{-(\alpha+l)(\alpha+1)\xi/[\alpha^2\delta(l+1)]\}}{1 - \exp\{-(\alpha+l)(\alpha+1)/[\alpha^2\delta(l+1)]\}} \quad (4.4.20)$$

$$V_S = V_H \frac{(\alpha+l)(\alpha+1)}{\alpha^2\{1 - \exp\{-(\alpha+l)(\alpha+1)/[\alpha^2\delta(l+1)]\}\}} \quad (4.4.21)$$

将式(4.4.20)和式(4.4.21)代入式(4.4.8)得恒电压充电策略下充电效率$\eta_{V_S=\text{const}}$为

$$\eta_{V_S=\text{const}} = \frac{\alpha^3\delta\{1 - \exp\{-(\alpha+l)(\alpha+1)/[\alpha^2\delta(l+1)]\}\}^2/2}{(\alpha+l)(\alpha+1) + \alpha\delta(\alpha^2+l)\{1 - \exp\{-(\alpha+l)(\alpha+1)/[\alpha^2\delta(l+1)]\}\}} \quad (4.4.22)$$

与4.2.3.1节和4.3.3.1节的恒电压充电策略下的研究结果一样,由式(4.4.22)不难证明本节恒电压充电策略下的充电效率η也不可能超过50%。

对于线性电压充电策略,由式(4.4.15)进一步得电容器电压$V_C(\xi)$和电源电压$V_S(\xi)$分别为

$$\frac{V_C(\xi)}{V_H} = \frac{k\alpha^2\xi}{(\alpha+l)(\alpha+1)} + \frac{k\alpha^4\delta(l+1)}{(\alpha+l)^2(\alpha+1)^2}\left\{\exp\left[-\frac{(\alpha+l)(\alpha+1)\xi}{\alpha^2\delta(l+1)}\right] - 1\right\} \quad (4.4.23)$$

$$V_S(\xi)/V_H = k\xi \quad (4.4.24)$$

式中,k的值通过方程$V_C(1) = V_H$确定。将式(4.4.23)和式(4.4.24)代入式(4.4.8)得线性电压充电策略下充电效率$\eta_{V_S=kt}$为

$$\eta_{V_S=kt} = \frac{3\alpha\delta\left\{\alpha(\alpha+l)(\alpha+1) + \alpha^3\delta(l+1)\left\{\exp\left[-\frac{(\alpha+l)(\alpha+1)}{\alpha^2\delta(l+1)}\right] - 1\right\}\right\}^2}{\begin{Bmatrix}(2+3\alpha\delta)(\alpha+l)^3(\alpha+1)^3 - 3\alpha^2\delta(l+1)(\alpha+l)^2(\alpha+1)^2 - 6\alpha^5\delta^3(l+1)^2 \\ \times[\alpha(l+1) - (\alpha+l)(\alpha+1)]\left\{\left[\frac{(\alpha+l)(\alpha+1)}{\alpha^2\delta(l+1)} + 1\right]\exp\left[-\frac{(\alpha+l)(\alpha+1)}{\alpha^2\delta(l+1)}\right] - 1\right\}\end{Bmatrix}}$$

(4.4.25)

令 $\alpha=10$，图 4.10 为常电容时充电效率 η 随参数 δ 的变化规律，图中包括焦耳热耗散最小（$E_R = \min$）、恒电压（$V_S = \mathrm{const}$）和线性电压（$V_S = kt$）等三种充电策略。由图可见，随着参数 δ 的增加，$E_R = \min$ 的充电策略下充电效率 η 单调减少，$V_S = \mathrm{const}$ 和 $V_S = kt$ 两种充电策略下充电效率 η 先增加后减少，即存在最佳的时间常数 t_0 与充电时间 τ 之比使过程充电效率最高；当 δ 较小时，$V_S = kt$ 的充电策略下效率 η 高于 $V_S = \mathrm{const}$ 的充电策略下效率 η，当 δ 较大时，$V_S = \mathrm{const}$ 的充电策略下效率 η 高于 $V_S = kt$ 的充电策略下效率 η，当时间常数 t_0 与充电时间 τ 之比较小时，线性电压充电策略较为接近最小焦耳热耗散的最优策略，反之，当时间常数 t_0 与充电时间 τ 之比较大时，线性电压充电策略较为接近最小焦耳热耗散的最优策略；随着参数 l 的增加，各种充电策略下的充电效率 η 均减少，并且各种充电策略下效率的相对差值增加，可见电感的存在降低了电路的充电效率，并且电感 L 值越大，充电效率 η 越低。

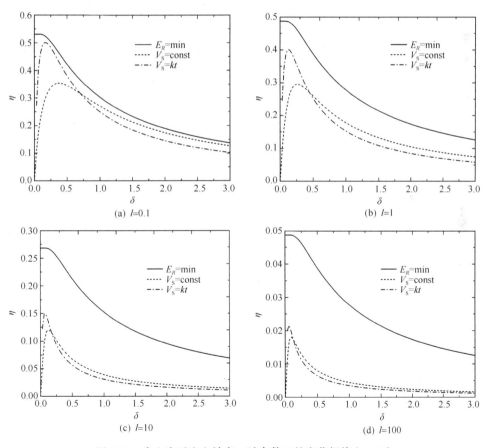

图 4.10　常电容时充电效率 η 随参数 δ 的变化规律（$\alpha=10$）

4.4.3.2 非线性电容 $C(V_C) = C_0 V_0^m / (V_C - V_0)^m$ 下的优化结果

当 $C(V_C) = C_0 V_0^m / (V_C - V_0)^m$ 时,式(4.4.11)不存在解析解,需要采用数值方法求解。令 $\alpha = R_i / R$,时间常数 $t_0 = RC_0$,无量纲常数 $\delta = t_0 / \tau$ 和 $l = L / (Rt_0)$,无量纲时间 $\xi = t / \tau$,无量纲压比 $x = V_H / V_0$,式(4.4.12)和式(4.4.13)分别变为

$$\frac{dV_C}{d\xi} = y \tag{4.4.26}$$

$$\frac{dy}{d\xi} = \frac{(V_C - V_0)^{2m}}{V_0^{2m}}\left[\left(1 + \frac{1}{\alpha}\right)\frac{V_C}{\alpha\delta^2} - \frac{V_0^{m+1} y^2}{(V_C - V_0)^{m+1}}\right] \tag{4.4.27}$$

已知边界条件 $V_C(0) = 0$ 和 $V_C(1) = V_H$,由式(4.4.26)和式(4.4.27)经数值求解得电容器电压 V_C 和电压变化率 $dV_C / d\xi$ 随时间 ξ 的最优路径,将其代入式(4.4.14)和式(4.4.15)得电感电压 V_L 和电源电压 V_S 分别为

$$V_L = \frac{\gamma\delta}{\alpha}\frac{dV_C}{d\xi} + l(V_C - V_0)^m\left(1 + \frac{1}{\alpha}\right)\frac{V_C}{\alpha V_0^m} \tag{4.4.28}$$

$$V_S = \left[1 + \frac{l(V_C - 1)^m}{\alpha V_0^m}\right]\left(1 + \frac{1}{\alpha}\right)V_C + \left[\frac{\delta}{(V_C - 1)^m} + \frac{l\delta}{\alpha}\right]\frac{dV_C}{d\xi} \tag{4.4.29}$$

将 V_C、V_S、V_L 代入式(4.4.8)得充电效率 η。

令 $\alpha = 10$ 和 $x = 0.6$,图 4.11 为非线性电容下充电效率 η 随参数 δ 的变化规律。由图可见,各种非线性电容下充电效率 η 随着 δ 的增加而减少,这表明非线性电容下电路时间常数 t_0 越小或充电时间 τ 越大,电路充电效率 η 越高;随着 m 值的增加,充电效率 η 降低,这表明为减少电路焦耳热耗散 E_R 和提高充电效率 η,应选择 m 值较小的电容器;随着参数 l 的增加,电路充电效率 η 减少,可见电感的

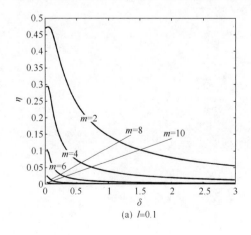

(a) $l=0.1$

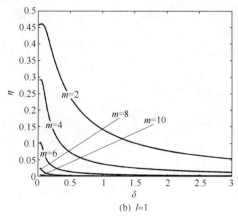

(b) $l=1$

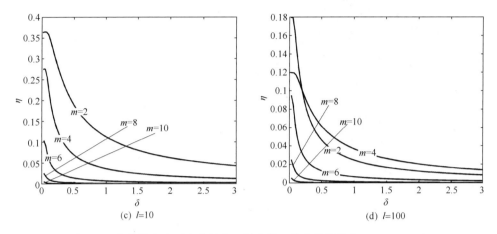

图 4.11 非线性电容下充电效率 η 随参数 δ 的变化规律（$\alpha=10$，$x=0.6$）

存在降低了电路的充电效率，并且电感 L 值越大，充电效率 η 越低。

令 $\alpha=10$ 和 $\delta=1$，图 4.12 为非线性电容下充电效率 η 随参数 x 的变化规律。由图可见，当 l 值较小时，各种非线性电容下充电效率 η 随着 x 的增加而减少，当 l 值较大时，各种非线性电容下充电效率 η 随着 x 的增加先增加后减少，可见电感 L 值定性地影响电路的 $\eta\text{-}x$ 特性曲线；当 l 较小时，随着 m 值的增加，充电效率 η 降低，这表明为减少电路焦耳热耗散 E_R 和提高充电效率 η，应选择 m 值较小的电容器；当 l 较大时，在充电电压比 x 较小处，随着 m 值的增加，充电效率 η 增加，在充电电压比 x 较大处，随着 m 值的增加，充电效率 η 减少，此时电容器的选取需根据充电量要求和具体电路确定。

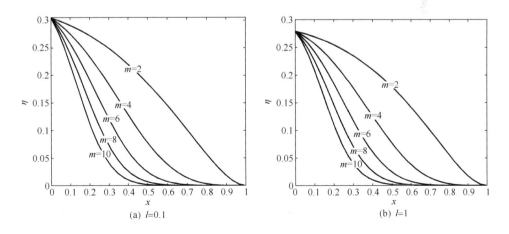

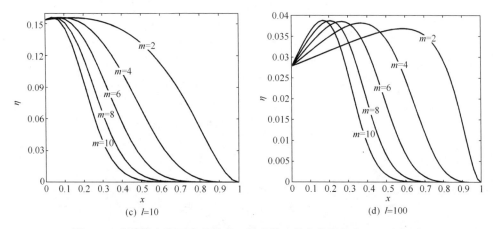

图 4.12　非线性电容下充电效率 η 随参数 x 的变化规律（$\alpha=10$，$\delta=1$）

4.5　具有内耗散的非线性电容电池最大输出功

4.5.1　物理模型

最简单的电池模型是由一个电动势串联一个内阻[785, 786]，然而这种模型不能解释电池在开路状态时的内耗散问题。Denno[787]给出一个能够解释电池内耗散的简单模型，如图 4.13 所示。它等价为一个最初具有电荷 $Q_e(0)$ 的电容器 C 并联上一个电阻 R_b，然后整体与 R_m 串联，R_m 是一个等效电阻，I_S 是电池所能提供的总电流，I_b 是流过电阻 R_b 的电流，I_m 是流过电阻 R_m 和负载的电流，W 是负载输出功，$V_D(t)$ 为负载电压，$V_S(t)$ 为电池端电压，$C = \mathrm{d}Q_e / \mathrm{d}V_S$，电池的初始端电压为 $V_S(0) = V_{Si}$，经过时间 τ 后，电池的端电压降到 $V_S(\tau) = V_{Sf}$，电池释放出的总能量 E_S 为

$$E_S = \int_{V_{Si}}^{V_{Sf}} -CV_S \mathrm{d}V_S \tag{4.5.1}$$

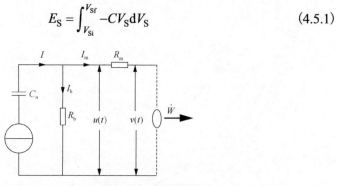

图 4.13　具有内耗散的电池模型[787]

特别地，当 C 为常数时，由式(4.5.1)得 $E_S = C(V_{Sf}^2 - V_{Si}^2)/2$，其中部分能量被电阻 R_b 和 R_m 耗散掉，部分能量由负载输出，因此只有合理地配置负载和选择放

电时间,才能使负载的输出功达到最大值。文献[741]~[746]均基于等效电容C为常数,而更为一般的情形是电容为非线性的,本节将首先暂不考虑电容C的具体形式进行推导,得到具有一般普适性的优化结果。

由图4.13经简单电路分析得

$$I_S = -C dV_S / dt \tag{4.5.2}$$

$$V_S = I_b R_b \tag{4.5.3}$$

$$I_m = I_S - I_b = -C dV_S / dt - V_S / R_b \tag{4.5.4}$$

联立式(4.5.2)~式(4.5.4)得在给定的时间τ内负载的输出功为

$$W = \int_0^\tau (V_S - I_m R_m) I_m dt \tag{4.5.5}$$

将式(4.5.4)代入式(4.5.5)得

$$W = \int_0^\tau -(V_S + C R_m \dot{V}_S + V_S R_m / R_b)(C \dot{V}_S + V_S / R_b) dt \tag{4.5.6}$$

式中,$\dot{V}_S = dV_S / dt$,参数上带点表示对时间的导数。由式(4.5.1)和式(4.5.6)得电池的做功效率为

$$\eta = \frac{W}{E_S} = \frac{\int_0^\tau -(V_S + C R_m \dot{V}_S + V_S R_m / R_b)(C \dot{V}_S + V_S / R_b) dt}{\int_{V_{Si}}^{V_{Sf}} -C V_S dV_S} \tag{4.5.7}$$

4.5.2 优化方法

现在的问题为求式(4.5.6)最大时电源变化的最优路径,建立变更的拉格朗日函数如下:

$$L = (V_S + C R_m \dot{V}_S + V_S R_m / R_b)(C \dot{V}_S + V_S / R_b) \tag{4.5.8}$$

式(4.5.8)取极值的必要条件为如下欧拉-拉格朗日方程成立:

$$\frac{\partial L}{\partial V_S} - \frac{d}{dt} \frac{\partial L}{\partial \dot{V}_S} = 0 \tag{4.5.9}$$

将式(4.5.8)代入式(4.5.9)得

$$2C^2 R_m \frac{d^2 V_S}{dt^2} + 4CR_m \frac{dC}{dV_S}\left(\frac{dV_S}{dt}\right)^2 + C \frac{dC}{dV_S}\left(1 + \frac{2R_m}{R_b}\right)\frac{dV_S}{dt} - 2\left(1 + \frac{R_m}{R_b}\right)\frac{V_S}{R_b} = 0 \tag{4.5.10}$$

显然,式(4.5.10)为关于V_S的变系数二阶非线性微分方程两点边值问题,仅在极

少数特殊情形存在解析解，对于其他大多数情形需要求其数值解。对于数值计算，对式(4.5.10)进行降阶变换得

$$\frac{dV_S}{dt} = y \tag{4.5.11}$$

$$\frac{dy}{dt} = \left(1 + \frac{R_m}{R_b}\right)\frac{u}{C^2 R_m R_b} - \frac{2}{C}\frac{dC}{dV_S}y^2 - \frac{u}{C^2 R_m}\frac{dC}{dV_S}\left(\frac{1}{2} + \frac{R_m}{R_b}\right)\frac{dV_S}{dt} \tag{4.5.12}$$

已知边界条件 $V_S(0) = V_{Si}$ 和 $V_S(\tau) = V_{Sf}$，由式(4.5.11)和式(4.5.12)可求得电池电压 V_S 随时间 t 变化的最优路径，将其代入式(4.5.7)得电池的做功效率 η。

4.5.3 特例分析与讨论

4.5.3.1 常电容下的优化结果

当电容 C 为常数时，令时间常数 $t_0 = CR_b$，定义无量纲参数 $\alpha = R_m/R_b$，$x = V_{Sf}/V_{Si}$，$\xi = t/\tau$，$\delta = t_0/\tau$，$\tilde{V}_S(\xi) = V_S(t)/V_{Si}$，$\tilde{V}_D(\xi) = V_D(t)/V_{Si}$，$\tilde{I}_m(\xi) = I_m R_b/V_{Si}$，得电池电压 $\tilde{V}_S(\xi)$、电流 $\tilde{I}_m(\xi)$、负载电压 $\tilde{V}_D(\xi)$ 和负载的最佳等效电阻 $\tilde{R}_{D,opt}(\xi)$ 分别为[742, 746]

$$\tilde{V}_S(\xi) = \cosh(\beta\xi/\delta) - k\sinh(\beta\xi/\delta) \tag{4.5.13}$$

$$\tilde{I}_m(\xi) = (k\beta - 1)\cosh(\beta\xi/\delta) + (k - \beta)\sinh(\beta\xi/\delta) \tag{4.5.14}$$

$$\tilde{V}_D(\xi) = \frac{(\tilde{V}_S - I_m R_m)}{\tilde{V}_D} = (1 + \alpha - k\alpha\beta)\cosh(\beta\xi/\delta) + (\alpha\beta - k - k\alpha)\sinh(\beta\xi/\delta) \tag{4.5.15}$$

$$\tilde{R}_{D,opt}(\xi) = \frac{R_{D,opt}}{R_b} = \frac{(1 + \alpha - k\alpha\beta)\cosh(\beta\xi/\delta) + (\alpha\beta - k - k\alpha)\sinh(\beta\xi/\delta)}{(k\beta - 1)\cosh(\beta\xi/\delta) + (k - \beta)\sinh(\beta\xi/\delta)} \tag{4.5.16}$$

式中，$\beta^2 = 1 + 1/\alpha$；$k = [\cosh(\beta/\delta) - x]/\sinh(\beta/\delta)$。相应的无量纲极值输出功 $\tilde{W}_{max}$ 和效率 η 分别为[742, 744, 746]

$$\tilde{W}_{max} = \frac{W_{max}}{CV_{Si}^2/2} = \frac{(1 + 2\alpha)(1 - x^2) + \alpha\beta[4x - 2(1 + x^2)\cosh(\beta/\delta)]}{\sinh(\beta/\delta)} \tag{4.5.17}$$

$$\eta = 1 + 2\alpha + \alpha\beta[4x - 2(1 + x^2)\cosh(\beta/\delta)]/[(1 - x^2)\sinh(\beta/\delta)] \tag{4.5.18}$$

式(4.5.13)~式(4.5.18)为一般研究结果，根据所给边界条件类型的不同，可分为如下三类情形，其中文献[742]和[746]仅讨论了第一类和第二类边界条件，第三

类边界条件为本节的研究新结果。

1. 末端时刻 τ 和末端状态 V_{Sf} 均固定

当末端时刻 τ 和末端状态 V_{Sf} 均固定时,式(4.5.17)的极值输出功 $\tilde{W}_{max}$ 为此时电池最大输出功。可见要使电池的输出功达到最大值,必须根据式(4.5.16)合理地配置负载。令 $\alpha = 0.01$,$x = 0.4$,δ 分别取为 $\delta = 10$、$\delta = 15$ 和 $\delta = 20$。图 4.14 为常电容电池最大输出功时各种参数随时间 ξ 的最优变化规律。由图 4.14 可见,常电容电池电压 $\tilde{V}_S(\xi)$ 和电流 $\tilde{I}_m(\xi)$ 随着时间 ξ 的增加而单调降低,且曲线均是向下凹的,均随着无量纲时间常数 δ 的增加而升高;负载电压 $\tilde{V}_D(\xi)$ 随着时间 ξ 的增加而降低;当 δ 较小时,负载最佳电阻 $\tilde{R}_{D,opt}(\xi)$ 随着时间 ξ 的增加而升高,当 δ 较大时,负载最佳电阻 $\tilde{R}_{D,opt}(\xi)$ 随着时间 ξ 的增加而降低;负载最佳电阻 $\tilde{R}_{D,opt}(\xi)$ 随着时间常数 δ 的增加而降低。

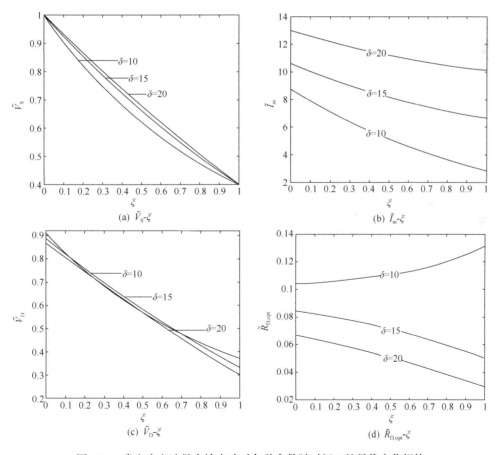

图 4.14 常电容电池最大输出功时各种参数随时间 ξ 的最优变化规律

当 $\xi = 1$ 时，由式 (4.5.16) 得[742, 746]

$$\tilde{R}_{D,opt}(\xi=1) = \frac{(1+\alpha)x\sinh(\beta/\delta) + \alpha\beta x\cosh(\beta/\delta) - \alpha\beta}{\beta - \beta x\cosh(\beta/\delta) - x\sinh(\beta/\delta)} \quad (4.5.19)$$

由式 (4.5.19) 中 $\tilde{R}_{D,opt}(\xi=1)$ 分别等于零和 ∞ 得[742, 746]

$$\tilde{\tau}_L = \tau_L/t_0 = (1/\beta)\ln\{[\alpha\beta + \sqrt{(1+\alpha)(x^2+\alpha)}]/[(1+\alpha+\alpha\beta)x]\} \quad (4.5.20)$$

$$\tilde{\tau}_U = \tau_U/t_0 = (1/\beta)\ln\{[\beta + \sqrt{\beta^2 + x^2(1-\beta^2)}]/[(1+\beta)x]\} \quad (4.5.21)$$

当 $\tau < \tau_L$ 或 $\tau > \tau_U$ 时，在电池放电过程的部分时间中，会出现负载的最佳等效电阻 $R_{D,opt} < 0$。由式 (4.5.4) 可见，当 $I_m < 0$ 时即电流反向流动，有 $R_{D,opt} < 0$；当 $I_m > V_S/R_m$ 时，同样有 $R_{D,opt} < 0$。对于这两种情形均要求负载中含有电源或能对如图 4.13 所示电路提供能量的其他装置才可实现，而这不是单纯的电池最大输出功问题，因此电池合理的放电时间应为 $\tau_L < \tau < \tau_U$ [742, 746]。令 $x = 0.4$，图 4.15 为末端时刻和末端状态均固定时常电容电池最大输出功 $\tilde{W}_{max}$ 随参数 α 的变化规律。由图可见，最大输出功随着电阻比 α 的增加而减少；在电阻比 α 相等的条件下，随着无量纲时间常数的增加，常电容电池最大输出功 $\tilde{W}_{max}$ 减少。

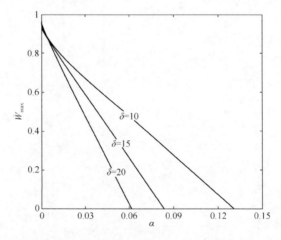

图 4.15 末端时刻和末端状态均固定时常电容电池最大输出功 $\tilde{W}_{max}$ 随参数 α 的变化规律

2. 末端时刻 τ 自由和末端状态 V_{Sf} 固定

当末端时刻 τ 自由和末端状态 V_{Sf} 固定时，存在最佳的 τ 使电池输出功最大，并且以最大输出功为优化目标和以最大效率为优化目标是等价的。由极值条件 $\partial W_{max}/\partial \delta = 0$ 得

$$\delta_{opt} = \beta/\ln(x) \quad (4.5.22)$$

将式(4.5.22)代入式(4.5.16)得负载最佳等效电阻$R_{D,opt}$为[742, 744, 746]

$$R_{D,opt} = \sqrt{R_m^2 + R_m R_b} \quad (4.5.23)$$

由式(4.5.23)可见，负载的等效电阻在放电过程中保持为常数。将式(4.5.22)分别代入式(4.5.6)和式(4.5.7)得最大输出功$(\tilde{W}_{max})_{max}$及相应的效率η_{maxW}分别为

$$(\tilde{W}_{max})_{max} = (1 - \alpha\beta + \alpha)(1 - 1/\beta)(1 - 1/\gamma^2) \quad (4.5.24)$$

$$\eta_{maxW} = 1 - 2\alpha(\beta - 1) \quad (4.5.25)$$

由式(4.5.25)可见，最大输出功时的效率η_{maxW}仅取决于电阻比α，与参数γ无关。

令$\alpha=0.01$，γ分别取为$\gamma=0.3$、$\gamma=0.4$和$\gamma=0.5$。图4.16为末端时刻自由和末端状态固定时常电容电池极值输出功$\tilde{W}_{max}$和效率η随参数δ的最优变化规律。由图可见，极值输出功$\tilde{W}_{max}$随着参数δ的增加先增加后减少，可见存在最佳的δ_{opt}使电池极值输出功$\tilde{W}_{max}$取其最大值$(\tilde{W}_{max})_{max}$，最大输出功$(\tilde{W}_{max})_{max}$随着参数γ的减少而增加，这是因为电池放电过程末态电压越低，电池可释放的电压越低；随着参数γ的增加，最佳δ_{opt}增加，这表明电池放电过程末态电压越低，对应于最大输出功$(\tilde{W}_{max})_{max}$时的最佳放电时间τ_{opt}越长；极值输出功$\tilde{W}_{max}$时的效率η也随着参数δ的增加先增加后减少，并且对应的最佳δ_{opt}与最大输出功$(\tilde{W}_{max})_{max}$时的δ_{opt}相同，这表明当末端时刻τ自由和末端状态V_{Sf}固定时，以最大输出功为目标优化和以最大效率为目标优化是等价的；最大效率η_{maxW}随γ的增加保持不变，与参数γ和δ均无关，如式(4.5.25)所示。

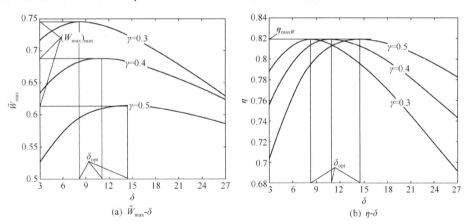

图4.16 末端时刻自由和末端状态固定时常电容电池极值输出功$\tilde{W}_{max}$和效率η随参数δ的最优变化规律

3. 末端时刻 τ 固定和末端状态 V_{Sf} 自由

当末端时刻 τ 固定和末端状态 V_{Sf} 自由时，存在最佳的 $V_{Sf,opt}$ 使电池输出功最大，但以最大输出功为优化目标与以最大效率为优化目标不等价。由极值条件 $\partial \tilde{W}_{max}/\partial x = 0$ 得

$$x_{opt} = 2\alpha\beta / [(1+2\alpha)\sinh(\beta/\delta) + 2\alpha\beta\cosh(\beta/\delta)] \qquad (4.5.26)$$

将式(4.5.26)代入式(4.5.17)和式(4.5.18)可分别得最大输出功 $(\tilde{W}_{max})_{max}$ 和对应于最大输出功时的效率 η_{maxW}。由极值条件 $\partial \eta/\partial x = 0$ 得

$$x_{opt} = \exp(-\beta/\delta) \qquad (4.5.27)$$

将式(4.5.27)代入式(4.5.18)和式(4.5.17)可得最大效率 η_{max} 和对应于最大效率时的输出功 $\tilde{W}_{max\,\eta}$ 分别为

$$\eta_{max} = 1 - 2\alpha(\beta - 1) \qquad (4.5.28)$$

$$\tilde{W}_{max\,\eta} = (1 + 2\alpha - 2\alpha\beta)[1 - \exp(-2\beta/\delta)] \qquad (4.5.29)$$

由式(4.5.28)可见，最大效率与当末端时刻 τ 自由和末端状态 V_{Sf} 固定时最大功率(或效率)优化时的效率表达式相同，仅与 α 有关，而与参数 δ 无关。将式(4.5.26)代入式(4.5.16)得负载最佳等效电阻 $R_{D,opt}$ 为

$$R_{D,opt} = R_b / (\sqrt{1 + R_b/R_m} - 1) - R_m \qquad (4.5.30)$$

由式(4.5.28)可见，负载的等效电阻在放电过程中也保持为常数。

令 $\alpha = 0.01$，δ 分别取为 $\delta = 10$、$\delta = 15$ 和 $\delta = 20$。图 4.17 为末端时刻固定和末端状态自由时常电容电池极值输出功 $\tilde{W}_{max}$ 和效率 η 随参数 x 的最优变化规律。由图可见，随着参数 x 的增加，极值输出功 $\tilde{W}_{max}$ 先增加后减少，可见存在最佳的 x_{opt} 使电池极值输出功 $\tilde{W}_{max}$ 取其最大值 $(\tilde{W}_{max})_{max}$；在电压比 x 相等的条件下，极值输出功 $\tilde{W}_{max}$ 随着 δ 的减少而增加，这表明电池的末态电压一定，随着电池放电过程时间 τ 的增加，电池的极值输出功 $\tilde{W}_{max}$ 增加；最大输出功 $(\tilde{W}_{max})_{max}$ 随着 δ 的减少而增加，同时对应于最大输出功 $(\tilde{W}_{max})_{max}$ 时的 x_{opt} 随着 δ 的减少而减少，这是因为电池的放电时间 τ 越长，电池的末态电压 V_{Sf} 越低同时电池的最大输出功 $(\tilde{W}_{max})_{max}$ 越大；极值输出功 $\tilde{W}_{max}$ 时的效率 η 也随着 x 的增加先增加后减少，可见也存在最佳的 x_{opt} 使电池放电效率 η 最大，但最大效率 η_{max} 对应的最佳 x_{opt} 大于

相应最大输出功时对应的最佳 x_{opt}，这表明当末端时刻 τ 固定和末端状态 V_{Sf} 自由时，以最大输出功为目标优化与以最大效率为目标优化不等价。对比图 4.16(b) 和图 4.17(b) 可见，两种不同边界条件下的最大效率 η_{max} 相等，η_{max} 与参数 γ 和 δ 均无关，如式(4.5.28)所示。

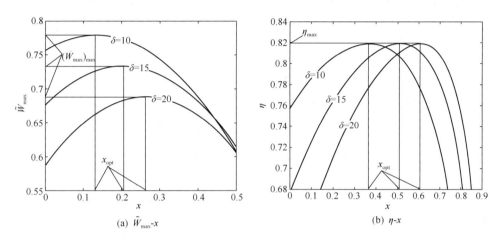

图 4.17 末端时刻固定和末端状态自由时常电容电池极值输出功 $\tilde{W}_{max}$ 和效率 η 随参数 x 的最优变化规律

4.5.3.2 非线性电容 $C(V_S) = C_0 V_0^m / (V_S - V_0)^m$ 下的优化结果

实际电池电容 C 是电压 V_S 的复杂函数，本节以一类非线性电容 $C(V_S) = C_0 V_0^m / (V_S - V_0)^m$ 为例[737,784]说明电容非线性特性对电路性能的影响，同时本节的思想和方法可进一步拓广应用于其他非线性复杂情形。当电容 $C(V_S) = C_0 V_0^m / (V_S - V_0)^m$ 时，令时间常数 $t_0 = C_0 R_b$，定义无量纲参数 $\alpha = R_m / R_b$，$x = V_{Sf} / V_{Si}$，$\xi = t / \tau$，$\delta = t_0 / \tau$，$\tilde{V}_S(\xi) = V_S(t) / V_{Si}$，$\tilde{V}_0 = V_0 / V_{Si}$，$\tilde{V}_D(\xi) = V_D(t) / V_{Si}$，由式(4.5.10)得

$$\frac{2\alpha \delta^2 \tilde{V}_0^{2m}}{(\tilde{V}_S - \tilde{V}_0)^{2m}} \frac{d^2 \tilde{V}_S}{d\xi^2} - \frac{4m\alpha \delta^2 \tilde{V}_0^{2m}}{(\tilde{V}_S - \tilde{V}_0)^{2m+1}} \left(\frac{d\tilde{V}_S}{d\xi}\right)^2 - \frac{m\tilde{V}_S \delta \tilde{V}_0^m (1+2\alpha)}{(\tilde{V}_S - \tilde{V}_0)^{m+1}} \frac{d\tilde{V}_S}{d\xi} - 2(1+\alpha)\tilde{V}_S = 0$$

(4.5.31)

式(4.5.31)不存在解析解，需要采用数值方法求解。式(4.5.11)和式(4.5.12)可变为

$$d\tilde{V}_S / d\xi = y \tag{4.5.32}$$

$$\frac{dy}{d\xi} = \frac{(1+\alpha)(\tilde{V}_S - \tilde{V}_0)^{2m}\tilde{V}_S}{\alpha \delta^2 \tilde{V}_0^{2m}} + \frac{2my^2}{\tilde{V}_S - \tilde{V}_0} + \frac{m\tilde{V}_S(1+2\alpha)(\tilde{V}_S - \tilde{V}_0)^{m-1}}{2\alpha \delta \tilde{V}_0^m} \quad (4.5.33)$$

由式(4.5.32)和式(4.5.33)可求得电池电压 $\tilde{V}_S$ 和电压变化率 $d\tilde{V}_S/d\xi$ 随时间 ξ 变化的最优路径，将其代入式(4.5.4)得电流 $\tilde{I}_m$ 和负载电压 $\tilde{V}_D(\xi)$ 随时间 ξ 的最优变化规律分别为

$$\tilde{I}_m = -\frac{\delta \tilde{V}_0^m}{(\tilde{V}_S - \tilde{V}_0)^m}\frac{d\tilde{V}_S}{d\xi} - \tilde{V}_S \quad (4.5.34)$$

$$\tilde{V}_D(\xi) = \tilde{V}_S - \alpha \tilde{I}_m \quad (4.5.35)$$

由式(4.5.34)和式(4.5.35)得负载的最佳等效电阻 $\tilde{R}_{D,opt} = \tilde{V}_D/\tilde{I}_m$。将 $\tilde{V}_S$ 和 $d\tilde{V}_S/d\xi$ 代入式(4.5.6)和式(4.5.7)得无量纲输出功 $\tilde{W}$ 和效率 η 分别为

$$\tilde{W} = \frac{W}{C_0 V_{Si}^2/2} = \int_0^1 -2\left[\frac{\alpha \delta \tilde{V}_0^m}{(\tilde{V}_S - \tilde{V}_0)^m}\frac{d\tilde{V}_S}{d\xi} + (1+\alpha)\tilde{V}_S\right]\left[\frac{\tilde{V}_0^m}{(\tilde{V}_S - \tilde{V}_0)^m}\frac{d\tilde{V}_S}{d\xi} + \frac{\tilde{V}_S}{\delta}\right]d\xi \quad (4.5.36)$$

$$\eta = \frac{\int_0^1 \left[\frac{\alpha \delta \tilde{V}_0^m}{(\tilde{V}_S - \tilde{V}_0)^m}\frac{d\tilde{V}_S}{d\xi} + (1+\alpha)\tilde{V}_S\right]\left[\frac{\tilde{V}_0^m}{(\tilde{V}_S - \tilde{V}_0)^m}\frac{d\tilde{V}_S}{d\xi} + \frac{\tilde{V}_S}{\delta}\right]d\xi}{\int_0^1 \left[\tilde{V}_S \frac{\tilde{V}_0^m}{(\tilde{V}_S - \tilde{V}_0)^m}\frac{d\tilde{V}_S}{d\xi}\right]d\xi} \quad (4.5.37)$$

1. 末端时刻 τ 和末端状态 V_{Sf} 均固定

令 $m=2$，$\tilde{V}_0=6$，$\alpha=0.01$，$x=0.4$，δ 分别取为 $\delta=15$、$\delta=20$ 和 $\delta=25$。图 4.18 为该非线性电容电池最大输出功时各种参数随时间 ξ 的最优变化规律。由图可见，电池电压 $\tilde{V}_S$ 随着时间 ξ 的增加而减少且曲线是向上凸的，随着无量纲时间常数 δ 的增加而降低；电流 $\tilde{I}_m$ 随着时间 ξ 的增加而增加，随着无量纲时间常数 δ 的增加而增加；负载电压 $\tilde{V}_D$ 随着时间 ξ 的增加和无量纲时间常数 δ 的增加均降低；负载最佳等效电阻 $\tilde{R}_{D,opt}$ 随着时间 ξ 的增加而降低，且初期减少较快后期减少较慢，$\tilde{R}_{D,opt}$ 随着无量纲时间常数 δ 的增加而降低。

令 $m=2$，$\tilde{V}_0=6$，$x=0.4$，δ 分别取为 $\delta=15$、$\delta=20$ 和 $\delta=25$。图 4.19 为末端时刻和末端状态均固定时非线性电容电池最大输出功 $\tilde{W}_{max}$ 随参数 α 的变化规律。由图可见，随着 α 的增加，最大输出功先增加后减少，可见存在最佳的 α_{opt} 使输出功取最大值 $(\tilde{W}_{max})_{max}$，这与常电容下的优化结果即图 4.15 是不同的；当 α 较大时，随着无量纲时间常数 δ 的增加，最大输出功 $\tilde{W}_{max}$ 减少。

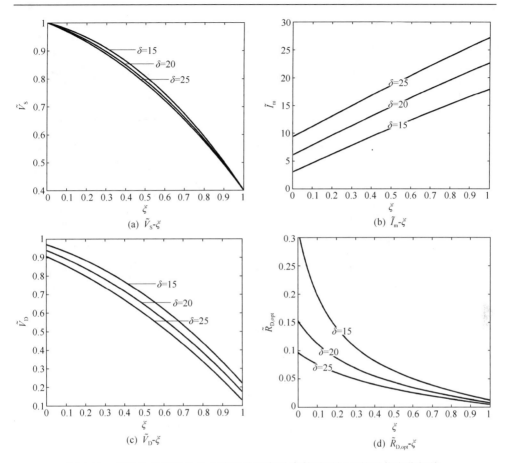

图 4.18 非线性电容电池最大输出功时各种参数随时间 ξ 的最优变化规律

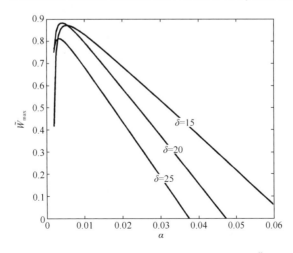

图 4.19 末端时刻和末端状态均固定时非线性电容电池最大输出功 $\tilde{W}_{max}$ 随参数 α 的变化规律

2. 末端时刻 τ 自由和末端状态 V_{Sf} 固定

令 $m=2$，$\tilde{V}_0=6$，$\alpha=0.01$，x 分别取为 $x=0.3$、$x=0.4$ 和 $x=0.5$。图 4.20 为末端时刻自由和末端状态固定时非线性电容电池极值输出功 $\tilde{W}_{max}$ 和效率 η 随参数 δ 的最优变化规律。由图可见，极值输出功 $\tilde{W}_{max}$ 随参数 δ 的变化规律为抛物线，可见存在最佳的 δ_{opt} 使电池极值输出功 $\tilde{W}_{max}$ 取其最大值 $(\tilde{W}_{max})_{max}$，最大输出功 $(\tilde{W}_{max})_{max}$ 随着参数 x 的减少而增加，这是因为电池放电过程末态电压越低，电池可释放的电能越多；随着参数 x 的增加，最佳 δ_{opt} 增加，这表明电池放电过程末态电压越低，对应于最大输出功 $(\tilde{W}_{max})_{max}$ 时的最佳放电时间 τ_{opt} 越长；极值输出功 $\tilde{W}_{max}$ 时的效率 η 也随着参数 δ 的增加先增加后减少，并且对应的最佳 δ_{opt} 与最大输出功 $(\tilde{W}_{max})_{max}$ 时的 δ_{opt} 相同，这表明当末端时刻 τ 自由和末端状态 V_{Sf} 固定时，以最大输出功为优化目标和以最大效率为优化目标是等价的；效率 η_{maxW} 随着 x 的增加略有增加，这与 4.5.3.1 节常电容下末端时刻 τ 自由和末端状态 V_{Sf} 固定时的优化结果是不同的。

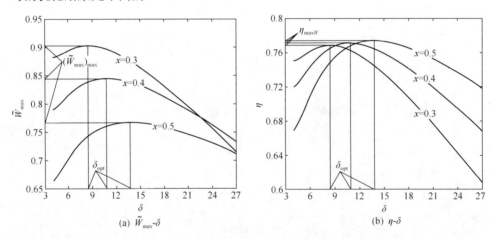

(a) $\tilde{W}_{max}$-δ (b) η-δ

图 4.20 末端时刻自由和末端状态固定时非线性电容电池极值输出功 $\tilde{W}_{max}$ 和效率 η 随参数 δ 的最优变化规律

3. 末端时刻 τ 固定和末端状态 V_{Sf} 自由

令 $m=2$，$\tilde{V}_0=6$，$\alpha=0.01$，δ 分别取为 $\delta=15$、$\delta=20$ 和 $\delta=25$。图 4.21 为末端时刻固定和末端状态自由时非线性电容电池极值输出功 $\tilde{W}_{max}$ 和效率 η 随参数 x 的最优变化规律。由图可见，极值输出功 $\tilde{W}_{max}$ 随参数 x 呈抛物线规律变化，可见存在最佳的 x_{opt} 使电池极值输出功 $\tilde{W}_{max}$ 取其最大值 $(\tilde{W}_{max})_{max}$；在电压比 x 相等的条件下，极值输出功 $\tilde{W}_{max}$ 随着 δ 的减少而增加，这表明电池的末态电压一定，随着电池放电过程时间 τ 的增加，电池的极值输出功 $\tilde{W}_{\max}$ 增加；最大输出功 $(\tilde{W}_{\max})_{\max}$ 随着 δ 的减少而增加，同时对应于最大输出功 $(\tilde{W}_{\max})_{\max}$ 时的 x_{opt} 随着 δ 的减少而减少，这是因为电池的放电时间 τ 越长，电池的末态电压 V_{Sf} 越低同时电池的最大输出功 $(\tilde{W}_{\max})_{\max}$ 越大；存在最佳的 x_{opt} 使电池放电效率 η 最大，但最大效率 $\eta_{\max}$ 对应的最佳 x_{opt} 大于相应最大输出功 $(\tilde{W}_{\max})_{\max}$ 时对应的最佳 x_{opt}，这表明当末端时刻 τ 固定和末端状态 V_{Sf} 自由时，以最大输出功为目标优化与以最大效率为目标优化不等价；最大效率 $\eta_{\max}$ 随着参数 δ 的增加而增加，这与 4.5.3.1 节常电容电池下末端时刻 τ 固定和末端状态 V_{Sf} 自由时的优化结果是不同的。

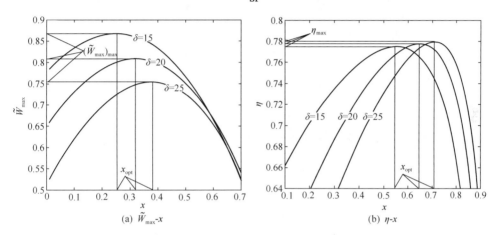

图 4.21 末端时刻固定和末端状态自由时非线性电容电池极值输出功 $\tilde{W}_{\max}$ 和效率 η 随参数 x 的最优变化规律

4.6 复杂反应燃料电池最优电流路径

4.6.1 物理模型

考虑如图 4.22 所示燃料电池模型，它由电解质及两边与其相连的阳极和阴极组成，电解质就像是分隔阳极和阴极的屏障，只允许一些特定类型的离子通过，而电子则只能经由外部电路从阳极向阴极运动从而产生有用的电流，与两个电解液接触的惰性电极与一个负载和可变电阻连接。可变电阻可使工作电流按照给定的时间路径运行从而实现不同的优化目标。本节讨论的燃料电池主要基于如下假设[514]：①电流密度空间分布均匀；②电池内部的温度和压强均匀分布且为常数，此假设基于反应熵为零、无相变、忽略混合的影响、系统的热容为常数、忽略搅拌产生的热耗散和电阻焦耳热耗散对系统温度的影响以及忽略半透膜和电池壁面的传热等一系列条件；③不考虑副反应和电极反应（如腐蚀等），阳极和阴极反应分别如下：

$$aA \rightleftharpoons xX + n_e e^- \tag{4.6.1}$$

$$bB + n_e e^- \rightleftharpoons yY \tag{4.6.2}$$

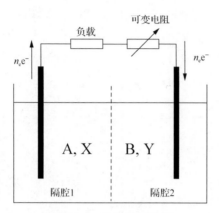

图 4.22 燃料电池模型

燃料电池的总反应为

$$aA + bB \rightleftharpoons xX + yY \tag{4.6.3}$$

式中，a、b、x 和 y 分别为相应物质的化学计量系数；n_e 为反应传递的电子数；各参与反应物质的初始浓度分别为 c_{A0}、c_{B0}、c_{X0} 和 c_{Y0}。

根据法拉第定律，电化学反应的速率 dc_A/dt 依赖于电流 I_S：

$$\frac{dc_A}{dt} = -\frac{aI_S}{n_e F} \tag{4.6.4}$$

式中，$F = 96485\,\text{C/mol}$ 为法拉第常数。由质量守恒定律，参与反应的各物质浓度必然满足如下等式：

$$\frac{c_{A0} - c_A}{a} = \frac{c_{B0} - c_B}{b} = \frac{c_X - c_{X0}}{x} = \frac{c_Y - c_{Y0}}{y} \tag{4.6.5}$$

式中，c_A、c_B、c_X 和 c_Y 为反应过程相应物质的浓度。

4.6.1.1 燃料电池的平衡电动势

一般而言，燃料电池在无外接负载时可达到其最大的可逆电压。电池的可逆

电压为其在热力学平衡条件下的可逆电势，即[514]

$$U_{\text{rev}} = -\frac{\Delta G(T,c)}{n_e F} \tag{4.6.6}$$

式中，$\Delta G(T,c)$ 为摩尔吉布斯自由能变；F 为法拉第常数；T 为反应物所处的温度。燃料电池反应的摩尔吉布斯自由能变 $\Delta G(T,c)$ 取决于温度 T 和反应物的浓度 c，即

$$\Delta G(T,c) = \Delta G^0(T) - RT \ln\left(\frac{c_X^x c_Y^y}{c_A^a c_B^b}\right) \tag{4.6.7}$$

式中，R 为普适气体常数；$\Delta G^0(T)$ 为标准摩尔吉布斯自由能变，它同样依赖于温度；而 c_X、c_Y、c_A 和 c_B 分别为反应物 X 和 Y、生成物 A 和 B 的浓度，假定电池内部每个隔腔的体积均相等且为固定值。由式(4.6.6)和式(4.6.7)得能斯特方程如下：

$$U_{\text{rev}} = U^0 - \frac{RT}{n_e F} \ln\left(\frac{c_X^x c_Y^y}{c_A^a c_B^b}\right) \tag{4.6.8}$$

式中，U^0 为燃料电池的标准电动势。

4.6.1.2 燃料电池内部各种损失

电池的可逆电压即开路电压，是燃料电池在无任何不可逆性损失时可以达到的最高电压。在一个实际的燃料电池中，有许多因素会导致不可逆损失，这些损失在电化学中称为"过电位"或"极化"，主要有三个来源：活化过电位(V_{act})、欧姆过电位(V_{ohm})以及浓度差过电位(V_{conc})。

(1) 活化过电位是由于电极表面的电化学反应受到动力学控制而产生的，可以通过半经验公式即塔费尔方程估计活化损失造成的电压降，具体如下[514]：

$$V_{\text{act,a}} = \frac{RT}{\alpha_a n_e F} \ln\left(\frac{I_S}{A_a i_{0,a}}\right), \quad V_{\text{act,c}} = \frac{RT}{\alpha_c n_e F} \ln\left(\frac{I_S}{A_c i_{0,c}}\right) \tag{4.6.9}$$

式中，下标 a 和 c 分别代表电池的阳极和阴极；α_a 和 α_c 为相应侧电子传输系数；A_a 和 A_c 为相应侧电极的表面积；$i_{0,a}$ 和 $i_{0,c}$ 为相应侧交换电流密度。

(2) 燃料电池内的欧姆过电位是由于电极、集流板等电池组件的阻抗以及电解质的离子阻抗引起的电压降。由于电解质和燃料电池电极导电过程均遵循欧姆定律，欧姆损失造成的电压降 V_{ohm} 可简单表示为[514]

$$V_{\text{ohm}} = I_S R_{\text{ohm}} \tag{4.6.10}$$

式中，R_{ohm} 为电池的总内阻，包括离子、电子和接触等各种因素造成的电阻。

(3) 浓度差过电位是由燃料电池内部有限浓度差传质造成的。可用基于菲克定律的方法计算浓度差造成的电压降 V_{conc}，即[514]

$$V_{\text{conc,a}} = -\frac{RT}{n_e F}\ln\left(1-\frac{I_S}{A_a i_{L,a}}\right), \quad V_{\text{conc,c}} = -\frac{RT}{n_e F}\ln\left(1-\frac{I_S}{A_c i_{L,c}}\right) \tag{4.6.11}$$

式中，$i_{L,a}$ 和 $i_{L,c}$ 分别是阳极和阴极的极限电流密度，均为常数。

燃料电池的有效输出电压 V_S 可以通过活化、浓差和欧姆过电位这三种主要损失来计算，即

$$V_S = U_{\text{rev}} - V_{\text{act,a}} - V_{\text{act,c}} - V_{\text{ohm}} - V_{\text{conc,a}} - V_{\text{conc,c}} \tag{4.6.12}$$

将式(4.6.8)~式(4.6.11)代入式(4.6.12)得

$$\begin{aligned}V_S = U^0 &- \frac{RT}{n_e F}\ln\left(\frac{c_X^x c_Y^y}{c_A^a c_B^b}\right) - \frac{RT}{\alpha_a n_e F}\ln\left(\frac{I_S}{A_a i_{0,a}}\right) - \frac{RT}{\alpha_c n_e F}\ln\left(\frac{I_S}{A_c i_{0,c}}\right) \\ &+ \frac{RT}{n_e F}\ln\left(1-\frac{I_S}{A_a i_{L,a}}\right) + \frac{RT}{n_e F}\ln\left(1-\frac{I_S}{A_c i_{L,c}}\right) - I R_{\text{ohm}}\end{aligned} \tag{4.6.13}$$

4.6.1.3 参数无量纲化

令 $A_c = A_a = A$ 和 $i_{L,a} = i_{L,c} = i_L$，定义如下无量纲常数和无量纲变量：

$$\begin{aligned}&\beta_1 = \frac{RT}{n_e F U^0}, \quad \beta_2 = \frac{c_{X0}}{c_{A0}}, \quad \beta_3 = \frac{R_{\text{ohm}} c_{A0} n_e F}{U^0 \tau}, \\ &\beta_5 = \frac{RT}{\alpha_a F U^0}, \quad \beta_6 = \frac{RT}{\alpha_c F U^0}, \quad \beta_7 = \frac{c_{A0} n_e F}{\tau A i_{0,a}},\end{aligned} \tag{4.6.14}$$

$$\begin{aligned}&\beta_8 = \frac{c_{A0} n_e F}{\tau A i_{0,c}}, \quad \beta_9 = \frac{c_{A0} n_e F}{\tau A i_L}, \quad \varepsilon = \frac{c_{A0}-c_A}{c_{A0}}, \\ &\tilde{V}_S = \frac{V_S}{U^0}, \quad \xi = \frac{t}{\tau}, \quad \tilde{I}_S = \frac{I_S \tau}{c_{A0} n_e F}\end{aligned} \tag{4.6.15}$$

为便于分析，假定反应初态各物质浓度满足条件 $c_{A0}/a = c_{B0}/b$ 和 $c_{X0}/x = c_{Y0}/y$，由式(4.6.5)、式(4.6.14)和式(4.6.15)得

$$c_A = c_{A0}(1-\varepsilon), \quad c_B = \frac{bc_{A0}(1-\varepsilon)}{a}, \quad c_X = \frac{(x\varepsilon + a\beta_2)c_{A0}}{a}, \quad c_Y = \frac{(x\varepsilon + a\beta_2)yc_{A0}}{ax} \quad (4.6.16)$$

将式(4.6.14)~式(4.6.16)代入式(4.6.4)和式(4.6.13)分别得

$$\dot{\varepsilon} = a\tilde{I}_S \qquad (4.6.17)$$

$$\tilde{V}_S = 1 - \beta_1 \ln\left[\frac{\beta_4(a\beta_2 + x\varepsilon)^{x+y}}{(1-\varepsilon)^{a+b}}\right] - \beta_3 \tilde{I}_S - \beta_5 \ln(\beta_7 \tilde{I}_S) - \beta_6 \ln(\beta_8 \tilde{I}_S) + 2\beta_1 \ln(1-\beta_9 \tilde{I}_S)$$

$$(4.6.18)$$

式中，$\dot{\varepsilon} = \mathrm{d}\varepsilon/\mathrm{d}\xi$ 和常数 $\beta_4 = (y/x)^y c_{A0}^{x+y-a-b}/(a^{x+y-b}b^b)$，参数上带点表示对无量纲时间 ξ 的导数。式(4.6.17)的初始条件为当 $\xi = 0$ 时有 $\varepsilon = 0$。式(4.6.18)中的有效输出电压 $\tilde{V}_S$ 仅为无量纲浓度(转化率) ε 和电流 $\tilde{I}_S$ 的函数，即

$$\tilde{V}_S = \phi(\varepsilon, \tilde{I}_S) = \psi_1(\varepsilon) + \psi_2(\tilde{I}_S) \qquad (4.6.19)$$

当过程的路径可逆时，理想搅拌式燃料电池输出功 $\tilde{W}_{rev}$ 为

$$\begin{aligned}\tilde{W}_{rev} &= \int_0^{\varepsilon_f} \left\{1 - \beta_1 \ln\left[\frac{\beta_4(a\beta_2 + x\varepsilon)^{x+y}}{(1-\varepsilon)^{a+b}}\right]\right\} \mathrm{d}\varepsilon \\ &= (1-\beta_1 \ln \beta_4)\varepsilon_f - \beta_1 \begin{bmatrix} (1+y/x)(a\beta_2 + x\varepsilon_f)\ln(a\beta_2 + x\varepsilon_f) \\ +(a+b)(1-\varepsilon_f)\ln(1-\varepsilon_f) \\ -(x+y-a-b)\varepsilon_f - (1+y/x)a\beta_2 \ln(a\beta_2) \end{bmatrix}\end{aligned} \qquad (4.6.20)$$

由极值条件 $\mathrm{d}\tilde{W}_{rev}/\mathrm{d}\varepsilon_f = 0$ 得过程的平衡浓度 ε_{eq} 满足如下方程：

$$1 - \beta_1 \ln \beta_4 - \beta_1[(x+y)\ln(a\beta_2 + x\varepsilon_{eq}) - (a+b)\ln(1-\varepsilon_{eq})] = 0 \qquad (4.6.21)$$

式(4.6.21)仅在极少数情况下存在解析解，对于其他大多数情形需要采用数值方法求解。当 $a = b = x = y = 1$ 时，式(4.6.21)即变为文献[514]中简单反应理想搅拌式燃料电池的优化结果。

4.6.1.4 耗散流燃料电池

本节研究非零耗散流率对于燃料电池性能的影响。为简化问题，仅考虑欧姆过电位损失，得燃料电池的有效输出电压为

$$\tilde{V}_S = 1 - \beta_1 \ln\left[\frac{\beta_4(a\beta_2 + x\varepsilon)^{x+y}}{(1-\varepsilon)^{a+b}}\right] - \beta_3 \tilde{I}_S \tag{4.6.22}$$

根据文献[514]，假定耗散正比于电极表面和池内物质的浓度差，那么隔腔 1 内物质 A 的浓度随时间的变化规律为

$$\dot{\varepsilon} = a\tilde{I}_S - \delta\varepsilon \tag{4.6.23}$$

式中，δ 为无量纲扩散系数。本节的菲克定律近似忽略了电场内对流和漂移对浓度流的影响。假定电极浸入无限势库，图 4.22 中隔腔 1 内物质 A 的浓度始终为 c_{A0}，如果电路中无电流，那么隔腔 1 内各点的浓度 c_A 均接近于 c_{A0}。在此条件下，搅拌式燃料电池不存在稳态电流使其有稳态的功率输出，而耗散流燃料电池将两个不同电化学势差的无限势库连接在一起，燃料电池将会稳态运行，电池两极的电势差将会产生稳定的电流从而产生输出功。假定外部负载和电阻是完全可控的，由此可以确定燃料电池稳态工作时的最大输出功。由式(4.6.23)得稳态电流为

$$\tilde{I}_S = \delta\varepsilon / a \tag{4.6.24}$$

稳态功率输出 $\tilde{P}$ 为

$$\tilde{P} = \tilde{V}_S \tilde{I}_S \tag{4.6.25}$$

将式(4.6.22)和式(4.6.24)代入式(4.6.25)，由极值条件 $d\tilde{P}/d\varepsilon = 0$ 得

$$\left\{1 - \frac{2\beta_3\delta\varepsilon_{opt}}{a} - \frac{\beta_1\varepsilon_{opt}[x(x+y)(1-\varepsilon_{opt}) + (a+b)\varepsilon_{opt}(a\beta_2 + x\varepsilon_{opt})]}{(a\beta_2 + x\varepsilon_{opt})(1-\varepsilon_{opt})}\right\}$$
$$= \beta_1 \ln\left[\frac{\beta_4(a\beta_2 + x\varepsilon_{opt})^{x+y}}{(1-\varepsilon_{opt})^{a+b}}\right] \tag{4.6.26}$$

式中，ε_{opt} 为电极表面的最佳稳态浓度。当 $a=b=x=y=1$ 时，式(4.6.26)即变为文献[514]中简单反应耗散流燃料电池的优化结果。

4.6.2 优化方法

4.6.2.1 搅拌式燃料电池优化

1. 最大输出功优化

优化问题为确定最佳电流路径和最佳末态温度使搅拌式燃料电池在有限时间内产生最大输出功。优化问题的目标函数为

$$\tilde{W} = \int_{\xi_i}^{\xi_f} \tilde{V}_S \tilde{I}_S \mathrm{d}\xi \tag{4.6.27}$$

式中，$\xi_i = 0$ 和 $\xi_f = 1$ 为积分区间；$\tilde{W} = W/\beta_0$ 为输出功的无量纲形式；$\beta_0 = U^0 c_{A0} n_e F$。优化问题的约束条件为式(4.6.17)，相应地，建立哈密顿函数如下：

$$H = \tilde{V}_S \tilde{I}_S + \lambda a \tilde{I}_S \tag{4.6.28}$$

式中，λ 为协态变量。由极值条件 $\partial H/\partial \tilde{I}_S = 0$ 得关于变量 $\tilde{I}_S$ 的控制方程为

$$1 - \beta_1 \ln\left[\frac{\beta_4(a\beta_2 + x\varepsilon)^{x+y}}{(1-\varepsilon)^{a+b}}\right] - 2\beta_3 \tilde{I}_S + \lambda a = 0 \tag{4.6.29}$$

优化问题的协态方程为

$$\dot{\lambda} = -\frac{\partial H}{\partial \varepsilon} = \frac{\beta_1 \tilde{I}_S [x(x+y)(1-\varepsilon) + (a+b)(a\beta_2 + x\varepsilon)]}{(a\beta_2 + x\varepsilon)(1-\varepsilon)} \tag{4.6.30}$$

由式(4.6.17)和式(4.6.30)进一步得

$$\lambda = \frac{\beta_1}{a} \ln\left[\frac{(a\beta_2 + x\varepsilon)^{x+y}}{(1-\varepsilon)^{a+b}}\right] + a_0' \tag{4.6.31}$$

式中，a_0' 为待定常数。将式(4.6.31)代入式(4.6.29)得

$$\tilde{I}_S = (1 - \beta_1 \ln \beta_4 + a_0' a)/(2\beta_3) \tag{4.6.32}$$

由式(4.6.32)可见，燃料电池最大输出功时的电流为常数。由式(4.6.17)进一步得

$$\varepsilon = a\xi(1 - \beta_1 \ln \beta_4 + aa_0')/(2\beta_3) \tag{4.6.33}$$

若过程末态为 $\varepsilon(1) = \varepsilon_f$，由式(4.6.33)可解得 $a_0' = (2\beta_3 \varepsilon_f - a + a\beta_1 \ln \beta_4)/a^2$。已知燃料电池电流最优路径，由式(4.6.27)得最大输出功为

$$\tilde{W}_{\max} = \begin{cases} (1 - \beta_1 \ln \beta_4)\varepsilon_f - \beta_3 \varepsilon_f^2 \\ -\beta_1 \begin{bmatrix} (1 + y/x)(a\beta_2 + x\varepsilon_f)\ln(a\beta_2 + x\varepsilon_f) + (a+b)(1-\varepsilon_f)\ln(1-\varepsilon_f) \\ -(x+y-a-b)\varepsilon_f - (1+y/x)a\beta_2 \ln(a\beta_2) \end{bmatrix} \end{cases} \tag{4.6.34}$$

式(4.6.34)为搅拌式燃料电池在有限时间内从状态 $\varepsilon(0) = 0$ 到状态 $\varepsilon(1) = \varepsilon_f$ 所能输

出的最大功。由于末态浓度不受约束，在末态时刻 $\xi_f = 1$ 时有 $\lambda(1) = 0$。由极值条件 $d\tilde{W}_{\max} / d\varepsilon_f = 0$ 得关于最优末态浓度 $\varepsilon_{f,\text{opt}}$ 的方程为

$$1 - \beta_1 \ln \beta_4 - 2\beta_3 \varepsilon_{f,\text{opt}} / a = \beta_1 \ln \left[\frac{(a\beta_2 + x\varepsilon_{f,\text{opt}})^{x+y}}{(1 - \varepsilon_{f,\text{opt}})^{a+b}} \right] \tag{4.6.35}$$

通过数值求解式(4.6.35)得 $\varepsilon_{f,\text{opt}}$。由式(4.6.21)和式(4.6.35)得最优浓度 $\varepsilon_{f,\text{opt}}$ 和平衡浓度 ε_{eq} 的关系式为

$$\left[\frac{(a\beta_2 + x\varepsilon_{eq})^{x+y}}{(1 - \varepsilon_{eq})^{a+b}} \right] \bigg/ \left[\frac{(a\beta_2 + x\varepsilon_{f,\text{opt}})^{x+y}}{(1 - \varepsilon_{f,\text{opt}})^{a+b}} \right] = \exp\left(\frac{2\beta_3 \varepsilon_{f,\text{opt}}}{a\beta_1} \right) \tag{4.6.36}$$

当 $a = b = x = y = 1$ 时，式(4.6.36)即变为文献[514]中简单反应搅拌式燃料电池最大输出功时的优化结果。

当考虑额外的电流相关损失时（也就是过电位损失），可证明其不影响燃料电池最大输出功时电流最优路径。电池的有效输出电压变为式(4.6.18)，优化问题的哈密顿函数为式(4.6.28)。相应地，控制变量 $\tilde{I}_S$ 应满足的方程为

$$\psi_1(\varepsilon) + \psi_2(\tilde{I}_S) + \tilde{I}_S \frac{d\psi_2(\tilde{I}_S)}{d\tilde{I}_S} + \lambda a = 0 \tag{4.6.37}$$

拉格朗日乘子 λ 随时间的变化规律为

$$\dot{\lambda} = -\dot{I}_S \frac{d\psi_1(\varepsilon)}{d\varepsilon} \tag{4.6.38}$$

由式(4.6.17)和式(4.6.38)得

$$\lambda = -\frac{\psi_1(\xi)}{a} + a_1' \tag{4.6.39}$$

$$\psi_2(\tilde{I}_S) + \tilde{I}_S \frac{d\psi_2(\tilde{I}_S)}{d\tilde{I}_S} + aa_1' = 0 \tag{4.6.40}$$

式中，a_1' 为积分常数。由式(4.6.40)和边界条件 $\lambda(1) = 0$ 进一步得

$$\psi_1(\varepsilon_f) + \psi_2(\tilde{I}_S) + \tilde{I}_S \frac{d\psi_2(\tilde{I}_S)}{d\tilde{I}_S} = 0 \tag{4.6.41}$$

由式(4.6.41)可见，考虑浓度差和活化过电位损失的搅拌式燃料电池最大输出功时

最优电流路径依然为常数,其值与末态浓度有关。

2. 最大利润优化

给定初始反应物的数量,优化问题为在有限的时间内通过燃料电池运行获得最大利润输出。利润函数 Π 为回报与投资之差[514],对于完全反应的简单系统有

$$\Pi = P_{\text{out}}W - P_{\text{inl}}(c_{A0} - c_A) \tag{4.6.42}$$

式中,$P_{\text{out}}W$ 为总回报;$P_{\text{inl}}(c_{A0} - c_A)$ 为总耗费;P_{inl} 和 P_{out} 分别为单元输入物质和单元输出功的价格,假定其在完全竞争的市场模型中均为常数,总耗费与输入的反应物数量成正比。式(4.6.42)忽略了运行维护、折旧和资金投入等长期耗费,短期运行费用在运行周期内假定为常数。对式(4.6.42)进行无量纲化后得

$$\tilde{\Pi} = \int_0^1 (\beta_{10}\tilde{V}_S\tilde{I}_S - a\tilde{I}_S)\mathrm{d}\xi \tag{4.6.43}$$

式中,$\tilde{\Pi} = \Pi/(c_{A0}P_{\text{inl}})$;$\beta_{10} = P_{\text{out}}U^0 n_e F/P_{\text{inl}}$;$\tilde{V}_S$ 为式(4.6.22)。建立哈密顿函数如下:

$$H = (\tilde{V}_S - 1/\beta_{10})\beta_{10}\tilde{I}_S + \lambda\tilde{I}_S \tag{4.6.44}$$

由式(4.6.44)可看出,这种形式的哈密顿函数可作为过电位损失的特例,过电位损失的电位差由一个常数项 $1/\beta_{10}$ 取代,与电流无关。因此,搅拌式燃料电池最大利润输出时的最优电流路径也为常数,最优反应程度函数 ε_{opt} 满足如下方程:

$$1 - 1/\beta_{10} - 2\beta_3\varepsilon_{\text{opt}}/a = \beta_1 \ln[\beta_4(a\beta_2 + x\varepsilon_{\text{opt}})^{x+y}/(1-\varepsilon_{\text{opt}})^{a+b}] \tag{4.6.45}$$

当 $a=b=x=y=1$ 时,式(4.6.45)即变为文献[514]中简单反应搅拌式燃料电池最大利润时的优化结果。一方面,当 $P_{\text{out}} \gg P_{\text{inl}}$ 时,最大利润时的最优解趋近于最大输出功时的最优解;另一方面,当 $\varepsilon_{\text{opt}} \leqslant 0$ 时,燃料电池即使按最优路径运行也无利润输出。这个无利润输出的条件为

$$\beta_{10} \leqslant 1/\{1 - \beta_1 \ln[\beta_4(a\beta_2)^{x+y}]\} \tag{4.6.46}$$

对于搅拌流燃料电池,无论是以输出功最大为目标还是以利润最大为目标,其最优电流路径均为常数,并且此结论对于存在与电流相关的各种过电位损失也成立。

4.6.2.2 耗散流燃料电池的最优控制

1. 最大输出功优化

优化问题的目标函数和约束条件分别为式(4.6.27)和式(4.6.23),建立哈密顿

函数如下：

$$H = \tilde{V}_S \tilde{I}_S + \lambda(a\tilde{I}_S - \delta\varepsilon) \qquad (4.6.47)$$

式中，有效输出电压 $\tilde{V}_S$ 为式(4.6.22)。优化问题的协态方程为

$$\dot{\lambda} = -\frac{\partial H}{\partial \varepsilon} = \frac{\beta_1 v[x(x+y)(1-\varepsilon) + (a+b)(a\beta_2 + x\varepsilon)]}{(a\beta_2 + x\varepsilon)(1-\varepsilon)} + \delta\lambda \qquad (4.6.48)$$

由极值条件 $\partial H / \partial \tilde{I}_S = 0$ 得关于变量 $\tilde{I}_S$ 的控制方程为

$$\tilde{I}_S = \frac{1}{2\beta_3}\left\{1 - \beta_1 \ln\left[\frac{\beta_4(a\beta_2 + x\varepsilon)^{x+y}}{(1-\varepsilon)^{a+b}}\right] + \lambda a\right\} \qquad (4.6.49)$$

当 $a = b = x = y = 1$ 时，式(4.6.48)和式(4.6.49)即变为文献[514]简单反应耗散流燃料电池最大输出功时的优化结果。将式(4.6.49)代入式(4.6.23)和式(4.6.48)得两个耦合的非线性微分方程组，其边界条件为 $\varepsilon(0) = 0$ 和 $\lambda(1) = 0$，这是典型的微分方程组两点边值问题，需要用数值方法求解。

2. 最大利润输出优化

对于耗散流燃料电池，当以最大利润输出为优化目标时，优化问题的目标函数和约束条件分别为式(4.6.43)和式(4.6.23)，建立哈密顿函数如下：

$$H = (\tilde{V}_S - 1/\beta_{10})\beta_{10}\tilde{I}_S + \lambda(a\tilde{I}_S - \delta\varepsilon) \qquad (4.6.50)$$

由极值条件 $\partial H / \partial \tilde{I}_S = 0$ 得关于变量 $\tilde{I}_S$ 的控制方程为

$$\tilde{I}_S = \frac{1}{2\beta_3\beta_{10}}\left\{\beta_{10} - 1 - \beta_1\beta_{10}\ln\left[\frac{\beta_4(a\beta_2 + x\varepsilon)^{x+y}}{(1-\varepsilon)^{a+b}}\right] + \lambda a\right\} \qquad (4.6.51)$$

优化问题的协态方程为

$$\dot{\lambda} = \frac{\beta_1\beta_{10}\tilde{I}_S[x(x+y)(1-\varepsilon) + (a+b)(a\beta_2 + x\varepsilon)]}{(a\beta_2 + x\varepsilon)(1-\varepsilon)} + \delta\lambda \qquad (4.6.52)$$

当 $a = b = x = y = 1$ 时，式(4.6.51)和式(4.6.52)即变为文献[514]中简单反应耗散流燃料电池最大利润输出时的优化结果。优化问题的边界条件为 $\varepsilon(0) = 0$ 和 $\lambda(1) = 0$，需通过数值方法求解。

4.6.3 数值算例与讨论

4.6.3.1 搅拌式燃料电池下的数值算例

令化学计量系数为 $a=y=1$,$b=x=2$,$\beta_4=1$,图 4.23 为 (β_1,β_2) 参数空间平衡浓度的等高线图。虚线表示 ε_{eq} 的负值即过程按反应方程式(4.6.3)的逆向进行。由图可见,随着 β_1 的增加,平衡浓度 ε_{eq} 减少,这表明由于标准电动势形成的驱动力减小导致化学反应平衡向左移动;随着 β_2 的增加,平衡浓度 ε_{eq} 也减少,这表明由于初始浓度梯度的降低使反应驱动力减小,从而导致化学反应平衡也向左移动。

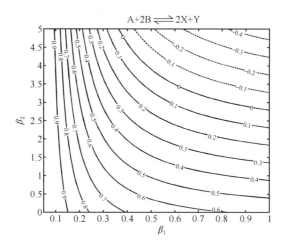

图 4.23　(β_1,β_2) 参数空间平衡浓度 ε_{eq} 的等高线图

图 4.24 和图 4.25 分别为 (β_1,β_2) 参数空间输出功最大时最优浓度 $\varepsilon_{f,opt}$ 和相应最大输出功 $\tilde{W}_{max}$ 的等高线图,最优末态值 $\varepsilon_{f,opt}$ 通过数值求解式(4.6.35)得到。由图可见,随着 β_3 的增加,等高线均向左下方移动,表明较高的欧姆电阻 R_{ohm} 或者较低的时间间隔 ξ_f 使输出功、电路电流和欧姆损失均减少;在 β_3 取值较小时,最优末态浓度 $\varepsilon_{f,opt}$ 及相应的输出功 $\tilde{W}_{max}$ 均随着 β_1 和 β_2 的增加而减少;随着 β_3 的增加,参数空间 (β_1,β_2) 分化为两个区域,在 β_2 较小时有 $(\partial \tilde{W}/\partial \beta_1)_{\beta_2}>0$,在 β_2 较大时有 $(\partial \tilde{W}/\partial \beta_1)_{\beta_2}<0$。在文献[514]中,$(\partial \tilde{W}/\partial \beta_1)_{\beta_2}>0$ 的区域称为顺功域,$(\partial \tilde{W}/\partial \beta_1)_{\beta_2}<0$ 的区域称为逆功域。

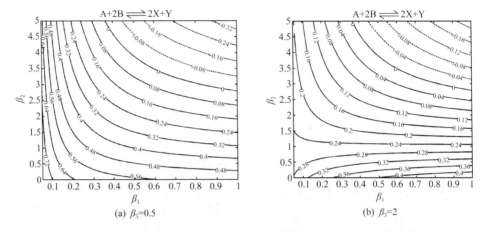

图 4.24 (β_1, β_2) 参数空间输出功最大时最优浓度 $\varepsilon_{f,opt}$ 的等高线图

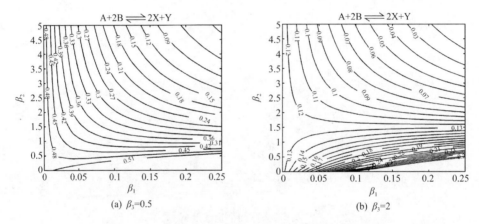

图 4.25 (β_1, β_2) 参数空间最大输出功 $\tilde{W}_{max}$ 的等高线图

图 4.26 为 (β_1, β_2) 参数空间利润最大时最优浓度 $\varepsilon_{f,opt}$ 的等高线图。由图可见，随着 β_3 的减少和 β_{10} 的增加，最优 $\varepsilon_{f,opt}$ 等高线向右上方移动，这表明随着单位输出功价格与单位输入反应物价格的比值增加，同样的利润最优值需要消耗更多的输入反应物和更多的输出功；与最大输出功优化一样，随着 β_{10} 的增加，参数空间 (β_1, β_2) 同样分化为两个区域。

对于搅拌流燃料电池，不同优化目标下的最优电流路径仅存在量的差别，最大输出功 $\tilde{W}_{max}$ 的最优末态浓度 $\varepsilon_{f,opt}$ 可作为最大利润输出时的最优末态浓度上限。当 β_3 较小和 β_{10} 较大时，最大输出功和最大利润时的浓度 $\varepsilon_{f,opt}$ 在 (β_1, β_2) 参数空间的变化规律趋近于平衡浓度 ε_{eq}。最大输出功和最大利润时的浓度 $\varepsilon_{f,opt}$ 小于平衡

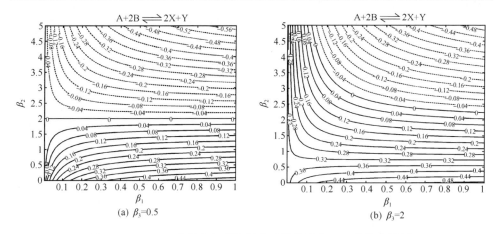

图 4.26 (β_1, β_2) 参数空间利润最大时最优浓度 $\varepsilon_{f,opt}$ 的等高线图

浓度 ε_{eq}，这表明燃料电池燃料并未完全耗尽。最大输出功时 (β_1, β_2) 参数空间的浓度 $\varepsilon_{f,opt}$ 的梯度比同等条件下的平衡浓度 ε_{eq} 更为陡峭；当 β_3 较小时，浓度 $\varepsilon_{f,opt}$ 和 ε_{eq} 均随着 β_1 和 β_2 的增加而减少，这是因为从标准电池电动势或浓差电动势得到的驱动力变小，从而使相应的末态浓度 ε_f 和输出功 $\tilde{W}_{max}$ 减少；当 β_3 较大时，最大输出功和最大利润时的末态浓度 $\varepsilon_{f,opt}$ 和输出功 $\tilde{W}_{max}$ 在参数空间 (β_1, β_2) 出现分叉，对于恒定的 β_2，在 β_2 值较小的区域内，末态浓度 $\varepsilon_{f,opt}$ 和输出功 $\tilde{W}_{max}$ 随着 β_1 的增加而增加，因此可通过减少反应电解质的标准电动势从而在参数空间 (β_1, β_2) 得到一个顺功域使输出功 $\tilde{W}_{max}$ 和利润 $\tilde{\Pi}$ 均增加，当 β_1 值较大时，这个影响作用更为明显。当 β_{10} 较小时，最大利润时的末态浓度 $\varepsilon_{f,opt}$ 在参数空间 (β_1, β_2) 上同样出现了分叉，分为顺功域和逆功域，在顺功域随着 β_1 的增加，末态浓度 $\varepsilon_{f,opt}$ 和利润 $\tilde{\Pi}$ 均增加，特别在 β_3 和 β_{10} 较小时，即与单位输出价格相比，单位输出占据主导地位时，这种趋势更为明显。

4.6.3.2 耗散流燃料电池下的数值算例

图 4.27 为耗散流燃料电池最优平衡浓度 ε_{eq} 和相应功率 $\tilde{P}$ 在参数空间 (β_1, β_2) 的等高线图，其中 $\beta_3 = 0.5$ 和 $\delta = 1.0$。计算结果表明，随着 β_3 或者 δ 的增加，等高线升高并向右移动，这表明 ε_{eq} 和 $\tilde{P}$ 均减少，然而在图中 $\varepsilon_{eq} = 0$ 依然不变，始终处在曲线方程 $\beta_2 = \exp(1/2\beta_1)$ 处的参数空间，与 β_3 和 δ 的取值无关。

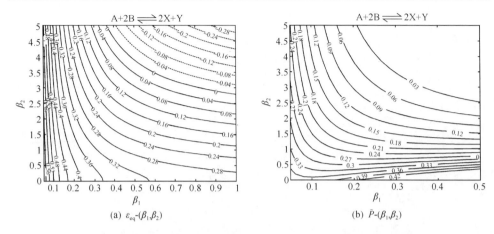

图 4.27 (β_1,β_2) 参数空间最优平衡浓度 ε_{eq} 和输出功率 $\tilde{P}$ 的等高线图

对于耗散流燃料电池，最大输出功和最大利润只能采用数值方法求解。取 $\beta_1 = 0.25$ 和 $\beta_2 = 0.15$，图 4.28 为耗散流燃料电池最大输出功时最优浓度 ε_{opt} 和电流 $\tilde{I}_S$ 随时间 ξ 的最优变化规律，其中实线代表电流 $\tilde{I}_S$，虚线代表浓度 ε_{opt}。由图可见，耗散流燃料电池最大输出功时最优电流路径不再为常数，相反，随着 β_1、β_2 或 δ 的减少或 β_3 的增加，电流最优路径接近为常数。最大输出功时最优电流路径的一般形式为向下凹的抛物线。与搅拌式燃料电池输出功随着 β_3 的增加而减少一样，耗散流燃料电池输出功随着 δ 的增加而减少。耗散流燃料电池的最大输出功约为稳态流燃料电池输出功的两倍，此结果指明了燃料电池最大输出功优化设计的方向。例如，当反应物价格不是很高时，可以让燃料电池沿电流最优路径运行，然后在过程的末态灌入新的燃料，如此循环工作，耗散流燃料电池将比其稳态工作时获得更多的输出功或更大的平均输出功率。

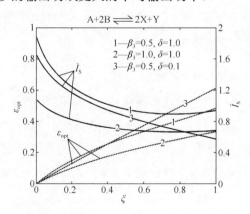

图 4.28 最大输出功时最优浓度 ε_{opt} 和电流 $\tilde{I}_S$ 随时间 ξ 的最优变化规律

图 4.29 为耗散流燃料电池最大输出功时最优末态浓度 $\varepsilon_{f,opt}$ 随参数 δ 的变化规律。图 4.30 为耗散流燃料电池最大输出功 $\tilde{W}_{max}$ 和相应效率 η 随参数 δ 的变化规律，其中实线代表输出功 $\tilde{W}_{max}$，虚线代表效率 η。由图可见，最优末态浓度 $\varepsilon_{f,opt}$ 随着参数 δ 的增加而减少；在参数 δ 相等的条件下，末态浓度 $\varepsilon_{f,opt}$ 随着参数 β_3 的增加而减少；最大输出功 $\tilde{W}_{max}$ 随着参数 δ 的增加而增加，这是因为反应物末态浓度 $\varepsilon_{f,opt}$ 随着参数 δ 的增加而降低，所以系统的最大输出功增加；效率 η 随着参数 δ 的增加而减少，这是因为虽然系统的实际最大输出功增加，但同时系统的可逆输出功也增加，后者的相对增加量大于前者。

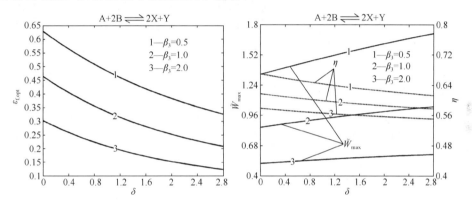

图 4.29 最大输出功时最优末态浓度 $\varepsilon_{f,opt}$ 随参数 δ 的变化规律

图 4.30 最大输出功 $\tilde{W}_{max}$ 和相应效率 η 随参数 δ 的变化规律

图 4.31 为简单反应耗散流燃料电池最大利润时最优末态浓度 $\varepsilon_{f,opt}$ 和电流 $\tilde{I}_S$ 随时间 ξ 的最优变化规律，其中实线代表电流 $\tilde{I}_S$，虚线代表浓度 $\varepsilon_{f,opt}$。由图 4.31 可见，最大利润输出时最优末态浓度 $\varepsilon_{f,opt}$ 随着时间的增加呈非线性规律增加，而

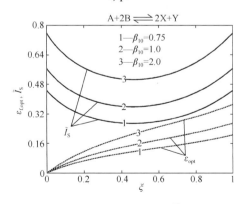

图 4.31 最大利润时最优末态浓度 $\varepsilon_{f,opt}$ 和电流 $\tilde{I}_S$ 随时间 ξ 的最优变化规律

电流 $\tilde{I}_S$ 随着时间先减少后增加，存在一个最小值，呈类抛物线关系变化。随着价格比 β_{10} 的增加，浓度 $\varepsilon_{f,opt}$ 和电流 $\tilde{I}_S$ 均增加，这是因为与反应物的消耗相比，更多的输出功可以使系统的利润增加。

4.6.3.3 不同化学反应下优化结果的比较

文献[514]研究了 $X+Y \rightleftharpoons A+B$ 型简单反应下的燃料电池优化问题，本节研究了 $aA+bB \rightleftharpoons xX+yY$ 型复杂反应下燃料电池优化问题，文献[514]的研究结果为本节研究的特例，同时本节的优化结果还可以与文献[514]的研究结果相比较，从中可看出化学反应级数对优化结果的影响。取 $\beta_1 = 0.25$ 和 $\beta_2 = 0.15$，图 4.32 为 $X+Y \rightleftharpoons A+B$ 型简单反应下耗散流燃料电池最大输出功时输出电压 $\tilde{V}_S$ 随电流 $\tilde{I}_S$ 的最优变化规律，图 4.33 为 $A+2B \rightleftharpoons 2X+Y$ 型复杂反应下耗散流燃料电池最大输出功时输出电压 $\tilde{V}_S$ 随电流 $\tilde{I}_S$ 的最优变化规律。对比图 4.32 和图 4.33 可见，在图 4.32 中电压 $\tilde{V}_S$ 随电流 $\tilde{I}_S$ 为典型的抛物线关系，而在图 4.33 中电压 $\tilde{V}_S$ 随着电流 $\tilde{I}_S$ 呈近似单调增加，因此，化学反应级数对耗散流燃料电池最大输出功时电流最优构型有显著的影响。

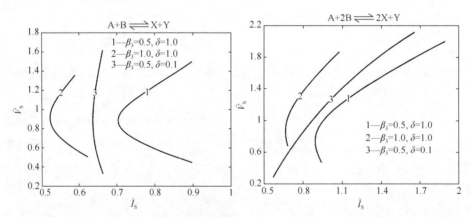

图 4.32 简单反应耗散流燃料电池最大输出功时输出电压 $\tilde{V}_S$ 随电流 $\tilde{I}_S$ 的最优变化规律

图 4.33 复杂反应耗散流燃料电池最大输出功时输出电压 $\tilde{V}_S$ 随电流 $\tilde{I}_S$ 的最优变化规律

4.7 本章小结

本章研究了非线性阻容 RC 电路、存在旁通电阻器的 RC 电路、存在旁通电阻器的 LRC 电路等三种电路中非线性电容器充电过程以及非线性电容电池与复杂化学反应燃料电池等两类电池放电做功过程的动态优化问题，得到的主要结论如下。

(1) 非线性阻容 RC 电路电容器充电时间最短时电源电压最优时间路径包含初态和末态的瞬时变化段及中间的恒电压段，该路径与电阻器和电容器的非线性特性均无关，过程的充电效率也仅与电容器的非线性有关。

(2) 当电路时间常数与充电过程时间比值较小时，线性电压充电策略优于恒电压充电策略，反之，当电路时间常数与充电过程时间比值较大时，恒电压充电策略优于线性电压充电策略；恒电压充电策略下的充电效率不可能超过 50%，而线性电压充电策略和焦耳热耗散最小的充电策略下充电过程效率在时间常数与充电时间比值较小可以接近于 1。

(3) 当电阻为常数或电流传输规律为"差函数"形式时，RC 电路焦耳热耗散最小时电源电压和电容器电压之差为常数，此性质与电容器特性无关，此时电容器电压随时间的最优变化规律与电阻器特性也无关。

(4) 电容器的非线性特性和旁通电阻器等均对电路的工作特性曲线与参数的最优选择有显著影响，因此研究电容器的非线性特性和旁通电阻器等对电路焦耳热耗散最小时的优化结果影响是十分有必要的；存在旁通电阻器的 LRC 电路和存在旁通电阻器的 RC 电路两者焦耳热耗散最小时的电容器电压随时间变化规律相同，与电感器无关；电容器充电电路中串联电感增加了电路焦耳热耗散，降低了充电效率。

(5) 放电过程时间、电压边界条件、优化目标和电池电容的非线性特性等均对电池放电过程最大输出功时的优化结果有较大影响，在实际电路设计与优化时必须予以详细考虑和界定。

(6) 无论是以最大输出功还是以最大利润为优化目标，搅拌式燃料电池的最优电流路径为常数，与浓度差和活化过电位损失均无关；对于耗散流燃料电池，其最大输出功时电流随时间呈曲线规律变化，并且最大利润目标下的优化结果与最大输出功时显著不同，化学反应级数影响耗散流燃料电池最大输出功和最大利润时电流最优构型；本章研究对象具有一定普适性，优化结果包括前人研究结果，对实际电化学系统的最优设计与运行具有一定理论指导意义。

第5章 贸易过程动态优化

5.1 引　言

温度差 ΔT 产生热流 q，价格差 ΔP 产生商品流 n，热力学中描述热力系统所处状态的物理量包括广延量(如质量、体积、内能、熵等)和强度量(如温度、压力、化学势等)，同样经济学中描述经济系统所处状态的物理量也包括广延量(如劳动力、资本、商品数量)和强度量(如价格)，因此可以将经济学与热力学进行类比研究。

文献[111]~[115]、[121]、[127]、[750]和[755]~[759]研究了线性传输规律 $[n \propto \Delta P]$ 下贸易过程资本耗散最小化，以及两无限经济库定常流商业机和往复式商业机运行(类似于无限热容热源下的定常流热机和往复式热机)的最大利润优化。de Vos[761-763]研究了内可逆热机、化学机和商业机之间的类比关系，并基于一类普适传输规律 $[n \propto \Delta(P^m)]$，式中 m 为与贸易过程供需价格弹性有关的常数，研究了两无限经济库内可逆商业机的最优性能。Tsirlin 和 Kazakov[758]、Tsirslin[759]研究了线性传输规律 $[n \propto \Delta P]$ 下有限容量经济库商业机最大利润时循环最优构型以及一类复杂结构下经济系统的最大利润优化。

本章将首先研究 $[n \propto \Delta(P^m)]$ 传输规律下简单贸易过程资本耗散最小化，并与企业价格一定和商品流率一定两类交易策略相比较；然后以生产商与外界完全竞争的市场间存在商品交换为例，研究商品流漏对贸易过程资本耗散最小化的影响。

5.2　一类简单贸易过程资本耗散最小化

5.2.1　物理模型

一个经济系统可由两个量定义：资源向量 $(M, N_1, \cdots, N_{\gamma_1})$ (也可称为市场篮子、商品束[766, 767])和效用函数 $S(M,N)$。在资源向量中，M 表示该经济系统的基本资源数量，如货币、黄金等；N 表示该经济系统的非基本资源数量，如各种实物商品；γ_1 表示该经济系统非基本资源的种类。给定消费者收入为 V，并且假定所有的收入均花在了资源向量各分量上，则有

$$V(M,N) = P_0 M + \sum_{i=1}^{\gamma_1} P_i N_i \qquad (5.2.1)$$

式中，P_0 和 P_i 分别为基本资源 M 和非基本资源 N_i 的价格。当经济系统处于平衡态时，其效用函数 $S(M,N)$ 达到最大值。假定 $-\infty \leqslant N_i \leqslant +\infty$，如果 N_i 为负，则可理解为该系统应该提供第 i 种商品给其他经济系统以偿还债务。对于给定的总预算 V，根据经济学中的效用最大化理论，优化问题为在式(5.2.1)的约束下求效用函数 $S(M,N)$ 的最大值[766,767]，建立拉格朗日函数如下：

$$L = S(M,N) + \lambda \left(V - P_0 M - \sum_{i=0}^{\gamma_1} P_i N_i \right) \quad (5.2.2)$$

式中，λ 为待定的拉格朗日常数，由极值条件 $\partial L / \partial M = 0$ 和 $\partial L / \partial N_i = 0$ 得

$$P_0 = (\partial S / \partial M)/\lambda; \quad P_i = (\partial S / \partial N_i)/\lambda, \quad i = 1,\cdots,\gamma_1 \quad (5.2.3)$$

令基本资源 M 的估价为 $P_0 = 1$，由式(5.2.3)进一步得

$$P_i = \frac{\partial S}{\partial N_i} \Big/ \frac{\partial S}{\partial M}, \quad i = 1,\cdots,\gamma_1 \quad (5.2.4)$$

由式(5.2.4)可见，平衡经济系统中第 i 种非基本资源的价格 P_i 等于非基本资源 N_i 相对于基本资源 M 的边际替代率。由于 $S(M,N)$ 为凸函数，该系统中第 i 种非基本资源的估价 P_i 会随着其数量 N_i 的增加而减少。由式 $r = \partial S / \partial M$ 可知，r 表示的是基本资源 M 的边际效用，而在热力学中温度 $T = \partial E / \partial S$，式中 E 为内能，S 为熵，所以 Martinas[752]基于热力学与经济学间的类比性，定义 $T = \partial M / \partial S = 1/r$ 为基本资源的流通性或经济系统的"温度"。经济系统在平衡态下效用函数 $S(M,N)$ 的微分表达式为

$$dS = r \left(dM + \sum_{i=1}^{\gamma_1} P_i dN_i \right) = r dV \quad (5.2.5)$$

根据在经济活动中的角色不同，经济系统可分为两类。

(1) 经济库(Economic Reservoir)：可以是一个消费者或者一个生产者。如果经济库中资源的价格向量 P 与其相应的数量 N 有关，如式(5.2.4)，称为有限容量经济库，否则称为无限容量经济库，可认为该系统处于完全竞争的市场，即该经济系统为价格接受者。经济学中的有限容量经济库类似于热力学中的有限热容热源，无限容量经济库类似于无限热容热源，价格类似于温度。

(2) 企业(Firm or Company)：包括贸易企业和经销商等。企业的作用是在经济活动中制定各资源的购买价和售价以获取最大的利润。利润一般以基本资源即货币来衡量，因此对于企业而言，其效用函数等价于其基本资源的数量：

$$S = M, \quad r = 1 \tag{5.2.6}$$

经济学中的企业类似于热力学中的热机,企业获取最大利润的过程类似于热机获取最大功的过程。

根据文献[111]~[115]、[121]、[127]、[750]和[755]~[759]建立简单贸易过程模型,如图 5.1 所示,本节分别讨论两类简单贸易过程模型,第一类是两经济库间的贸易过程模型,第二类是一个经济库和一个企业间的贸易过程模型。与文献[111]~[115]、[121]、[127]、[750]和[755]~[759]中的线性传输规律[$n \propto \Delta P$]不同,本节考虑商品交换均服从一类普适传输规律[$n \propto \Delta(P^m)$][761-763]。

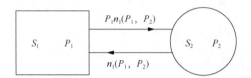

图 5.1 简单贸易过程模型[111-115, 121, 127, 750, 755-759]

5.2.1.1 两经济库间的贸易过程

为了便于分析,假定两个经济库的效用函数分别为 S_1 和 S_2,经济库 1 以价格 P 出售商品给经济库 2,经济库 1 对于商品的估价为 P_1 并满足条件 $P_2 > P_1$,P_2 为经济库 2 对于该商品的估价。两经济库间的商品流率 n 取决于 P_1、P_2、P 等参数。当交换过程达到均衡时,存在价格 P 使商品的出售流率 n_1 与商品的购买流率 n_2 相等[766, 767]:

$$n_1(P, P_1) = n_2(P_2, P) = n \tag{5.2.7}$$

考虑商品交换满足普适传输规律[$n \propto \Delta(P^m)$],得

$$n_1(P, P_1) = \alpha_1(P^{m_1} - P_1^{m_1}), \quad n_2(P_2, P) = \alpha_2(P_2^{m_2} - P^{m_2}) \tag{5.2.8}$$

式中,α_1 和 α_2 为商品传输系数;幂指数 m_1 和 m_2 为与供需价格弹性相关的常数。弹性度量了一个变量对于另一个变量变化的敏感性,它表示一个变量发生1%的变化将会引起另一个变量相应的百分比变化。供给价格弹性 ε_1 度量了供给量 n_1 对于价格 P 变化的敏感性,需求价格弹性 ε_2 度量了需求量 n_2 对于价格 P 变化的敏感性,得 ε_1 和 ε_2 分别为[761-763, 766, 767]

$$\varepsilon_1 = \frac{\mathrm{d}n_1 / n_1}{\mathrm{d}P / P}, \quad \varepsilon_2 = -\frac{\mathrm{d}n_2 / n_2}{\mathrm{d}P / P} \tag{5.2.9}$$

联立式(5.2.8)和式(5.2.9)得

$$\varepsilon_1 = \frac{m_1 P^{m_1}}{P^{m_1} - P_1^{m_1}}, \quad \varepsilon_2 = \frac{m_2 P^{m_2}}{P_2^{m_2} - P^{m_2}} \tag{5.2.10}$$

由式(5.2.10)可见，m_1 和 m_2 与供需价格弹性 ε_1 和 ε_2 存在一一对应关系，为便于分析，令 $m_1 = m_2 = m$。联立式(5.2.7)和式(5.2.8)得

$$P = \left(\frac{\alpha_1 P_1^m + \alpha_2 P_2^m}{\alpha_1 + \alpha_2} \right)^{1/m}, \quad n = \frac{\alpha_1 \alpha_2 (P_2^m - P_1^m)}{\alpha_1 + \alpha_2} \tag{5.2.11}$$

由式(5.2.5)得两经济库效用函数变化率分别为

$$\dot{S}_1 = \frac{r_1 \alpha_1 \alpha_2 (P_2^m - P_1^m)}{\alpha_1 + \alpha_2} \left[\left(\frac{\alpha_1 P_1^m + \alpha_2 P_2^m}{\alpha_1 + \alpha_2} \right)^{1/m} - P_1 \right] \tag{5.2.12}$$

$$\dot{S}_2 = \frac{r_2 \alpha_1 \alpha_2 (P_2^m - P_1^m)}{\alpha_1 + \alpha_2} \left[P_2 - \left(\frac{\alpha_1 P_1^m + \alpha_2 P_2^m}{\alpha_1 + \alpha_2} \right)^{1/m} \right] \tag{5.2.13}$$

由式(5.2.12)和式(5.2.13)可见，$\dot{S}_1 / \dot{S}_2 = r_1 \alpha_2 / r_2 \alpha_1$ 仅在线性传输规律（$m=1$）下成立[111-115, 121, 127, 750, 755-759]，在非线性传输规律（$m \neq 1$）下不成立。对于自愿经济交换过程，必有商品交换达到平衡后总效用函数最大，即

$$\text{Max} \quad S = S_1(\bar{M}_1, \bar{N}_1) + \gamma_2 S_2(\bar{M}_2, \bar{N}_2) \tag{5.2.14}$$

式中，γ_2 为权重系数；$\bar{M}_1$ 和 $\bar{M}_2$ 分别为平衡态时两经济库的基本资源数量；$\bar{N}_1$ 和 $\bar{N}_2$ 分别为平衡态时两经济库的非基本资源数量，$\bar{M}_1$、$\bar{M}_2$、$\bar{N}_1$ 和 $\bar{N}_2$ 满足条件：

$$\bar{M}_2 = M_2(0) - [\bar{M}_1 - M_1(0)], \quad \bar{N}_2 = N_2(0) - [N_1(0) - \bar{N}_1] \tag{5.2.15}$$

式中，$M_i(0)$ 和 $N_i(0)$（$i=1, 2$）分别为初态时经济库的基本资源数量和非基本资源数量。式(5.2.14)取极值的必要条件为 $\partial S / \partial \bar{M}_1 = 0$ 和 $\partial S / \partial \bar{N}_1 = 0$，得

$$\frac{\partial S_1}{\partial \bar{N}_1} \bigg/ \frac{\partial S_1}{\partial \bar{M}_1} = \frac{\partial S_2}{\partial \bar{N}_2} \bigg/ \frac{\partial S_2}{\partial \bar{M}_2} \tag{5.2.16}$$

联立式(5.2.4)和式(5.2.16)得

$$P_1 = P_2 \tag{5.2.17}$$

由式(5.2.17)可见，平衡时两经济库对于商品的估价相等。根据经济学理论，如果可以找到一种资源配置方法，在其他人的境况没有变坏的情况下，的确能使一些人的境况变得更好一些，那么，这种配置方法称为帕累托改进(Pareto-Improvement)，当不存在帕累托改进时，则经济系统达到帕累托最优(Pareto-Optimal)[766, 767]。由式(5.2.17)可见，$P_1 = P_2$是两经济库达到帕累托最优时的解。如果初态时$P_1 \neq P_2$，那么该经济系统就存在帕累托改进，两经济库的商品交换是自愿进行的，达到平衡时$P_1 = P_2$。为了使系统回到初始状态，就必须以不小于P_2的价格从经济库2购买商品，然后以不大于P_1的价格将商品出售给经济库1，因为它需要通过额外的基本资源输入才能完成，所以商品交换过程类似于热力系统的耗散过程是不可逆的。因此，对于商品买卖过程，引入有限时间热力学的思想和方法，可以确定其过程的不可逆性最小的性能界限。

5.2.1.2 企业和生产商间的贸易过程

考虑一个企业与一个生产商(有限容量经济库)间的单一商品交换过程。企业从生产商购买商品，对于其逆过程，即企业向消费者出售商品的过程，只需将商品流反向即可进行类似研究。生产商初态的资金(基本资源)和商品(非基本资源)数量分别为$M_2(0)$和$N_2(0)$，生产商对于待售商品的估价$P_2(N_2)$为其库存量N_2的函数，并满足关系式$dP_2/dN_2 = -1/C_2$，式中C_2为生产商的资源容量[111-115, 121, 127, 750, 755-759]，类似于热力学中热源的热容。资金对于生产商的边际效用为r_2。由$dP_2/dN_2 = -1/C_2$可见，随着商品的数量N_2的增加，其估价P_2降低，这符合经济学中的商品边际效用递减原理[766, 767]。贸易过程商品价格P_1由企业按照实际需求制定。由式(5.2.6)可知，资金对于企业的边际效用为$r_1 = 1$。$n_1(P_1, P_2)$为生产商与企业的商品交换流率，假定其服从普适传输规律$n_1(P_1, P_2) = \alpha_1(P_1^m - P_2^m)$，$\alpha_1$为传输系数，幂指数$m$为与供需价格弹性有关的常数。对于企业从生产商购买商品的经济过程，显然有$P_1 > P_2$成立。对于生产商，其资金M_2和商品数量N_2在贸易过程的变化量满足关系式：

$$\dot{M}_2 = P_1 n_1(P_1, P_2), \quad \dot{N}_2 = -n_1(P_1, P_2) \tag{5.2.18}$$

假设贸易过程的总时间τ和总商品交换量$\Delta N_2 = N_2(\tau) - N_2(0)$均给定，得

$$\int_0^\tau n_1(P_1, P_2) dt = \Delta N_2 \tag{5.2.19}$$

联立式(5.2.18)和式(5.2.19)，对于生产商和企业，其效用函数S_1和S_2分别满足：

$$\dot{S}_1 = -n_1(P_1, P_2) P_1, \quad \dot{S}_2 = r_2 n_1(P_1, P_2)(P_1 - P_2) \tag{5.2.20}$$

在给定商品交换时间 τ 内,企业购买商品的资本耗费 ΔS_2 为

$$\Delta S_1 = -\int_0^\tau n_1(P_1, P_2) P_1 \mathrm{d}t = -\int_{N_2(\tau)}^{N_2(0)} P_1 \mathrm{d}N_2 \qquad (5.2.21)$$

由于 $P_1 > P_2$,显然当 $P_1 = P_2$ 时,资本耗费 ΔS_1 最小,商品交换流率 $n_1(P_1, P_2) \to 0$,过程的时间趋于无限长,类似于热力学中的可逆传热过程,此时的商品交换过程也是可逆的,企业的资本耗费为

$$\Delta S_1^0 = -\int_0^\tau n_1(P_1, P_2) P_2 \mathrm{d}t = -\int_{N_2(\tau)}^{N_2(0)} P_2 \mathrm{d}N_2 \qquad (5.2.22)$$

显然 $\left|\Delta S_1^0\right| < \left|\Delta S_1\right|$,即在有限时间商品交换过程中企业的资本有一部分由于过程的不可逆性存在一定的耗散,根据文献[111]~[115]、[121]、[127]、[750]和[755]~[759],定义 $\bar{\sigma} = (\Delta S_1^0 - \Delta S_1)/\tau > 0$ 为过程的平均资本耗散,类似于热力学中的熵产生,$\bar{\sigma}$ 可以用来衡量该商品交换过程的不可逆性。类似于本书 2.2 节以熵产生最小为目标优化传热过程,本节选取资本耗散最小为目标优化贸易过程,则优化问题的目标函数为

$$\min_{P_2(t)} \bar{\sigma} = \frac{\Delta S_1^0 - \Delta S_1}{\tau} = \frac{1}{\tau}\int_0^\tau n_1(P_1, P_2)(P_1 - P_2) \mathrm{d}t \qquad (5.2.23)$$

5.2.2 优化方法

现在的问题为在式(5.2.18)和式(5.2.19)的约束下求式(5.2.23)中 $\bar{\sigma}$ 的最小值。本节采用极小值原理优化方法,由式(5.2.18)得 $\mathrm{d}t = -\mathrm{d}N_2 / n_1(P_1, P_2)$,将其代入式(5.2.18)和式(5.2.19)分别得

$$\mathrm{d}M_2 / \mathrm{d}N_2 = -P_1 \qquad (5.2.24)$$

$$\frac{1}{\tau}\int_{N_2(0)}^{N_2(\tau)} \frac{-1}{n_1(P_1, P_2)} \mathrm{d}N_2 = 1 \qquad (5.2.25)$$

式(5.2.23)相应变为

$$\min_{P_1(t)} \bar{\sigma} = \frac{1}{\tau}\int_{N_2(0)}^{N_2(\tau)} (P_2 - P_1) \mathrm{d}N_2 \qquad (5.2.26)$$

建立哈密顿函数 H 如下:

$$H = (P_2 - P_1) - \lambda_1 P_1 - \lambda_2 / n_1(P_1, P_2) \qquad (5.2.27)$$

式中，λ_1 为协态变量，由于式(5.2.25)为等周约束，λ_2 为待定拉格朗日常数。由协态方程 $d\lambda_1/dN_2 = -\partial H/\partial M_2$ 得

$$\lambda_1 = \text{const} \quad (5.2.28)$$

由极值条件 $\partial H/\partial P_1 = 0$ 得

$$\lambda_1 = \frac{\lambda_2 \partial n_1/\partial P_1}{n_1^2(P_1, P_2)} - 1 \quad (5.2.29)$$

由于 $n_1(P_1, P_2) = \alpha_1(P_1^m - P_2^m)$，联立式(5.2.28)和式(5.2.29)得

$$P_1^m - P_2^m = aP_1^{(m-1)/2} \quad (5.2.30)$$

式中，a 为积分常数。由式(5.2.30)可见，$[n \propto \Delta(P^m)]$ 传输规律下贸易过程资本耗散最小时商品流率与企业商品价格的 $(m-1)/2$ 次幂之比为常数。由 $dP_2/dN_2 = -1/C_2$ 得

$$dP_2/dt = \alpha_1(P_1^m - P_2^m)/C_2 \quad (5.2.31)$$

联立式(5.2.30)和式(5.2.31)进一步得

$$\frac{dP_1}{dt} = \frac{P_1^{(m+1)/2}(P_1^m - aP_1^{(m-1)/2})^{(m-1)/m} m\alpha_1 a/C_2}{mP_1^m - (m-1)aP_1^{(m-1)/2}/2} \quad (5.2.32)$$

式(5.2.30)和式(5.2.32)确定了贸易过程资本耗散最小时价格 $P_1(t)$ 和 $P_2(t)$ 的最优时间路径，仅对极少数 m 值存在解析解，如 $m=1$ 或 $m=-1$，对于一般情形则需采用数值方法求解。因为 $dP_2/dN_2 = -1/C_2$，所以 ΔN_2 给定等价于 $P_2(0)$ 和 $P_2(\tau)$ 一定。在已知 $P_2(0)$、$P_2(\tau)$、α_1、C 和 τ 等参数下，联立式(5.2.30)和式(5.2.32)可解得 $P_1(t)$ 和 $P_2(t)$ 的最优构型，然后将 $P_1(t)$ 和 $P_2(t)$ 代入式(5.2.23)得最小资本耗散 $\bar{\sigma}_{\min}$。

5.2.3 其他交易策略

文献[352]、[353]、[361]、[362]和本书 2.2 节以熵产生最小为目标优化了传热过程，并将熵产生最小化换热最优策略与传统的热流率一定和热流体温度一定两种换热策略进行了比较，为了与资本耗散最小化最优交易策略相比较，类似于文献[352]、[353]、[361]、[362]和本书第 2 章中的传热过程优化研究方法，本节考虑实际经济活动中可能存在的商品交易情形，抽象出企业物价 P_1 一定和商品流率 $n_1(P_1, P_2)$ 一定两种交易策略。对于企业物价 P_1 一定的交易策略，可认

为企业对于生产商的价格变化不能做出有效的决策或受其他条件约束,保持购买价格恒定;对于商品流率 $n_1(P_1,P_2)$ 一定的交易策略,可认为企业为了维持其业务的正常运行,一段时间内对于该种商品的需求量恒定。

5.2.3.1 企业价格一定的交易策略

对于企业价格 P_1 一定的交易策略,此时 $P_1 = \text{const}$。由式(5.2.18)得常数 P_1 满足的方程为

$$\int_{P_2(0)}^{P_2(\tau)} 1/(P_1^m - P_2^m) \mathrm{d}P_2 = \alpha_1 \tau / C_2 \tag{5.2.33}$$

式(5.2.33)只在极少情形下存在解析解,对于其他大多数情形只能得到数值解。通过求解式(5.2.33)得 P_1 的值,然后将 P_1 代入下式:

$$\int_{P_2(0)}^{P_2(t)} 1/(P_1^m - P_2^m) \mathrm{d}P_2 = \alpha_1 t / C_2 \tag{5.2.34}$$

可进一步得该交易策略下估价 $P_1(t)$ 随时间的变化规律。最后将 P_1 和 $P_2(t)$ 代入式(5.2.23)进行数值积分,得该交易策略下的资本耗散 $\bar{\sigma}_{P_1=\text{const}}$。

5.2.3.2 商品流率一定的交易策略

对于商品流率 $n_1(P_1,P_2)$ 一定的交易策略,此时 $n_1(P_1,P_2) = \text{const}$。由式(5.2.31)可见,价格 $P_2(t)$ 随时间线性变化。$P_1(t)$ 和 $P_2(t)$ 随过程时间的变化规律分别为

$$P_1(t) = \{\{P_2(0) + [P_2(\tau) - P_2(0)]t/\tau\}^m + C_2[P_2(\tau) - P_2(0)]/(\alpha_1\tau)\}^{1/m} \tag{5.2.35}$$

$$P_2(t) = P_2(0) + [P_2(\tau) - P_2(0)]t/\tau \tag{5.2.36}$$

将 $P_1(t)$ 和 $P_2(t)$ 代入式(5.2.23)积分得该交易策略下的资本耗散 $\bar{\sigma}_{n_1=\text{const}}$。

5.2.4 特例分析

传输规律幂指数 m 的取值与供需价格弹性有关,对于具体的经济活动中商品需求可通过面谈方法和实验方法(直接推销实验)得到实验数据,然后进行回归分析估算[766,767]。根据文献[766]和[767]可知,在计量经济学中通过回归分析确定需求函数,一般的线性需求函数可通过选需求量 N 和价格 P 作为回归分析变量得到,也就是传输过程满足线性传输规律$[n \propto \Delta P]$;当简单的线性需求函数模型与实际数据不符时,可通过选择需求量的对数 $\log N$ 和价格的对数 $\log P$ 作为回归分析变量[766,767],此时需求函数变为多项式型,传输过程满足$[n \propto \Delta(P^m)]$传输规律,

显然后者比前者更为普适。为了分析的方便，本节类比于热力学中的广义辐射传热规律中幂指数的取值，分别导出 $m=1$、-1、2、3 等四种传输规律的结果，并比较不同交易策略下的结果。

5.2.4.1 $m=1$ 时的特例

当 $m=1$ 时，即商品流率服从线性传输规律 $n_1(P_1,P_2)=\alpha_1(P_1-P_2)$，此种传输规律类似于热力学中的牛顿传热规律。可得价格 $P_1(t)$、$P_2(t)$ 和最小资本耗散 $\bar{\sigma}_{\min}$ 分别为

$$P_1(t) = P_2(0) + [P_2(\tau) - P_2(0)](t + C_2/\alpha_1)/\tau \quad (5.2.37)$$

$$P_2(t) = P_2(0) + [P_2(\tau) - P_2(0)]t/\tau \quad (5.2.38)$$

$$\bar{\sigma}_{\min} = C_2^2[P_2(\tau) - P_2(0)]^2/\alpha_1\tau^2 \quad (5.2.39)$$

式(5.2.37)~式(5.2.39)为文献[111]~[115]、[121]、[127]、[750]和[755]~[759]的研究结果。由式(5.2.37)和式(5.2.38)可见，线性传输规律下贸易过程资本耗散最小时价格 $P_1(t)$ 和 $P_2(t)$ 的最优构型为两者均随时间线性变化且两者之差为常数，即资本耗散最小与商品流率一定两种交易策略是一致的。

对于企业价格 P_1 一定的交易策略，由式(5.2.33)和式(5.2.34)得 P_1 和 $P_2(t)$ 分别为

$$P_1 = \frac{P_2(0) - P_2(\tau)\exp(\alpha_1\tau/C_2)}{1-\exp(\alpha_1\tau/C_2)} \quad (5.2.40)$$

$$P_2(t) = \frac{P_2(0)\{1-\exp[\alpha_1(\tau-t)/C_2]\} + P_2(\tau)\{\exp[\alpha_1(\tau-t)/C_2]-\exp(\alpha_1\tau/C_2)\}}{1-\exp(\alpha_1\tau/C_2)}$$

$$(5.2.41)$$

将式(5.2.40)和式(5.2.41)代入式(5.2.23)得资本耗散 $\bar{\sigma}_{P_1=\text{const}}$ 为

$$\bar{\sigma}_{P_1=\text{const}} = \frac{C_2[P_2(\tau)-P_2(0)]^2[\exp(\alpha_1\tau/C_2)+1]}{2\tau[\exp(\alpha_1\tau/C_2)-1]} \quad (5.2.42)$$

联立式(5.2.39)和式(5.2.42)得

$$\frac{\bar{\sigma}_{P_1=\text{const}}}{\bar{\sigma}_{\min}} = \frac{[\exp(\alpha_1\tau/C_2)+1](\alpha_1\tau/C_2)}{2[\exp(\alpha_1\tau/C_2)-1]} \quad (5.2.43)$$

由式(5.2.43)可见，$\bar{\sigma}_{P_1=\text{const}}/\bar{\sigma}_{\min}$ 值与参数 $P_2(0)$ 和 $P_2(\tau)$ 无关，仅与 α_1、C_2 和 τ 等参数取值有关。

5.2.4.2 $m=-1$ 时的特例

当 $m=-1$ 时，即商品流率服从另一类线性传输规律 $n_1(P_1,P_2)=\alpha_1(P_1^{-1}-P_2^{-1})$（$\alpha_1$ 为负数），此种传输规律类似于热力学中的线性唯象传热规律。由式(5.2.30)和式(5.2.32)得

$$P_1(t) = \frac{\sqrt{P_2^2(0)+[P_2^2(\tau)-P_2^2(0)]t/\tau}}{C[P_2^2(\tau)-P_2^2(0)]/(2\alpha\tau)+1} \tag{5.2.44}$$

$$P_2(t) = \sqrt{P_2^2(0)+[P_2^2(\tau)-P_2^2(0)]t/\tau} \tag{5.2.45}$$

由式(5.2.44)和式(5.2.45)可看出，$[n \propto \Delta(P^{-1})]$ 传输规律下贸易过程资本耗散最小时价格 $P_1(t)$ 和 $P_2(t)$ 的最优构型为两者均随时间呈非线性变化且两者之比为常数。将式(5.2.44)和式(5.2.45)代入式(5.2.23)得最小资本耗散 $\bar{\sigma}_{\min}$ 为

$$\bar{\sigma}_{\min} = -\frac{C_2^2[P_2^2(\tau)-P_2^2(0)]^2/(4\alpha_1\tau^2)}{C_2[P_2^2(\tau)-P_2^2(0)]/(2\alpha_1\tau)+1} \tag{5.2.46}$$

对于企业价格 P_1 一定的交易策略，由式(5.2.33)得 P_1 满足的方程为

$$P_1[P_2(\tau)-P_2(0)]+P_1^2\ln\left[\frac{P_1-P_2(\tau)}{P_1-P_2(0)}\right]=\frac{\alpha_1\tau}{C_2} \tag{5.2.47}$$

式(5.2.47)无解析解，只能求其数值解，然后对式(5.2.23)进行数值积分求解资本耗散 $\bar{\sigma}_{P_1=\text{const}}$。

对于商品流率 $n_1(P_1,P_2)$ 一定的交易策略，由式(5.2.35)得 $P_1(t)$ 为

$$P_1(t) = \{\{P_2(0)+[P_2(\tau)-P_2(0)]t/\tau\}^{-1}+C_2[P_2(\tau)-P_2(0)]/(\alpha_1\tau)\}^{-1} \tag{5.2.48}$$

将式(5.2.36)和式(5.2.48)代入式(5.2.23)积分得该交易策略下的资本耗散 $\bar{\sigma}_{n_1}=\text{const}$。

5.2.4.3 $m=2$ 时的特例

当 $m=2$ 时，即商品流率服从平方传输规律 $n_1(P_1,P_2)=\alpha(P_1^2-P_2^2)$，式(5.2.30)和式(5.2.32)不存在解析解，必须采用数值方法求解。

对于企业价格 P_1 一定的交易策略，由式(5.2.33)得 P_1 满足的方程为

$$\frac{[P_1+P_2(\tau)][P_1-P_2(0)]}{[P_1+P_2(0)][P_1-P_2(\tau)]}=\exp\left(\frac{2\alpha_1\tau P_1}{C_2}\right) \qquad (5.2.49)$$

由式(5.2.49)通过数值方法计算P_1，然后对式(5.2.23)进行数值积分得资本耗散$\bar{\sigma}_{P_1=\text{const}}$。

对于商品流率$n_1(P_1,P_2)$一定的交易策略，由式(5.2.35)得$P_1(t)$为

$$P_1(t)=\{\{P_2(0)+[P_2(\tau)-P_2(0)]t/\tau\}^2+C_2[P_2(\tau)-P_2(0)]/(\alpha_1\tau)\}^{1/2} \qquad (5.2.50)$$

将式(5.2.36)和式(5.2.50)代入式(5.2.23)积分得该交易策略下的资本耗散$\bar{\sigma}_{n_1=\text{const}}$。

5.2.4.4　$m=3$时的特例

当$m=3$时，即商品流率服从立方传输规律$n_1(P_1,P_2)=\alpha_1(P_1^3-P_2^3)$，式(5.2.30)和式(5.2.32)也不存在解析解，必须采用数值方法求解。

对于企业价格P_1一定的交易策略，由式(5.2.33)得P_1满足的方程为

$$\left\{\begin{array}{l}\ln\dfrac{[P_2^2(\tau)+P_2(\tau)P_1+P_1^2][P_1-P_2(0)]^2}{[P_2^2(0)+P_2(0)P_1+P_1^2][P_1-P_2(\tau)]^2}\\ +2\sqrt{3}\left\{\arctan\left[\dfrac{\sqrt{3}(2P_2(\tau)+P_1)}{3P_1}\right]-\arctan\left[\dfrac{\sqrt{3}(2P_2(0)+P_1)}{3P_1}\right]\right\}\end{array}\right\}=\dfrac{6\alpha_1 P_1^2\tau}{C_2}$$

$$(5.2.51)$$

由式(5.2.51)通过数值方法计算P_1，然后对式(5.2.23)进行数值积分得资本耗散$\bar{\sigma}_{P_1=\text{const}}$。

对于商品流率$n_1(P_1,P_2)$一定的交易策略，由式(5.2.35)得$P_1(t)$为

$$P_1(t)=\{\{P_2(0)+[P_2(\tau)-P_2(0)]t/\tau\}^3+C_2[P_2(\tau)-P_2(0)]/(\alpha_1\tau)\}^{1/3} \qquad (5.2.52)$$

将式(5.2.36)和式(5.2.52)代入式(5.2.23)数值积分得该交易策略下的资本耗散$\bar{\sigma}_{n_1=\text{const}}$。

5.2.5　数值算例与讨论

假定$P_2(0)=300\$/\text{kg}$，$\tau=10\text{d}$，考虑两类价格差$\Delta P_2=100\$/\text{kg}$和$\Delta P_2=500\$/\text{kg}$，即$P_2(\tau)$分别取为$400\$/\text{kg}$和$800\$/\text{kg}$，$\Delta P_2$反映了过程商品交换数量的变化。为了使不同传输规律下贸易过程的商品流率具有一定可比性，根据具

体的传输规律对参数 C_2/α_1 取值。线性传输规律 $[n\propto\Delta P]$ 下取 $C_2/\alpha_1=10\text{d}^{-1}$；$[n\propto\Delta(P^{-1})]$ 传输规律下，当 $P_1(\tau)=400\$/\text{kg}$ 时，取 $C_2/\alpha_1=-1\times10^{-4}\$^2/(\text{kg}^2\cdot\text{d})$，当 $P_2(\tau)=800\$/\text{kg}$ 时，取 $C_2/\alpha_1=-2\times10^{-5}\$^2/(\text{kg}^2\cdot\text{d})$；平方传输规律 $[n\propto\Delta(P^2)]$ 下取 $C_2/\alpha_1=5\times10^3\text{kg}/(\$\cdot\text{d})$；立方传输规律 $[n\propto\Delta(P^3)]$ 下取 $C_2/\alpha_1=5\times10^6\text{kg}^2/(\$^2\cdot\text{d})$。表 5.1 给出了不同传输规律下各种交易策略的资本耗散比较结果。

5.2.5.1 线性传输规律 $[n\propto\Delta P]$ 下的数值算例

图 5.2(a) 和图 5.2(b) 分别给出了 $\Delta P_2=100\$/\text{kg}$ 和 $\Delta P_2=500\$/\text{kg}$ 时各种交易策略下企业的价格 $P_1(t)$ 随时间的变化规律。由图可见，资本耗散最小与商品流率一定两种交易策略相同，价格 $P_1(t)$ 随时间呈线性规律变化，当 $\Delta P_2=100\$/\text{kg}$ 时，企业定价 $P_1(t)$ 从 $400\$/\text{kg}$ 变化到 $500\$/\text{kg}$；当 $\Delta P_2=500\$/\text{kg}$ 时，企业定价 $P_1(t)$ 从 $800\$/\text{kg}$ 变化到 $1300\$/\text{kg}$。对于企业价格一定的交易策略，当 $\Delta P_2=100\$/\text{kg}$ 时，$P_1=458.2\$/\text{kg}$，当 $\Delta P_2=500\$/\text{kg}$ 时，$P_1=1091.1\$/\text{kg}$。由表 5.1 可知，商品流率一定和资本耗散最小两类交易策略下的资本耗散相等，企业价格一定的交易策略下资本耗散与最小资本耗散相差 8.2%，且与 $P_2(0)$ 和 $P_2(\tau)$ 的取值无关。

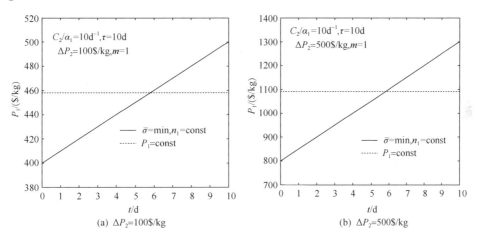

图 5.2 线性传输规律 $[n\propto\Delta P]$ 下各种交易策略的比较

5.2.5.2 $[n\propto\Delta(P^{-1})]$ 传输规律下的数值算例

图 5.3(a) 和图 5.3(b) 分别给出了 $\Delta P_2=100\$/\text{kg}$ 和 $\Delta P_2=500\$/\text{kg}$ 时各种交易策略下企业的价格 $P_1(t)$ 随时间的变化规律。由图可见，当 $\Delta P_2=100\$/\text{kg}$ 时，

资本耗散最小和商品流率一定两种交易策略下 $P_1(t)$ 随时间呈近似线性变化，当 $\Delta P_2 = 500\$/\text{kg}$ 时，可看出这两种交易策略下 $P_1(t)$ 随时间呈现显著的非线性变化，资本耗散最小的交易策略下 $P_1(t)$-t 曲线是上凸的，而商品流率一定的交易策略下 $P_1(t)$-t 曲线则是下凹的。在贸易过程之初，对应于商品流率一定的交易策略下的 $P_1(t)$ 小于对应于资本耗散最小的交易策略下的 $P_1(t)$，但在贸易过程之末，前者大于后者。对于企业价格一定的交易策略，当 $\Delta P_2 = 100\$/\text{kg}$ 时，$P_1 = 548.6\$/\text{kg}$，当 $\Delta P_2 = 500\$/\text{kg}$ 时，$P_1 = 1360.6\$/\text{kg}$。由表 5.1 可知，当 $\Delta P_2 = 100\$/\text{kg}$ 时，商品流率一定和企业价格一定两种交易策略下的资本耗散与最小资本耗散分别相差 1.7% 和 5.5%；当 $\Delta P_2 = 500\$/\text{kg}$ 时，相应的差值分别变为 42.1% 和 20.6%。

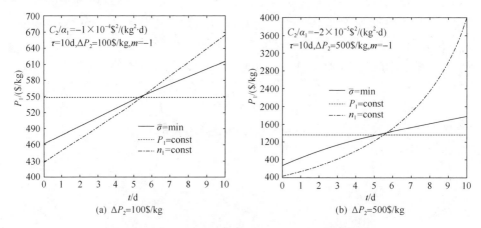

图 5.3 $[n \propto \Delta(P^{-1})]$ 传输规律下各种交易策略的比较

5.2.5.3 平方传输规律 $[n \propto \Delta(P^2)]$ 下的数值算例

图 5.4(a) 和图 5.4(b) 分别给出了 $\Delta P_2 = 100\$/\text{kg}$ 和 $\Delta P_2 = 500\$/\text{kg}$ 时各种交易策略下企业的价格 $P_1(t)$ 随时间的变化规律。由图可见，商品流率一定的交易策略与资本耗散最小的交易策略较为接近，$P_1(t)$ 均随时间呈非线性变化。在贸易过程之初，对应于商品流率一定的交易策略下的 $P_1(t)$ 大于对应于资本耗散最小的交易策略下的 $P_1(t)$，但在贸易过程之末，前者小于后者。对于企业价格一定的交易策略，当 $\Delta P_2 = 100\$/\text{kg}$ 时，$P_1 = 426.1\$/\text{kg}$，当 $\Delta P_2 = 500\$/\text{kg}$ 时，$P_1 = 800.0\$/\text{kg}$。由表 5.1 可知，当 $\Delta P_2 = 100\$/\text{kg}$ 时，商品流率一定和企业价格一定两种交易策略下的资本耗散与最小资本耗散分别相差 0.7% 和 15.8%；当 $\Delta P_2 = 500\$/\text{kg}$ 时，相应的值分别变为 1.8% 和 25.1%。

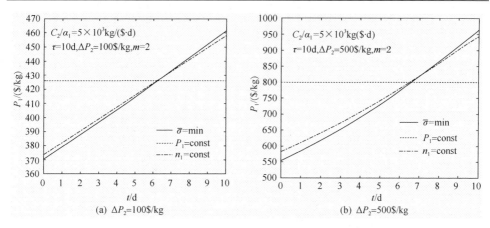

图 5.4 平方传输规律[$n \propto \Delta(P^2)$]下各种交易策略的比较

表 5.1 不同交易策略下计算结果比较

m	$\Delta P_2 / (\$/kg)$	$\bar{\sigma}_{n_1=\text{const}} / \bar{\sigma}_{\min}$	$\bar{\sigma}_{p_1=\text{const}} / \bar{\sigma}_{\min}$
1	100	1.000	1.082
1	500	1.000	1.082
−1	100	1.017	1.055
−1	500	1.421	1.206
2	100	1.007	1.158
2	500	1.018	1.251
3	100	1.009	1.042
3	500	1.016	1.062

5.2.5.4 立方传输规律[$n \propto \Delta(P^3)$]下的数值算例

图 5.5(a)和图 5.5(b)分别给出了 $\Delta P_2 = 100\$/kg$ 和 $\Delta P_2 = 500\$/kg$ 时各种交易策略下企业的价格 $P_1(t)$ 随时间的变化规律。由图可见,商品流率一定的交易策略与资本耗散最小的交易策略较为接近,$P_1(t)$ 均随时间呈非线性变化。在贸易过程之初,对应于商品流率一定的交易策略下的 $P_1(t)$ 大于对应于资本耗散最小的交易策略下的 $P_1(t)$,但在贸易过程之末,前者小于后者。对于企业价格一定的交易策略,当 $\Delta P_2 = 100\$/kg$ 时,$P_1 = 458.1\$/kg$,当 $\Delta P_2 = 500\$/kg$ 时,$P_1 = 770.2\$/kg$。由表 5.1 可见,当 $\Delta P_2 = 100\$/kg$ 时,商品流率一定和企业价格一定两种交易策略下的资本耗散与最小资本耗散分别相差 0.9% 和 4.2%;当 $\Delta P_2 = 500\$/kg$ 时,相应的值分别变为 1.6% 和 6.2%;随着 m 值增大,各种交易策略下资本耗散差别减小。

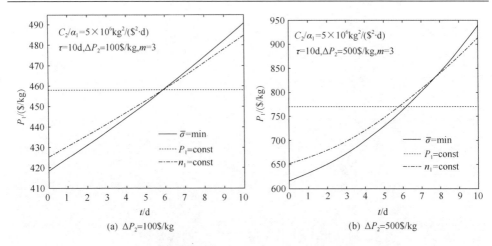

图 5.5 立方传输规律 $[n \propto \Delta(P^3)]$ 下各种交易策略的比较

5.2.5.5 各种传输规律下优化结果的比较

图 5.6(a) 和图 5.6(b) 分别为 $\Delta P_2 = 100\$/\text{kg}$ 和 $\Delta P_2 = 500\$/\text{kg}$ 时各种传输规律下资本耗散最小时企业价格 $P_1(t)$ 最优构型。由图可见，各种传输规律下的价格 $P_1(t)$ 最优构型明显不同。$[n \propto \Delta(P^{-1})]$ 传输规律下 $P_1(t)$-t 曲线是上凸的，线性传输规律下 $P_1(t)$ 随时间线性变化，平方传输规律和立方传输规律下 $P_1(t)$-t 曲线是下凹的。当 $\Delta P_2 = 100\$/\text{kg}$ 时，平方传输规律下企业价格 $P_1(t)$ 最小，线性传输规律和立方传输规律下两者 $P_1(t)$ 最优构型较为接近，$[n \propto \Delta(P^{-1})]$ 传输规律下企业价格 $P_1(t)$ 最大；当 $\Delta P_2 = 500\$/\text{kg}$ 时，平方传输规律和立方传输规律下 $P_1(t)$ 最优构型较为接近，两者均小于线性传输规律和 $[n \propto \Delta(P^{-1})]$ 传输规律下的 $P_1(t)$。

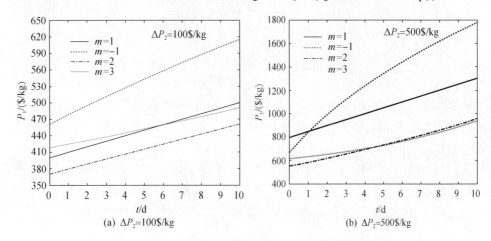

图 5.6 各种传输规律下资本耗散最小时价格 P_1 最优构型

文献[351]~[365]和本书第 2 章以熵产生最小为目标优化了传热过程的热、冷流体温度,本节则以资本耗散最小为目标优化了贸易过程的商品价格。将本节与文献[351]~[365]和本书第 2 章比较,可发现相似之处有:两者过程的不可逆性均是由于有限势差传输引起的,传热过程的不可逆性来源于有限温差传热,贸易过程的不可逆性是由于有限价格差商品传输;两者均是以过程不可逆性最小为优化目标,熵产生用来衡量热力过程的不可逆性,而资本耗散则用来衡量经济贸易过程的不可逆性;两者优化结果均受具体的传输规律影响,传热规律影响传热过程熵产生最小时热、冷流体温度最优构型,牛顿传热规律[$q \propto \Delta T$]下传热过程熵产生最小时热、冷流体温度比为常数[351-356, 358, 361, 362, 364-367],线性唯象传热规律[$q \propto \Delta(T^{-1})$]下传热过程熵产生最小时热、冷流体温度倒数之差为常数[357, 359, 360, 363-365, 367],其他传热规律下传热过程熵产生最小时热、冷流体温度最优构型与牛顿和线性唯象传热规律下的优化结果存在显著不同[363, 367],同样的,商品传输规律影响贸易过程资本耗散最小时价格最优构型,[$n \propto \Delta P$]传输规律下贸易过程资本耗散最小时高、低价侧价格之差为常数[111-115, 121, 127, 750, 755-759],[$n \propto \Delta(P^{-1})$]传输规律下贸易过程资本耗散最小时高、低价侧价格之比为常数,其他传输规律下贸易过程资本耗散最小时价格最优构型与[$n \propto \Delta P$]和[$n \propto \Delta(P^{-1})$]传输规律下的优化结果也存在显著不同。

两者的不同之处主要有:传热过程仅有一种流即热量在流动,热量由温度高处流向温度低处,而贸易过程存在两种流即货币和商品相向流动,货币由价格高处流向价格低处,商品则与货币的流动方向相反;传热过程由于热源热容有限,所以温度会随着热量的变化而变化,而贸易过程中由于生产商商品边际效用递减,所以商品价格会随着商品库存量的变化而变化;传热过程中热量由温度高处流向低处是自发进行的,而贸易过程商品由价格低处流向价格高处虽然也是自愿进行的,但追究其物理本质则是因为参与经济活动的对象均为了使自己的效用函数最大化[766, 767],带有很强的目的性。

5.3 商品流漏对贸易过程资本耗散最小化的影响

5.3.1 物理模型

在 5.2.1.2 节简单贸易过程模型的基础上,本节进一步以生产商和外界市场间存在商品交换为例研究商品流漏对贸易过程资本耗散最小化的影响。除了企业 1 和生产商 2 两个经济系统,本节研究的贸易过程还包括一个处于完全竞争的市场 3,外界市场处于完全竞争状态,其商品价格恒为 P_3,如图 5.7 所示。商品价格 P_1、P_2 和 P_3 间满足关系 $P_3 > P_1 > P_2$。除了企业和生产商间进行商品交换活动,生产商和外界市场之间也存在商品交换活动，企业与市场间无商品交换活动，例如，企业为跨国公司，生产商为本国的，生产商的商品出售对象为大数量需求的跨国公司和小数量需求的国内市场，跨国公司的商品出售对象主要针对国际市场，与本国市场间无商品交换。后一类商品交换活动必然会对前一类商品交换活动产生影响，本节将生产商和市场间的商品交换称为商品流漏。令 $n_1(P_1,P_2)$ 为企业和生产商的商品流率，$n_3(P_3,P_2)$ 为生产商和市场间的商品漏流率，其他条件与 5.2.1.2 节相同。考虑商品流率 $n_1(P_1,P_2)$ 和 $n_3(P_3,P_2)$ 均服从一类普适传输规律[$n \propto \Delta(P^m)$]，得

$$n_1(P_1,P_2) = \alpha_1(P_1^{m_1} - P_2^{m_1}) \tag{5.3.1}$$

$$n_3(P_3,P_2) = \alpha_3(P_3^{m_3} - P_2^{m_3}) \tag{5.3.2}$$

式中，α_1 和 α_3 分别为相应的商品传输系数；m_1 和 m_3 分别为与供给和需求弹性系数相关的常数。由商品流守恒定律得

$$C_2 \frac{dP_2}{dt} = -\frac{dN_2}{dt} = n_1(P_1,P_2) + n_3(P_3,P_2) \tag{5.3.3}$$

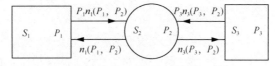

图 5.7　存在商品流漏的贸易过程模型

若贸易过程企业商品出售总量 ΔN_2 一定，则有

$$\int_{P_2(0)}^{P_2(\tau)} -C_2 dP_2 = \int_0^\tau -[n_1(P_1,P_2) + n_3(P_3,P_2)]dt = \Delta N_2 \tag{5.3.4}$$

式中，τ 为商品贸易过程总时间；$P_2(0)$ 和 $P_2(\tau)$ 分别为过程初态和末态生产商的商品价格。商品交换过程的资本耗散包括两部分：一是生产商和企业间的有限价格差商品交换过程；二是生产商和市场间的有限价格差商品交换过程，得过程的平均资本耗散 $\bar{\sigma}$ 为

$$\bar{\sigma} = \frac{1}{\tau}\int_0^\tau [n_1(P_1,P_2)(P_1-P_2) + n_3(P_3,P_2)(P_3-P_2)]dt \tag{5.3.5}$$

5.3.2　优化方法

现在的问题为在生产商的商品出售总量一定的条件下，求商品贸易过程资本耗散 $\bar{\sigma}$ 最小时价格 P_1 和价格 P_2 随时间变化的最优路径，即在式(5.3.3)和式(5.3.4)

的约束下求式(5.3.5)中$\bar{\sigma}$的最小值。本节采用平均最优控制优化方法进行求解。由式(5.3.3)得

$$dt = \frac{C_2 dP_2}{n_1(P_1, P_2) + n_3(P_3, P_2)} \tag{5.3.6}$$

由式(5.3.6)进一步得

$$\frac{1}{\tau} \int_{P_2(0)}^{P_2(\tau)} \frac{C_2}{n_1(P_1, P_2) + n_3(P_3, P_2)} dP_2 = 1 \tag{5.3.7}$$

将式(5.3.6)代入式(5.3.5)得

$$\bar{\sigma} = \frac{1}{\tau} \int_{P_2(0)}^{P_2(\tau)} \frac{C_2[n_1(P_1, P_2)(P_1 - P_2) + n_3(P_3, P_2)(P_3 - P_2)]}{n_1(P_1, P_2) + n_3(P_3, P_2)} dP_2 \tag{5.3.8}$$

优化问题变为在式(5.3.4)和式(5.3.7)的约束下求式(5.3.8)中$\bar{\sigma}$的最小值，建立变更的拉格朗日函数如下：

$$L = \frac{C_2[n_1(P_1, P_2)(P_1 - P_2) + n_3(P_3, P_2)(P_3 - P_2) + \lambda_2]}{n_1(P_1, P_2) + n_3(P_3, P_2)} - \lambda_1 C_2 \tag{5.3.9}$$

式中，λ_1和λ_2为拉格朗日乘子，均为待定常数。由极值条件$\partial L / \partial P_1 = 0$得

$$n_1^2 \bigg/ \frac{\partial n_1}{\partial P_1} + n_3 \left(n_1 \bigg/ \frac{\partial n_1}{\partial P_1} + P_1 - P_3 \right) = \lambda_2 \tag{5.3.10}$$

将式(5.3.1)和式(5.3.2)代入式(5.3.10)得

$$\frac{\alpha_1(P_1^{m_1} - P_2^{m_1})^2}{m_1 P_1^{m_1-1}} + \alpha_3(P_3^{m_3} - P_2^{m_3}) \left(\frac{P_1^{m_1} - P_2^{m_1}}{m_1 P_1^{m_1-1}} + P_1 - P_3 \right) = \lambda_2 \tag{5.3.11}$$

式(5.3.11)为存在商品流漏的贸易过程资本耗散最小化时的最优性条件，它确定了企业与生产商的商品价格P_1和P_2间的最优关系。优化问题仅在极少数特殊情形存在解析解，对于其他大多数情形需要求其数值解。对于数值计算，将式(5.3.11)两边对时间t求导得

$$\frac{dP_1}{dt} = \frac{P_1 \left\{ \begin{array}{l} 2m_1 \alpha_1 P_2^{m_1-1}(P_1^{m_1} - P_2^{m_1}) + m_1 \alpha_3 P_2^{m_1-1}(P_3^{m_3} - P_2^{m_3}) \\ + m_3 \alpha_3 P_2^{m_3-1}[(m_1+1)P_1^{m_1} - P_2^{m_1} - m_1 P_1^{m_1-1} P_3] \end{array} \right\}}{[\alpha_1(P_1^{m_1} - P_2^{m_1}) + \alpha_3(P_3^{m_3} - P_2^{m_3})][(m_1+1)P_1^{m_1} + (m_1-1)P_2^{m_1}]} \frac{dP_2}{dt} \tag{5.3.12}$$

联立式(5.3.3)和式(5.3.12)得价格 $P_1(t)$ 和 $P_2(t)$ 随时间变化的最优路径。当不存在商品流漏时即 $n_3(P_3,P_2)=0$，式(5.3.11)进一步变为

$$(P_1^{m_1}-P_2^{m_1})/P_1^{(m_1-1)/2}=\sqrt{m_1\lambda_2/\alpha_1} \qquad (5.3.13)$$

式(5.3.13)为 5.2.2 节无商品流漏的商品贸易过程资本耗散最小化时的最优性条件即式(5.2.30)。对比式(5.3.11)和式(5.3.13)可见，商品流漏 n_3 影响商品贸易过程资本耗散最小时生产商与企业中商品价格 P_1 和 P_2 间最优关系。

5.3.3 特例分析与讨论

与 5.2.4 节一样，本节将分别导出 $m=1$、-1、2、3 等四种传输规律的结果。

5.3.3.1 [$n\propto\Delta P$]传输规律下的优化结果

若 $m_1=m_3=1$，即商品流率 $n_1(P_1,P_2)$ 和 $n_3(P_3,P_2)$ 均服从[$n\propto\Delta P$]传输规律，式(5.3.3)和式(5.3.11)分别变为

$$C_2 dP_2/dt=\alpha_1(P_1-P_2)+\alpha_3(P_3-P_2) \qquad (5.3.14)$$

$$(\alpha_1+\alpha_3)(P_1-P_2)^2-\alpha_3(P_1-P_3)^2=\lambda_2 \qquad (5.3.15)$$

作变量代换令 $y_1=P_3-P_1$ 和 $y_2=P_3-P_2$，已知边界条件 $y_2(0)=P_3-P_{20}$ 和 $y_2(\tau)=P_3-P_2(\tau)$，由式(5.3.14)和式(5.3.15)可解得

$$y_1(t)=\left\{\begin{matrix}\beta_1\beta_3\{y_2(\tau)\cosh(\beta_3 t)-y_2(0)\cosh[\beta_3(\tau-t)]\}\\+(1+\beta_2)\{y_2(\tau)\sinh(\beta_3 t)+y_2(0)\sinh[\beta_3(\tau-t)]\}\end{matrix}\right\}\bigg/\sinh(\beta_3\tau)$$

$$(5.3.16)$$

$$y_2(t)=\{y_2(\tau)\sinh(\beta_3 t)+y_2(0)\sinh[\beta_3(\tau-t)]\}/\sinh(\beta_3\tau) \qquad (5.3.17)$$

式中，$\beta_1=C_2/\alpha_1$；$\beta_2=\alpha_3/\alpha_1$；$\beta_3=\sqrt{\beta_2(1+\beta_2)}/\beta_1$，将式(5.3.16)和式(5.3.17)代入式(5.3.5)得存在商品流漏时贸易过程最小资本耗散 $\sigma_{\min}$。当无商品流漏时即 $n_3(P_3,P_2)=0$，式(5.3.15)可变为

$$P_1-P_2=\text{const} \qquad (5.3.18)$$

式(5.3.18)为文献[111]~[115]、[121]、[127]、[750]、[755]~[759]和 5.2.4.1 节线性传输规律[$n\propto\Delta P$]下无商品流漏时贸易过程资本耗散最小时的优化结果。由式(5.3.16)和式(5.3.17)可见，存在商品流漏时贸易过程资本耗散最小时生产商和企

业中商品价格分别随时间呈指数规律变化，与无商品流漏时商品贸易过程资本耗散最小时的优化结果存在显著不同。

5.3.3.2 $[n \propto \Delta(P^{-1})]$ 传输规律下的优化结果

若 $m_1 = m_3 = -1$，即商品流率 $n_1(P_1, P_2)$ 和 $n_3(P_3, P_2)$ 均服从 $[n \propto \Delta(P^{-1})]$ 传输规律，式 (5.3.3) 和式 (5.3.11) 分别变为

$$C_2 \mathrm{d} P_2 / \mathrm{d} t = \alpha_1(P_1^{-1} - P_2^{-1}) + \alpha_3(P_3^{-1} - P_2^{-1}) \tag{5.3.19}$$

$$\alpha_1(P_1 / P_2 - 1)^2 + \alpha_3(1/P_3 - 1/P_2)(P_1^2 / P_2 - P_3) = \lambda_2 \tag{5.3.20}$$

式 (5.3.19) 和式 (5.3.20) 为 $[n \propto \Delta(P^{-1})]$ 传输规律下存在商品流漏的贸易过程资本耗散最小化时的最优性条件。对于数值计算，式 (5.3.12) 变为

$$\frac{\mathrm{d} P_1}{\mathrm{d} t} = \frac{P_1 \left[2\alpha_1(P_2^{-1} - P_1^{-1}) + \alpha_3(2P_2^{-1} - P_3^{-1} - P_1^{-2} P_3) \right]}{2\alpha_1 P_2 (P_2^{-1} - P_1^{-1})} \frac{\mathrm{d} P_2}{\mathrm{d} t} \tag{5.3.21}$$

当无商品流漏时即 $n_3(P_3, P_2) = 0$，式 (5.3.20) 变为

$$P_1 / P_2 = \mathrm{const} \tag{5.3.22}$$

式 (5.3.22) 为 5.2.4.2 节 $[n \propto \Delta(P^{-1})]$ 传输规律下无商品流漏的贸易过程资本耗散最小时的优化结果。

5.3.3.3 $[n \propto \Delta(P^2)]$ 传输规律下的优化结果

若 $m_1 = m_3 = 2$，即商品流率 $n_1(P_1, P_2)$ 和 $n_3(P_3, P_2)$ 服从 $[n \propto \Delta(P^2)]$ 传输规律，式 (5.3.3) 和式 (5.3.11) 分别变为

$$C_2 \mathrm{d} P_2 / \mathrm{d} t = \alpha_1(P_1^2 - P_2^2) + \alpha_3(P_3^2 - P_2^2) \tag{5.3.23}$$

$$\alpha_1(P_1^2 - P_2^2)^2 / (2P_1) + \alpha_3(P_3^2 - P_2^2)(3P_1/2 - P_2^2/2P_1 - P_3) = \lambda_2 \tag{5.3.24}$$

式 (5.3.23) 和式 (5.3.24) 为 $[n \propto \Delta(P^2)]$ 传输规律下存在商品流漏时贸易过程资本耗散最小化时的最优性条件。对于数值计算，式 (5.3.12) 变为

$$\frac{\mathrm{d} P_1}{\mathrm{d} t} = \frac{2 P_1 P_2 \left[2\alpha_1(P_2^2 - P_1^2) + \alpha_3(2P_2^2 + 2P_1 P_3 - P_3^2 - 3P_1^2) \right]}{\left[4\alpha_1 P_1^2(P_2^2 - P_1^2) + \alpha_1(P_2^2 - P_1^2)^2 + 3\alpha_3 P_1^2(P_2^2 - P_3^2) \right]} \frac{\mathrm{d} P_2}{\mathrm{d} t} \tag{5.3.25}$$

当无商品流漏时即 $n_3(P_3,P_2)=0$，式(5.3.24)变为

$$(P_1^2-P_2^2)/\sqrt{P_1}=\sqrt{2\lambda_2/\alpha_1} \quad (5.3.26)$$

式(5.3.26)为 5.2.4.3 节[$n\propto\Delta(P^2)$]传输规律下无商品流漏时贸易过程资本耗散最小时的优化结果。

5.3.3.4 [$n\propto\Delta(P^3)$]传输规律下的优化结果

若 $m_1=m_3=3$，即商品交换流率 $n_1(P_1,P_2)$ 和 $n_3(P_3,P_2)$ 均服从[$n\propto\Delta(P^3)$]传输规律，式(5.3.3)和式(5.3.11)分别变为

$$C_2 dP_2/dt=\alpha_1(P_1^3-P_2^3)+\alpha_3(P_3^3-P_2^3) \quad (5.3.27)$$

$$\frac{\alpha_1(P_1^3-P_2^3)^2}{3P_1^2}+\alpha_3(P_3^3-P_2^3)\left(\frac{4P_1}{3}-\frac{P_2^3}{3P_1^2}-P_3\right)=\lambda_2 \quad (5.3.28)$$

式(5.3.27)和式(5.3.28)为传输规律[$n\propto\Delta(P^3)$]下存在商品流漏时贸易过程资本耗散最小化时的最优性条件。对于数值计算，式(5.3.12)变为

$$\frac{dP_1}{dt}=\frac{3P_1P_2^2\left[2\alpha_1(P_2^3-P_1^3)+\alpha_3(2P_2^3+3P_1^2P_3-5P_1^3)\right]}{\left[6\alpha_1P_1^3(P_2^3-P_1^3)+2\alpha_1(P_2^3-P_1^3)^2+4\alpha_3P_1^3(P_2^3-P_3^3)\right]}\frac{dP_2}{dt} \quad (5.3.29)$$

当无商品流漏时即 $n_3(P_3,P_2)=0$，式(5.3.24)变为

$$(P_1^3-P_2^3)/P_1=\sqrt{3\lambda_2/\alpha_1} \quad (5.3.30)$$

式(5.3.30)为 5.2.4.4 节[$n\propto\Delta(P^3)$]传输规律下无商品流漏时贸易过程资本耗散最小时的优化结果。

5.4 本章小结

本章研究了贸易过程资本耗散最小化、有限低价经济库下内可逆商业机和多库商业机的最大利润输出。得到的主要结论如下：[$n\propto\Delta(P^m)$]传输规律下贸易过程资本耗散最小时商品流率与企业商品价格的 $(m-1)/2$ 次幂之比为常数；相比企业价格一定的交易策略，商品流率一定的交易策略较为接近资本耗散最小时的最优策略；传输规律和商品流漏均显著影响贸易过程资本耗散最小时生产商与企业中商品价格最优构型，因此研究传输规律和商品流漏对贸易过程资本耗散最小化是十分有必要的。

第6章 广义流传递过程动态优化

6.1 引　言

1996年，"熵产生最小化理论"的创立者Bejan教授在热力学优化研究的基础上提出了构形理论[788]，并将其首先应用于电子元件冷却中高导热材料分布优化（体点问题）[789]的研究，发现了构形定律(Constructal Law)，该定律可表述为：对于一个沿时间箭头方向（或为适应生存环境）进行结构演化的有限尺寸流动系统而言，为流过其内部的"流"提供越来越容易通过的路径是决定其结构形成的根本原因(For a finite-size flow system to persist in time (to live), its configuration must change in time such that it provides easier and easier access to its currents)，或可更简单地表述为：事物结构源自于性能达到最优。构形理论的最新进展详见文献[682]~[696]、[699]和[790]~[821]。1998~1999年，本书著者[11-13]将热力学优化的研究思想和Radcenco的广义热力学理论[727]结合，提出把对传统热力系统的有限时间热力学分析方法与思路拓广到自然界和工程界中各种存在广义势差和广义位移的非传统热力过程与系统，广泛采用内可逆模型以突出分析主要不可逆性，建立起设计和运行优化理论，即"广义热力学优化理论"。2011年，程雪涛等[29, 30]在热量㶲理论[20-22]的基础上，进一步提出了广义积和孤立系统广义积减原理，在只有一种广义流动和存在两种广义流动的系统中，研究了可以发展广义积原理的条件，并在满足相应条件的系统中得到了广义积损失极值原理、广义积耗散极值原理和最小广义流阻原理。构形理论、广义热力学优化和广义积原理等三种理论之间存在一些相似之处，研究对象均是存在广义流动的过程和系统，均蕴含着某种"优化"的思想，但各种理论研究侧重点有所不同，构形理论侧重于解释自然界和社会领域中流动结构生成的深刻原因以及基于统一的构形定律指导设计各学科领域中的流动结构；广义热力学优化理论侧重于实现各种广义热力学过程与循环"内可逆性的泛化"以进行不可逆性分析与优化；广义积原理侧重于将热量㶲理论广义化拓展应用到各种广义流传递过程，导出描述传递过程不可逆性的积减原理、描述其定态的积损失极小值原理、描述其优化态的广义积耗散极值原理与最小广义流阻原理。

本书第2章研究了传热过程动态优化问题，第3章研究了传质过程动态优化问题，第4章研究了导电过程和电池做功电路的动态优化问题，第5章研究了贸易过程动态优化问题。本章将在第 2~5 章的研究内容的基础上，进一步针对其中几类过程和循环进行总结与归纳，基于广义热力学优化[11-13]的研究思路，建立 2 种广义热力学过程的物理模型，包括广义流传递过程和存在广义流漏的广义流传递过程模型，形成相应的动态优化问题，寻求其统一的优化方法，得到普适的优化结果。

6.2 广义流传递过程的广义耗散最小化

6.2.1 物理模型

图 6.1 为广义流传递过程模型。通过将传热过程、等温传质过程、电容器充电过程和经济贸易过程进行对比可发现一些共性：每种传递过程都存在对应的强度量广义势 X，由于广义势差 ΔX 的存在形成了广义力 F，在广义力 F 的作用下驱动相应的广义流 J 传递，在广义流传递过程中不可避免地要克服广义流阻 $R = F/J$，单位广义势 X 的增加导致系统广义流总量 Q 的变化称为该系统的广义势容 $C_X = \mathrm{d}Q/\mathrm{d}X$，每种广义流传递过程均服从广义传输规律 $J_1(X_1, X_2)$，且满足：①当 $X_1 > X_2$ 时，有 $J_1(X_1, X_2) > 0$；②当 $X_1 < X_2$ 时，有 $J_1(X_1, X_2) < 0$；③当 $X_1 = X_2$ 时，有 $J_1(X_1, X_2) = 0$。在各种传递过程中广义流是守恒的，即

$$\frac{\mathrm{d}Q_2}{\mathrm{d}t} = C_{X_2} \frac{\mathrm{d}X_2}{\mathrm{d}t} = J_1(X_1, X_2) \tag{6.2.1}$$

式 (6.2.1) 在传热过程中对应于能量守恒定律；在等温传质过程中对应于质量守恒定律；在导电过程中对应于电荷守恒定律；在经济贸易过程中对应于商品守恒定律。C_X 表示广义势容 C 为广义势 X 的函数，具体体现为：传热过程中流体的热容 C 随温度 T 变化；等温传质过程中混合物质容 C 随浓度 c 变化（或化学势容 C_μ 随化学势 μ 变化）；电容器充电过程中电容 C 随电势 U 变化；贸易过程中经济库经济容量 C 随价格 P 变化等。广义流传递过程是在有限时间 τ 内发生的，并且过程的广义流传递总量 Q_2 一定，即

$$\int_0^\tau J_1(X_1, X_2) \mathrm{d}t = \int_{X_{20}}^{X_{2\tau}} C_{X_2} \mathrm{d}X_2 = Q_2 \tag{6.2.2}$$

在广义流传递过程中，广义势库 1 的广义势 X_1 是完全可控的，广义势库 2 初态与末态的广义势均为已知量，分别为 $X_2(0) = X_{20}$ 和 $X_2(\tau) = X_{2\tau}$。广义流传递过程的广义耗散 ΔD 为

$$\Delta D = \int_0^\tau J_1 \cdot f_1(X_1, X_2) \mathrm{d}t \tag{6.2.3}$$

式(6.2.3)中，$f_1(X_1, X_2)$ 为广义耗散力，其为广义势 X_1 和 X_2 的函数。

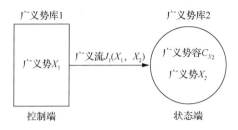

图 6.1　广义流传递过程模型

6.2.2　优化结果

现在的问题为在广义流传递总量 Q_2 一定下使广义耗散 ΔD 最小化。式(6.2.1)～式(6.2.3)分别为优化问题的约束条件、边界条件和目标函数，本节先将结论以定理的形式给出，然后在本书附录 B 中给出其严格的数学证明。

【定理】在微分方程式(6.2.1)的约束下，式(6.2.3)中的 ΔD 取最小值的必要条件为

$$J_1^2 \frac{\partial f_1}{\partial X_1} \bigg/ \frac{\partial J_1}{\partial X_1} = \text{const} \tag{6.2.4}$$

且该必要条件与广义势容 C_{X_2} 无关。

定义 $\phi(x)$ 和 $\psi(x)$ 为仅依赖于自变量 x 的单值函数，基于上述定理，可得如下推论。

【推论 1】广义流传递过程最小广义耗散时广义流率 J_1 为常数的必要条件为

$$\frac{\partial f_1}{\partial X_1} \bigg/ \frac{\partial J_1}{\partial X_1} = \phi(J_1) \tag{6.2.5}$$

证明：将式(6.2.5)代入式(6.2.4)得

$$J_1^2 \cdot \phi(J_1) = \text{const} \tag{6.2.6}$$

式(6.2.6)为关于广义流率 J_1 的代数方程，显然有 $J_1 = \text{const}$ 成立，故推论 1 得证。

【推论 2】令 $\sigma_D = \mathrm{d}D/\mathrm{d}t$，广义流传递过程最小广义耗散时局部广义耗散率 $\mathrm{d}D/\mathrm{d}t$ 保持为常数的必要条件为

$$J_1 \cdot \left(\frac{\partial \sigma_D}{\partial X_1}\right) \bigg/ \left(\frac{\partial J_1}{\partial X_1}\right) = \phi(\sigma_D) \tag{6.2.7}$$

证明：将 $f_1 = \sigma_D / J_1$ 代入式(6.2.4)得

$$-\sigma_D + J_1 \cdot \left(\frac{\partial \sigma_D}{\partial X_1}\right) \bigg/ \left(\frac{\partial J_1}{\partial X_1}\right) = \text{const} \tag{6.2.8}$$

将式(6.2.7)代入式(6.2.8)得

$$\phi(\sigma_D) - \sigma_D = \text{const} \tag{6.2.9}$$

式(6.2.9)为关于 σ_D 的代数方程，显然有 $\sigma_D = \text{const}$ 成立，故推论 2 得证。

【推论 3】当广义流率 J_1 与广义耗散力 f_1 满足关系 $J_1 = \phi(f_1)$ 时，广义流传递过程最小广义耗散时的广义耗散力 f_1、广义流率 J_1 和局部广义耗散率 dD / dt 均为常数，若进一步有广义力 $F_1 = \psi(f_1)$，则广义力 F_1 也为常数。

证明：当 $J_1 = \phi(f_1)$ 时，将其代入式(6.2.4)得

$$\left(\frac{d\phi}{df_1}\right) \bigg/ \phi^2 = \text{const} \tag{6.2.10}$$

显然式(6.2.10)为关于广义耗散力 f_1 的代数方程，必然有 $f_1 = \text{const}$，进一步得广义流率 $J_1 = \phi(f_1) = \text{const}$，广义耗散率 $dD / dt = J_1 \cdot f_1 = f_1 \cdot \phi(f_1) = \text{const}$，广义力 $F_1 = \psi(f_1) = \text{const}$。

【推论 4】若广义流率 J_1 与广义力 F_1 间满足关系式 $J_1 = \phi(X_2) \cdot F_1^m$，并且广义耗散力 f_1 与广义力 F_1 间满足关系式 $f_1 = \psi(X_2) \cdot F_1$，那么该广义流传递过程最小广义耗散时局部广义耗散率 dD / dt 保持为常数。

证明：将 $J_1 = \phi(X_2) \cdot F_1^m$ 和 $f_1 = \psi(X_2) \cdot F_1$ 代入式(6.2.4)得

$$J_1^2 \frac{\partial f_1}{\partial X_1} \bigg/ \frac{\partial J_1}{\partial X_1} = \frac{\phi(X_2) \cdot \psi(X_2) \cdot F_1^{m+1}}{m} = \frac{J_1 \cdot f_1}{m} = \frac{1}{m} \cdot \frac{dD}{dt} = \text{const} \tag{6.2.11}$$

由式(6.2.11)可见推论 4 得证。

【推论 5】若广义流率 J_1 可写为形式 $J_1 = k_1 X_2 \cdot \phi(X_1 / X_2)$，并且广义耗散力 $f_1 = \Delta(X^{-1})$，则对应于过程广义耗散最小时的广义势之比为常数即 $X_1 / X_2 = \text{const}$，此时的局部广义耗散率也为常数即 $dD / dt = \text{const}$。

证明：将 $J_1 = kX_2 \cdot \phi(X_1 / X_2)$ 和 $f_1 = \Delta(X^{-1})$ 代入式(6.2.4)得

$$J_1^2 \frac{\partial f_1}{\partial X_1} \bigg/ \frac{\partial J_1}{\partial X_1} = k_1 \left(\frac{X_2}{X_1}\right)^2 \left[\phi\left(\frac{X_1}{X_2}\right)\right]^2 = \text{const} \tag{6.2.12}$$

式(6.2.12)为关于广义势之比X_1/X_2的代数方程,易得$X_1/X_2=\text{const}$,进一步有局部广义耗散率为$\mathrm{d}D/\mathrm{d}t=k_1\cdot\phi(X_1/X_2)\cdot(1-X_2/X_1)=\text{const}$,故推论5得证。

上述推导过程是基于广义势X_1为控制变量推导的,若优化问题变为以广义势X_2为控制变量,那么只需将各公式中的X_1替换为X_2即可。

6.2.3 应用

6.2.3.1 传热过程优化

1. 熵产生最小

考虑本书2.2.1节的换热器传热过程,广义势分别为$X_1=T_1$和$X_2=T_2$,广义流率为$J_1(X_1,X_2)=q_1(T_1,T_2)$,广义流守恒方程为式(2.2.2)。当以熵产生最小为优化目标时,广义耗散力为$f_1(T_1,T_2)=1/T_2-1/T_1$,式(6.2.4)变为

$$\frac{q_1^2}{T_1^2}\bigg/\left(\frac{\partial q_1}{\partial T_1}\right)=\text{const} \tag{6.2.13}$$

式(6.2.13)为传热过程熵产生最小化时的必要条件。

将$q_1(T_1,T_2)=k_1(T_1^n-T_2^n)^m$代入式(6.2.13)得

$$(T_1^n-T_2^n)^{m+1}/T_1^{n+1}=\text{const} \tag{6.2.14}$$

式(6.2.14)为本书2.2节普适传热规律$[q\propto(\Delta(T^n))^m]$下传热过程熵产生最小化的研究结果即式(2.2.7)。将$[q\propto\Delta T]$和$[q\propto(\Delta(T^{-1}))^m]$代入式(6.2.7)显然成立,这表明对应于传热过程熵产生最小化时局部熵产率为常数不仅在牛顿传热规律$[q\propto\Delta T]$下成立,而且在$[q\propto(\Delta(T^{-1}))^m]$传热规律下均成立,此即2.2.4.3节得到的研究结论。

在线性不可逆热力学中,热流率q以温度倒数之差f为驱动力F,若热流率q仅为驱动力f的函数即$q=\Phi(f)$,由推论3可知传热过程驱动力F、热流率q和局部熵产率$\mathrm{d}S/\mathrm{d}t$均保持为常数,此时传热过程最小熵产生等价于热流均分原则[548]、驱动力均分原则[357, 360, 548-553, 555-557]和熵产生均分原则[359, 360, 363, 548]。牛顿传热规律的表达式为$q_1=k\Delta T$,在线性不可逆热力学中,传热流率q_1'通常写为$q_1'=\alpha_q\Delta(T^{-1})$,其中$\alpha_q$称为线性唯象传热系数,对比$q_1$和$q_1'$得$\alpha_q=kT_1^2$,此时$q_1'$可写为

$$q_1'=kT_2\cdot\frac{T_1}{T_2}\left(\frac{T_1}{T_2}-1\right)=kT_2\cdot\phi(T_1/T_2) \tag{6.2.15}$$

由推论 5 可知，此时对应于熵产生最小时温度比为常数即 $T_1/T_2 = \text{const}$，局部熵产率也为常数 $dS/dt = \text{const}$，而此时驱动力 $\Delta(T^{-1})$ 并不为常数，即熵产生均分原则优于驱动力均分原则[359]。类似地，同样可证明当线性唯象传热系数 $\alpha_q = kT_1T_2$ 和 $\alpha_q = kT_2^2$ 时，该结论同样成立。

将 $q_1 = k_c(T_1-T_2)^m + k_r(T_1^4 - T_2^4)$ 代入式(6.2.13)得

$$\frac{[k_c(T_1-T_2)^m + k_r(T_1^4 - T_2^4)]^2}{T_1^2[mk_c(T_1-T_2)^{m-1} + 4k_rT_1^3]} = \text{const} \quad (6.2.16)$$

式(6.2.16)为对流-辐射复合传热规律 $\{q \propto [(\Delta T)^m + \Delta(T^4)]\}$ 下传热过程熵产生最小时的热、冷流体温度最佳关系。

2. 㶲损失最小

当以㶲损失最小为优化目标时，㶲损失的计算与参考环境温度的选取有关。

若以热流体温度 T_1 为参考环境温度，广义耗散力为 $f(T_1,T_2) = T_1/T_2 - 1$，式(6.2.4)变为

$$\frac{q_1^2}{T_2} \bigg/ \frac{\partial q_1}{\partial T_1} = \text{const} \quad (6.2.17)$$

式(6.2.17)为以热流体温度为参考环境温度下传热过程㶲损失最小时的必要条件。

将 $q_1(T_1,T_2) = k_1(T_1^n - T_2^n)^m$ 代入式(6.2.17)得

$$(T_1^n - T_2^n)^{m+1} / (T_2 T_1^{n-1}) = \text{const} \quad (6.2.18)$$

式(6.2.18)为普适传热规律 $[q \propto (\Delta(T^n))^m]$ 以热流体温度为参考环境温度下传热过程㶲损失最小时的必要条件。对于以㶲损失最小为目标，若广义力为 $F_1 = T_1 - T_2$，则广义耗散力为 $f_1 = F_1/T_2$，由推论 4 可知，$q_1 = \phi(T_2) \cdot (T_1 - T_2)^m$ 传热规律下传热过程㶲损失最小时的局部㶲损失率为常数。

若以冷流体温度 T_2 为参考环境温度，广义耗散力变为 $f_1(T_1, T_2) = 1 - T_2/T_1$，式(6.2.4)变为

$$\frac{q_1^2 T_2}{T_1^2} \bigg/ \left(\frac{\partial q_1}{\partial T_1}\right) = \text{const} \quad (6.2.19)$$

式(6.2.19)为以冷流体温度为参考环境温度下传热过程㶲损失最小时的必要条件。

将 $q_1(T_1,T_2) = k(T_1^n - T_2^n)^m$ 代入式(6.2.19)得

$$(T_1^n - T_2^n)^{m+1} T_2 / T_1^{n+1} = \text{const} \tag{6.2.20}$$

式(6.2.20)为普适传热规律[$q \propto (\Delta(T^n))^m$]以冷流体温度为参考环境温度下传热过程㶲损失最小时的必要条件。对于以㶲损失最小为目标，若广义力为 $F_1 = (T_2^{-1} - T_1^{-1})$，则广义耗散力为 $f_1(T_1, T_2) = F_1 \cdot T_2$。由推论 4 可知，此时 $q_1 = \phi(T_2) \cdot (T_2^{-1} - T_1^{-1})^m$ 传热规律下传热过程㶲损失最小时的局部㶲损失率为常数。显然，对应于传热过程㶲损失最小时的局部㶲损失率为常数的结论在线性唯象传热规律[$q \propto \Delta(T^{-1})$]下成立，但在牛顿传热规律[$q \propto \Delta T$]下不成立。

3. 熵耗散最小

当以熵耗散最小为优化目标时，广义耗散力为 $f_1(T_1, T_2) = T_1 - T_2$，式(6.2.4)变为

$$q_1^2 \Big/ \frac{\partial q_1}{\partial T_1} = \text{const} \tag{6.2.21}$$

式(6.2.21)为传热过程熵耗散最小时的必要条件。

将 $q_1(T_1, T_2) = k_1(T_1^n - T_2^n)^m$ 代入式(6.2.21)得

$$(T_1^n - T_2^n)^{m+1} / T_1^{n-1} = \text{const} \tag{6.2.22}$$

式(6.2.22)为本书 2.4 节普适传热规律[$q \propto (\Delta(T^n))^m$]下传热过程熵耗散最小化时的研究结果即式(2.4.11)。由推论 3 可知，对一类差函数形式的传热规律 $q_1 = \phi(T_1 - T_2)$，传热过程最小熵耗散时的温度差 $T_1 - T_2$、热流率 q 和局部熵耗散率 $\mathrm{d}E/\mathrm{d}t$ 均保持为常数。

将 $q_1 = k_c(T_1 - T_2)^m + k_r(T_1^4 - T_2^4)$ 代入式(6.2.21)得

$$\frac{k_c(T_1 - T_2)^m + k_r(T_1^4 - T_2^4)}{\sqrt{mk_c(T_1 - T_2)^{m-1} + 4k_r T_1^3}} = \text{const} \tag{6.2.23}$$

式(6.2.16)为对流-辐射复合传热规律{$q \propto [(\Delta T)^m + \Delta(T^4)]$}下传热过程熵耗散最小时的热、冷流体温度最佳关系。

6.2.3.2 等温节流过程优化

1. 熵产生最小

考虑本书 3.2.1 节的等温节流过程，广义势分别为 $X_1 = p_1$ 和 $X_2 = p_2$，广义流率为 $J_1(X_1, X_2) = g(p_1, p_2)$，广义流守恒方程为式(3.2.4)。当以熵产生最小为优化

目标时，广义耗散力为 $f_1(p_1,p_2) = R\ln(p_1/p_2)$，选低压侧压力 p_2 为控制变量，式(6.2.4)变为

$$\frac{g^2}{p_2} \bigg/ \frac{\partial g}{\partial p_2} = \text{const} \tag{6.2.24}$$

式(6.2.24)为文献[111]~[115]、[121]、[127]和 3.2.3.1 节中等温节流过程熵产生最小时的必要条件即式(3.2.13)。

2. 积耗散最小

当以积耗散最小为优化目标时，广义耗散力为 $f_1(p_1,p_2) = p_1 - p_2$，式(6.2.4)变为

$$g^2 \bigg/ \frac{\partial g}{\partial p_2} = \text{const} \tag{6.2.25}$$

式(6.2.25)为 3.2.2 节等温节流过程积耗散最小时的必要条件即式(3.2.11)。

6.2.3.3 单向等温传质过程优化

1. 熵产生最小

考虑本书 3.3.1 节的无质漏单向等温传质过程，广义势分别为 $X_1 = c_1$ 和 $X_2 = c_2$，广义流率为 $J_1(X_1,X_2) = g_1(c_1,c_2)$，广义流守恒方程为式(3.3.13)。当以熵产生最小为优化目标时，广义耗散力为 $f_1(X_1,X_2) = R\ln(c_1/c_2)$，选浓度 c_1 为控制变量，式(6.2.4)可变为

$$\frac{g_1^2}{c_1} \bigg/ \frac{\partial g_1}{\partial c_1} = \text{const} \tag{6.2.26}$$

式(6.2.26)为文献[111]~[115]、[121]、[127]和 3.3.3.1 节单向等温传质过程熵产生最小时的必要条件，即与式(3.3.19)等价。

2. 积耗散最小

当以传质过程积耗散最小为优化目标时，由本书 3.3 节可知广义耗散力为 $f_1(X_1,X_2) = (c_1 - c_2) \cdot [1 - (c_1 + c_2)/2]$，选浓度 c_1 为控制变量，式(6.2.4)变为

$$g_1^2(1-c_1) \bigg/ \frac{\partial g_1}{\partial c_1} = \text{const} \tag{6.2.27}$$

式(6.2.27)为 3.3 节单向等温传质过程积耗散最小时的必要条件即式(3.3.17)。

6.2.3.4 等摩尔双向等温传质过程优化

1. 熵产生最小

考虑本书 3.6 节的等摩尔双向等温传质过程，广义势分别为 $X_1 = c_1$ 和 $X_2 = c_2$，广义流率为 $J_1(X_1, X_2) = g(c_1, c_2)$，广义流守恒方程为式(3.6.7)。当以熵产生最小为优化目标时，对应的广义耗散力为 $f_1(X_1, X_2) = R\ln\{c_1(1-c_2)/[c_2(1-c_1)]\}$，选 c_2 为控制变量，式(6.2.4)可变为

$$\frac{g^2}{c_2(c_2-1)} \bigg/ \frac{\partial g}{\partial c_2} = \text{const} \qquad (6.2.28)$$

式(6.2.28)为等摩尔双向等温传质过程熵产生最小时的必要条件。若传质过程服从扩散传质规律 [$g \propto \Delta c$]，将 $g = k(c_1 - c_2)$ 代入式(6.2.28)得

$$\frac{(c_1-c_2)^2}{c_2(1-c_2)} = \text{const} \qquad (6.2.29)$$

式(6.2.29)为扩散传质规律下等摩尔双向等温传质过程最小熵产生时的必要条件，为文献[111]~[115]、[121]、[127]和 3.6.3.1 节的研究结果即式(3.6.21)。

2. 积耗散最小

当以传质过程积耗散最小为优化目标时，由本书 3.6 节可知广义耗散力为 $f_1(X_1, X_2) = 2(c_1 - c_2)$，同样选 c_2 为控制变量，式(6.2.4)可变为

$$g^2 \bigg/ \frac{\partial g}{\partial c_2} = \text{const} \qquad (6.2.30)$$

式(6.2.30)为等摩尔双向等温传质过程积耗散最小时的必要条件。若传质过程服从扩散传质规律 [$g \propto \Delta c$]，将 $g = k(c_1 - c_2)$ 代入式(6.2.30)得

$$c_1 - c_2 = \text{const} \qquad (6.2.31)$$

式(6.2.31)为 3.6.2 节的研究结果即式(3.6.13)。

6.2.3.5 等温结晶过程优化

1. 熵产生最小

考虑本书 3.7 节等温结晶过程，广义势分别为 $X_1 = c_1$ 和 $X_2 = c_{eq}$，广义流率为 $J_1(X_1, X_2) = g(M^{2/3}, c_1, c_{eq})$，广义流守恒方程为式(3.7.2)。当以熵产生最小为优化目标时，广义耗散力为 $f_1(X_1, X_2) = R\ln(c_1/c_{eq})$，式(6.2.4)变为

$$\left. g^2(M^{2/3},c_1,c_{eq})\middle/\frac{\partial g}{\partial c_1}\right. = \text{const} \tag{6.2.32}$$

式(6.2.32)为 3.7.2 节结晶过程熵产生最小化时的最优性条件即式(3.7.8)。

2. 积耗散最小

当以传质过程积耗散最小为优化目标时，广义耗散力变为 $f_1(X_1,X_2) = c_1 - c_{eq}$，式(6.2.4)可变为

$$\left. g^2(M^{2/3},c_1,c_{eq})\middle/\frac{\partial g}{\partial c_1}\right. = \text{const} \tag{6.2.33}$$

式(6.2.33)为 3.8.2 节结晶过程积耗散最小化时的最优性条件即式(3.8.5)。

6.2.3.6　电容器充电过程优化

考虑本书 4.2 节的简单 RC 电路，广义势分别为 $X_1 = V_S$ 和 $X_2 = V_C$，广义流率为 $J_1(X_1,X_2) = I(V_S,V_C)$，广义流守恒方程为式(4.2.1)，广义耗散力为 $f_1(X_1,X_2) = V_S - V_C$，式(6.2.4)变为

$$\left. I^2(V_S,V_C)\middle/\frac{\partial I}{\partial V_S}\right. = \text{const} \tag{6.2.34}$$

式(6.2.34)为 4.2.2.2 节简单 RC 电路焦耳热耗散最小时的必要条件即式(4.2.17)。

若电流传输服从一类"函数差"形式的电流传输规律 $I = \psi(V_S) - \psi(V_R)$，一个典型的 $\psi(V)$ 例子为式(4.2.6)，将其代入式(6.2.34)得

$$\frac{\left\{\ln^2\left[1+\exp\left(\dfrac{V_S-V_{Th}}{V_{T2}}\right)\right] - \ln^2\left[1+\exp\left(\dfrac{V_C-V_{Th}}{V_{T2}}\right)\right]\right\}^2 \left[1+\exp\left(\dfrac{V_S-V_{Th}}{V_0}\right)\right]}{\ln\left[1+\exp\left(\dfrac{V_S-V_{Th1}}{V_{T2}}\right)\right]\exp\left(\dfrac{V_S-V_{Th}}{V_{T2}}\right)} = \text{const}$$

$$\tag{6.2.35}$$

式(6.2.35)为文献[738]的研究结果。

6.2.3.7　经济贸易过程优化

考虑 5.2.1.2 节的企业与生产商间的贸易过程，有广义势分别为 $X_1 = P_1$ 和 $X_2 = P_2$，广义流率为 $J_1(X_1,X_2) = n_1(P_1,P_2)$，广义流守恒方程为式(5.2.18)，广义耗散力为 $f_1(X_1,X_2) = P_1 - P_2$，式(6.2.4)可变为

$$n_1^2 / \frac{\partial n_1}{\partial P_1} = \text{const} \tag{6.2.36}$$

式(6.2.36)为 5.2.2 节简单贸易过程资本耗散最小时的必要条件即式(5.2.29)。

将 $n_1 = \alpha_1(P_1^m - P_2^m)$ 代入式(6.2.36)得

$$(P_1^m - P_2^m) / P_1^{(m-1)/2} = \text{const} \tag{6.2.37}$$

式(6.2.37)为 5.2.2 节普适传输规律 $[n \propto \Delta(P^m)]$ 下贸易过程资本耗散最小时的研究结果即式(5.2.30)。

6.3 广义流漏对广义流传递过程广义耗散最小化的影响

6.3.1 物理模型

在 6.2.1 节广义流传递过程物理模型的基础上,进一步考虑广义势库 2 和无限广义势库 3 间存在广义流传递过程,建立存在广义流漏 $J_3(X_3, X_2)$ 的广义流传递过程模型,如图 6.2 所示,其他条件与 6.2.1 节相同。在传递过程中每种广义流是守恒的,即

$$\frac{dQ_2}{dt} = C_{X_2} \frac{dX_2}{dt} = J_1(X_1, X_2) + J_3(X_3, X_2) \tag{6.3.1}$$

式中,$J_1(X_1, X_2)$ 为广义势库 1 传递给被控系统 2 的广义流率;$J_3(X_3, X_2)$ 为被控系统 2 在与无限广义势库 3 间的广义漏流率。

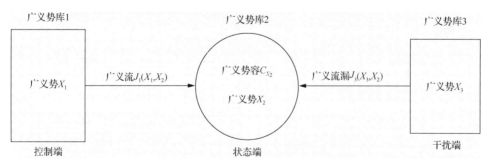

图 6.2 存在广义流漏的广义流传递过程模型

广义流传递过程是在有限时间 τ 内发生的,并且过程的被控系统 2 的净广义流传递总量 Q_2 一定:

$$\int_0^\tau J_1(X_1, X_2) + J_3(X_3, X_2) \mathrm{d}t = \int_{X_{20}}^{X_{2\tau}} C_{X_2} \mathrm{d}X_2 = Q_2 \qquad (6.3.2)$$

广义流传递过程的广义耗散 ΔD 为

$$\Delta D = \int_0^\tau J_1 \cdot f_1(X_1, X_2) + J_3 \cdot f_3(X_3, X_2) \mathrm{d}t \qquad (6.3.3)$$

式中，$f_i(X_i, X_j)$（$i=1,3$；$j=2$）为广义耗散力，其为广义势 X_i 和广义势 X_j 的函数。

6.3.2 优化结果

现在的问题为在广义流传递总量 Q_2 一定下使广义耗散 ΔD 最小化，式(6.3.1)~式(6.3.3)分别为优化问题的约束条件、边界条件和目标函数。与 6.2.2 节一样，本节先将结论以定理的形式给出，然后在附录 B 中给出其严格的数学证明。

【定理】在微分方程式(6.3.1)的约束下，式(6.3.3)中 ΔD 取最小值的必要条件为

$$\frac{J_1(J_1 + J_3) \cdot \partial f_1 / \partial X_1}{\partial J_1 / \partial X_1} + J_3(f_1 - f_3) = \text{const} \qquad (6.3.4)$$

且该必要条件与广义势容 C_{X_2} 无关。若无广义流漏即 $J_3 = 0$，式(6.3.4)进一步变为式(6.2.4)。

6.3.3 应用

6.3.3.1 传热过程优化

1. 熵产生最小

考虑本书 2.3 节存在热漏的传热过程，广义势分别为 $X_1 = T_1$、$X_2 = T_2$ 和 $X_3 = T_3$，广义流分别为 $J_1(X_1, X_2) = q_1(T_1, T_2)$ 和 $J_3(X_3, X_2) = q_3(T_3, T_2)$，广义流守恒方程为式(2.3.3)。当以熵产生最小为优化目标时，广义耗散力为 $f_1(T_1, T_2) = 1/T_2 - 1/T_1$ 和 $f_3(T_3, T_2) = 1/T_2 - 1/T_3$，由式(6.3.4)得

$$\frac{q_1(q_1 + q_3)}{T_1^2} \bigg/ \frac{\partial q_1}{\partial T_1} + q_3\left(\frac{1}{T_3} - \frac{1}{T_1}\right) = \text{const} \qquad (6.3.5)$$

式(6.3.5)为 2.3.2 节传热过程熵产生最小时的必要条件即式(2.3.10)。

将 $q_1 = k_1(T_1^{n_1} - T_2^{n_1})^{m_1}$ 和 $q_3 = k_3(T_3^{n_3} - T_2^{n_3})^{m_3}$ 代入式(6.3.5)得

$$\frac{k_1(T_1^{n_1}-T_2^{n_1})^{m_1+1}}{m_1 n_1 T_1^{n_1+1}}+k_3(T_3^{n_3}-T_2^{n_3})^{m_3}\left(\frac{T_1^{n_1}-T_2^{n_1}}{m_1 n_1 T_1^{n_1+1}}+\frac{1}{T_3}-\frac{1}{T_1}\right)=\text{const} \quad (6.3.6)$$

式(6.3.6)为 2.3.2 节的普适传热规律 $[q\propto(\Delta(T^n))^m]$ 下存在热漏时传热过程熵产生最小时的必要条件即式(2.3.11)。

2. 㶲耗散最小

当以过程的㶲耗散最小为优化目标时，广义耗散力变为 $f_1(T_1,T_2)=T_1-T_2$ 和 $f_3(T_3,T_2)=T_3-T_2$，式(6.3.4)变为

$$q_1(q_1+q_3)\Big/\frac{\partial q_1}{\partial T_1}+q_3(T_1-T_3)=\text{const} \quad (6.3.7)$$

式(6.3.7)为 2.6.2 节存在热漏时传热过程㶲耗散最小时的必要条件即式(2.6.4)。

将 $q_1=k_1(T_1^{n_1}-T_2^{n_1})^{m_1}$ 和 $q_3=k_3(T_3^{n_3}-T_2^{n_3})^{m_3}$ 代入式(6.3.7)得

$$\frac{k_1(T_1^{n_1}-T_2^{n_1})^{m_1+1}}{m_1 n_1 T_1^{n_1-1}}+k_3(T_3^{n_3}-T_2^{n_3})^{m_3}\left(\frac{T_1^{n_1}-T_2^{n_1}}{m_1 n_1 T_1^{n_1-1}}+T_1-T_3\right)=\text{const} \quad (6.3.8)$$

式(6.3.8)为 2.6.2 节普适传热规律 $[q\propto(\Delta(T^n))^m]$ 下存在热漏的传热过程㶲耗散最小时的必要条件即式(2.6.5)。

6.3.3.2 单向等温传质过程优化

1. 熵产生最小

考虑本书 3.4 节存在质漏的单向等温传质过程，有广义势分别为 $X_1=c_1$、$X_2=c_2$ 和 $X_3=c_3$，广义流分别为 $J_1(X_1,X_2)=g_1(c_1,c_2)$ 和 $J_3(X_3,X_2)=g_3(c_3,c_2)$，广义流守恒方程为式(3.4.2)。当以熵产生最小为优化目标时，广义耗散力为 $f_1(X_1,X_2)=R\ln(c_1/c_2)$ 和 $f_3(X_3,X_2)=R\ln(c_3/c_2)$，选浓度 c_1 为控制变量，由式(6.3.4)得

$$\frac{g_1^2}{c_1}\Big/\frac{\partial g_1}{\partial c_1}+g_3\left[\frac{g_1}{c_1}\Big/\frac{\partial g_1}{\partial c_1}+\ln(c_1/c_3)\right]=\text{const} \quad (6.3.9)$$

式(6.3.9)为 3.4 节存在质漏时单向等温传质过程熵产生最小时的必要条件即式(3.4.11)。

2. 积耗散最小

当以积耗散最小为优化目标时，由本书 3.5 节可知，此时的广义耗散力变为

$f_1(X_1, X_2) = (c_1 - c_2) \cdot [1 - (c_1 + c_2)/2]$ 和 $f_3(X_3, X_2) = (c_3 - c_2) \cdot [1 - (c_3 + c_2)/2]$，同样选浓度 c_1 为控制变量，由式(6.3.4)得

$$g_1^2(1-c_1) \bigg/ \frac{\partial g_1}{\partial c_1} + g_3 \left[g_1(1-c_1) \bigg/ \frac{\partial g_1}{\partial c_1} + (c_1 - c_2)\left(1 - \frac{c_1 + c_2}{2}\right) - (c_3 - c_2)\left(1 - \frac{c_3 + c_2}{2}\right) \right] = \text{const}$$

(6.3.10)

式(6.3.10)为 3.5.2 节存在质漏时单向等温传质过程积耗散最小时的必要条件即式(3.5.4)。

6.3.3.3 电容器充电过程优化

考虑本书 4.3 节存在旁通电阻器的 RC 电路，有广义势分别为 $X_1 = V_S$、$X_2 = V_C$ 和 $X_3 = 0$，广义流分别为 $J_1(X_1, X_2) = I_1(V_S, V_C)$ 和 $J_3(X_3, X_2) = I_3(0, V_C)$，广义流守恒方程为式(4.3.2)，广义耗散力为 $f_1(X_1, X_2) = V_S - V_C$ 和 $f_1(X_1, X_2) = 0 - V_C$，选电源电压 V_S 为控制变量，由式(6.3.4)得

$$\frac{I_1(I_1 + I_3)}{\partial I_1 / \partial V_S} + I_3 V_S = \text{const} \tag{6.3.11}$$

式(6.3.11)为存在旁通电阻器的 RC 电路焦耳热耗散最小时的必要条件。

若电流传输规律服从欧姆定律，将 $I_1 = (V_S - V_C)/R$ 和 $I_3 = (0 - V_C)/R_i$ 代入式(6.3.11)得

$$\frac{(V_S - V_C)^2}{R} - \frac{(2V_S - V_C)V_C}{R_i} = \text{const} \tag{6.3.12}$$

式(6.3.12)为欧姆定律下存在旁通电阻器的 RC 电路焦耳热耗散最小时的必要条件，其存在解析解，详见 4.3.2 节。

若电流传输服从一类"差函数"形式的电流传输规律即 $I = \phi(V_S - V_C)$，将 $I_1 = \phi_1(V_S - V_C)$ 和 $I_3 = \phi_3(0 - V_C)$ 代入式(6.3.11)得

$$\frac{\phi_1(\phi_1 + \phi_3)}{\partial \phi_1 / \partial V_S} + \phi_3 V_S = \text{const} \tag{6.3.13}$$

式(6.3.13)为"差函数"形式电流传输规律下存在旁通电阻器的 RC 电路焦耳热耗散最小时的必要条件。

若电流传输服从一类"函数差"形式的电流传输规律 $I = \psi(V_S) - \psi(V_C)$，将式(4.2.6)代入式(6.3.11)得"函数差"形式电流传输规律存在旁通电阻器的 RC 电

路焦耳热耗散最小时的必要条件。

6.3.3.4 经济贸易过程优化

考虑本书 5.3 节存在商品流漏的贸易过程，广义势分别为 $X_1 = P_1$、$X_2 = P_2$ 和 $X_3 = P_3$，广义流分别为 $J_1(X_1, X_2) = n_1(P_1, P_2)$ 和 $J_3(X_3, X_2) = n_3(P_3, P_2)$，广义流守恒方程为式(5.3.3)，广义耗散力为 $f_1(X_1, X_2) = P_1 - P_2$ 和 $f_3(X_3, X_2) = P_3 - P_2$，由式(6.3.4)得

$$n_1^2 \Big/ \frac{\partial n_1}{\partial P_1} + n_3 \left(n_1 \Big/ \frac{\partial n_1}{\partial P_1} + P_1 - P_3 \right) = \text{const} \qquad (6.3.14)$$

式(6.3.14)为 5.3 节存在商品流漏的贸易过程资本耗散最小时的必要条件即式(5.3.10)。

6.4 本 章 小 结

在第 2~5 章研究内容的基础上，本章建立了广义流传递过程、存在广义流漏的广义流传递过程等 2 种广义热力学过程和循环的物理模型，形成了相应的动态优化问题，应用统一的优化方法，获得了普适的优化结果，所得优化结果包括各种传热过程、传质过程、电容器充电和电池做功电路、贸易过程等各种特例下的优化结果。得到的主要结论如下。

(1) 广义流传递过程广义耗散最小时的必要条件与被控系统的广义势容无关；当广义流仅为广义耗散力的函数时，纯广义流传递过程最小广义耗散时的广义耗散力、广义流率和局部广义耗散率均为常数，若进一步有广义力为广义耗散力的函数，则广义力也为常数。

(2) 本章的研究表明，借助于广义热力学[727]和广义热力学优化理论[11-13]，可以将热力学、传热传质学、电学、化学和经济学等多学科研究对象进行统一处理，抽出共性，突出本质，建立统一的广义热力学物理模型，形成统一的动态优化问题，采用统一的优化方法，获得具有一般意义上普适性的优化结果，得到各种广义热力学过程优化新准则和循环新构型，建立统一的设计优化理论体系，这种统一的优化研究思路即"广义热力学动态优化"的研究思想。

第 7 章 电容器充电电路实验研究

本章将对 RC 串联电路中的电容器充电过程进行实验研究，目的是通过实验，分析比较恒电压、线性电压和焦耳热耗散最小的三种不同充电策略下电阻器电压变化规律，对本书 4.2 节中不可逆电容器充电过程广义热力学动态优化得到的理论结果加以检验。

7.1 实验装置与实验方法

本实验采用的电路系统如图 7.1 所示，它主要由个人计算机(PC)、方形变压器(上海均伟电子有限公司生产，输入为 220V，输出电压为 12V×2)、A/D 转换器(TLC2543)、串口(MAX232)、单片机(STC89C516)、D/A 转换器(AD667)、低通滤波器、采样保持器(LF356)、电容器、3 个贴片电阻器、桥式整流器(KBP210)等部件组成。

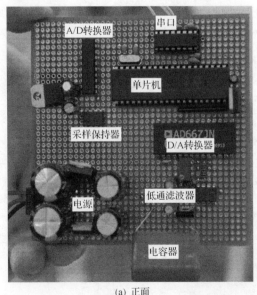 

(a) 正面　　　　　　　　　　(b) 背面

图 7.1 实验电路

图中的"电源"部分为：220V 交流电首先经过一个变压器后转换为双 12V

交流电,然后经过桥式整流器将交流电转换为直流电(约±15 V),最后经过滤波作为直流电源,给各芯片供电。D/A 转换器的最大输出电压为 10V。由于 A/D 转换器的容许工作电压为 5V,即当其在 D/A 转换器的 10V 电压下工作时必须通过串联电阻进行分压,同时为保证电路工作的高可靠性,本实验电路采用 3 个电阻器,连接方式如下:两个电阻器首先串联,然后与第 3 个电阻器并联,采样保持器采集串联连接的两电阻器之一上的分电压作为电路输出信号(具体可见图 7.2)。

图 7.2 为电路的工作原理示意图,可分为信号输入和信号输出两大部分。信号输入部分:首先通过计算机编程设置预定的指令,然后将指令输入单片机产生预定的电压波形,接着经 D/A 转换器将数字信号转换为模拟信号,进一步经过低通滤波器滤除噪声干扰,最后输入 RC 电路给电容器充电。信号输出部分:采样保持器首先采集电阻器 R_2 上的电压变化信号值并把它放大后存储起来,保持一段时间后,经过 A/D 转换器将模拟信号变为数字信号,接着数字信号进一步经单片机转换为二进制代码,最后返回给计算机进行处理。

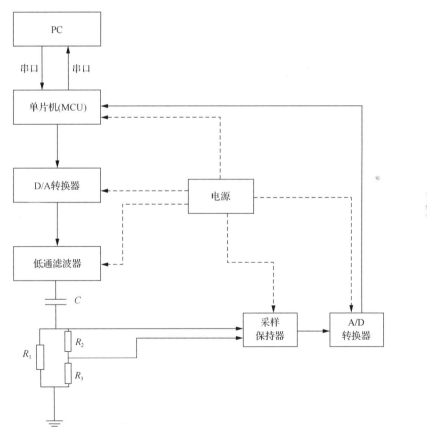

图 7.2 电路工作原理示意图

实验开始前,首先设定电容器充电过程的总时间和电容器的充电末态电压值,然后采用 4.2 节的式(4.2.20)、式(4.2.23)和式(4.2.27)分别计算焦耳热耗散最小和恒电压、线性电压等三种不同充电策略下的电压输入值,依据这些值通过计算机编程实现预定的电源电压输入,接着采集和读取电阻器 R_2 上的电压值,最后将电阻器 R_2 上电压的理论计算曲线与其相应的实验观察曲线进行比较。

7.2 实验结果分析

本实验采用的电容器为松下公司生产的 CBB 聚丙烯有机薄膜电容器,其特点如下:以金属化聚丙烯作为介质和电极,用阻燃胶带外包和环氧树脂密封,具有电性能优良、可靠性好、耐温度高、体积小、容量大等特点和良好的自愈性能。电容器的电容值为 $C = 10\ \mu F$,容许工作电压为 100 V。贴片电阻器的电阻值为 $R_1 = R_2 = R_3 = 100\ k\Omega$。对图 7.2 中的电阻网络进行分析得其等效电阻 R 为

$$R = \frac{R_1(R_2 + R_3)}{R_1 + R_2 + R_3} = 6.67 \times 10^4\ \Omega \tag{7.2.1}$$

进一步得电路的时间常数 $t_0 = RC = 0.667\ s$。若进一步给定电容器充电过程总时间 τ 和电容器末态电压 V_H,由式(4.2.20)、式(4.2.23)和式(4.2.27)可分别得焦耳热耗散最小、恒电压、线性电压等三种不同充电策略下的电源输入电压值 V_S,则电阻器 R_2 上的电压理论计算值为

$$V_{R_2} = (V_S - V_C)/2 \tag{7.2.2}$$

图 7.3~图 7.8 分别给出了时间 τ 和电压 V_H 取不同值时输入电压 V_S 和电阻器 R_2 的电压 V_{R_2} 随时间 t 的变化规律,其中,$V_S = \text{const}$ 表示恒电压充电策略,$V_S = kt$ 表示线性电压充电策略,$E_R = \min$ 表示焦耳热耗散最小的最优充电策略。由于电阻器的电阻值是恒定的,如图 7.3~图 7.8 所示的电阻器 R_2 的电压变化规律在一定程度上也定性地反映了 RC 电路中总电流随时间的变化规律。由图可见,随着时间的增加,恒电压充电策略下电阻 R_2 上电压理论计算值和实验观测值均单调降低;线性电压充电策略下电阻 R_2 上电压理论计算值和实验观测值均单调升高;焦耳热耗散最小的充电策略下电阻 R_2 上电压理论计算值保持为常数,其相应的实验观测值先稍微降低然后保持不变;不同充电策略下的电阻器 R_2 上的电压 V_{R_2} 的实验观测值均要略小于相应的理论计算值。由实测电阻器电压数据计算不同充电策略下电路焦耳热耗散并进行比较,结果表明,图 7.3~图 7.8 中线性电压充电策略下电路的焦耳热耗散均小于恒电压充电策略下的焦耳热耗散,较为接近焦耳热耗

第7章 电容器充电电路实验研究

散最小时的最优充电策略,这是因为此时电路的时间常数 t_0 与其充电过程总时间 τ 两者的比值较小($t_0/\tau < 0.34$),此结果与 4.2.3.1 节中理论分析结果相一致。

由上述分析可见,电阻器 R_2 上的电压的实验观测曲线与其理论计算曲线的总体变化规律是一致的,但两者也存在一定的差值。这种差值是由多种因素累积而成的,主要有:①本实验中电容器的实际电容值与其标定值存在一定的偏差(对于本实验电路,一般为 5%~15%),再加上电容器工作过程中也存在一些不稳定因素,如电容器的电容值在不同的电压区段呈现不同的值;②本实验设计的电压输入信号为连续线性信号(焦耳热耗散最小的充电策略电压输入信号初末态存在阶跃的情形除外),在将其转换为实验输入信号时,必须选择合适的步长将其离散化为阶跃变化的阶梯输入信号,由此带来了不可避免的系统误差;③本电路为手搭电路,与 PCB(印制电路板)相比,电路中存在一定强度的电磁干扰,由此导致的能量损耗给实际测量带来偏差。

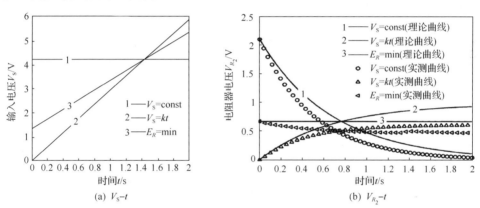

图 7.3 $\tau=2s$ 和 $V_H=4V$ 时输入电压 V_S 和电阻器 R_2 的电压 V_{R_2} 随时间 t 变化规律

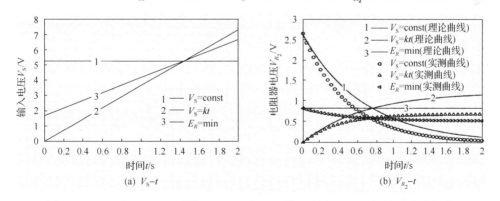

图 7.4 $\tau=2s$ 和 $V_H=5V$ 时输入电压 V_S 和电阻器 R_2 的电压 V_{R_2} 随时间 t 变化规律

对比图 7.3、图 7.4 和图 7.6 可见，在充电过程时间 τ 保持不变的条件下，随着电容器末态电压 V_H 的增加，电阻器 R_2 上的电压 V_{R_2} 的实验观测值与相应的理论计算值差值增大，这主要是因为电容器充电过程总时间不变，随着电容器储存的电荷量增多，电路的平均电流增大；对比图 7.6~图 7.8 可见，在电容器末态电压 V_H 保持不变的条件下，随着充电过程时间 τ 的增加，电阻器 R_2 上的电压 V_{R_2} 的实验观测值与相应的理论计算值差值减小，这主要是因为电容器储存的电荷量不变，电容器充电过程总时间增大，电路的平均电流减小。由图 7.3~图 7.8 可见，因为前述第二种误差原因即线性连续信号离散化对恒电压充电策略没有影响，所以与线性电压和焦耳热耗散最小两种充电策略相比，恒电压充电策略下电阻器 R_2 上的电压 V_{R_2} 的实验观测值与其相应的理论计算值偏差较小。

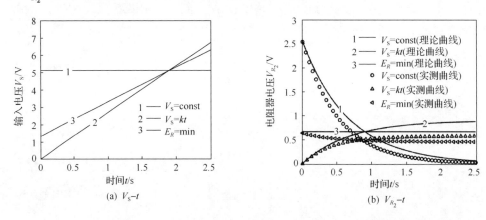

图 7.5　$\tau = 2.5$s 和 $V_H = 5$V 时输入电压 V_S 和电阻器 R_2 的电压 V_{R_2} 随时间 t 变化规律

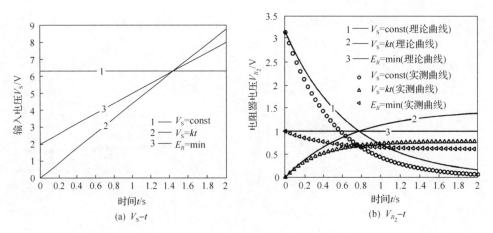

图 7.6　$\tau = 2$s 和 $V_H = 6$V 时输入电压 V_S 和电阻器 R_2 的电压 V_{R_2} 随时间 t 变化规律

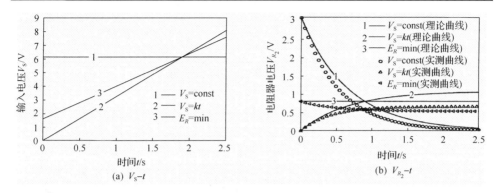

图7.7 $\tau=2.5\mathrm{s}$ 和 $V_H=6\mathrm{V}$ 时输入电压 V_S 和电阻器 R_2 的电压 V_{R_2} 随时间 t 变化规律

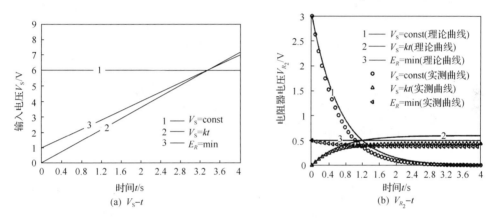

图7.8 $\tau=4\mathrm{s}$ 和 $V_H=6\mathrm{V}$ 时输入电压 V_S 和电阻器 R_2 的电压 V_{R_2} 随时间 t 变化规律

7.3 本章小结

本章的实验表明，恒电压充电策略、线性电压充电策略和焦耳热耗散最小等三种不同充电策略下的 RC 电路中电阻器实际电压变化规律与理论分析、计算所得结果相一致，由此验证了本书不可逆电容器充电过程广义热力学动态优化结果的正确性。实际电路中电阻导致的焦耳热耗散不可逆性对电路的最优化设计有较大影响，必须予以考虑。

第8章 全书总结

本书在全面系统地了解有限时间热力学、广义热力学优化理论和㶲耗散极值原理等现今各种热力学优化理论与总结前人现有的研究成果的基础上，研究了各种热流、质量流、电流和商品流等不可逆广义流传递过程的动态优化问题。本书完成的一系列工作，为广义热力学动态优化的深入研究和应用打下了重要基础。其主要内容和基本结论体现在如下六个方面。

(1) 研究了普适传热规律$[q \propto (\Delta(T^n))^m]$下无热漏与有热漏传热过程熵产生最小化和㶲耗散最小化，得到了传热过程热、冷流体温度间最优关系式，并与热流率一定和热流体温度一定两种传统传热策略进行了比较；研究了传热过程㶲耗散最小逆优化问题；研究了液-固相变传热过程㶲耗散最小化，并与外界热源温度一定和熵产生最小两种传热策略进行了比较。结果表明：

① 传热规律与热漏均显著影响传热过程熵产生最小化和㶲耗散最小化时热、冷流体温度间的最优关系。传热规律和传热过程模型的普适化，前人研究结果均为本结果的特例，完成了传热过程有限时间热力学动态优化结果的集成。

② 相变传热过程最小㶲耗散为恒温传热策略下㶲耗散的$8/9$，且与系统其他参数无关；㶲耗散最小与熵产生最小两种不同优化目标下得到的优化结果是显著不同的；熵产生最小即过程可用能损失最小，㶲耗散最小表明过程热量传递能力损耗最小，实际相变过程不涉及热功转换，因此优化目标应取㶲耗散最小较为合适。

(2) 研究了普适传质规律下等温节流过程积耗散最小化、无质漏单向等温传质过程积耗散最小化、有质漏的单向等温传质过程熵产生最小化和积耗散最小化、等温结晶过程熵产生最小化和积耗散最小化以及扩散传质规律下等摩尔双向等温传质过程积耗散最小化，导出了过程压力和组分浓度间的最优关系，并均与传统的传质策略相比较。结果表明：

① 传质规律影响等温节流过程、单向等温传质、等温结晶过程熵产生最小化和积耗散最小化时的压力和组分浓度最优构型；质漏影响单向等温传质过程熵产生最小化和积耗散最小化时的高、低浓度侧关键组分浓度最优构型；传质规律和传质过程模型的普适化，前人研究结果均为本结果的特例，完成了等温传质过程有限时间热力学动态优化结果的集成。

② 对于等温节流、单向等温传质、等摩尔双向等温传质和等温结晶等一系列传质过程，积耗散最小和熵产生最小两种优化目标得到的优化结果是显著不同的。

熵产生和积耗散代表着不同的物理意义，研究传质过程性能时优化目标的选取与传质过程的具体热力系统实际需求有关，根据 Gouy-Stodola 理论，熵产生最小即过程的可用能损失最小，当传质过程涉及能量转换时，应以熵产生最小为目标优化；对于不涉及能量转换的单纯传质过程，应以积耗散最小为优化目标(固定质流边界)较合适。

(3) 同时考虑电阻器和电容器的非线性特性，分别以充电时间最短和焦耳热耗散最小为目标优化无旁通电阻器的 RC 电路中电容器充电过程；考虑电容器的非线性特性，以电路焦耳热耗散最小为目标优化存在旁通电阻器的 RC 电路和 LRC 电路中电容器充电过程，并与恒电压充电策略和线性电压充电策略相比较；考虑电池电容的非线性特性，以输出功最大为目标优化具有内耗散的电池放电过程电源电压随时间的变化规律；考虑化学反应级数的影响，分别以最大输出功和最大利润输出为目标优化 $a\mathrm{A} + b\mathrm{B} \rightleftharpoons x\mathrm{X} + y\mathrm{Y}$ 型复杂化学反应下搅拌式和耗散流燃料电池的电流路径。结果表明：

① 非线性阻容RC电路电容器充电时间最短时电源电压最优时间路径包含初态和末态的瞬时变化段及中间的恒电压段，该路径与电阻器和电容器的非线性特性均无关，过程的充电效率也仅与电容器的非线性有关。

② 当电路时间常数与充电过程时间比值较小时，线性电压充电策略优于恒电压充电策略，反之，当电路时间常数与充电过程时间比值较大时，恒电压充电策略优于线性电压充电策略；恒电压充电策略下的充电效率不可能超过 50%，而线性电压充电策略和焦耳热耗散最小的充电策略下充电过程效率在时间常数与充电时间比值较小可以接近于 1。

③ 当电阻为常数或电流传输规律为"差函数"形式时，RC 电路焦耳热耗散最小时电源电压和电容器电压之差为常数，此性质与电容器特性无关，此时电容器电压随时间的最优变化规律与电阻器特性也无关。

④ 电容器的非线性特性和旁通电阻器等均对电路的工作特性曲线与参数的最优选择有显著影响，因此研究电容器的非线性特性和旁通电阻器等对电路焦耳热耗散最小时的优化结果影响是十分有必要的；存在旁通电阻器的 LRC 电路和存在旁通电阻器的 RC 电路两者焦耳热耗散最小时的电容器电压随时间变化规律相同，与电感器无关；电容器充电电路中串联电感增加了电路焦耳热耗散，降低了充电效率。

⑤ 放电过程时间、电压边界条件、优化目标和电池电容的非线性特性等均对电池放电过程最大输出功时的优化结果有较大影响，在实际电路设计与优化中必须予以详细考虑和界定。

⑥ 无论是以最大输出功还是以最大利润为优化目标，搅拌式燃料电池的最优

电流路径为常数，与浓度差和活化过电位损失均无关；对于耗散流燃料电池，其最大输出功时电流随时间呈曲线规律变化，并且最大利润目标下的优化结果与最大输出功时显著不同，化学反应级数影响耗散流燃料电池最大输出功和最大利润时电流最优构型；本书研究对象具有一定普适性，优化结果包括前人研究结果，对实际电化学系统的最优设计与运行具有一定理论指导意义。

(4) 研究了$[n \propto \Delta(P^m)]$传输规律下简单贸易过程资本耗散最小化，并与商品流率一定和企业价格一定的交易策略相比较，进一步研究了商品流漏对贸易过程资本耗散最小化的影响。结果表明：$[n \propto \Delta(P^m)]$传输规律下贸易过程资本耗散最小时商品流率与企业商品价格的$(m-1)/2$次幂之比为常数；当m值增大时，各种交易策略下资本耗散差别减小；相比企业价格一定的交易策略，商品流一定的交易策略较为接近资本耗散最小时的最优策略；传输规律和商品流漏均影响贸易过程资本耗散最小时生产商与企业中商品价格的最优构型，在经济贸易过程优化时必须予以考虑。

(5) 基于广义热力学优化理论的思想，建立了广义流传递过程物理模型和存在广义流漏的广义流传递过程物理模型，以广义耗散最小为目标进行了优化。结果表明：

① 广义流传递过程广义耗散最小时的必要条件与被控系统的广义势容无关；当广义流仅为广义耗散力的函数时，纯广义流传递过程最小广义耗散时的广义耗散力、广义流率和局部广义耗散率均为常数，若进一步有广义力为广义耗散力的函数，则广义力也为常数。

② 借助于广义热力学和广义热力学优化理论，可以将热力学、传热传质学、电学、化学和经济学等多学科研究对象进行统一处理，抽出共性，突出本质，建立统一的广义热力学物理模型，提出相应的动态优化问题，采用统一的优化方法，获得具有一般意义上普适性的优化结果，得到各种广义热力学过程优化新准则和循环新构型，建立统一的设计优化理论体系，这种统一的优化研究思路即"广义热力学动态优化"的研究思想。

(6) 对RC电路中电容器充电过程进行了实验研究，所得恒电压、线性电压和焦耳热耗散最小等三种不同充电策略下电阻器实际电压变化规律与其对应的理论分析结果相一致，由此验证了本书不可逆电容器充电过程广义热力学优化结果的正确性。

综上所述，本书在以下三个方面有较大创新之处。

一是将有限时间热力学和㶲耗散极值原理相结合开展了传热传质过程的动态优化问题研究，开辟了有限时间热力学研究的新方向，拓展了㶲耗散极值原理的应用，阐明了熵产生最小化和㶲耗散极值原理在传热传质过程优化的异同点，借助于传热传质过程物理模型的广义化和传热传质规律的普适化，建立了存在热漏的传热过程和存在质漏的单向等温传质过程模型，研究了其普适传热和传质规律下过程最优路径，得到了具有普适意义的过程优化新准则和新结论，前人大量研究结果均为本书结果的特例。

二是开展了电容器充电过程、原电池和燃料电池做功过程、经济贸易过程等非传统热力学研究对象的动态优化问题研究，揭示了电阻器和电容器的非线性特性、电流传输规律、旁通电阻、化学反应级数、经济库容量、商品传输规律、商品流漏等因素对优化结果定性和定量的影响，得到了各种过程优化的新准则和循环的新构型，可为实际过程和装置的优化设计与最优运行提供理论参考依据。

三是应用交叉、移植和类比的研究方法，将热力学、传热传质学、流体力学、化学反应动力学、电学、经济学和最优控制理论多学科交叉融合，建立了两种广义能量传递过程的广义热力学物理模型，形成了相应的动态优化问题，采用了统一的优化方法，得到了普适的优化新结果和研究新结论，前人相关研究结果和本书已有相关研究内容均为该结果的特例，由此提出了"广义热力学动态优化"的研究思想，有助于推动热力学优化这一学科分支进一步深化和发展。

参 考 文 献

[1] Bergles A E. Application of Heat Transfer Augmentation [M]. New York: McGraW-Hill, 1981.

[2] Webb R L. Principle of Enhanced Heat Transfer [M]. New York: John Wiley & Sons, 1994.

[3] Bergles A E. Heat transfer enhancement: the encouragement and accomodation of high heat fluxes [J]. Trans. ASME J. Heat Tansf., 1995, 119(1): 8-19.

[4] Andresen B, Berry R S, Nitzan A, et al. Thermodynamics in finite time. I. The step-Carnot cycle [J]. Phys. Rev. A, 1977, 15(5): 2086-2093.

[5] Salamon P, Andresen B, Berry R S. Thermodynamics in finite time. II. Potentials for finite-time processes [J]. Phys. Rev. A, 1977, 15(5): 2094-2101.

[6] Andresen B, Salamon P, Berry R S. Thermodynamics in finite time: extremals for imperfect heat engines [J]. J. Chem. Phys., 1977, 66(4): 1571-1578.

[7] Bejan A. The concept of irreversibility in heat exchanger design: counter-flow heat exchangers for gas-to-gas applications [J]. Trans. ASME J. Heat Transf., 1977, 99(3): 374-380.

[8] Bejan A. Second law analysis in heat transfer [J]. Energy, 1980, 5(8-9): 720-732.

[9] Bejan A. Entropy Generation through Heat and Fluid Flow [M]. New York: Wiley, 1982.

[10] Bejan A. Entropy Generation Minimization [M]. Boca Raton: CRC Press, 1996.

[11] 陈林根, 孙丰瑞, Wu C. 有限时间热力学理论和应用的发展现状[J]. 物理学进展, 1998, 18(4): 395-422.

[12] Chen L G, Bi Y H, Wu C. Influence of nonlinear flow resistance relation on the power and efficiency from fluid flow [J]. J. Phys. D: Appl. Phys., 1999, 32(12): 1346-1349.

[13] 陈林根. 不可逆过程和循环的有限时间热力学分析[D]. 武汉: 海军工程大学, 1998.

[14] Rubin M H. Optimal configuration of a class of irreversible heat engines [J]. Phys. Rev. A, 1979, 19(3): 1272-1287.

[15] 过增元, 李志信, 周森泉. 换热器中的温差场均匀性原则[J]. 中国科学 E 辑: 技术科学, 1996, 26(1): 25-31.

[16] Guo Z Y, Zhou S Q, Li Z X, et al. Theoretical analysis and experimental confirmation of the uniformity principle of temperature difference field in heat exchanger [J]. Int. J. Heat Mass Transf., 2002, 45(10): 2119-2127.

[17] 过增元, 魏澍, 程新广. 换热器强化的场协同原则[J]. 科学通报, 2003, 48(22): 2324-2327.

[18] Guo Z Y, Li D Y, Wang B X. A novel concept for convective heat transfer enhancement [J]. Int. J. Heat Mass Transf., 1998, 41(2): 2221-2225.

[19] 过增元. 对流换热的物理机制及其控制: 速度场与热流场的协同[J]. 科学通报, 2000, 45(19): 2118-2122.

[20] 过增元, 梁新刚, 朱宏晔. 㶲——描述物体传递热量能力的物理量[J]. 自然科学进展, 2006, 16(10): 1288-1296.

[21] Guo Z Y, Zhu H Y, Liang X G. Entransy—A physical quantity describing heat transfer ability [J]. Int. J. Heat Mass Transf., 2007, 50(13-14): 2545-2556.

[22] 过增元. 热学中的新物理量[J]. 工程热物理学报, 2008, 29(1): 112-114.

[23] 过增元, 程新广, 夏再忠. 最小热量传递势容耗散原理及其在导热优化中的应用[J]. 科学通报, 2003, 48(1): 21-25.

[24] 陈群, 任建勋. 传质势容耗散极值原理及通风排污过程的优化[J]. 工程热物理学报, 2007, 28(3): 505-507.

[25] Chen Q, Ren J X, Guo Z Y. Field synergy analysis and optimization of decontamination ventilation designs [J]. Int. J. Heat Mass Transf., 2008, 51(3-4): 873-881.

[26] Chen Q, Meng J A. Field synergy analysis and optimization of the convective mass transfer in photocatalytic oxidation reactors [J]. Int. J. Heat Mass Transf., 2008, 51 (11-12): 2863-2870.

[27] 陈群，任建勋，过增元. 质量积耗散极值原理及其在空间站通风排污过程优化中的应用[J]. 科学通报, 2009, 54(11): 1606-1612.

[28] 陈群，任建勋，过增元. 流体流动场协同原理及其在减阻中的应用[J]. 科学通报, 2008, 53(4): 489-492.

[29] 程雪涛，董源，梁新刚. 积与积减原理[J]. 物理学报, 2011, 60(11): 114402.

[30] 程雪涛，徐向华，梁新刚. 广义流动中的积原理[J]. 物理学报, 2011, 60(11): 118103.

[31] Cheng X T, Wang W H, Liang X G. Entransy analysis of open thermodynamic systems [J]. Chin. Sci. Bull., 2012, 57(22): 2934-2940.

[32] Cheng X T, Liang X G. Entransy loss in thermodynamic processes and its application [J]. Energy, 2012, 44(1): 964-972.

[33] Carnot S. Reflections on the Motive Power of Heat[M]. Paris:Bachelier, 1824.

[34] Onsager L. Reciprocal relations in irreversible process. I [J]. Phys. Rev., 1931, 37(4): 405-426.

[35] Onsager L. Reciprocal relations in irreversible process. II [J]. Phys. Rev., 1931, 38(12): 2265-2279.

[36] 曾丹苓. 工程非平衡热力学[M]. 北京: 科学出版社, 1991.

[37] Novikov I I. The efficiency of atomic power stations (A review) [J]. Journal of Nuclear Energy, 1958,7(1-2):125-128.

[38] Chambadal P. Les Centrales Nucleases [M]. Paris: Armand Colin, 1957.

[39] El-Wakill M W. Nuclear Power Engineering. [M]. New York: McGraw-Hill, 1962.

[40] Chambadal P. Evolution et Applications du Concept d' Entropie [M]. Paris: Dunod, 1963.

[41] Vukalovich M P, Novikov I. Thermodynamics [M]. Moscow: Mashinostroenie, 1972.

[42] Curzon F L, Ahlborn B. Efficiency of a Carnot engine at maximum power output [J]. Am. J. Phys., 1975, 43(1): 22-24.

[43] Bejan A. Engineering advances on finite-time thermodynamics [J]. Am. J. Phys., 1994, 62(1): 11-12.

[44] Bejan A. Entropy generation minimization: the new thermodynamics of finite-size devices and finite-time processes [J]. J. Appl. Phys., 1996, 79(3): 1191-1218.

[45] Moreau M, Gaveau B, Schulman L S. Stochastic dynamics, efficiency and sustainable power production [J]. Eur. Phys. J. D, 2011, 62(1): 67-71.

[46] Vaudrey A V, Lanzetta F, Feidt M H B. Reitlinger and the origins of the efficiency at maximum power formula for heat engines [J]. J. Non-Equilib. Thermodyn., 2014, 39(4): 199-204.

[47] Yvon Y. The Scalay reactor: two years experience on heat transfer by means of compressed gas [C]// Proceedings of the International Conference on Peaceful Uses of Atomic Energy. Geneva, 1955:387.

[48] Reitlinger H B. Sur l'utilisation de la Chaleur Dans les Machines a Feu [M]. Liege: Vaillant-Carmanne, 1929.

[49] de Vos A. Endoreversible Thermodynamics of Solar Energy Conversion [M]. Oxford: Oxford University, 1992.

[50] Petrescu S, Costea M. Development of Thermodynamics with Finite Speed and Direct Method [M]. Bucuresti: Editura AGIR, 2012.

[51] Grazzini G. Work from irreversible heat engines [J]. Energy, 1991, 16(4): 747-755.

[52] Lu P C. Thermodynamics with finite heat -Transfer area or finite surface thermodynamics. Thermodynamics and the design, analysis, and improvement of energy systems [J]. ASME Adv. Energy Sys. Div Pub AES, 1995,35: 51-60.

[53] Andresen B. Finite-time thermodynamics [D]. Copenhagen, Demark: University of Copenhagen, 1983.

[54] Douglass J W. Optimization and thermodynamic performance measures for a class of finite-time thermodynamic

cycles [D]. Portland: Portland State University, 1990.

[55] Popescu G. Finite time thermodynamics optimization of the endoregenerative and exoirreversible Stirling systems [D]. Bucarest, Romanian: Universite Politechica of Bucarest, 1993.

[56] Geva E. Finite time thermodynamics for quantum heat engine and heat pump [D]. Jerusalem, Israel: The Hebrew University of Jerusalem, 1995.

[57] Chen J C. Optimal performance analysis of several typical thermodynamic cycles systems [D]. Amsterdam, The Netherlands: Universiteit van Amsterdam, 1997.

[58] Sauar E. Energy efficient process design by equipartition of forces: with applications to distillation and chemical reaction [D]. Trondheim, Norway: Norwegian University of Science and Technology, 1998.

[59] 吴锋. 斯特林机的有限时间热力学研究[D].武汉: 海军工程大学, 1998.

[60] Tyagi S K. Finite time thermodynamics and second law evaluation of thermal energy conversion system [D]. Meerut, India: C C S University, 2000.

[61] Nummedal L. Entropy production minimization of chemical reactors and heat exchangers [D]. Trondheim, Norway: Norwegian University of Science and Technology, 2001.

[62] Bhardwaj K P. Finite time thermodynamic analysis of refrigeration/air conditioning and heat pump system [D]. Kharagpur, India: Indian Institute of Technology, 2002.

[63] de Koeijer G. Energy efficient operation of distillation columns and a reactor applying irreversible thermodynamics [D].Trondheim, Norway: Norwegian University of Science and Technology, 2002.

[64] 黄跃武. 不可逆循环的热力学优化研究及在吸收式系统中的应用[D]. 哈尔滨: 哈尔滨工业大学, 2003.

[65] 何济洲. 两类回热式热力学循环性能的研究[D]. 厦门: 厦门大学, 2003.

[66] 林国星. 传热、传质对三源热力循环性能影响的研究[D]. 厦门: 厦门大学, 2003.

[67] Johannessen E. The state of minimizing entropy production in an optimally controlled systems [D]. Trondheim, Norway: Norwegian University of Science and Technology, 2004.

[68] 毕月虹. 气体水合物蓄冷系统的热力学优化与实验研究[D]. 北京: 中国科学院大学, 2004.

[69] 吴双应. 对流换热过程的热力学分析及其应用[D]. 重庆: 重庆大学, 2004.

[70] Røsjorde A. Minimization of entropy production in separate and connected process units [D].Trondheim, Norway: Norwegian University of Science and Technology, 2004.

[71] Ust Y. Ecological performance analysis and optimization of power generation systems [D]. Istanbul, Turkey: Yildiz Technical University, 2005.

[72] 秦晓勇. 四温位吸收式泵热循环的热力学优化[D]. 武汉: 海军工程大学, 2005.

[73] 张晓晖. 热电冷联供中节能与环保问题研究[D]. 上海: 上海理工大学, 2005.

[74] Su Y F. Application of finite-time thermodynamics and exergy method to refrigeration systems [D]. Taiwan: National Cheng-Kung University, 2005.

[75] Teh K Y. Thermodynamics of efficient, simple-cycle combustion engines [D].Palo Alto, USA: Stanford University, 2007.

[76] 张悦. 布雷顿循环和布朗马达的优化性能研究[D]. 厦门: 厦门大学, 2007.

[77] Schaller M. Numerically optimized diabatic distillation columns [D]. Chemnitz, Germany: University of Chemnitz, 2007.

[78] Pramanick A K. Natural philosophy of thermodynamic optimization [D]. Kharagpur, India: Indian Institute of Technology, 2007.

[79] 刘宏升. 基于多孔介质燃烧技术的超绝热发动机的基础研究[D]. 大连: 大连理工大学, 2008.
[80] 宋汉江. 一类热力和化学过程与系统的最优构型[D]. 武汉: 海军工程大学, 2008.
[81] 郝小礼. Brayton 联产循环有限时间热力学分析与优化[D]. 长沙: 湖南大学, 2008.
[82] 赵英汝. 两类典型能量转换系统-燃料电池和内燃机循环-的性能特性与优化理论研究[D]. 厦门: 厦门大学, 2008.
[83] 吴大为. 分布式冷热电联产系统的多目标热力学优化理论与应用研究[D]. 上海: 上海交通大学, 2008.
[84] 舒礼伟. 分离过程的有限时间热力学研究[D]. 武汉: 海军工程大学, 2009.
[85] Miller S L. Theory and implementation of low-irreversibility chemical engines [D]. Palo Alto, USA: Stanford University, 2009.
[86] 马康. 发动机活塞运动与强迫冷却过程最优构型[D]. 武汉: 海军工程大学, 2010.
[87] 夏丹. 有限速率传质正、反向等温化学循环最优特性[D]. 武汉: 海军工程大学, 2010.
[88] 李俊. 传热规律对正、反向热力循环最优性能和最优构型的影响[D]. 武汉: 海军工程大学, 2010.
[89] 张万里. 考虑压降不可逆性的开式正反向布雷顿循环热力学优化[D]. 武汉: 海军工程大学, 2010.
[90] Hashmi S M H. Cooling strategies for PEM FC stacks [D]. Hamburg, Germany: Universitat der Bundeswehr Hamburg, 2010.
[91] 汪城. 气固反应热变温器系统的传热传质及系统性能研究[D]. 上海: 上海交通大学, 2010.
[92] 郭江峰. 换热器的热力学分析与优化设计[D]. 济南: 山东大学, 2011.
[93] 孟凡凯. 多种热电装置的有限时间热力学分析与优化[D]. 武汉: 海军工程大学, 2011.
[94] 王文华. 复杂燃气轮机循环有限时间热力学优化[D]. 武汉: 海军工程大学, 2011.
[95] 戈延林. 不可逆内燃机循环性能有限时间热力学分析与优化[D]. 武汉: 海军工程大学, 2011.
[96] 丁泽民. 三类不可逆微型能量转换系统的热力学优化[D]. 武汉: 海军工程大学, 2011.
[97] Mousaw P. Valuation of flexible fuel energy conversion networks under uncertainty [D]. Notre Dame: University of Notre Dame, 2011.
[98] 夏少军. 不可逆过程与循环的广义热力学动态优化[D]. 武汉: 海军工程大学, 2012.
[99] Ramakrishnan S. Maximum-efficiency architectures for regenerative steady-flow combustion engines [D]. Palo Alto, USA: Stanford University, 2012.
[100] 何弦. 相互作用量子系统热力学循环性能研究[D]. 南昌: 南昌大学, 2012.
[101] 王俊华. 闭式等温加热修正 Brayton 循环有限时间热力学分析与优化[D]. 武汉: 海军工程大学, 2012.
[102] 吴晓辉. 正反向热力和化学循环的局部稳定性分析[D]. 武汉: 海军工程大学, 2012.
[103] 王焕光. 加速器驱动次临界系统(ADS)堆芯冷却系统换热优化[D]. 北京: 中国科学院大学, 2013.
[104] 刘晓威. 正反向不可逆量子循环最优性能[D]. 武汉: 海军工程大学, 2013.
[105] Wagner K. Endoreversible thermodynamics for multi-extensity fluxes and chemical reaction processes [D]. Chemnitz, Germany: Technischen Universitat Chemnitz, 2014.
[106] 杨博. 布雷顿热电和热电冷联产装置有限时间热力学分析与优化[D]. 武汉: 海军工程大学, 2014.
[107] 隆瑞. 不可逆动力循环分析及低品位能量利用热力系统研究[D]. 武汉: 华中科技大学, 2016.
[108] 吴锋, 陈林根, 孙丰瑞, 等. 斯特林机的有限时间热力学优化[M]. 北京: 化学工业出版社, 2008.
[109] 陈林根. 不可逆过程和循环的有限时间热力学分析[M]. 北京: 高等教育出版社, 2005.
[110] Wu C, Chen L G, Chen J C. Recent Advances in Finite Time Thermodynamics [M]. New York: Nova Science Publishers, 1999.
[111] Tsirlin A M. Optimal Cycles and Cycle Regimes [M]. Moscaw: Energomizdat, 1985.

[112] Tsirlin A M. Methods of Averaging Optimization and their Application [M]. Moscow: Physical and Mathematical Literature Publishing Company, 1997.

[113] Tsirlin A M. Optimization Methods in Thermodynamics and Microeconomics [M]. Moscow: Nauka, 2002.

[114] Tsirlin A M. Irreversible Estimates of Limiting Possibilities of Thermodynamic and Microeconomic systems [M]. Moscow: Nauka, 2003.

[115] Tsirlin A M. Optimization for Thermodynamic and Economic Systems [M]. Moscow: Nauka, 2011.

[116] Sieniutycz S, Salamon P. Advances in Thermodynamics. Volume 4: Finite Time Thermodynamics and Thermoeconomics [M]. New York: Taylor & Francis, 1990.

[117] Sieniutycz S, Jezowski J. Energy Optimization in Process Systems [M]. Oxford: Elsevier, 2009.

[118] Sieniutycz S, Farkas H. Variational and Extremum Principles in Macroscopic Systems [M]. London: Elsevier Science Publishers, 2005.

[119] Sieniutycz S, de Vos A. Thermodynamics of Energy Conversion and Transport [M]. New York: Springer-Verlag, 2000.

[120] Senft J R. Mechanical Efficiency of Heat Engines [M]. Cambridge: Cambridge University Press, 2007.

[121] Mironova V A, Amelkin S A, Tsirlin A M. Mathematical Methods of Finite Time Thermodynamics [M]. Moscow: Khimia, 2000.

[122] Gordon J M, Ng K C. Cool Thermodynamics [M]. Cambridge: Cambridge Int. Science Publishers, 2000.

[123] Feidt M. Thermodynamique et Procedes [M]. Paris: Technique et Documentation, Lavoisier, 1987.

[124] Feidt M. Thermodynamique et Optimisation Energetique des Systems et Procedes [M]. Paris: Technique et Documentation, Lavoisier, 1996.

[125] de Vos A. Thermodynamics of Solar Energy Conversion [M]. VCH Verlag: Wiley, 2008.

[126] Chen L G, Sun F R. Advances in Finite Time Thermodynamics: Analysis and Optimization [M]. New York: Nova Science Publishers, 2004.

[127] Berry R S, Kazakov V A, Sieniutycz S, et al. Thermodynamic Optimization of Finite Time Processes [M]. Chichester: Wiley, 1999.

[128] Perescu S, Costen M, Feidt M, et al. Advanced Thermodynamics of Irreversible Process with Finite Speed and Finite Dimensions [M]. Bucharest: Editura AGIR, 2015.

[129] Sieniutycz S, Jezowski J. Energy Optimization in Process Systems and Fuel Cells [M]. Oxford: Elsevier, 2013.

[130] Medina A, Curto-Risso P L, Calvo-Hernández A, et al. Quasi-Dimensional Simulation of Spark Ignition Engines. From Thermodynamic Optimization to Cyclic Variability [M]. London: Springer, 2014.

[131] Dincer I, Zamfirescu C. Advanced Power Generation Systems [M]. London: Elsevier, 2014.

[132] Winterbone D E, Ali Turan A. Advanced Thermodynamics for Engineers [M]. 2nd ed. London: Elsevier, 2015.

[133] Andresen B, Salamon P, Berry R S. Thermodynamics in finite time [J]. Phys. Today, 1984, 37(9): 62-70.

[134] 陈林根, 孙丰瑞, 陈文振. 能量系统有限时间热力学的现状和展望[J]. 力学进展, 1992, 22(4): 479-488.

[135] Wu C, Kiang R L, Lopardo V J, et al. Finite-time thermodynamics and endoreversible heat engines [J]. Int. J. Mech. Eng. Edu., 1993, 21(4): 337-346.

[136] Petrescu S, Harman C. The connection between the first law and second law of thermodynamics for processes with finite speed - A direct method for approaching and optimization of irreversible processes [J]. J. Heat Transfer Soc. Japan, 1994, 33(128): 60-67.

[137] Andresen B. Finite-time thermodynamics and thermodynamic length [J]. Rev. Gen. Therm., 1996, 35(418/419):

647-650.

[138] Andresen B. Finite Time Thermodynamics and Simulated Annealing[M]// Shiner J. Entropy and Entropy Generation. Amsterdam:Kluwer Academic Publishers, 1996.

[139] Hoffmann K H, Burzler J M, Schubert S. Endoreversible thermodynamics [J]. J. Non- Equilib. Thermodyn., 1997, 22(4): 311-355.

[140] Chen L G, Wu C, Sun F R. Finite time thermodynamic optimization or entropy generation minimization of energy systems [J]. J. Non-Equilib. Thermodyn., 1999, 22(4): 327-359.

[141] Sieniutycz S. Hamilton-Jacobi-Bellman framework for optimal control in multistage energy systems [J]. Phys. Rep., 2000, 326(4): 165-285.

[142] Salamon P, Nulton J D, Siragusa G, et al. Principles of control thermodynamics [J]. Energy, 2001, 26(3): 307-319.

[143] 陈林根, 孙丰瑞. 有限时间热力学研究的一些进展[J]. 海军工程大学学报, 2001, 13(6): 41-46, 62.

[144] Hoffman K H, Burzler J M, Fischer A, et al. Optimal process paths for endoreversible systems [J]. J. Non-Equilib. Thermodyn., 2003, 28(3): 233-268.

[145] Muschik W, Hoffmann K H. Endoreversible thermodynamics: a tool for simulating and comparing processes of discrete systems [J]. J. Non-Equilib. Thermodyn., 2006, 31(3): 293-317.

[146] Feidt M. Optimal use of energy systems and processes [J]. Int. J. Exergy, 2008, 5(5/6): 500-531.

[147] Tsirlin A M. Problems and methods of averaged optimization [J]. Proc. Steklov Ins. Math., 2008, 261(1): 270-286.

[148] Hoffman K H. An introduction to endoreversible thermodynamics [J]. Atti dell'Accademia Peloritana dei Pericolanti Classe di Scienze Fisiche, Matematiche e Naturali, 2008, LXXXVI(C1S0801011): 1-18.

[149] Schon J C. Finite-time thermodynamics and the optimal control of chemical syntheses [J]. Z. Anorg. Allg. Chem., 2009, 635(12): 1794-1806.

[150] Feidt M. Thermodynamics applied to reverse cycle machines, a review [J]. Int. J. Refrigeration, 2010, 33(7): 1327-1342.

[151] Andresen B. Current trends in finite-time thermodynamics [J]. Angew. Chem. Int. Ed., 2011, 50(12): 2690-2704.

[152] 林国星, 陈金灿. 多种能量转换系统的性能优化与参数设计的研究[J]. 厦门大学学报(自然科学版), 2011, 50(2): 227-238.

[153] Tu Z C. Recent advance on the efficiency at maximum power of heat engines [J]. Chin. Phys. B, 2012, 21(2): 20513.

[154] Feidt M. Thermodynamics of energy systems and processes: a review and perspectives [J]. J. Appl. Fluid Mech., 2012, 5(2): 85-98.

[155] 王文华, 陈林根, 戈延林, 等. 燃气轮机循环有限时间热力学研究新进展[J]. 热力透平, 2012, 41(3): 171-178, 208.

[156] 张万里, 陈林根, 韩文玉, 等. 正反向布雷顿循环有限时间热力学分析与优化研究进展[J]. 燃气轮机技术, 2012, 25(2): 1-11.

[157] 吴锋, 李青, 郭方中, 等. 热声理论的研究进展[J]. 武汉工程大学学报, 2012, 34(1): 1-6.

[158] 李俊, 陈林根, 戈延林, 等. 正反向两源热力循环有限时间热力学性能优化的研究进展[J]. 物理学报, 2013, 62(13): 130501.

[159] Tsirlin A M, Grigorevsky I N. Minimum Dissipation Conditions of the Mass Transfer and Optimal Separation Sequence Selection for Multi-Component Mixtures[M]. Rijeka, Croatia: InTech-Open Access Publisher, 2013.

[160] Qin X Y, Chen L G, Ge Y L, et al. Finite time thermodynamic studies on absorption thermodynamic cycles: a state

of the arts review [J]. Ara. J. Sci. Eng., 2013, 38(3): 405-419.

[161] Feidt M. Evolution of thermodynamic modelling for three and four heat reservoirs reverse cycle machines: a review and new trends [J]. Int. J. Refrigeration, 2013, 36(1): 8-23.

[162] 丁泽民, 陈林根, 王文华, 等. 三类微型能量转换系统有限时间热力学性能优化的研究进展[J]. 中国科学: 技术科学, 2015, 45(9): 889-918.

[163] Hoffmann K H, Andresen B, Salamon P. Finite-time thermodynamics tools to analyze dissipative processes [C]// Dinner A R. Proceedings of The 240 Conference: Science's Great Challenges, Advances in Chemical Physics, 2015, 157: 57-67.

[164] Chen L G, Meng F K, Sun F R. Thermodynamic analyses and optimization for thermoelectric devices: the state of the arts [J]. Sci. China: Tech. Sci., 2016, 59(3): 442-455.

[165] Ge Y L, Chen L G, Sun F R. Progress in finite time thermodynamic studies for internal combustion engine cycles [J]. Entropy, 2016, 18(4): 139.

[166] Goold J, Huber M, Riera A, et al. The role of quantum information in thermodynamics-a topical review [J]. J. Physics A: Math. Theoret., 2016, 49(14): 143001.

[167] 王晶. 强化传热技术是否真正节能? [J]. 科学通报, 2015, 60(18): 1748.

[168] Wenterodt T, Redecker C, Herwig H. Second law analysis for sustainable heat and energy transfer: the entropic potential concept [J]. Appl. Energy, 2015, 139: 376-383.

[169] 老大中. 变分法基础[M]. 北京: 国防工业出版社, 2007.

[170] 胡寿松, 王执铨, 胡维礼. 最优控制理论与系统[M]. 北京: 科学出版社, 2005.

[171] Pontryagin L S, Boltyanski V A, Gamkrelidze R V, et al. The Mathematical Theory of the Optimal Process [M]. New York: Wiley, 1962.

[172] Bellman R E. Adaptive Control Process: A Guided Tour [M]. New York: Princeton University Press, 1961.

[173] Kuhn H W, Tucker A W. Nonlinear Programming[M]. Berkeley: University of California Press, 1951.

[174] Vargas J V C. Combined heat transfer and thermodynamic problems with applications in refrigeration [D]. Durham, USA: Duke University, 1994.

[175] Hesselgreaves J E. Rationalisation of second law analysis of heat exchanger [J]. Int. J. Heat Mass Transf., 2000, 43(22): 4189-4204.

[176] Shah R K, Skiepko T. Entropy generation extremum and their relationship with heat exchanger effectiveness-number of transfer unit behavior for complex flow arrangements [J]. Trans. ASME J. Heat Transf., 2004, 126(6): 994-1002.

[177] Salamon P, Nitzan A. Finite time optimizations of a Newton's law Carnot cycle [J]. J. Chem. Phys., 1981, 74(6): 3546-3560.

[178] Chen Z S, Wang G, Li C. A parameter optimization method for actual thermal system [J]. Int. J. Heat Mass Transf., 2017, 108(B): 1273-1278.

[179] Ondrechen M J, Andresen B, Mozurkewich M, et al. Maximum work from a finite reservoir by sequential Carnot cycles [J]. Am. J. Phys., 1981, 49(7): 681-685.

[180] 严子浚. 从有限热源获得最大功率输出时卡诺循环的热效率[J]. 工程热物理学报, 1984, 5(2): 149-159.

[181] Maheshwari G, Khandwawala A I, Kaushik S C. A comparative performance analysis of an endoreversible heat engine with thermal reservoir of finite heat capacitance under maximum power density and maximum power conditions [J]. Int. J. Ambient Energy, 2005, 26(3): 147-154.

[182] Gutowicz-Krusin D, Procaccia J, Ross J. On the efficiency of rate processes: power and efficiency of heat engines [J]. J. Chem. Phys., 1978, 69(9): 3898-3906.

[183] de Vos A. Efficiency of some heat engines at maximum power conditions [J]. Am. J. Phys., 1985, 53(6): 570-573.

[184] 严子浚. 卡诺热机的最佳效率与功率关系[J]. 工程热物理学报, 1985, 6(1): 1-6.

[185] de Vos A. Reflections on the power delivered by endoreversible engines [J]. J. Phys. D: Appl. Phys., 1987, 20(2): 232-236.

[186] 孙丰瑞, 赖锡棉. 热源间热机的全息热效率－功率谱[J]. 热能动力工程, 1988, 3(3): 1-9.

[187] 严子浚, 陈丽璇. 导热规律为 $q \propto (1/T)$ 时的 η_m [J]. 科学通报, 1988, 33(20): 1543-1545.

[188] 孙丰瑞, 赖锡棉. 工质与低温热源工作温度的有限时间热力学分析[C]. 全国高校热物理第二届学术会议(1986)论文集. 北京: 科学出版社, 1988.

[189] Chen L X, Yan Z J. The effect of heat transfer law on the performance of a two-heat-source endoreversible cycle [J]. J. Chem. Phys., 1989, 90(7): 3740-3743.

[190] Wu C. Power optimization of a finite-time solar radiant heat engine [J]. Int. J. Ambient Energy, 1989, 10(3): 145-150.

[191] 陈文振, 孙丰瑞, 陈林根. 热源间热机工作参数选择的有限时间热力学准则[J]. 科学通报, 1990, 35(3): 237-240.

[192] Gordon J M. Observations on efficiency of heat engines operating at maximum power [J]. Am. J. Phys., 1990, 58(4): 370-375.

[193] Wu C. Optimal power from a radiating solar-powered thermionic engine [J]. Energy Convers. Manage., 1992, 33(4): 279-282.

[194] Goktun S, Ozkaynak S, Yavuz H. Design parameters of a radiative heat engine [J]. Energy, 1993, 18(6): 651-655.

[195] Angulo-Brown F, Paez-Hernandez R. Endoreversible thermal cycle with a nonlinear heat transfer law [J]. J. Appl. Phys., 1993, 74(4): 2216-2219.

[196] Chen L G, Sun F R, Wu C. Influence of heat transfer law on the performance of a Carnot engine [J]. Appl. Thermal Eng., 1997, 17(3): 277-282.

[197] Zhu X Q, Chen L G, Sun F R, et al. Effect of heat transfer law on the ecological optimization of a generalized irreversible Carnot engine [J]. Open Sys. &Inform. Dyn., 2005, 12(3): 249-260.

[198] Huleihil M, Andresen B. Convective heat transfer law for an endoreversible engine [J]. J. Appl. Phys., 2006, 100(1): 14911.

[199] Li J, Chen L G, Sun F R, et al. Power vs. efficiency characteristic of an endoreversible Carnot heat engine with heat transfer law [J]. Int. J. Ambient Energy, 2008, 29(3): 149-152.

[200] Bejan A. Theory of heat transfer-irreversible power plant [J]. Int. J. Heat Mass Transf., 1988, 31(6): 1211-1219.

[201] Wu C, Kiang R L. Finite-time thermodynamic analysis of a Carnot engine with internal irreversibility [J]. Energy, 1992, 17(12): 1173-1178.

[202] 陈林根, 孙丰瑞, 陈文振. 不可逆热机的功率、效率特性：以内热漏为例[J]. 科学通报, 1993, 38(5): 480.

[203] 陈林根, 孙丰瑞. 不可逆卡诺热机的最优性能[J]. 科技通报, 1995, 11(2): 128.

[204] Chen L G, Wu C, Sun F R. A generalized model of real heat engines and its performance [J]. J. Energy Ins., 1996, 69(481): 214-222.

[205] Chen L G, Wu C, Sun F R. The influence of internal heat leak on the power versus efficiency characteristics of heat engines [J]. Energy Conver. Manage., 1997, 38(14): 1501-1507.

[206] Chen L G, Sun F R, Wu C. Effect of heat transfer law on the performance of a generalized irreversible Carnot engine [J]. J. Phys. D: Appl. Phys., 1999, 32(2): 99-105.

[207] Zhou S B, Chen L G, Sun F R. Optimal performance of a generalized irreversible Carnot engine [J]. Appl. Energy, 2005, 81(4): 376-387.

[208] Chen L G, Li J, Sun F R. Generalized irreversible heat engine experiencing a complex heat transfer law [J]. Appl. Energy, 2008, 85(1): 52-60.

[209] Chen L G, Zhang W L, Sun F R. Power and efficiency optimization for combined Brayton and two parallel inverse Brayton cycles, Part 1: description and modeling [J]. Proc. IMechE, Part C: J. Mech. Eng. Sci., 2008, 222(C3): 393-403.

[210] Zhang W L, Chen L G, Sun F R. Power and efficiency optimization for combined Brayton and two parallel inverse Brayton cycles, Part 2: Performance optimization [J]. Proc. IMechE, Part C: J. Mech. Eng. Sci., 2008, 222(C3): 405-413.

[211] Zhang W L, Chen L G, Sun F R. Power and efficiency optimization for combined Brayton and inverse Brayton cycles [J]. Appl. Thermal Eng., 2009, 29(14-15): 2885-2894.

[212] Ebrahimi R. Experimental study on the auto ignition in HCCI engine [D]. Valenciennes, France: Universite de Valenciennes et du Hainaut-Cambresis, 2006.

[213] Angulo-Brown F, Fernandez-Betanzos J, Diaz-Pico C A. Compression ratio of an optimized air standard Otto-cycle model [J]. Eur. J. Phys., 1994, 15(1): 38-42.

[214] Angulo-Brown F, Rocha-Martinez J A, Navarrete-Gonzalez I D. A non-endoreversible Otto cycle model: improving power output and efficiency [J]. J. Phys. D: Appl. Phys., 1996, 29(1): 80-83.

[215] Abu-Nada E, Al-Hinti I, Al-Aarkhi A, et al. Thermodynamic modeling of spark-ignition engine: effect of temperature dependent specific heats [J]. Int. Comm. Heat Mass Transf., 2006, 33(10): 1264-1272.

[216] Al-Sarkhi A, Al-Hinti I, Abu-Nada E, et al. Performance evaluation of irreversible Miller engine under various specific heat models [J]. Int. Comm. Heat Mass Transf., 2007, 34(7): 897-906.

[217] Zhao Y, Lin B, Chen J. Optimum criteria on the important parameters of an irreversible Otto heat engine with the temperature-dependent heat capacities of the working fluid [J]. ASME Trans. J. Energy Res. Tech., 2007, 129(4): 348-354.

[218] Ge Y L, Chen L G, Sun F R. Finite time thermodynamic modeling and analysis of an irreversible Otto cycle [J]. Appl. Energy, 2008, 85(7): 618-624.

[219] Curto-Risso P L, Medina A, Calvo Hernández A. Theoretical and simulated models for an irreversible Otto cycle [J]. J. Appl. Phys., 2008, 104(9): 94911.

[220] Ge Y L, Chen L G, Sun F R. Finite time thermodynamic modeling and analysis for an irreversible Dual cycle [J]. Math. Comput. Model., 2009, 50(1/2): 101-108.

[221] Curto-Risso P L, Medina A, Calvo Hernández A. Optimizing the operation of a spark ignition engine: simulation and theoretical tools [J]. J. Appl. Phys., 2009, 105(9): 94904.

[222] Sousa R B. Thermodynamic optimization of spark ignition engines under part load conditions [D]. Braga, Portugal: Universidade do Minho, 2006.

[223] Lee W Y, Kim S S. An analytical formal for the estimate a Rankine cycle heat engine efficiency at maximum power [J]. Int. J. Energy Res., 1991, 15(3): 149-153.

[224] 孙丰瑞, 郭立峰, 王子义, 等. 核动力蒸汽装置性能分析和优化的三种有限时间热力学方法[J]. 核动力工程,

1996, 17(5): 240-244.

[225] Wu C. Specific power bound of a finite-time closed Brayton cycle [J]. Int. J. Ambient Energy, 1990, 11(3): 77-82.

[226] 陈林根，孙丰瑞，陈文振. 闭式燃气轮机循环的有限时间热力学分析[J]. 燃气轮机技术, 1994, 7(2): 34-39.

[227] Cheng C Y, Chen C K. Ecological optimization of an irreversible Brayton heat engine [J]. J. Phys. D: Appl. Phys., 1999, 32(3): 350-357.

[228] 陈林根，郑军林，孙丰瑞. 恒温热源实际布雷顿循环的功率密度优化[J]. 机械工程学报, 2002, 38(2): 86-89.

[229] Chen L G, Wang W H, Sun F R. Ecological performance optimization for an open-cycle ICR gas turbine power plant. Part 1: thermodynamic modeling [J]. J. Energy Ins., 2010, 83(4): 235-241.

[230] Wang W H, Chen L G, Sun F R. Ecological performance optimization for an open-cycle ICR gas turbine power plant. Part 2: optimization [J]. J. Energy Ins., 2010, 83(4): 242-248.

[231] Wu F, Chen L G, Wu C, et al. Optimum performance of irreversible Stirling engine with imperfect regeneration [J]. Energy Conver. Manage., 1998, 39(8): 727-732.

[232] 胡亚联，吴锋. 有限速率过程对活塞式斯特林发动机性能的影响[J]. 热能动力工程, 1991, 6(4): 241-244.

[233] 袁都奇，刘宗修. 斯特林热机的性能优化分析[J]. 热能动力工程, 1996, 11(5): 282-284.

[234] 严子浚，苏国珍. 斯特林热机的基本优化关系及功率和效率界限[J]. 工程热物理学报, 1999, 20(5): 545-548.

[235] 丁泽民，陈林根，孙丰瑞. 线性唯象传热定律下斯特林热机效率分析[J]. 工程热物理学报, 2009, 30(4): 549-552.

[236] Gordon J M. Generalized power versus efficiency characteristics of heat engines: the thermoelectric generator as an instructive illustration [J]. Am. J. Phys., 1991, 59(6): 551-555.

[237] 孙丰瑞，陈文振，陈林根，等. 热电发电机优化的有限时间热力学准则[J]. 工程热物理学报, 1993, 14(1): 13-15.

[238] Chen L G, Li J, Sun F R, et al. Performance optimization of a two-stage semiconductor thermoelectric-generator [J]. Appl. Energy, 2005, 82(4): 300-312.

[239] Meng F K, Chen L G, Sun F R. A numerical model and comparative investigation of a thermoelectric generator with multi-irreversibilities [J]. Energy, 2011, 26(5): 3513-3522.

[240] 隋军. 溴化锂吸收循环系统优化分析[D]. 大连: 大连理工大学, 2001.

[241] 郑飞. 吸收式制冷循环与绝热吸收过程的理论和实验研究[D]. 杭州: 浙江大学, 2000.

[242] Chen L G, Sun F R, Wu C. The influence of heat transfer law on the endoreversible Carnot refrigerator [J]. J. Energy Ins., 1996, 69(479): 96-100.

[243] Li J, Chen L G, Sun F R. Performance optimization for an endoreversible Carnot refrigerator with complex heat transfer law [J]. J. Energy Ins., 2008, 81(3): 168-170.

[244] Li J, Chen L G, Sun F R. Cooling load and coefficient of performance optimizations for a generalized irreversible Carnot refrigerator with heat transfer law [J]. Proc. IMechE, Part E: J. Proc. Mech. Eng., 2008, 222(E1): 55-62.

[245] Qin X Y, Chen L G, Sun F R. Thermodynamic modeling and performance of variable-temperature heat reservoir absorption refrigeration cycle [J]. Int. J. Exergy, 2010, 7(4): 521-534.

[246] 陈文振，孙丰瑞，陈林根. 两源制冷和泵热循环参数选择的有限时间热力学准则[J]. 科学通报, 1990, 35(11): 869-870.

[247] 马一太. 混合工质热泵循环节能及高温压缩式热泵变速容量调节的研究[D]. 天津: 天津大学, 1989.

[248] Blanchard C H. Coefficient of performance for finite-speed heat pump [J]. J. Appl. Phys., 1980, 51(5): 2471-2472.

[249] Goth Y, Feidt M. Optimum COP for endoreversible heat pump or refrigerating machine [J]. C. R. Acad. Sc. Pairs,

1986, 303(1): 19-24.

[250] 孙丰瑞, 陈文振, 陈林根. 二源间反向内可逆卡诺循环全谱分析及最佳参数的选择[J]. 海军工程学院学报, 1990, (2): 40-45.

[251] 陈林根, 孙丰瑞, 陈文振. $q<(T)^{-1}$ 传热情况下卡诺热泵的最佳供热系数与供热率间的关系[J]. 热能动力工程, 1990, 5(3): 48-52.

[252] Wu C. Specific heating load of an endoreversible Carnot heat pump [J]. Int. J. Ambient Energy, 1993, 14(1): 25-28.

[253] Chen W Z, Sun F R, Cheng S M, et al. Study on optimal performance and working temperature of endoreversible forward and reverse Carnot cycles [J]. Int. J. Energy Res., 1995, 19(9): 751-759.

[254] Chen L G, Wu C, Sun F R. Heat transfer effect on the specific heating load of heat pumps [J]. Appl. Thermal Eng., 1997, 17(1): 103-110.

[255] Sun F R, Chen W Z, Chen L G, et al. Optimal performance of an endoreversible Carnot heat pump [J]. Energy Convers. Manage., 1997, 38(14): 1439-1443.

[256] Zhu X Q, Chen L G, Sun F R, et al. The optimal performance of a Carnot heat pump under the mixed heat resistance condition [J]. Open Sys. &Inform. Dyn., 2002, 9(3): 251-256.

[257] Li J, Chen L G, Sun F R. Heating load vs. COP characteristic of an endoreversible Carnot heat pump subjected to heat transfer law [J]. Appl. Energy, 2008, 85(2-3): 96-100.

[258] Li J, Chen L G, Sun F R. Fundamental optimal relation of a generalized irreversible Carnot heat pump with complex heat transfer law [J]. Pramana J. Phys., 2010, 74(2): 219-230.

[259] Wu C, Schulden W. Specific heating load of thermoelectric heat pumps [J]. Energy Convers. Manage., 1994, 35(6): 459-464.

[260] 陈林根, 孙丰瑞, 陈文振. 考虑热漏影响的热泵装置有限时间热力学性能[J]. 热能动力工程, 1994, 9(2): 121-125.

[261] 陈林根, 孙丰瑞, 陈文振. 一类两热源不可逆循环的有限时间热力学性能[J]. 科技通报, 1995, 11(2): 126.

[262] Cheng C, Chen C. Performance optimization of an irreversible heat pump [J]. J. Phys. D: Appl. Phys., 1995, 28(12): 2451-2454.

[263] Ait-Ali M A. The maximum coefficient of performance of internally irreversible refrigerators and heat pumps [J]. J. Phys. D: Appl. Phys., 1996, 29(4): 975-980.

[264] Chen L G, Wu C, Sun F R. Heat pump performance with internal heat leak [J]. Int. J. Ambient Energy, 1997, 5(3): 129-134.

[265] 薛蒙, 陈林根, 孙丰瑞, 等. 热漏、内不可逆性和导热规律对卡诺热泵最优性能的影响[J]. 工程热物理学报, 1997, 18(1): 25-27.

[266] Kodal A. Heating Rate Maximization for an Irreversible Heat Pump with a General Heat Transfer Law [M]// Wu C, Chen L, Chen J. Recent Advances in Finite Time Thermodynamics. New York: Nova Science Publishers, 1999.

[267] Ni N, Chen L G, Sun F R, et al. Effect of heat transfer law on the performance of a generalized irreversible Carnot heat pump [J]. J. Energy Ins., 1999, 72(491): 64-68.

[268] Zhu X Q, Chen L G, Sun F R. Optimal performance of a generalized irreversible Carnot heat pump with a generalized heat transfer law [J]. Phys. Scr., 2001, 64(6): 584-587.

[269] Chen J. The influence of multi-irreversibilities on the performance of a heat transformer [J]. J. Phys. D: Appl. Phys., 1997, 30(21): 2953-2957.

[270] 林国星, 严子浚. 不可逆热变换器的基本优化关系及其应用[J]. 厦门大学学报(自然科学版), 1997, 36(1):

33-36.

[271] Chen J. The coefficient of performance of a multi-temperature-level absorption heat transformer at maximum specific heating load [J]. J. Phys. D: Appl. Phys., 1998, 31(22): 3316-3322.

[272] 隋军，李淞平，袁一. 三热源内可逆热变换器比供热率优化[J]. 大连理工大学学报, 2001, 41(4): 455-458.

[273] Qin X Y, Chen L G, Sun F R, et al. Absorption heat-transformer and its optimal performance [J]. Appl. Energy, 2004, 78(3): 329-346.

[274] Qin X Y, Chen L G, Sun F R. Performance of real absorption heat-transformer with a generalized heat transfer law [J]. Appl. Thermal Eng., 2008, 28(7): 767-776.

[275] Sahin B, Kodal A, Ekmekci I, et al. Exergy optimization for an endoreversible cogeneration cycle [J]. Energy, 1997, 22(5): 551-557.

[276] Yilmaz T. Performance optimization of a gas turbine-based cogeneration system [J]. J. Phys. D: Appl. Phys., 2006, 39(11): 2454-2458.

[277] Hao X, Zhang G. Exergy optimisation of a Brayton cycle-based cogeneration plant [J]. Int. J. Exergy, 2009, 6(1): 34-48.

[278] Tao G S, Chen L L, Sun F R. Exergoeconomic performance optimization for an endoreversible regenerative gas turbine closed-cycle cogeneration plant [J]. Rev. Mex. Fis., 2009, 55(3): 192-200.

[279] 谢平，黄跃武. 内可逆焦耳—布雷顿功热并供系统的㶲优化分析[J]. 热能动力工程, 2009, 24(2): 172-176.

[280] 杨博，陈林根，孙丰瑞. 中冷回热布雷顿热电联产装置的㶲性能优化[J]. 工程热物理学报, 2011, 32(6): 917-921.

[281] de Vos A. Is a solar cell an endoreversible engine? [J]. Sol. Cells, 1991, 31(2): 181-196.

[282] de Vos A. Endoreversible thermodynamics and chemical reactions [J]. J. Phys. Chem., 1991, 95(18): 4534-4540.

[283] de Vos A. Entropy fluxes, endoreversibility and solar energy conversion [J]. J. Appl. Phys., 1993, 74(6): 3631-3637.

[284] Gordon J M. Maximum work from isothermal chemical engines [J]. J. Appl. Phys., 1993, 73(1): 8-11.

[285] Gordon J M, Orlov V N. Performance characteristics of endoreversible chemical engines [J]. J. Appl. Phys., 1993, 74(9): 5303-5308.

[286] de Vos A. The endoreversible theory of solar energy conversion: a tutorial [J]. Sol. Energy Mater. Sol. Cells, 1993, 31(1): 75-93.

[287] de Vos A. Thermodynamics of photochemical solar energy conversion [J]. Sol. Energy Mater. Sol. Cells, 1995, 38(1-4): 11-22.

[288] Chen L G, Sun F R, Wu C. Performance characteristics of isothermal chemical engines [J]. Energy Convers. Manage., 1997, 38(18): 1841-1846.

[289] Chen L G, Sun F R, Wu C, et al. Maximum power of a combined cycle isothermal chemical engine [J]. Appl. Thermal Eng., 1997, 17(7): 629-637.

[290] Chen L G, Sun F R, Wu C. Performance of chemical engines with a mass leak [J]. J. Phys. D: Appl. Phys., 1998, 31(13): 1595-1600.

[291] Chen L G, Duan H, Sun F R. Performance of a combined-cycle chemical engine with mass leak [J]. J. Non-Equilib. Thermodyn., 1999, 24(3): 280-290.

[292] Delgado E J. Optimization of an endoreversible chemical engine based on osmosis [J]. J. Appl. Phys., 1999, 85(10): 7467-7470.

[293] Lin G, Chen J, Bruck E. Irreversible chemical-engines and their optimal performance analysis [J]. Appl. Energy, 2004, 78(2): 123-136.

[294] Chen L G, Xia D, Sun F R. Optimal performance of an endoreversible chemical engine with diffusive mass transfer law [J]. Proc. IMechE, Part C: J. Mech. Eng. Sci., 2008, 222(C8): 1535-1539.

[295] Xia D, Chen L G, Sun F R. Optimal performance of a generalized irreversible chemical engine with diffusive mass transfer law [J]. Math. Comp. Model., 2010, 51(1-2): 127-136.

[296] Cai Y, Su G, Chen J. Influence of heat- and mass-transfer coupling on the optimal performance of a non-isothermal chemical engine [J]. Rev. Mex. Fis., 2010, 56(5): 356-362.

[297] 蔡燕华，苏国珍. 非等温化学机的最大功率输出特性[J]. 厦门大学学报（自然科学版），2010, 49(4): 462-464.

[298] Lin G, Chen J. Optimal analysis on the cyclic performance of a class of chemical pumps [J]. Appl. Energy, 2001, 70(1): 35-47.

[299] 林比宏，林国星. 质量漏和传质不可逆性对化学泵循环性能的影响[J]. 科技通报, 2003, 19(2): 121-125.

[300] Lin G, Chen J, Hua B. General performance characteristics of an irreversible three source chemical pump [J]. Energy Convers. Manage., 2003, 44(10): 1719-1731.

[301] 吴素枝，郑世燕，林国星，等. 不可逆传质和质量漏对三源化学泵性能的影响[J]. 厦门大学学报（自然科学版），2004, 43(2): 479-482.

[302] Wu S, Lin G, Chen J. Optimization on the performance characteristics of a three-source chemical pump affected by multi-irreversibilities [J]. Math. Comput. Model., 2005, 41(2-3): 241-251.

[303] Lin G, Chen J, Brück E, et al. Optimization of performance characteristics in a class of irreversible chemical pump [J]. Math. Comput. Model., 2006, 43(7-8): 743-753.

[304] 夏丹，陈林根，孙丰瑞. 质漏对内可逆四源化学泵性能的影响[J]. 热科学与技术, 2006, 5(1): 85-90.

[305] Xia D, Chen L G, Sun F R. Endoreversible four-reservoir chemical pump [J]. Appl. Energy, 2007, 84(1): 56-65.

[306] Xia D, Chen L G, Sun F R. Optimal performance of a chemical pump with diffusive mass transfer law [J]. Int. J. Sustainable Energy, 2008, 27(2): 39-47.

[307] Xia D, Chen L G, Sun F R. COP extreme of irreversible four-reservoir isothermal chemical pump [J]. Int. J. Ambient Energy, 2008, 29(4): 181-188.

[308] Chen L G, Xia D, Sun F R. Fundamental optimal relation of a generalized irreversible four-reservoir chemical pump [J]. Proc. IMechE, Part C: J. Mech. Eng. Sci., 2008, 222(C8): 1523-1534.

[309] Xia D, Chen L G, Sun F R. Effects of mass transfer and mass leakage on performance of four-reservoir chemical pumps [J]. J. Energy Ins., 2009, 82(3): 176-179.

[310] Xia D, Chen L G, Sun F R. Optimal performance of an endoreversible three-mass-reservoir chemical pump with diffusive mass transfer law [J]. Appl. Math. Model., 2010, 34(1): 140-145.

[311] 吴素枝，林国星，陈金灿. 不可逆三源化学势变换器性能的优化分析[J]. 工程热物理学报, 2004, 25(3): 379-381.

[312] Wu S, Lin G, Chen J. Parametric optimum analysis of an irreversible chemical potential transformer and its performance bounds [J]. Int. J. Ambient Energy, 2007, 28(4): 171-180.

[313] Xia D, Chen L G, Sun F R. Performance of a four-reservoir chemical potential transformer with irreversible mass transfer and mass leakage [J]. Appl. Thermal Eng., 2007, 27(8-9): 1534-1542.

[314] 夏丹，陈林根，孙丰瑞. 广义不可逆四库等温化学势变换器的最优性能[J]. 中国科学 B 辑:化学, 2008, 38(6): 492-503.

[315] Xia D, Chen L G, Sun F R. Optimal performance of an endoreversible three-mass-reservoir chemical potential transformer with diffusive mass transfer law [J]. Int. J. Ambient Energy, 2008, 29(1): 9-16.

[316] Xia D, Chen L G, Sun F R. Fundamental optimal relation of an endoreversible four-reservoir chemical potential transformer [J]. Int. J. Ambient Energy, 2009, 30(1): 33-34.

[317] Zhao Y R, Ou C J, Chen J C. A new analytical approach to model and evaluate the performance of a class of irreversible fuel cells [J]. Int. J. Hydrogen Energy, 2008, 33(15): 4161-4170.

[318] Vaudrey A, Baucour P, Lanzetta F, Glises R. Finite time analysis of an endoreversible fuel cell [C]. Fundamentals and Developments of Fuel Cell Conference. Nance, France, Hal-00347730, 16 Dec. 2008.

[319] Lin T L, Zhao Y R, Chen J C. Expressions for entropy production rate of fuel cells [J]. Chin. J. Chem. Phys., 2008, 21(4): 361-366.

[320] Zhang X Q, Guo J C, Chen J C. The parametric optimum analysis of a proton exchange membrane (PEM) fuel cell and its load matching [J]. Energy, 2010, 35(12): 5294-5299.

[321] Zhang H C, Lin G X, Chen J C. The performance analysis and multi-objective optimization of a typical alkaline fuel cell [J]. Energy, 2011, 36(7): 4327-4332.

[322] Zhang H C, Lin G X, Chen J C. Performance analysis and multi-objective optimization of a new molten carbonate fuel cell system [J]. Int. J. Hydrogen Energy, 2011, 36(6): 4015-4021.

[323] Petrescu S, Costea M, Maris V. Comparison between thermal machines and fuel cell treatment in the framework of thermodynamics with finite speed [J]. Termotehnica, 2011, (1): 12-23.

[324] Rezek Y. Heat machines and quantum systems: towards the Third Law [D]. Jerusalem, Israel: The Hebrew University of Jerusalem, 2011.

[325] Geva E, Kosloff R. A quantum-mechanical heat engine operating in finite time: a model consisting of spin-1/2 systems as the working fluid [J]. J. Chem. Phys., 1992, 96(4): 3054-3067.

[326] Geva E, Kosloff R. On the classical limit of quantum thermodynamics in finite time [J]. J. Chem. Phys., 1992, 97(6): 4398-4412.

[327] 吴锋, 陈林根, 孙丰瑞. 1/2 自旋量子卡诺制冷机的最优性能[J]. 真空与低温, 1996, 15(1): 17-21.

[328] 吴锋, 孙丰瑞, 陈林根. 谐振子系统量子卡诺热泵的最佳特性参数[J]. 热能动力工程, 1997, 12(5): 361-364.

[329] He J, Chen J, Hua B. Quantum refrigeration cycles using spin-1/2 systems as the working substance [J]. Phys. Rev. E, 2002, 65(3): 36145.

[330] Lin B, Chen J. Performance analysis of an irreversible quantum heat engine working with harmonic oscillators [J]. Phys. Rev. E, 2003, 67(4): 46105.

[331] Lin B, Chen J. Optimal analysis of the performance of an irreversible quantum heat engine with spin systems [J]. J. Phys. A: Math. Gen., 2005, 38(1): 69-79.

[332] Wu F, Chen L G, Sun F R. Optimization criteria for an irreversible quantum Brayton engine with an ideal Bose gas [J]. J. Appl. Phys., 2006, 99(5): 54904.

[333] Wu F, Chen L G, Sun F R, et al. Performance of an irreversible quantum Carnot engine with spin-1/2 [J]. J. Chem. Phys., 2006, 124(21): 214702.

[334] Wu F, Chen L G, Sun F R, et al. Generalized model and optimum performance of an irreversible quantum Brayton engine with spin systems [J]. Phys. Rev. E, 2006, 73(1): 16103.

[335] 王建辉, 何济洲, 毛之远. 谐振子系统量子热机循环性能[J]. 中国科学 G 辑: 物理学, 力学, 天文学, 2006, 36(6): 591-605.

[336] Wang J, He J, Xin Y. Performance analysis of a spin quantum heat engine cycle with internal friction [J]. Phys. Scr., 2007, 75(2): 227-234.

[337] Wang H, Liu S, He J. Optimum criteria of an irreversible quantum Brayton refrigeration cycle with an ideal Bose gas [J]. Phys. B, 2008, 403(21-22): 3867-3878.

[338] 何济洲, 何弦, 唐威. 不可逆谐振子量子奥托制冷循环性能特征[J]. 中国科学 G 辑: 物理学, 力学, 天文学, 2009, 39(8): 1046-1051.

[339] 刘晓威, 陈林根, 吴锋, 等. 不可逆谐振子卡诺热机生态学优化[J]. 中国科学 G 辑: 物理学, 力学, 天文学, 2009, 39(12): 1687-1698.

[340] Velasco S, Roco J M M, Medina A, et al. Feynman's ratchet optimization: maximum power and maximum efficiency regimes [J]. J. Phys. D: Appl. Phys., 2001, 34(6): 1000-1006.

[341] Tu Z C. Efficiency at maximum power of Feynman's ratchet as a heat engine [J]. J. Phys. A: Math. Theor., 2008, 41(31): 312003.

[342] Schmiedl T, Seifert U. Efficiency of molecular motors at maximum power [J]. Europhys. Lett., 2008, 83(3): 30005.

[343] 王小敏, 何济洲, 王建辉. 能量选择性电子热机和制冷机的性能特征分析[J]. 电子学报, 2008, 36(11): 2178-2182.

[344] Gao T, Zhang Y, Chen J. The Onsager reciprocity relation and generalized efficiency of a thermal Brownian motor [J]. Chin. Phys. B, 2009, 18(8): 3279-3286.

[345] 丁泽民, 陈林根, 孙丰瑞. 空间周期性温度场中布朗热泵的热力学特性[J]. 中国科学: 物理学, 力学, 天文学, 2010, 40(1): 16-25.

[346] Chen L G, Ding Z M, Sun F R. Performance analysis of a vacuum thermionic refrigerator with external heat transfer [J]. J. Appl. Phys., 2010, 107(10): 104507.

[347] Ding Z M, Chen L G, Sun F R. Modeling and performance analysis of energy selective electron (ESE) engine with heat leakage and transmission probability [J]. Sci. China: Phys. Mech. Astron., 2011, 54(11): 1925-1936.

[348] Wang H, Wu G, Lu H. Performance of an energy selective electron refrigerator at maximum cooling rate [J]. Phys. Scr., 2011, 83(5): 55801.

[349] 高天附. 三种典型布朗马达的定向输运与非平衡态热力学分析[D]. 厦门: 厦门大学, 2009.

[350] 陈文振. 相变材料接触熔化的研究[D]. 武汉: 华中理工大学, 1994.

[351] Linetskii S B, Tsirlin A M. Evaluating thermodynamic efficiency and optimizing heat exchangers [J]. Thermal Eng., 1988, 35(10): 593-597.

[352] Andresen B, Gordon J M. Optimal heating and cooling strategies for heat exchanger design [J]. J. Appl. Phys., 1992, 71(1): 76-80.

[353] Andresen B, Gordon J M. Optimal paths for minimizing entropy generation in a common class of finite time heating and cooling processes [J]. Int. J. Heat Fluid Flow, 1992, 13(3): 294-299.

[354] 徐志明, 扬善让, 陈钟颀. 换热器最优参数的变分解法[J]. 化工学报, 1995, 46(1): 75-80.

[355] Amelkin S A, Hoffmann K H, Sicre B, et al. Extreme performance of heat exchangers of various hydrodynamic models of flows [J]. Periodica Polytechnica ser. Chem. Eng., 2000, 44(1): 3-16.

[356] Amelkin S A, Tsirlin A M. Ultimate capabilities of heat exchangers with different flow models of the media [J]. Thermal Eng., 2001, 48(5): 410-414.

[357] Nummedal L, Kjelstrup S. Equipartition of forces as a lower bound on the entropy production in heat exchange [J]. Int. J. Heat Mass Transf., 2001, 44(15): 2827-2833.

[358] Tsirlin A M, Kazakov V A. Realizability areas for thermodynamic systems with given productivity [J]. J. Non-Equilib. Thermodyn., 2002, 27(1): 91-103.

[359] Johannessen E, Nummedal L, Kjelstrup S. Minimizing the entropy production in heat exchange [J]. Int. J. Heat Mass Transf., 2002, 45(13): 2649-2854.

[360] Balkan F. Comparison of entropy minimization principles in heat exchange and a short-cut principle: EoTD [J]. Int. J. Energy Res., 2003, 27(11): 1003-1014.

[361] Badescu V. Optimal strategies for steady state heat exchanger operation [J]. J. Phys. D: Appl. Phys., 2004, 37(16): 2298-2304.

[362] Badescu V. Optimal paths for minimizing lost available work during usual heat transfer processes [J]. J. Non-Equilib. Thermodyn., 2004, 29(1): 53-73.

[363] Balkan F. Application of EoEP principle with variable heat transfer coefficient in minimizing entropy production in heat exchangers [J]. Energy Convers. Manage., 2005, 46(13-14): 2134-2144.

[364] Tsirlin A M, Akhremenkov A A, Grigorevskii I N. Minimal irreversibility and optimal distributions of heat transfer surface area and heat load in heat transfer systems [J]. Theor. Found. Chem. Eng., 2008, 42(2): 203-210.

[365] 夏少军, 陈林根, 孙丰瑞. $q \propto (\Delta(T^n))^m$ 传热规律下换热过程最小熵产生优化[J]. 热科学与技术, 2008, 7(3): 226-230.

[366] 夏少军, 陈林根, 孙丰瑞. 换热器㶲耗散最小优化[J]. 科学通报, 2009, 54(15): 2240-2246.

[367] Chen L G, Xia S J, Sun F R. Optimal paths for minimizing entropy generation during heat transfer processes with a generalized heat transfer law [J]. J. Appl. Phys., 2009, 105(4): 44907.

[368] Xia S J, Chen L G, Sun F R. Optimal paths for minimizing lost available work during heat transfer processes with complex heat transfer law [J]. Brazilian J. Phys., 2009, 39(1): 98-105.

[369] Xia S J, Chen L G, Sun F R. Optimal paths for minimizing entransy dissipation during heat transfer processes with generalized radiative heat transfer law [J]. Appl. Math. Model., 2010, 34(8): 2242-2255.

[370] Gordon J M, Rubinstein I, Zarmi Y. On optimal heating and cooling strategies for melting and freezing [J]. J. Appl. Phys., 1990, 67(1): 81-84.

[371] 夏少军, 陈林根, 孙丰瑞. 液—固相变过程㶲耗散最小化[J]. 中国科学: 技术科学, 2010, 40(12): 1521-1529.

[372] Badescu V. Optimal control of forced cool-down processes [J]. Int. J. Heat Mass Transf., 2005, 48(3): 741-748.

[373] Santoro M, Schon J C, Jansen M. Finite-time thermodynamics and gas-liquid phase transition [J]. Phys. Rev. E, 2007, 76(6): 61120.

[374] Chen L G, Ma K, Ge Y L, et al. Optimization for forced cool-down processes with minimum cooling fluid mass[J]. Int. J. Sustain. Energy, 2013, 32(6): 659-669.

[375] Bi Y H, Guo T W, Chen L G, et al. Entropy generation minimization for charging and discharging processes in a gas hydrate cool storage system [J]. Appl. Energy, 2010, 87(4): 1149-1157.

[376] Kolin' Ko N A, Tsirlin A M. An inverse optimal control problem for a class of controlled systems [J]. Autom. Remote Control, 2002, 63(8): 1343-1350.

[377] Tsirlin A M, Kazakov V, Kolinko N. A minimal dissipation type-based classification in irreversible thermaodynamics and microeconomics [J]. Eur. Phys. J. B, 2003, 35(4): 565-570.

[378] Xia S J, Xie Z H, Chen L G, et al. An inverse optimization for minimizing entransy dissipation during heat transfer processes [C]. 2017 American Society of Thermal and Fluids Engineers (ASTFE) Conference and 4th International Workshop on Heat Transfer (IWHT). Las Vegas, NV. Paper ID: TFEC-IWHT2017-18312.

[379] Tsirlin A M. Optimum control of irreversible thermal and mass-transfer processes [J]. Sov. J. Comput. System. Sci., 1992, 30(3): 23-31.

[380] Tsirlin A M, Kazakov V A, Berry R S. Finite-time thermodynamics: limiting performance of rectification and minimal entropy production in mass transfer [J]. J. Phys. Chem., 1994, 98(13): 3330-3336.

[381] Mironova V A. Thermodynamic optimization of the crystallization process [J]. Chimicheskaia Promishlennost, 1994, 4: 51-60.

[382] Tsirlin A M, Mironova V A, Amelkin S A, et al. Finite-time thermodynamics: conditions of minimal dissipation for thermodynamic process with given rate [J]. Phys. Rev. E, 1998, 58(1): 215-223.

[383] 夏少军, 陈林根, 孙丰瑞. 一类单向等温传质过程积耗散最小化[J]. 中国科学: 技术科学, 2011, 41(4): 515-524.

[384] Xia S J, Chen L G, Sun F R. Entransy dissipation minimization for one-way isothermal mass transfer processes with a generalized mass transfer law [J]. Scientia Iran.,Trans. C – Chem.&Chem. Eng., 2012, 19(6): 1616-1625

[385] Teodoros L, Andresen B. Optimal control configuration of heating and humidification processes. Part I [J]. U. P. B. Sci. Bull. Ser. D, 2011, 73(3): 3-16.

[386] Teodoros L, Andresen B. Optimal control configuration of heating and humidification processes. Part II [J]. U. P. B. Sci. Bull. Ser. D, 2011, 73(4): 79-88.

[387] Bi Y H, Chen L G, Sun F R. Thermodynamic optimization for crystallization process of gas-hydrate [J]. Int. J. Energy Res., 2012, 36(2): 269-276.

[388] Cutowicz-Krusin D, Procaccia J, Ross J. On the efficiency of rate process: power and efficiency of heat engines [J]. J. Chem. Phys., 1978, 69(9): 3898-3906.

[389] Rubin M H. Optimal configuration of an irreversible heat engine with fixed compression ratio [J]. Phys. Rev. A., 1980, 22(4): 1741-1752.

[390] Salamon P, Nitan A, Andresen B, et al. Minimum entropy production and the optimization of heat engines [J]. Phys. Rev. A, 1980, 21(6): 2115-2129.

[391] Song H J, Chen L G, Li J, et al. Optimal configuration of a class of endoreversible heat engines with linear phenomenological heat transfer law [J]. J. Appl. Phys., 2006, 100(12): 124907.

[392] Song H J, Chen L G, Sun F R. Endoreversible heat engines for maximum power output with fixed duration and radiative heat-transfer law [J]. Appl. Energy, 2007, 84(4): 374-388.

[393] Li J, Chen L G, Sun F R. Optimal configuration of a class of endoreversible heat-engines for maximum power-output with linear phenomenological heat-transfer law [J]. Appl. Energy, 2007, 84(9): 944-957.

[394] 宋汉江, 陈林根, 孙丰瑞. 辐射传热条件下一类内可逆热机最大效率时的最优构型[J]. 中国科学 G 辑: 物理学, 力学, 天文学, 2008, 38(8): 1083-1096.

[395] Song H J, Chen LG, Sun F R, et al. Configuration of heat engines for maximum power output with fixed compression ratio and generalized radiative heat transfer law [J]. J. Non-Equilib. Thermodyn., 2008, 33(3): 275-295.

[396] Chen L G, Song H J, Sun F R, et al. Optimal configuration of heat engines for maximum power with generalized radiative heat transfer law [J]. Int. J. Ambient Energy, 2009, 30(3): 137-160.

[397] Chen L G, Song H J, Sun F R, et al. Optimal configuration of heat engines for maximum efficiency with generalized radiative heat transfer law [J]. Rev. Mex. Fis., 2009, 55(1): 55-67.

[398] Ondrechen M J, Rubin M H, Band Y B. The generalized Carnot cycles: a working fluid operating in finite time between heat sources and sinks [J]. J. Chem. Phys., 1983, 78(7): 4721-4727.

[399] Orlov V N. Optimum irreversible Carnot cycle containing three isotherms [J]. Sov. Phys. Dokl., 1985, 30(6): 506-508.

[400] 熊国华, 陈金灿, 严子浚. 热传递规律对广义卡诺循环性能的影响[J]. 厦门大学学报, 1989, 28(5): 489-493.

[401] Yan Z, Chen L. Optimal performance of a generalized Carnot cycles for another linear heat transfer law [J]. J. Chem. Phys., 1990, 92(3): 1994-1998.

[402] 陈林根, 陈少堂, 孙丰瑞, 等. 一类与传热定律无关的内可逆热机最优构型[J]. 燃气轮机技术, 1993, 6(2): 20-23.

[403] Ares De Parga G, Angulo-Brown F, Navarrete-Gonzalez T D. A variational optimization of a finite-time thermal cycle with a nonlinear heat transfer law [J]. Energy, 1999, 24(12): 997-1008.

[404] Angulo-Brown F, Ares De Parga G, Arias-Hernandez L A. A variational approach to ecological-type optimization criteria for finite-time thermal engine models [J]. J. Appl. Phys., 2002, 35(10): 1089-1093.

[405] Chen L G, Zhou S B, Sun F R, et al. Optimal configuration and performance of heat engines with heat leak and finite heat capacity [J]. Open Sys. &Inform. Dyn., 2002, 9(1): 85-96.

[406] Chen L G, Zhu X Q, Sun F R, et al. Optimal configurations and performance for a generalized Carnot cycle assuming the generalized convective heat transfer law [J]. Appl. Energy, 2004, 78(3): 305-313.

[407] Chen L G, Zhu X Q, Sun F R, et al. Effect of mixed heat resistance on the optimal configuration and performance of a heat-engine cycle [J]. Appl. Energy, 2006, 83(6): 537-544.

[408] Chen L G, Sun F R, Wu C. Optimal configuration of a two-heat-reservoir heat-engine with heat leak and finite thermal capacity [J]. Appl. Energy, 2006, 83(2): 71-81.

[409] 李俊, 陈林根, 孙丰瑞. 复杂传热规律下有限高温热源热机循环的最优构型[J]. 中国科学 G 辑: 物理学, 力学, 天文学, 2009, 39(2): 255-259.

[410] Rubin M H, Andresen B. Optimal staging of endoreversible heat engines [J]. J. Appl. Phys., 1982, 53(1): 1-7.

[411] Amelkin S A, Andresen B, Burzler J M, et al. Maximum power process for multi-source endoreversible heat engines [J]. J. Phys. D: Appl. Phys., 2004, 37(9): 1400-1404.

[412] Amelkin S A, Andresen B, Burzler J M, et al. Thermo-mechanical systems with several heat reservoirs: maximum power processes [J]. J. Non-Equlib. Thermodyn., 2005, 30(2): 67-80.

[413] Tsirlin A M, Kazakov V, Ahremenkov A A, et al. Thermodynamic constraints on temperature distribution in a stationary system with heat engine or refrigerator [J]. J. Phys. D: Appl. Phys., 2006, 39(19): 4269-4277.

[414] Chen L G, Li J, Sun F R. Optimal temperatures and maximum power output of a complex system with linear phenomenological heat transfer law [J]. Thermal Sci., 2009, 13(4): 33-40.

[415] Orlov V N, Berry R S. Power output from an irreversible heat engine with a non-uniform working fluid [J]. Phys. Rev. A, 1990, 42(6): 7230-7235.

[416] Orlov V N, Berry R S. Analytical and numerical estimates of efficiency for an irreversible heat engine with distributed working fluid [J]. Phys. Rev. A, 1992, 45(10): 7202-7206.

[417] Orlov V N, Berry R S. Power and efficiency limits for internal combustion engines via methods of finite time thermodynamics [J]. J. Appl. Phys, 1993, 74(7): 4317-4322.

[418] 夏少军, 陈林根, 孙丰瑞. 线性唯象传热定律下具有非均匀工质的一类非回热不可逆热机最大功率输出[J]. 中国科学 G 辑: 物理学, 力学, 天文学, 2009, 39(8): 1081-1089.

[419] Chen L G, Xia S J, Sun F R. Maximum efficiency of an irreversible heat engine with a distributed working fluid and linear phenomenological heat transfer law [J]. Rev. Mex. Fis., 2010, 56(3): 231-238.

[420] Chen L G, Xia S J, Sun F R. Performance limits for a class of irreversible internal combustion engines [J]. Energy &Fuels, 2010, 24(1): 295-301.

[421] Band Y B, Kafri O, Salamon P. Maximum work production from a heated gas in a cylinder with piston [J]. Chem. Phys. Lett., 1980, 72(1): 127-130.

[422] Aizenbud B M, Band Y B. Power considerations in the operation of a piston fitted inside a cylinder containing a dynamically heated working fluid [J]. J. Appl. Phys., 1981, 52(6): 3742-3744.

[423] Band Y B, Kafri O, Salamon P. Finite time thermodynamics: optimal expansion of a heated working fluid [J]. J. Appl. Phys., 1982, 53(1): 8-28.

[424] Band Y B, Kafri O, Salamon P. Optimization of a model external combustion engine [J]. J. Appl. Phys., 1982, 53(1): 29-33.

[425] Salamon P, Band Y B, Kafri O. Maximum power from a cycling working fluid [J]. J. Appl. Phys., 1982, 53(1): 197-202.

[426] Aizenbud B M, Band Y B, Kafri O. Optimization of a model internal combustion engine [J]. J. Appl. Phys., 1982, 53(3): 1277-1282.

[427] Gordon J M, Huleihil M. On optimizing maximum power heat engines [J]. J. Appl. Phys., 1991, 69(1): 1-7.

[428] Chen L G, Sun F R, Wu C. Optimal expansion of a heated working fluid with phenomenological heat transfer [J]. Energy Convers. Manage., 1998, 39(3/4): 149-156.

[429] Huleihil M, Andresen B. Optimal piston trajectories for adiabatic processes in the presence of friction [J]. J. Appl. Phys., 2006, 100(11): 114914.

[430] Song H J, Chen L G, Sun F R. Optimal expansion of a heated working fluid for maximum work output with generalized radiative heat transfer law [J]. J. Appl. Phys., 2007, 102(9): 94901.

[431] Song H J, Chen L G, Sun F R. Optimization of a model external combustion engine with linear phenomenological heat transfer law [J]. J. Energy Ins., 2009, 82(3): 180-183.

[432] 马康, 陈林根, 孙丰瑞. Dulong-Petit 传热规律时加热气体的最优膨胀[J]. 热能动力工程, 2009, 24(4): 447-451.

[433] Chen L G, Song H J, Sun F R, et al. Optimization of a model internal combustion engine with linear phenomenological heat transfer law [J]. Int. J. Ambient Energy, 2010, 31(1): 13-22.

[434] Chen L G, Song H J, Sun F R, et al. Optimal expansion of a heated working fluid with convective-radiative heat transfer law [J]. Int. J. Ambient Energy, 2010, 31(2): 81-90.

[435] 马康, 陈林根, 孙丰瑞. 广义辐射传热定律时加热气体最优膨胀的一种新解法[J]. 机械工程学报, 2010, 46(6): 149-157.

[436] 马康, 陈林根, 孙丰瑞. 辐射传热定律下活塞式外燃机最大输出功优化[J]. 热能动力工程, 2011, 26(5): 531-537.

[437] Chen L G, Ma K, Sun F R. Optimal expansion of a heated working fluid for maximum work output with time-dependent heat conductance and generalized radiative heat transfer law [J]. J. Non-Equilib. Thermodyn., 2011, 36(2): 99-122.

[438] Ma K, Chen L G, Sun F R. Optimization of a model external combustion engine for maximum work output with generalized radiative heat transfer law [J]. Int. J. Energy Environ., 2011, 2(4): 723-738.

[439] Ma K, Chen L G, Sun F R. Optimizations of a model external combustion engine for maximum work output with generalized convective heat transfer law [J]. J. Energy Ins., 2011, 84(4): 227-235.

[440] Burzler J M. Performance optima for endoreversible systems [D].Chemnitz, Germany: University of Chemnitz,

2002.

[441] 夏少军, 陈林根, 孙丰瑞. 线性唯象传热定律下 Otto 循环热机活塞运动的最优路径[J]. 中国科学 G 辑: 物理学,力学,天文学, 2009, 39(5): 698-708.

[442] Chen L G, Xia S J, Sun F R. Optimizing piston velocity profile for maximum work output from a generalized radiative law Diesel engine [J]. Math. Comput. Model., 2011, 54(9-10): 2051-2063.

[443] Xia S J, Chen L G, Sun F R. Engine performance improved by controlling piston motion: linear phenomenological law system Diesel cycle [J]. Int. J. Thermal Sci., 2012, 51(1): 163-174.

[444] Mozurkewich M, Berry R S. Finite-time thermodynamics: engine performance improved by optimized piston motion [J]. Proc. Natl. Acad. Sci. U.S.A., 1981, 78(4): 1986-1988.

[445] Mozurkewich M, Berry R S. Optimal paths for thermodynamic systems: the ideal Otto cycle [J]. J. Appl. Phys., 1982, 53(1): 34-42.

[446] Hoffman K H, Watowich S J, Berry R S. Optimal paths for thermodynamic systems: the ideal Diesel cycle [J]. J. Appl. Phys., 1985, 58(6): 2125-2134.

[447] Blaudeck P, Hoffman K H. Optimization of the power output for the compression and power stroke of the Diesel engine [C]. Proc. Int. Conf. ECOS'95, 1995, 2: 754.

[448] Burzler J M, Hoffman K H. Optimal Piston Paths for Diesel Engines. Chapter 7. Thermodynamics of Energy Conversion and Transport [M]. New York: Springer, 2000.

[449] Teh K Y, Edwards C F. An optimal control approach to minimizing entropy generation in an adiabatic IC engine with fixed compression ratio [C]. Proceedings of IMECE2006, IMECE2006-13581, 2006 ASME International Mechanical Engineering Congress and Exposition Chicago, 2006.

[450] Teh K Y, Edwards C F. Optimizing piston velocity profile for maximum work output from an IC engine [C]. Proceedings of IMECE2006, IMECE2006-13622, 2006 ASME International Mechanical Engineering Congress and Exposition Chicago, 2006.

[451] Teh K Y, Edwards C F. An optimal control approach to minimizing entropy generation in an adiabatic internal combustion engine [C]. Proceedings of the 45th IEEE Conference on Decision and Control. San Diego, 2006: 6648-6653.

[452] Teh K Y, Miller S L, Edwards C F. Thermodynamic requirements for maximum internal combustion engine cycle efficiency. Part 1: optimal combustion strategy [J]. Int. J. Engine Res., 2008, 9(6): 449-465.

[453] The K Y, Miller S L, Edwards C F. Thermodynamic requirements for maximum internal combustion engine cycle efficiency. Part 2: work extraction and reactant preparation strategies [J]. Int. J. Engine Res., 2008, 9(6): 467-481.

[454] Teh K Y, Edwards C F. An optimal control approach to minimizing entropy generation in an adiabatic internal combustion engine [J]. Trans. ASME J. Dyn. Sys. Measur. Control, 2008, 130(4): 41008.

[455] Miller S L, Svrcek M N, Teh K Y, et al. Requirements for designing chemical engines with reversible reactions [J]. Energy, 2011, 36(1): 99-110.

[456] 戈延林, 陈林根, 孙丰瑞. 熵产生最小时不可逆 Otto 循环热机活塞运动最优路径[J]. 中国科学: 物理学, 力学, 天文学, 2010, 40(9): 1115-1129.

[457] Ge Y L, Chen L G, Sun F R. Optimal paths of piston motion of irreversible Diesel cycle for minimum entropy generation [J]. Thermal Sci., 2011, 15(4): 975-993.

[458] Mozurkewich M, Berry R S. Optimization of a heat engine based on a dissipative system [J]. J. Appl. Phys., 1983, 53(7): 3651-3661.

[459] Watowich S J, Hoffmann K H, Berry R S. Intrinsically irreversible light-driven engine [J]. J. Appl. Phys., 1985, 58(3): 2893-2901.

[460] Watowich S J, Hoffmann K H, Berry R S. Optimal path for a bimolecular, light-driven engine [J]. IL Nuovo Cimento B, 1989, 104B(2): 131-147.

[461] 马康, 陈林根, 孙丰瑞. 线性唯象传热定律下光驱动发动机的最优路径[J]. 中国科学 B 辑: 化学, 2010, 40(8): 1035-1045.

[462] Xia S J, Chen L G, Sun F R. Maximum power configuration for multi-reservoir chemical engines [J]. J. Appl. Phys., 2009, 105(12): 124905.

[463] Xia S J, Chen L G, Sun F R. Optimal configuration of a finite mass reservoir isothermal chemical engine for maximum work output with linear mass transfer law [J]. Rev. Mex. Fis., 2009, 55(5): 399-408.

[464] 夏少军, 陈林根, 孙丰瑞. 有限势库化学机最大输出功时循环最优构型[J]. 中国科学 B 辑: 化学, 2010, 40(5): 492-500.

[465] Xia D, Chen L G, Sun F R. Unified description of isothermal endoreversible chemical cycles with linear mass transfer law [J]. Int. J. Chem. Reac. Eng., 2012, 9: A106.

[466] Andresen B, Rubin M H, Berry R S. Availability for finite-time processes. General theory and a model [J]. J. Chem. Phys., 1983, 87(15): 2704-2713.

[467] Xia S J, Chen L G, Sun F R. Finite-time exergy with a finite heat reservoir and generalized radiative heat transfer law [J]. Rev. Mex. Fis., 2010, 56(4): 287-296.

[468] Xia S J, Chen L G, Sun F R. Effects of mass transfer laws on finite-time exergy [J]. J. Energy Ins., 2010, 83(4): 210-216.

[469] Xia S J, Chen L G, Sun F R. Finite-time exergy with a generalized heat transfer law [J]. J. Energy Ins., 2012, 85(2): 70-77.

[470] Tsirlin A M, Kazakov V A. Maximal work problem in finite-time thermodynamics [J]. Phys. Rev. E, 2000, 62(1): 307-316.

[471] Kubiak M. Thermodynamic limits for production and consumption of mechanical energy in theory of heat pumps and heat engines [D]. Warsaw, Poland: Warsaw University of Technology, 2005.

[472] Kuran P. Nonlinear models of production of mechanical energy in non-ideal generators driven by thermal or solar energy [D]. Warsaw, Poland: Warsaw University of Technology, 2006.

[473] Sieniutycz S. Thermodynamic limits on production or consumption of mechanical energy in practical and industry systems [J]. Prog. Energy Combus. Sci., 2003, 29(3): 193-246.

[474] Sieniutycz S. Hamilton-Jacobi-Bellman theory of dissipative thermal availability [J]. Phys. Rev., 1997, 56: 5051-5064.

[475] Sieniutycz S. Irreversible Carnot problem of maximum work in a finite time via Hamiton-Jacobi-Bellman theory [J]. J. Non-Equilib. Thermodyn., 1997, 22: 260-284.

[476] Sieniutycz S, Spakovsky M. Finite time generalization of thermal exergy [J]. Energy Convers. Manage., 1998, 39(14): 1423-1447.

[477] Sieniutycz S. Generalized Carnot problem of maximum work in finite time via Hamilton-Jacobi-Bellman theory [J]. Energy Convers. Manage., 1998, 39(16-18): 1735-1743.

[478] Sieniutycz S. Hamilton-Jacobi-Bellman theory of irreversible thermal exergy [J]. Int. J. Heat Mass Transf., 1998, 41: 183-195.

[479] Szwast Z, Sieniutycz S. Optimization of Multi-Stage Thermal Machines by Pontryagin's Like Discrete Maximum Principle[M]// Wu C, Chen L G, Chen J C. Recent Advances in Finite Time Thermodynamics. New York: Nova Science Publishers, 1999.

[480] Sieniutycz S. Thermodynamic framework for discrete optimal control in multistage thermal systems [J]. Phys. Rev. E, 1999, 60(4): 1520-1534.

[481] Sieniutycz S. Endoreversible Modeling and Optimization of Multi-Stage Thermal Machines by Dynamic Programming[M]// Wu C, Chen L G, Chen J C. Recent Advances in Finite Time Thermodynamics. New York: Nova Science Publishers, 1999.

[482] Li J, Chen L G, Sun F R. Extremal work of an endoreversible system with two finite thermal capacity reservoirs [J]. J. Energy Ins., 2009, 82(1): 53-56.

[483] Sieniutycz S, Szwast Z. Work limits in imperfect sequential systems with heat and fluid flow [J]. J. Non-Equilib. Thermodyn., 2003, 28(2): 85-114.

[484] Sieniutycz S. Limiting power in imperfect systems with fluid flow [J]. Archives in Thermodyn., 2004, 25(2): 69-80.

[485] Sieniutycz S. Development of generalized (rate dependent) availability [J]. Int. J. Heat Mass Transf., 2006, 49(3-4): 789-795.

[486] Li J, Chen L G, Sun F R. Optimum work in real systems with a class of finite thermal capacity reservoirs [J]. Math. Comput. Model., 2009, 49(3/4): 542-547.

[487] Sieniutycz S, Kuran P. Nonlinear models for mechanical energy production in imperfect generators driven by thermal or solar energy [J]. Int. J. Heat Mass Transf., 2005, 48(3-4): 719-730.

[488] Sieniutycz S, Kuran P. Modeling thermal behavior and work flux in finite-rate systems with radiation [J]. Int. J. Heat Mass Transf., 2006, 49(17-18): 3264-3283.

[489] Sieniutycz S. Thermodynamic limits in applications of energy of solar radiation [J]. Drying Tech., 2006, 24(9): 1139-1146.

[490] Sieniutycz S. Hamilton-Jacobi-Bellman equations and dynamic programming for power-maximizing relaxation of radiation [J]. Int. J. Heat Mass Transf., 2007, 50(13-14): 2714-2732.

[491] Sieniutycz S. Dynamical converters with power-producing relaxation of solar radiation [J]. Int. J. Thermal Sci., 2008, 47(4): 495-505.

[492] Sieniutycz S. Dynamic programming and Lagrange multipliers for active relaxation of resources in nonlinear non-equilibrium systems [J]. Appl. Math. Model., 2009, 33(3): 1457-1478.

[493] Sieniutycz S. Dynamic bounds for power and efficiency of non-ideal energy converters under nonlinear transfer laws [J]. Energy, 2009, 34(3): 334-340.

[494] Li J, Chen L G, Sun F R. Maximum work output of multistage continuous Carnot heat engine system with finite reservoirs of thermal capacity and radiation between heat source and working fluid [J]. Thermal Sci., 2010, 13(4): 33-40.

[495] Xia S J, Chen L G, Sun F R. Hamilton–Jacobi–Bellman equations and dynamic programming for power-optimization of radiative law multistage heat engine system [J]. Int. J. Energy Environ., 2012, 3(3): 359-382.

[496] 夏少军, 陈林根, 孙丰瑞. 广义对流传热定律下多级热机系统功率优化的 Hamilton-Jacobi-Bellman 方程和动态规划法[J]. 科学通报, 2010, 55(29): 2874-2884.

[497] Xia S J, Chen L G, Sun F R. Power-optimization of non-ideal energy converters under generalized convective heat

transfer law via Hamilton-Jacobi-Bellman theory [J]. Energy, 2011, 36(1): 633-646.

[498] Xia S J, Chen L G, Sun F R. Endoreversible modeling and optimization of a multistage heat engine system with a generalized heat transfer law via Hamilton-Jacobi-Bellman equations and dynamic programming [J]. Acta Physica Polonica A, 2011, 119(6): 747-760.

[499] Sieniutycz S, Kubiak M. Dynamical energy limits in traditional and work-driven operations II. Systems with heat and mass transfer [J]. Int. J. Heat Mass Transf., 2002, 45(26): 5221-5238.

[500] Sieniutycz S. A simple chemical engine in steady and dynamic situations [J]. Arch. Thermodyn., 2007, 28(2): 57-84.

[501] Sieniutycz S. Thermodynamics of chemical power generators [J]. Chem. Proc. Eng., 2008, 39(2): 321-335.

[502] Sieniutycz S. Analysis of power and entropy generation in a chemical engine [J]. Int. J. Heat Mass Transf., 2008, 51(25-26): 5859-5871.

[503] Sieniutycz S. Thermodynamics of simultaneous drying and power production [J]. Drying Tech., 2009, 27(3): 322-335.

[504] Sieniutycz S. Complex chemical systems with power production driven by heat and mass transfer [J]. Int. J. Heat Mass Transf., 2009, 52(11-12): 2453-2465.

[505] Sieniutycz S. Maximization of power yield in thermal and chemical systems [C]. Proceedings of the World Congress on Engineering. London, 2009.

[506] Sieniutycz S. Finite-rate thermodynamics of power production in thermal, chemical and electrochemical systems [J]. Int. J. Heat Mass Transf., 2010, 53(13-14): 2864-2876.

[507] Sieniutycz S. Identification and selection of unconstrained controls in power systems propelled by heat and mass transfer [J]. Int. J. Heat Mass Transf., 2011, 54(4): 938-948.

[508] Sieniutycz S. Maximizing power yield in energy systems- A thermodynamic synthesis [J]. Appl. Math. Model., 2012, 36(5): 2197-2212.

[509] Sieniutycz S. Optimal control framework for multistage endoreversible engines with heat and mass transfer [J]. J. Non-Equilib. Thermodyn., 1999, 24(1): 40-74.

[510] Chen L G, Xia S J, Sun F R. Maximum power output of multistage continuous and discrete isothermal endoreversible chemical engine system with linear mass transfer law [J]. Int. J. Chem. Reac. Eng., 2011, 9: A10.

[511] Schon J C, Andresen B. Finite-time optimization of chemical reactions: $nA \Leftrightarrow mB$ [J]. J. Phys. Chem., 1996, 100(21): 8843-8853.

[512] Bak T A, Salamon P, Andresen B. Optimal behavior of consecutive chemical reactions $A \Leftrightarrow B \Leftrightarrow C$ [J]. J. Phys. Chem. A, 2002, 106(25): 10961-10964.

[513] Chen L G, Song H J, Sun F R. Optimal path of consecutive chemical reactions $xA \Leftrightarrow yB \Leftrightarrow zC$ [J]. Phys. Scr., 2009, 79(5): 55802.

[514] Watowich S J, Berry R S. Optimal current path for model electrochemical systems [J]. J. Phys. Chem., 1986, 90(19): 4624-4631.

[515] Sieniutycz S. Thermodynamics of power production in fuel cells [J]. Chem. Proc. Eng., 2010, 31: 81-105.

[516] Sieniutycz S. Thermodynamic aspects of power generation in imperfect fuel cells: part I [J]. Int. J. Ambient Energy, 2010, 31(4): 195-202.

[517] Sieniutycz S. Thermodynamic aspects of power generation in imperfect fuel cells: part II [J]. Int. J. Ambient Energy, 2011, 32(1): 46-56.

[518] Zvolinschi A. On exergy analysis and entropy production minimisation in industrial ecology [D]. Trondheim, Norway: Norwegian University of Science and Technology, 2006.

[519] Tsirlin A M, Kazakov V A, Zubov D V. Finite-time thermodynamics: limiting possibilities of irreversible separation processes [J]. J. Phys. Chem., 2002, 106(45): 10926-10936.

[520] Tsirlin A M, Kazakov V A. Irreversible work of separation and heat-driven separation [J]. J. Phys. Chem., 2004, 108(19): 6035-6042.

[521] Tsirlin A M, Leskov E E, Kazakov V A. Finite-time thermodynamics: limiting performance of diffusion engines and membrane systems [J]. J. Phys. Chem. A, 2005, 109(44): 9997-10003.

[522] Tsirlin A M, Kazakov V A, Romanova T S. Optimal separation sequence for three- component mixtures [J]. J. Phys. Chem., 2007, 111(12): 3178-3182.

[523] 舒礼伟, 陈林根, 孙丰瑞. 线性唯象传热规律下热驱动二元分离过程的最小平均耗热量[J]. 中国科学B辑: 化学, 2009, 39(2): 183-192.

[524] Tsirlin A M, Grigorevsky I N. Thermodynamical estimation of the limiting potential of irreversible binary distillation. [J]. J. Non-Equilib. Thermodyn., 2010, 35(3): 213-234.

[525] Pinto F S, Zemp R, Jobson M, et al. Thermodynamic optimisation of distillation columns [J]. Chem. Eng. Sci., 2011, 66(13): 2920-2934.

[526] Szwast Z, Sieniutycz S. Optimal temperature profiles for parallel-consecutive reactions with deactivating catalyst [J]. Catalysis Today, 2001, 66(2-4): 461-466.

[527] Poświata A, Szwast Z. Optimization of fine solid drying in bubble fluidized bed [J]. Transp. Porous Media, 2007, 66(1-2): 219-231.

[528] Månsson B, Andresen B. Optimal temperature profile for an ammonia reactor [J]. Ind. Eng. Chem. Proc. Des. Dev., 1986, 25(1): 59-65.

[529] Johannessen E, Kjelstrup S. Minimum entropy production rate in plug flow reactors: an optimal control problem solved for SO_2 oxidation [J]. Energy, 2004, 29(12-15): 2403-2423.

[530] de Koeijer G, Johannessen E, Kjelstrup S. The second law optimal path ofa four-bed SO_2 converter with five heat exchangers [J]. Energy, 2004, 29(4): 525-546.

[531] Nummeda L, Rosjorde A, Johannessen E, et al. Second law optimization of a tubular steam reformer [J]. Chem. Eng. Proc., 2005, 44(4): 429-440.

[532] Johannessen E, Kjelstrup S. Numerical evidence for a "highway in state space" for reactors with nimimum entropy production [J]. Chem. Eng. Sci., 2005, 60(5): 1491-1495.

[533] Johannessen E, Kjelstrup S. A highway in state space for reactors with minimum entropy production [J]. Chem. Eng. Sci., 2005, 60(12): 3347-3361.

[534] Johannessen E, Kjelstrup S. Nonlinear flux-force relations and equipartition theorems for the state of minimum entropy production [J]. J. Non-Equilib. Thermodyn., 2005, 30(2): 129-136.

[535] Wilhelmsen Ø, Johannessen E, Kjelstrup S. Energy efficient reactor design simplified by second law analysis [J]. Int. J. Hydrogen Energy, 2010, 35(24): 13219-13231.

[536] Kjelstrup S, Johannessen E, Rosjorde A, et al. Minimizing the entropy production for the methanol producting reaction in a methanol reactor [J]. Int. J. Appl. Thermodyn., 2000, 3(4): 147-153.

[537] Leites I L, Sama D A, Lior N. The theory and practice of energy saving in the chemical industry: some methods for reducing thermodynamic irreversibility in chemical technology processes [J]. Energy, 2003, 28(1): 55-97.

[538] Nummedal L, Costae M, Kjelstrup S. Minimizing the entropy production rate of an exothermic reactor with constant heat transfer coefficient: the ammonia reaction [J]. Ind. Eng. Chem. Res., 2003, 42(5): 1044-1056.

[539] Zvolinschi A, Kjelstrup S. An indictor to evaluate the thermodynamic maturity of industrial process units in industrial ecology [J]. J. Indus. Ecology, 2008, 12(2): 159-172.

[540] van der Ham L V, Gross J, Verkooijen A, et al. Efficient conversion of thermal energy into hydrogen: comparing two methods to reduce exergy losses in a sulfuric acid decomposition reactor [J]. Ind. Eng. Chem. Res., 2009, 48(18): 8500-8507.

[541] Salamon P, Berry R S. Thermodynamic length and dissipated availability [J]. Phys. Rev. Lett., 1983, 51(13): 1127-1130.

[542] Hoffman K H, Andresen B, Salamon P. Measures of dissipation [J]. Phys. Rev. A, 1989, 39(7): 3618-3621.

[543] Andresen B, Gordon J M. Constant thermodynamic speed for minimizing entropy production in thermodynamic processes and simulated annealing [J]. Phys. Rev. E., 1994, 50(6): 4346-4351.

[544] Spirkl W, Ries H. Optimal finite-time endoreversible process [J]. Phys. Rev. E, 1995, 52(4): 3485-3489.

[545] Diosi L, Kulacsy K, Lukacs B, et al. Thermodynamic length, time, speed, and optimum path to minimize entropy generation [J]. J. Chem. Phys., 1996, 105(24): 11220-11225.

[546] Feldmann T, Andresen B, Anmin Q, et al. Thermodynamic lengths and intrinsic time scales in molecular relaxation [J]. J. Chem. Phys., 1985, 83(11): 5849-5853.

[547] Salamon P, Nulton J, Ihrig E. On a relation between energy and entropy version of thermodynamic length [J]. J. Chem. Phys., 1984, 80(1): 436-437.

[548] Tondeur D, Kvaalen E. Equipartition of entropy production: an optimal criterion for transfer and separation process [J]. Ind. Eng. Chem. Res., 1987, 26(1): 50-56.

[549] Kjelstrup S, Sauar E, Hansen E M, et al. Analysis of entropy production rates for design of distillation columns [J]. Ind. Eng. Chem. Res., 1995, 34(9): 3001-3007.

[550] Sauar E, Kjelstrup S, Lien K M. Equipartition of forces: a new principle for process design and operation [J]. Ind. Eng. Chem. Res., 1996, 35(11): 4147-4153.

[551] Xu J. Comments on "Equipartition of forces: a new principle for process design and optimization" [J]. Ind. Eng. Chem. Res., 1997, 36(11): 5040-5044.

[552] Sauar E, Ratkje S K, Lien K M. Rebuttal to comments on "Equipartition of forces: a new principle for process design and optimization" [J]. Ind. Eng. Chem. Res., 1997, 36(11): 5045-5046.

[553] Sauar E, Kjelstrup S, Lien K M. Equipartition of forces - extension to chemical reactors [J]. Comput. Chem. Eng., 1997, 21: 29-34.

[554] Salamon P, Nuton J D. The geometry of separation processes: the horse-carrot theorem for steady flow systems [J]. Europhys. Lett., 1998, 42(5): 571-576.

[555] Bedeaux D, Standaert F, Hemmes K, et al. Optimization of processes by equipartition [J]. J. Non-Equilib. Thermodyn., 1999, 24(3): 242-259.

[556] Haug-Warberg T. Comments on "Equipartition of forces: a new principle for process design and optimization" [J]. Ind. Eng. Chem. Res., 2000, 39: 4431-4433.

[557] Kjelstrup S, Bedeaux D, Sauar E. Minimum entropy production by equipartition of forces in irreversible thermodynamics [J]. Ind. Eng. Chem. Res., 2000, 39(11): 4434-4436.

[558] Salamon P, Nulton J, Siragusa G, et al. A simple example of control to minimize entropy production [J]. J.

Non-Equilib. Thermodyn., 2002, 27(1): 45-55.

[559] Esposito M, Kawai R, Lindenberg K, et al. Finite time thermodynamics for a single level quantum dot [J]. Eur. Phys. Lett., 2010, 93(9): 20003.

[560] Esposito M, Kawai R, Lindenberg K, et al. Quantum-dot Carnot engine at maximum power [J]. Phys. Rev. E, 2010, 81(4): 41106.

[561] Salamon P, Hoffmann K H, Rezek R, et al. Maximum work in minimum time from a conservative quantum system [J]. Phys. Chem. Chem. Phys., 2009, 11(7): 1027-1032.

[562] Andresen B, Hoffmann K H, Nulton J, et al. Optimal control of the parametric oscillator [J]. Eur. J. Phys., 2011, 32(3): 827-843.

[563] Tsirlin A M, Salamon P, Hoffman K H. Change of state variables in problems of parametric control of oscillators [J]. Autom. Remote Control, 2011, 26(5): 1627-1638.

[564] Xia S J, Chen L G, Sun F R. Entropy generation minimization for heat exchangers with heat leakage [J].Int.J. Heat Mass Transf., 2017, in press.

[565] 夏少军，陈林根，孙丰瑞.传热规律和热漏对换热过程熵产生最小化的影响. 高等学校工程热物理第二十一届全国学术会议. 论文编号：A-201501. 扬州, 2015.

[566] 夏少军，陈林根，戈延林，等. 热漏对换热过程㶲耗散最小化的影响[J]. 物理学报, 2013, 63(2): 20505.

[567] Xia S J, Chen L G, Xie Z H, et al. Entransy dissipation minimization for generalized heat exchange process [J]. Sci. China: Tech. Sci., 2016, 59(10): 1507-1516.

[568] 夏少军，陈林根，戈延林，等. 等温节流过程积耗散最小化[J]. 物理学报, 2013, 62(18): 180202.

[569] 夏少军，陈林根，孙丰瑞. 扩散传质定律结晶过程㶲耗散最小化[J]. 机械工程学报, 2013, 49(24): 175-182.

[570] Xia S J, Chen L G, Sun F R. Optimization of equimolar reverse constant- temperature mass-diffusion process for minimum entransy dissipation [J]. Sci. China: Tech. Sci., 2016, 59(12): 1867-1873.

[571] Chen L G, Xia S J, Sun F R. Entropy generation minimization for crystallization processes [C]. ASME International Mechanical Engineering Congress & Exposition (IMECE) Conference. Phoenix, 2016, IMECE2016-66531.

[572] Clausius R. Mechanical Theory of Heat-with its Application to the Steam Engine and to Physical Properties of Bodies [M]. London: John van Voorst, 1865.

[573] Gouy G. Sur les Transformation et l'equilibre en Thermodynamique [J]. Comptes Rendus de l'Academie des Sciences Paris, 1889, 108(10): 507-509.

[574] Stodola A. Steam Turbine [M]. New York: Van Nostrand, 1905.

[575] Bejan A. A study of entropy generation in fundamental convective heat transfer [J]. J. Heat Transf., 1979, 101(4): 718-725.

[576] Bejan A, Heperkan H, Kesgin U. Thermodynamic optimization and constructal design [J]. Int. J. Energy Res., 2005, 29(7): 557-558.

[577] Mistry K H, Mcgovern R K, Thiel G P, et al. Entropy generation analysis of desalination technologies [J]. Entropy, 2011, 13(10): 1829-1864.

[578] Oztop H F, Al-Salem K. A review on entropy generation in natural and mixed convection heat transfer for energy systems [J]. Renew. & Sustain. Energy Rev., 2012, 16(1): 911-920.

[579] Bejan A. Entropy generation minimization, exergy analysis, and the constructal law [J]. Ara. J. Sci. Eng., 2013, 38(2): 329-340.

[580] Demirel Y. Thermodynamic analysis [J]. Ara. J. Sci. Eng., 2013, 38(2): 219-220.

[581] Awad M M. A review of entropy generation in micro-channels [J]. Adv. Mech. Eng., 2015, 7(12): 1-32.

[582] Sciacovelli A, Verda V, Sciubba E. Entropy generation analysis as a design tool—A review [J]. Renew. & Sustain. Energy Rev., 2015, 43: 1167-1181.

[583] Bejan A. Models of power plants that generate minimum entropy while operating at maximum power [J]. Am. J. Phys., 1996, 64(8): 1054-1059.

[584] Bejan A. The equivalence of maximum power and minimum entropy generation rate in the optimization of power plants [J]. Tans. ASME, J. Energy Res. Tech., 1996, 118(1): 98-101.

[585] Salamon P, Hoffmann K H, Schubert S, et al. What conditions make minimum entropy production equivalent to maximum power production? [J]. J. Non-Equilib. Thermodyn., 2001, 26: 73-83.

[586] Angulo-Brown F. An ecological optimization criterion for finite-time heat engines [J]. J. Appl. Phys., 1991, 69(11): 7465-7469.

[587] Yan Z J. Comment on "Ecological optimization criterion for finite-time heat-engines" [J]. J. Appl. Phys., 1993, 73(7): 3583.

[588] Bejan A. Second law analysis in heat transfer and thermal design [J]. Adv. Heat Transfer, 1982, 15: 1-58.

[589] Witte L C, Shamsundar N. A thermodynamic efficiency concept for heat exchange devices [J]. J. Eng. Power, 1983, 105(1): 199-203.

[590] London A L, Shah R K. Costs of irreversibilities in heat exchanger design [J]. Heat Transfer Eng., 1983, 4(2): 59-73.

[591] Xu Z M, Yang S R, Chen Z Q. A modified entropy generation number for heat exchangers [J]. J. Thermal Sci., 1996, 5: 257-263.

[592] 李志信, 过增元. 对流传热优化的场协同理论[M]. 北京: 科学出版社, 2010.

[593] 过增元, 曹炳阳, 朱宏晔. 声子气的状态方程和声子气运动的守恒方程[J]. 物理学报, 2007, 56(6): 3306-3312.

[594] 程雪涛, 梁新刚, 过增元. 孤立系统内传热过程的㶲减原理[J]. 科学通报, 2011, 56(3): 222-230.

[595] 朱宏晔, 陈泽敬, 过增元. 㶲耗散极值原理的电热模拟实验研究[J]. 自然科学进展, 2007, 17(12): 1692-1698.

[596] 胡帼杰, 过增元. 系统的㶲与可用㶲[J]. 科学通报, 2011, 56(19): 1575-1577.

[597] 胡帼杰, 过增元. 传热过程的效率[J]. 工程热物理学报, 2011, 32(6): 1005-1008.

[598] 程雪涛, 梁新刚, 徐向华. 㶲的微观表述[J]. 物理学报, 2011, 60(6): 60512.

[599] Cheng X T, Liang X G. Relationship between microstate number and available entransy [J]. Chin. Sci. Bull., 2012, 57(24): 3244-3250.

[600] 赵甜, 陈群. 㶲的宏观物理意义及其应用[J]. 物理学报, 2013, 62(23): 234401.

[601] Cheng X T, Liang X G. Discussion on the entransy expressions of the thermodynamic laws and their applications [J]. Energy, 2013, 56(7): 46-51.

[602] 王文华, 程雪涛, 梁新刚. 㶲耗散与热力学过程的不可逆性[J]. 科学通报, 2012, 57(26): 2537-2544.

[603] Cheng X T, Chen Q, Hu G J, et al. Entransy balance for the closed system undergoing thermodynamic processes [J]. Int. J. Heat Mass Transf., 2013, 60(1): 180-187.

[604] Cheng X T, Liang X G. Analyses of entropy generation and heat entransy loss in heat transfer and heat-work conversion [J]. Int. J. Heat Mass Transf., 2013, 64(3): 903-909.

[605] 程雪涛, 梁新刚. 㶲理论在热功转换过程中的应用探讨[J]. 物理学报, 2014, 63(19): 190501.

[606] Cheng X T, Liang X G. Work entransy and its applications [J]. Sci. China: Tech. Sci., 2015, 58(12): 2097-2103.

[607] Cheng X T, Liang X G. Entransy variation associated with work [J]. Int. J. Heat Mass Transf., 2015, 81: 167-170.

[608] 程雪涛, 王文华, 梁新刚. 开口热力学系统的㶲分析[J]. 科学通报, 2012, 57(16): 1489-1495.
[609] 程雪涛, 梁新刚. 闭口系统的间接做功能力及其度量[J]. 中国科学: 技术科学, 2013, 43(8): 943-947.
[610] 程新广, 孟继安, 过增元. 导热优化中的最小传递势容耗散与最小熵产[J]. 工程热物理学报, 2005, 26(6): 1034-1036.
[611] 韩光泽, 过增元. 不同目的热优化目标函数: 热量传递势容损耗与熵产[J]. 工程热物理学报, 2006, 27(5): 811-813.
[612] 王焕光, 吴迪, 饶中浩. 孤立系内热传导过程㶲耗散的解析解[J]. 物理学报, 2015, 64(24): 244401.
[613] Hao J H, Chen Q, Hu K. Porosity distribution optimization of insulation materials by the variational method [J]. Int. J. Heat Mass Transf., 2016, 92: 1-7.
[614] 吴晶, 程新广, 孟继安, 等. 层流对流换热中的势容耗散极值与最小熵产[J]. 工程热物理学报, 2006, 27(1): 100-102.
[615] 陈群, 任建勋. 对流换热过程的广义热阻及其与㶲耗散的关系[J]. 科学通报, 2008, 53(14): 1730-1736.
[616] Chen Q, Wang M, Pan N, et al. Optimization principles for convective heat transfer [J]. Energy, 2009, 34(9): 1199-1206.
[617] 王松平, 陈清林, 张剑冰, 等. 强化单相对流换热的一般理论指导原则[J]. 中国科学 E 辑: 技术科学, 2009, 39(12): 1949-1957.
[618] He Y L, Tao W Q. Numerical studies on the inherent interrelationship between field synergy principle and entransy extreme principle for enhancing convective heat transfer [J]. Int. J. Heat Mass Transf., 2012, 74: 196-205.
[619] Jia H, Liu Z C, Liu W, et al. Convective heat transfer optimization based on minimum entransy dissipation in the circular tube [J]. Int. J. Heat Mass Transf., 2014, 73: 124-129.
[620] 吴晶, 梁新刚. 㶲耗散极值原理在辐射换热优化中的应用[J]. 中国科学 E 辑:技术科学, 2009, 30(2): 272-277.
[621] Wu J, Cheng X T. Generalized thermal resistance and its application to thermal radiation based on entransy theory [J]. Int. J. Heat Mass Transf., 2013, 58: 374-381.
[622] Zhou B, Cheng X T, Liang X G. Comparison of different entransy flow definitions and entropy generation in thermal radiation optimization [J]. Chin. Phys. B, 2013, 22(8): 84401.
[623] 柳雄斌, 过增元, 孟继安. 换热器中的㶲耗散与热阻分析[J]. 自然科学进展, 2008, 18(10): 1186-1190.
[624] Guo Z, Liu X B, Tao W Q, et al. Effectiveness–thermal resistance method for heat exchanger design and analysis [J]. Int. J. Heat Mass Transf., 2010, 53(13-14): 2877-2884.
[625] Qian X D, Li Z X. Analysis of entransy dissipation in heat exchangers [J]. Int. J. Thermal Sci., 2011, 50(4): 608-614.
[626] Puranik S, Maheshwari G. Application of entransy dissipation number as performance parameter for heat exchanger [J]. Int. J. Eng. Trends Tech., 2014, 12(6): 282-285.
[627] Wu J, Guo Z Y. Application of entransy analysis in self-heat recuperation technology [J]. Ind. Eng. Chem. Res., 2014, 53(3): 1274-1285.
[628] Cheng X T, Liang X G. A comparison between the entropy generation in terms of thermal conductance and generalized thermal resistance in heat exchanger analyses [J]. Int. J. Heat Mass Transf., 2014, 76: 263-267.
[629] 郭江峰, 程林, 许明田. 㶲耗散数及其应用[J]. 科学通报, 2009, 54(19): 2998-3002.
[630] 许明田, 程林, 郭江峰. 㶲耗散理论在换热器设计中的应用[J]. 工程热物理学报, 2009, 30(12): 2090-2092.
[631] Guo J F. Design analysis of supercritical carbon dioxide recuperator [J]. Appl. Energy, 2016, 164: 21-27.
[632] 程雪涛, 徐向华, 梁新刚. 㶲在航天器热控流体并联回路优化中的应用[J]. 中国科学: 技术科学, 2011, 41(4):

507-514.

[633] Xu Y C, Chen Q. An entransy dissipation-based method for global optimization of district heating networks [J]. Energy Buildings, 2012, 48(1):50-60.

[634] Wang W H, Cheng X T, Liang X G. Entransy dissipation, entransy-dissipation-based thermal resistance and optimization of one-stream hybrid thermal network [J]. Sci. China: Tech. Sci., 2013, 56(2): 529-536.

[635] Qian X D, Li Z, Li Z X. A thermal environmental analysis method for data centers [J]. Int. J. Heat Mass Transf., 2013, 62: 579-585.

[636] Zhou B, Cheng X T, Liang X G. Conditional extremum optimization analyses and calculation of the active thermal control system mass of manned spacecraft [J]. Appl. Thermal Eng., 2013, 59(1-2): 639-647.

[637] Xu Y C, Chen Q, Guo Z Y. Entransy dissipation-based constraint for optimization of heat exchanger networks in thermal systems [J]. Energy, 2015, 86: 696-708.

[638] Chen Q, Wang Y F, Xu Y C. A thermal resistance-based method for the optimal design of central variable water/air volume chiller systems [J]. Appl. Energy, 2015, 139: 119-130.

[639] Tao Y B, He Y L, Liu Y K, et al. Performance optimization of two-stage latent heat storage unit based on entransy theory [J]. Int. J. Heat Mass Transf., 2014, 77: 695-703.

[640] 王慧儒,吴慧英. 最小热阻原理在组合式相变材料蓄热过程优化中的应用[J]. 科学通报, 2015, 60(34): 3377-3385.

[641] Zhao T, Chen Q. A new perspective of analysis and optimization for absorption thermal energy storage system based on entransy theory [J]. Energy Procedia, 2015, 75: 2074-2079.

[642] Xu H J, Zhao C Y. Thermodynamic analysis and optimization of cascaded latent heat storage system for energy efficient utilization [J]. Energy, 2015, 90: 1662-1673.

[643] Chen Q, Yang K, Wang M R, et al. A new approach to analysis and optimization of evaporative cooling system I: theory [J]. Energy, 2010, 35(6): 2448-2454.

[644] Chen Q, Pan N, Guo Z Y. A new approach to analysis and optimization of evaporative cooling system II: applications [J]. Energy, 2011, 36(5): 2890-2898.

[645] Yuan F, Chen Q. A global optimization method for evaporative cooling systems based on the entransy theory [J]. Energy, 2012, 42(1): 181-191.

[646] Zhang L, Liu X, Jiang Y. Application of entransy in the analysis of HVAC systems in buildings [J]. Energy, 2013, 53: 332-342.

[647] Meng J A, Zeng H, Li Z X. Analysis of condenser venting rates based on the air mass entransy increases [J]. Chin. Sci. Bull., 2014, 59(26): 3283-3291.

[648] Zhang L, Liu X, Zhao K, et al. Entransy analysis and application of a novel indoor cooling system in a large space building [J]. Int. J. Heat Mass Transf., 2015, 85: 228-238.

[649] Guo J F, Huai X. Optimization design of recuperator in a chemical heat pump system based on entransy dissipation theory [J]. Energy, 2012, 41: 335-343.

[650] Guo J F, Huai X. The application of entransy theory in optimization design of Isopropanol–Acetone–Hydrogen chemical heat pump [J]. Energy, 2012, 43: 355-360.

[651] Zheng Z J, He Y, He Y L. Optimization for a thermocheimical energy storage-reactor based on entransy dissipation minimization [J]. Energy Procedia, 2015, 75:1791-1796.

[652] Chen Q, Ren J, Guo Z. The extremum principle of mass entransy dissipation and its application to decontamination

ventilation designs in space station cabins [J]. Chin. Sci. Bull., 2009, 54(16): 2862-2870.

[653] Yuan F, Chen Q. Two energy conversion principles in convective heat transfer optimization [J]. Energy, 2011, 36(9): 5476-5485.

[654] Chen Q, Fu R H, Xu Y C. Electrical circuit analogy for heat transfer analysis and optimization in heat exchanger networks [J]. Appl. Energy, 2015, 139: 81-92.

[655] 夏少军, 陈林根, 孙丰瑞. 普适传热规律下换热过程㶲耗散最小化[C]. 中国工程热物理学会传热传质学学术会议论文集. 论文编号: 143330. 西安, 2014.

[656] Xia S J, Chen L G, Sun F R. Entransy dissipation minimization for liquid-solid phase processes [J]. Sci. China: Tech. Sci., 2010, 53(4): 960-968.

[657] 陈群, 吴晶, 王沫然, 等. 换热器组传热性能的优化原理比较[J]. 科学通报, 2011, 56(1): 79-84.

[658] 程雪涛, 王文华, 梁新刚. 基于广义传热定律的传热与热功转换优化[J]. 中国科学: 技术科学, 2012, 42(10): 1179-1187.

[659] Zhou B, Cheng X T, Liang X G. Power and heat-work conversion efficiency analyses for the irreversible Carnot engines by entransy and entropy [J]. J. Appl. Phys., 2013, 113(12): 124904.

[660] Açıkkalp E. Entransy analysis of irreversible Carnot-like heat engine and refrigeration cycles and the relationships among various thermodynamic parameters [J]. Energy Convers. Manage., 2014, 80: 535-542.

[661] Cheng X T, Liang X G. Entransy analyses of heat-work conversion systems with inner irreversible thermodynamic cycles [J]. Chin. Phys. B, 2015, 24(12): 120503.

[662] Kim K H, Kim K. Comparative analyses of energy-exergy-entransy for the optimization of heat-work conversion in power generation systems [J]. Int. J. Heat Mass Transf., 2015, 84: 80-90.

[663] 柳雄斌, 孟继安, 过增元. 换热器参数优化中的熵产极值和㶲耗散极值[J]. 科学通报, 2009, 53(24): 3026-3029.

[664] 周兵, 程雪涛, 梁新刚. 斯特林循环输出功率优化分析[J]. 中国科学: 技术科学, 2013, 43(1): 97-105.

[665] Maheshwari G, Patel S S. Entransy loss and its application to Atkinson cycle performance evalution [J]. IOSR Journal of Mechanical and Civil Engineering (IOSR-JMCE), 2013, 6(6): 53-59.

[666] Guo J F, Huai X L, Li X F, et al. Multi-objective optimization of heat exchanger based on entransy dissipation theory in an irreversible Brayton cycle system [J]. Energy, 2013, 63: 95-102.

[667] Açıkkalp E. Entransy analysis of an irreversible Diesel cycle [J]. Global J. Energy Tech. Res. Updates, 2014, 1: 19-24.

[668] Zhou B, Cheng X T, Wang W H, et al. Entransy analyses of thermal processes with variable thermophysical properties [J]. Int. J. Heat Mass Transf., 2015, 90: 1244-1254.

[669] Açıkkalp E, Yamik H. Entransy analysis for irreversible gas power cycles with temperature-dependent specific heat [J]. Int. J. Sustain. Aviation, 2015, 1(3): 245-268.

[670] Wang W H, Cheng X T, Liang X G. Entropy and entransy analyses and optimizations of the Rankine cycle [J]. Energy Convers. Manage., 2013, 68: 82-88.

[671] Tailu L T L, Fu W C, Zhu J L. An integrated optimization for organic Rankine cycle based on entransy theory and thermodynamics [J]. Energy, 2014, 72: 561-573.

[672] Zhu Y D, Hu Z, Zhou Y D, et al. Applicability of entropy, entransy and exergy analyses to the optimization of the Organic Rankine Cycle [J]. Energy Convers. Manage., 2014, 84: 267-276.

[673] Wang W H, Cheng X T, Liang X G. T-Q diagram analyses and entransy optimization of the organic flash cycle

(OFC) [J]. Sci. China: Tech. Sci., 2015, 58(4): 630-637.

[674] Zheng Z J, He Y L, Li Y S. An entransy dissipation-based optimization principle for solar power tower plants [J]. Sci. China: Tech. Sci., 2014, 57(4): 773-783.

[675] Chen Q, Xu Y C, Hao J H. An optimization method for gas refrigeration cycle based on the combination of both thermodynamics and entransy theory [J]. Appl. Energy, 2014, 113: 982-989.

[676] Xu Y C, Chen Q. A theoretical global optimization method for vapor-compression refrigeration systems based on entransy theory [J]. Energy, 2013, 60: 464-473.

[677] Cheng X T, Liang X G. Entransy and entropy analyses of heat pump systems [J]. Chin. Sci. Bull., 2013, 58(36): 4696-4702.

[678] Zhao Q, Wang C, Han F Y. Performance analysis of the absorption heat pump systems based on the entransy theory [J]. Appl. Mech. Materials, 2014, 584-586: 2179-2183.

[679] Cheng X T, Liang X G. Discussion on the applicability of entropy generation minimization and entransy theory to the evaluation of thermodynamic performance for heat pump systems [J]. Energy Convers. Manage., 2014, 80: 238-242.

[680] Cheng X T, Liang X G. Analyses and optimizations of thermodynamic performance of an air conditioning system for room heating [J]. Energy Buildings, 2013, 67: 387-391.

[681] Wu J. A new approach to determining the intermediate temperatures of endoreversible combined cycle power plant corresponding to maximum power [J]. Int. J. Heat Mass Transf., 2015, 91: 150-161.

[682] Bejan A. From heat transfer principles to shape and structure in nature: constructal theory [J]. Trans. ASME, J. Heat Transf., 2000, 122(3): 430-449.

[683] Bejan A, Lorente S. Constructal theory of generation of configuration in nature and engineering [J]. J. Appl. Phys., 2006, 100(4): 41301.

[684] Bejan A, Lorente S. Design with Constructal Theory [M]. New Jersey: Wiley, 2008.

[685] Chen L G. Progress in study on constructal theory and its applications [J]. Sci. China: Tech. Sci., 2012, 55(3): 802-820.

[686] Chen L G, Wei S H, Sun F R. Constructal entransy dissipation minimization for "volume-point" heat conduction [J]. J. Phys. D: Appl. Phys., 2008, 41(19): 195506.

[687] Feng H J, Chen L G, Xie Z H, et al. Constructal entransy dissipation rate minimization for triangular heat trees at micro and nanoscales [J]. Int. J. Heat Mass Transf., 2015, 84: 848-855.

[688] 谢志辉, 陈林根, 孙丰瑞. 以㶲耗散最小为目标的空腔几何构形优化[J]. 中国科学 E 辑: 技术科学, 2009, 39(12): 1949-1957.

[689] Chen L G, Xiao Q H, Xie Z H, et al. T-shaped assembly of fins with constructal entransy dissipation rate minimization [J]. Int. Comm. Heat Mass Transf., 2012, 39(10): 1556-1562.

[690] Liu X, Chen L G, Feng H J, et al. Constructal design for blast furnace wall based on the entransy theory [J]. Appl. Thermal Eng., 2016, 100: 798-804.

[691] Feng H J, Chen L G, Xie Z H, et al. Constructal entransy dissipation rate minimization for variable cross-section insulation layer of the steel rolling reheating furnace wall [J]. Int. Comm. Heat Mass Transf., 2014, 52: 26-32.

[692] 冯辉君, 陈林根, 谢志辉, 等. 基于㶲耗散率最小的燃气涡轮叶片冷却构形优化[J]. 机械工程学报, 2014, 50(4): 142-149.

[693] 肖庆华, 陈林根, 孙丰瑞. 强迫对流换热冷却的产热体㶲耗散率最小构形优化[J]. 科学通报, 2011, 56(24):

2032-2039.

[694] Wei S H, Chen L G, Sun F R. Constructal entransy dissipation rate minimization of round tube heat exchanger cross-section [J]. Int. J. Thermal Sci., 2011, 50(7): 1285-1292.

[695] Chen L G, Wei S H, Sun F R. Constructal entransy dissipation minimization of an electromagnet [J]. J. Appl. Phys., 2009, 105(9): 94906.

[696] Feng H J, Chen L G, Xie Z H, et al. Constructal entransy dissipation rate minimization for solid-gas reactors with heat and mass transfer in a disc-shaped body [J]. Int. J. Heat Mass Transf., 2015, 89: 24-32.

[697] Gu J J, Gan Z X. Entransy in Phase-Change Systems [M]. New York: Springer, 2014.

[698] Wang H D. Theoretical and Experimental Studies on Non-Fourier Heat Conduction Based on Thermomass Theory [M]. New York: Springer, 2014.

[699] 陈林根, 冯辉君. 流动和传热传质过程的多目标构形优化[M]. 北京: 科学出版社, 2016.

[700] 中国科协学会学术部. 热学新理论及其应用--新观点新学说学术沙龙文集(38)[M]. 北京: 中国科学技术出版社, 2010.

[701] 谢志辉. 三类传热结构的多目标构形优化[D]. 武汉: 海军工程大学, 2010.

[702] 程新广. 㶲及其在传热优化中的应用[D]. 北京: 清华大学, 2004.

[703] 朱宏晔. 基于㶲耗散的最小热阻原理[D]. 北京: 清华大学, 2007.

[704] 陈群. 对流传递过程的不可逆性及其优化[D]. 北京: 清华大学, 2008.

[705] 李小伟. 通道湍流换热强化的数值与实验研究[D]. 北京: 清华大学, 2008.

[706] 吴晶. 热学中的势能㶲及其应用[D]. 北京: 清华大学, 2009.

[707] 柳雄斌. 换热器及散热通道网络热性能的㶲分析[D]. 北京: 清华大学, 2009.

[708] 魏曙寰. 热传导㶲耗散率最小构形优化[D]. 武汉: 海军工程大学, 2009.

[709] 肖庆华. 基于㶲耗散极值原理的传热传质构形优化研究[D]. 武汉: 海军工程大学, 2011.

[710] 宋继伟. 球面不连续波纹板式换热器传热与流动特性研究[D]. 济南: 山东大学, 2012.

[711] 郭春生. 新型复合人字形板式换热器传热与流动理论分析及实验研究[D]. 济南: 山东大学, 2012.

[712] 贾晖. 管内单相对流换热的优化和评价[D]. 武汉: 华中科技大学, 2013.

[713] 张晓屹. 基于流体强化传热的管内多纵向涡结构研究[D]. 武汉: 华中科技大学, 2013.

[714] 冯辉君. 热、质传递过程的多学科、多目标、多尺度构形优化[D]. 武汉: 海军工程大学, 2014.

[715] Li Z X, Guo Z Y. Optimization principles for heat convection [J]. Advances Transp. Phenom., 2011, 2: 1-91.

[716] Chen L G. Progress in entransy theory and its applications[J]. Chin. Sci. Bull., 2012, 57(34): 4404-4426.

[717] Chen Q, Liang X G, Guo Z Y. Entransy theory for the optimization of heat transfer – A review and update [J]. Int. J. Heat Mass Transf., 2013, 63: 65-81.

[718] Cheng X T, Liang X G. From thermomass to entransy [J]. Int. J. Heat Mass Transf., 2013, 62: 174-177.

[719] Cheng X T, Liang X G. Entransy, entransy dissipation and entransy loss for analyses of heat transfer and heat-work conversion processes [J]. J. Thermal Sci. Tech., 2013, 8(2): 337-352.

[720] Cheng X T, Liang X G. Entransy: its physical basis, applications and limitations [J]. Chin. Sci. Bull., 2014, 59(36): 5309-5323.

[721] 纪军, 刘涛, 张兴, 等. 热质理论及其应用研究进展[J]. 中国科学基金, 2014, (6): 446-454.

[722] Guo Z Y, Chen Q, Liang X G. Entransy theory for the analysis and optimization of thermal systems [C]. Proceedings of the 15th International Heat Transfer Conference. Kyoto, 2014,.

[723] Xu M T, Guo J F, Li X F. Thermodynamic Analysis and Optimization Design of Heat Exchanger[M]//Wang L Q.

Advances in Transport Phenomena 2011. New York: Springer, 2014.

[724] 付荣桓, 许云超, 陈群. 制冷空调系统性能优化的㶲耗散热阻法研究进展[J]. 科学通报, 2015, 60(34): 3367-3376.

[725] Chen L G. Progress in optimization of mass transfer processes based on mass entransy dissipation extremum principle [J]. Sci. China: Tech. Sci., 2015, 57(12): 2305-2327.

[726] 刘晓华, 张涛, 江亿. 空气除湿处理过程性能改善分析从理想到实际流程[J]. 科学通报, 2015, 60(27): 2631-2639.

[727] Radcenco V. Generalized Thermodynamics [M]. Bucharest: Editura Techica, 1994.

[728] Bejan A. Maximum power from fluid flow [J]. Int. J. Heat Mass Transf., 1996, 39(6): 1175-1181.

[729] Hu W Q, Chen J. General performance characteristics and optimum criteria of an irreversible fluid flow system [J]. J. Phys. D: Appl. Phys., 2006, 39(5): 993-997.

[730] Athas W, Svensson L, Koller J, et al. Low-power digital systems based on adiabatic-switching principles[J]. IEEE Transactions on V.L.S.I. Systems, 1994, 2: 398-407.

[731] Enz C, Krummenacher F, Vittoz E. An analytical MOS transistor model valid in all regions of operation and dedicated to low-voltage and low-current applications [J]. Analog Integrated Circuit and Signal Processing, 1995, 8: 83-114.

[732] Paul S, Fussell D. On efficient adiabatic design of MOS circuit[C]. Proceedings of the 4th Workshop on Physics and Compution. Boston, 1996.

[733] Paul S. Optimal charging capacitor[C]. European Conference on Circuit Theory and Design. Budapest, 1997.

[734] Desoete B, de Vos A. Optimal charging of capacitors[C]//Trullemans A, Spars J. Proc. 8-th Int. Workshop Patmos. Lyngby, 1998.

[735] Mita K, Boufaida M. Ideal capacitor circuits and energy conservation [J]. Am. J. Phys., 1999, 67: 737-739.

[736] de Vos A, Desoete B. Optimal Thermodynamic Processes in Finite Time[M]//Wu C, Chen L G, Chen J C. Recent Advances in Finite-Time Thermodynamics. New York: Nova Science Publishing, 1999.

[737] Paul S, Schlaffer A M, Nossek J A. Optimal charging of capacitors [J]. IEEE Transactions On Circuits and Systems-I: Fundamental Theory and Applications, 2000, 47(7): 1009-1016.

[738] de Vos A, Desoete B. Equipartition principles in Finite-Time Thermodynamics [J]. J. Non-Equilib. Thermdyn., 2000, 25(1): 1-13.

[739] Chen J. Optimization on the charging process of a capacitor [J]. Int. J. Electronics, 2001, 88(2): 145-151.

[740] Branoga N. Optimization of the charging process of a capacitor [D]. St. Mary's city, Maryland: St. Mary's College of Maryland, 2002.

[741] Bejan A, Dan A. Maximum work from an electric battery model [J]. Energy, 1997, 22(1): 93-102.

[742] 施哲强, 陈金灿. 电池在最大输出功时的负载匹配和放电时间选择[J]. 厦门大学学报(自然科学版), 2001, 40(4): 868-872.

[743] Chen J, Zhou Y. Minimum Joule heating dissipated in the charging process of a rechargeable battery [J]. Energy, 2001, 26: 607-617.

[744] Yan Z. A note on maximum work from an electric battery model [J]. Energy, 2002, 27: 197-201.

[745] Shi Z, Chen J, Wu C. Maximum work output of an electric battery and its load matching [J]. Energy Conver. Manage., 2002, 43: 241-247.

[746] Chen J, Shi Z, Chen X. The maximum work output of an electric battery in a given time [J]. Renewable Energy,

2002, 27: 189-196.

[747] Rozonoer L I. A generalized thermodynamic approach to resource exchange and allocation. I [J]. Autom. Remote Control, 1973, 5(2): 781-795.

[748] Rozonoer L I. A generalized thermodynamic approach to resource exchange and allocation. II [J]. Autom. Remote Control, 1973, 6(1): 915-927.

[749] Rozonoer L I. A generalized thermodynamic approach to resource exchange and allocation. III [J]. Autom. Remote Control, 1973, 8(1): 1272-1290.

[750] Tsirlin A M. Optimal control of resource exchange in economic systems [J]. Autom. Remote Control, 1995, 56(3): 401-408.

[751] Saslow W M. An economic analogy to thermodynamics [J]. Am. J. Phys., 1999, 67(12): 1239-1247.

[752] Martinas K. About irreversibility in economics [J]. Open Sys. Information Dyn., 2000, 7(4): 349-364.

[753] Tsirlin A M, Kazakov V, Kolinko N A. Irreversibility and limiting possibilities of macrocontrolled systems: I. Thermodynamics [J]. Open Sys. Information Dyn., 2001, 8(4): 315-328.

[754] Tsirlin A M, Kazakov V, Kolinko N A. Irreversibility and limiting possibilities of macrocontrolled systems: II. Microeconomics [J]. Open Sys. Information Dyn., 2001, 8(4): 329-347.

[755] Tsirlin A M, Kazakov V A. Optimal processes in irreversible thermodynamics and microeconomics [J]. Interdis. Des. Complex Sys., 2004, 2(1): 29-42.

[756] Amelkin S A. Limiting possibilities of resource exchange process in complex open microeconomic system [J]. Interdis. Des. Complex Sys., 2004, 2(1): 43-52.

[757] Amelkin S A, Martinas K, Tsirlin A M. Optimal control for irreversible processes in thermodynamics and microeconomics [J]. Autom. Remote Control, 2002, 63(4): 519-539.

[758] Tsirlin A M, Kazakov V. Optimal processes in irreversible microeconomics [J]. Interdis. Des. Complex Sys., 2006, 4(2): 102-123.

[759] Tsirlin A M. Irreversible microeconomic Optimal processes and equilibrium in closed systems [J]. Autom. Remote Control, 2008, 69(7): 1201-1215.

[760] Chen Y R. Maximum profit configuration of commercial engines [J]. Entropy, 2011, 13(6): 1137-1151.

[761] de Vos A. Endoreversible thermoeconomics [J]. Energy Convers. Manage., 1995, 36(1): 1-5.

[762] de Vos A. Endoreversible economics [J]. Energy Convers. Manage., 1997, 38(4): 311-317.

[763] de Vos A. Endoreversible thermodynamics versus economics [J]. Energy Convers. Manage., 1999, 40(10): 1009-1019.

[764] Tsirlin A M. Irreversible microeconomics: optimal processes and control [J]. Autom. Remote Control, 2001, 62(5): 820-830.

[765] Xia S J, Chen L G, Sun F R. Optimization for capital dissipation minimization in a common of resource exchange processes [J]. Math. Comput. Model., 2011, 54(6): 632-648.

[766] Pindyck R S, Rubinfeld D L. Econometric Models and Economic Forecast [M]. 4th ed. New York: McGraw-Hill, 1998.

[767] Pindyck R S, Rubinfeld D L. Microeconomics [M]. 7th ed. New Jersey: Pearson Education Inc, 2009.

[768] 宋伟明, 孟继安, 梁新刚, 等. 一维换热器中温差场均匀性原则的证明[J]. 化工学报, 2008, 59(10): 2460-2464.

[769] 柳雄斌, 过增元. 换热器性能分析新方法[J]. 物理学报, 2009, 58(7): 4766-4771.

[770] 郭江峰, 许明田, 程林. 换热器设计中的㶲耗散均匀性原则[J]. 中国科学: 技术科学, 2010, 40(6): 671-676.

[771] 郭江峰, 许明田, 程林. 换热量和换热面积给定时的㶲耗散最小原则[J]. 科学通报, 2010, 55(32): 3146-4141.

[772] Liu X B, Wang M, Meng J, et al. Minimum entransy dissipation principle for the optimization of transport networks [J]. Int. J. Nonlinear Sci. Numer. Simul., 2010, 11(2): 113-120.

[773] 陈林, 陈群, 李震, 等. 溶液除湿性能分析和优化的湿阻法[J]. 科学通报, 2010, 55(12): 1174-1181.

[774] 袁芳, 陈群. 间接蒸发冷却系统传热传质性能的优化准则[J]. 科学通报, 2012, 57(1): 88-94.

[775] Xia S J, Chen L G. Theoretical and experimental investigation of optimal capacitor charging process in RC circuit [J]. Eur. Phys. J. Plus, 2017, 132(5): 236.

[776] Chen L G, Xia S J. Optimal charging of nonlinear capacitors. Part 2: RC circuit with bypass resistor [J]. Euro. Phys. J. Plus, 2017, in press.

[777] Xia S J, Chen L G. Optimal charging of nonlinear capacitors. Part 3: LRC circuit with bypass resistor [J]. Euro. Phys. J. Plus, 2017, in press.

[778] Xia S J, Chen L G. Capital dissipation minimization for a class of complex irreversible resource exchange processes [J]. Eur. Phys. J. Plus, 2017, 132(5): 201.

[779] O'Sullivan C T. Newton's law of cooling-A critical assessment [J]. Am. J. Phys., 1990, 58(12): 956-960.

[780] Charach C, Zarmi Y, Zermel A. New perturbation method for planar phase-change processes with time-dependent boundary conditions [J]. J. Appl. Phys., 1987, 62(11): 4375-4381.

[781] Charach C, Huleihil M, Zarmi Y. Perturbative analysis of planar phase change processes with time-dependent temperature at the boundary [J]. J. Appl. Phys., 1988, 64(10): 4832-4837.

[782] 沈维道, 蒋智敏, 童均耕. 工程热力学 [M]. 3版. 北京: 高等教育出版社, 2000.

[783] Wang C, Chen L G, Xia S J, et al. Optimal concentration configuration of consecutive chemical reaction $A \Leftrightarrow B \Leftrightarrow C$ for minimum entropy generation [J]. J. Non-Equilib. Thermodyn., 2016, 41(4): 313-326.

[784] Sze S M. Physics of Semiconductor Devices [M]. New York: Wiley, 1981.

[785] Hemmes K. Proceedings of the Symposium on Modeling Batteries and Fuel Cells [M]. Phoenix: Electrochemical Society, 1991.

[786] Huelsman L P. Basic Circuit Theory [M]. Englewood Cliffs: Prentice-Hall, 1984.

[787] Denno K. Power System Design and Applications for Alternative Energy Sources [M]. Englewood Cliffs: Prentice-Hall, 1989.

[788] Bejan A. Street network theory of organization in nature [J]. J. Adv. Transp., 1996, 30(2): 85-107.

[789] Bejan A. Constructal-theory network of conducting paths for cooling a heat generating volume [J]. Int. J. Heat Mass Transf., 1997, 40(4): 799-816.

[790] Bejan A. Shape and Structure, from Engineering to Nature [M]. Cambridge: Cambridge University Press, 2000.

[791] Bejan A, Lorente S. Constructal law of design and evolution: physics, biology, technology, and society [J]. J. Appl. Phys., 2013, 113(15): 151301.

[792] Bejan A. Constructal law: Optimization as design evolution [J]. Trans. ASME, J. Heat Transfer, 2015, 137(6): 061003.

[793] Feng H J, Chen L G, Xie Z H, et al. Constructal optimization for a single tubular solid oxide fuel cell [J]. J. Pow. Sources, 2015, 286: 406-413.

[794] Feng H J, Chen L G, Xie Z H, et al. "Disc-point" heat and mass transfer constructal optimization for solid-gas reactors based on entropy generation minimization [J]. Energy, 2015, 83: 431-437.

[795] Feng H J, Chen L G, Xie Z H, et al. Constructal entropy generation rate minimization for asymmetric vascular

networks in a disc-shaped body [J]. Int.J. Heat Mass Transf., 2015, 91: 1010-1017.

[796] Feng H J, Chen L G, Xie Z H, et al. Constructal design for "+" shaped high conductive pathways over a square body [J].Int.J. Heat Mass Transf., 2015, 91: 162-169.

[797] Chen L G, Feng H J, Xie Z H, et al. "Volume-point" mass transfer constructal optimization based on flow resistance minimization with cylindrical element [J]. Int.J. Heat Mass Transf., 2015, 89: 1135-1140.

[798] Bejan A. Evolution in thermodynamics [J]. Appl. Phys. Rev., 2017, 4(1):11305.

[799] Feng H J, Chen L G, Xie Z H, et al. Constructal design for a disc-shaped area based on minimumflow time of a flow system [J]. Int. J. Heat Mass Transf., 2015, 84: 433-439.

[800] Feng H J, Chen L G, Xie Z H, et al. Constructal entropy generation rate minimization for X-shaped vascular networks [J]. Int.J. Thermal Sci., 2015, 92: 129-137.

[801] Gong S W, Chen L G, Feng H J, et al.Constructal optimization of cylindrical heat sources surrounded with a fin based on minimization of hot spot temperature [J]. Int. Comm. Heat Mass Transf., 2015, 68: 1-7.

[802] Wu W J, Chen L G, Xie Z H, et al. Improvement of constructal tree-like network for "volume-point" heat conduction with variable cross-section conducting path and without the premise of optimal last-order construct [J]. Int. Comm. Heat Mass Transf., 2015, 67: 97-103.

[803] Chen L G, Feng H J, Xie Z H, et al. Thermal efficiency maximization for H- and X-shaped heat exchangers based on constructal theory [J]. Appl. Thermal Eng., 2015, 91: 456-462.

[804] Feng H J, Chen L G, Xie Z H, et al. Constructal optimization for gas-turbine blade based on minimization of maximum thermal resistance [J]. Appl. Thermal Eng., 2015, 90: 792-797.

[805] Feng H J, Chen L G, Xie Z H, et al. Constructal design for X-shaped hot water networkover a rectangular area [J]. Appl. Thermal Eng., 2015, 87: 760-767.

[806] Feng H J, Chen L G, Xie Z H, et al. Constructal optimization of a disc-shaped body with cooling channels for specified power pumping [J]. Int. J. Low-Carbon Tech., 2015, 10(3): 229-237.

[807] Feng H J, Chen L G, Xie Z H, et al. Constructal entransy dissipation rate minimization for helm-shaped fin with inner heat sources [J]. Sci. China: Tech. Sci., 2015, 58(6): 1084-1090.

[808] Bejan A. The Physics of Life: The Evolution of Everything[M]. New York: St. Martin's Press, 2016.

[809] Bejan A, Errera M R. Complexity, organization, evolution, and constructal law [J]. J. Appl. Phys., 2016, 119(7): 074901.

[810] Chen L G, Feng H J, Xie Z H, et al. Constructal optimization for leaf-like body based on maximization of heat transfer rate [J]. Int. Comm. Heat Mass Transf., 2016, 71: 157-163.

[811] Liu X, Chen L G, Feng H J et al. Constructal design of a blast furnace iron-making process based on multi-objective optimization [J]. Energy, 2016, 109: 137-151.

[812] Liu X, Feng H J, Chen L G, et al. Hot metal yield optimization of a blast furnace based on constructal theory [J]. Energy, 2016, 104: 33-41.

[813] Chen L G, Feng H J, Xie Z H. Generalized thermodynamic optimization for iron and steel production processes: theoretical exploration and application cases [J]. Entropy, 2016, 18(10): 353.

[814] Feng H J, Chen L G, Xie Z H, et al. Constructal design for a rectangular body with nonuniform heat generation [J]. Euro. Phys. J. Plus, 2016, 131(8): 274.

[815] Yang A B, Chen L G, Xie Z H, et al. Constructal heat transfer rate maximization for cylindrical pin-fin heat sinks [J]. Appl. Thermal Eng., 2016, 108: 427-435.

[816]Feng H J, Chen L G, Xie Z H, et al. Constructal designs for insulation layers of steel rolling reheating furnace wall with convective and radiative boundary conditions [J]. Appl. Thermal Eng., 2016, 100: 925-931.

[817]Feng H J, Chen L G, Xie Z H, et al. Constructal optimization of a sinter cooling process based on exergy output maximization [J]. Appl. Thermal Eng., 2016, 96: 161-166.

[818]Gong S W, Chen L G, Xie Z H, et al. Constructal optimization of cylindrical heat sources with forced convection based on entransy dissipation minimization [J]. Sci. China: Tech. Sci., 2016, 59(4): 631-639.

[819]Feng H J, Chen L G, Xie Z H, et al. Constructal entransy dissipation rate minimization of a rectangular body with nonuniform heat generation [J]. Sci. China: Tech. Sci., 2016, 59(9): 1352-1359.

[820]Yang A B, Chen L G, Xie Z H, et al. Thermal performance analysis of non-uniform height rectangular fin based on constructal theory and entransy theory [J]. Sci. China: Tech. Sci., 2016, 59(12): 1882-1891.

[821]Chen L G, Yang A B, Xie Z H, et al. Constructal entropy generation rate minimization for cylindrical pin-fin heat sinks [J]. Int.J. Thermal Sci., 2017, 111: 168-174.

附录 A 最优化理论概述

A.1 引　　言

从数学上来讲，最优就是寻求函数的极值(极大或极小)问题。17 世纪，微积分的创立，从根本上推动了极值问题的研究。设多元函数 $y = f(\boldsymbol{x}) = f(x_1, x_2, \cdots, x_n)$ 在某个开区间连续可微，求其极值时，先是求 y 的全微分，然后再令 $\mathrm{d}y = 0$，即得到该函数极值的一组必要条件(但非充分条件)，至于究竟是极大还是极小，则需要考察函数 y 的二次微分 $\mathrm{d}^2 y$，于是函数求极值问题主要归结为求解方程组问题。

所谓泛函，可以看作普通函数的推广。设一个变量 v，如果对某一类函数向量 $\{\boldsymbol{y}(x) = [y_1(x), y_2(x), \cdots, y_n(x)]\}$ 中的每个函数 $\boldsymbol{y}(x)$，有一个 v 的值与之对应，那么变量 v 称为依赖于函数 $\boldsymbol{y}(x)$ 的泛函，记作 $v = v[\boldsymbol{y}(x)]$，因此泛函也可称为函数的函数。研究泛函极值的方法称为变分法或变分学。如同函数 $y = f(\boldsymbol{x})$ 的增量 $\Delta y = y(x + \Delta x) - y(x) = f'(x) \Delta x + r(x, \Delta x)$，第一项是 Δy 的线性主部，第二项是关于 Δx 的高阶无穷小，当 $\Delta x \to 0$ 时，线性主部称为函数 y 的微分 $\mathrm{d}y = f'(x) \cdot \Delta x$ 一样，在泛函 $v = v[\boldsymbol{y}(x)]$ 中，泛函 v 的增量 $\Delta v = v[\boldsymbol{y}(x) + \delta \boldsymbol{y}] - v[\boldsymbol{y}(x)] = L(\boldsymbol{y}, \delta \boldsymbol{y}) + r(\boldsymbol{y}, \delta \boldsymbol{y})$，第一项 $L(\boldsymbol{y}, \delta \boldsymbol{y})$ 是泛函增量 Δv 的线性主部，$r(\boldsymbol{y}, \delta \boldsymbol{y})$ 是关于 $\delta \boldsymbol{y}$ 的高阶无穷小，那么当 $\delta \boldsymbol{y} \to 0$ 时，线性主部 $L(\boldsymbol{y}, \delta \boldsymbol{y})$ 称为泛函 $v[\boldsymbol{y}(x)]$ 的变分 δv。同样，一次变分 $\delta v = 0$ 只是求泛函极值的必要条件，要想判断泛函极值是极大还是极小，则需要考察泛函 v 的二次变分 $\delta^2 v$。与函数极值问题是寻求变量 $\boldsymbol{x} = [x_1, x_2, \cdots, x_n]$ 使函数 $y(\boldsymbol{x})$ 达到最小(或最大)不同，泛函极值问题是寻求函数 $\boldsymbol{y} = [y_1(x), y_2(x), \cdots, y_n(x)]$ 使泛函 $v[\boldsymbol{y}(x)]$ 达到最小(或最大)。因此，求泛函的极值问题将面临求解微分方程组的两点边值问题，这类问题仅在极少数情形下存在解析解，对于其他大多数情形需要借助于计算机求其数值解。

在 20 世纪 50 年代以前，解决最优化问题的数学方法只限于古典微分求导方法和变分法(求无约束极值)，或是拉格朗日(Lagrange)乘子法解决等式约束的条件极值问题。为区别于近代发展起来的最优化理论(如极小值原理和动态规划)，这类函数极值的求导法或泛函极值的变分法称为古典最优化理论或方法。由于科学技术和生产的迅速发展，实践中越来越多的最优化问题已经无法用古典方法来解决。自 20 世纪 50 年代末以来，一方面，最优化理论在原来古典最优化理论的基础上取得长足发展，另一方面，由于大型快速电子计算机的出现和发展，形成了许多计算机算法解决相应的最优化问题。从最优化理论方面看，其中有代表性的是：库恩(H. W. Kuhn)和塔克(A. W. Tucker)两人推导了关于不等式约束条件下非线性最优的必要条件即库恩-塔克定理、贝尔曼(Bellman)的最优化原理和动态规划理论、庞特里亚金(Pontryagin)的极大值原理，以及卡曼(Kalman)的关于随机控制系统最优滤波器等，这些构成了现代化最优化技术及最优控制理论的基础。

当前，最优化理论发展得越来越成熟，并形成了许多学科分支解决相应的最优化问题。按照最优化问题的解的类型，可分为静态最优化问题和动态最优化问题，静态最优化问题即前述函数极值问题，动态最优化问题即前述的泛函极值问题或最优控制问题，本附录的目的不在于对最优化理论进行详尽的描述和讨论，而在于力求用最简洁的文字和相关数学推导对本书所涉及的相关最优化理论作一概述。

A.2 静态优化

静态优化问题又称为函数极值问题，问题的最优解均为确定的变量值。根据约束条件的类型，可分为无约束函数极值优化、仅含等式约束函数极值优化和含不等式约束函数极值优化。

A.2.1 无约束函数极值优化

对于无约束函数极值优化，考虑一个多变量目标函数 $y(\boldsymbol{x})$ 如下：

$$y = f(\boldsymbol{x}) = f(x_1, x_2, \cdots, x_n) \tag{A.2.1}$$

定义于区域 Ω 中，且 $\boldsymbol{x}^0 = (x_1^0, x_2^0, \cdots, x_n^0)$ 是这区域内的一点。若点 $\boldsymbol{x}^0$ 有一个邻域：

$$0 < \left| x_i - x_i^0 \right| < \delta, \ i = 1, 2, \cdots, n \tag{A.2.2}$$

使对于其中一切点 $\boldsymbol{x}$，下面不等式成立：

$$f(\boldsymbol{x}) < f(\boldsymbol{x}^0) \quad \left(\text{或 } f(\boldsymbol{x}) > f(\boldsymbol{x}^0)\right) \tag{A.2.3}$$

则称函数 $f(\boldsymbol{x})$ 在点 $\boldsymbol{x}^0$ 处有极大值(或极小值)。

极值存在的必要条件：假定 $f(\boldsymbol{x})$ 在区域 Ω 内存在有限偏导数，若在点 $\boldsymbol{x}^0 \in \Omega$ 处函数有极值，则必有一阶偏导数：

$$\frac{\partial f(\boldsymbol{x}^0)}{\partial x_2} = \frac{\partial f(\boldsymbol{x}^0)}{\partial x_2} = \cdots = \frac{\partial f(\boldsymbol{x}^0)}{\partial x_n} = 0 \tag{A.2.4}$$

或

$$\nabla f(\pmb{x}^0) = \left[\frac{\partial f(\pmb{x}^0)}{\partial x_1}, \frac{\partial f(\pmb{x}^0)}{\partial x_2}, \cdots, \frac{\partial f(\pmb{x}^0)}{\partial x_n}\right]^{\mathrm{T}} = 0 \quad (\text{A.2.5})$$

式中，∇ 为梯度算子；上标 T 为向量的转置，所以极值只能在使式(A.2.4)或式(A.2.5)成立的点达到，这种点称为稳定点。

极值存在的充分条件：设点 $\pmb{x}^0 = (x_1^0, x_2^0, \cdots, x_n^0)$ 为函数 $f(\pmb{x}) = f(x_1, x_2, \cdots, x_n)$ 的稳定点，并且函数 $f(\pmb{x})$ 在稳定点内有定义、连续并有一阶和二阶连续偏导数。定义函数 $f(\pmb{x})$ 在点 $\pmb{x}^0$ 处的海赛(Hesse)矩阵行列式 H_i 为

$$H_i \equiv \begin{vmatrix} \dfrac{\partial^2 f(\pmb{x}^0)}{\partial x_1^2} & \dfrac{\partial^2 f(\pmb{x}^0)}{\partial x_1 \partial x_2} & \cdots & \dfrac{\partial^2 f(\pmb{x}^0)}{\partial x_1 \partial x_i} \\ \dfrac{\partial^2 f(\pmb{x}^0)}{\partial x_1 \partial x_2} & \dfrac{\partial^2 f(\pmb{x}^0)}{\partial x_2^2} & \cdots & \dfrac{\partial^2 f(\pmb{x}^0)}{\partial x_2 \partial x_i} \\ \vdots & \vdots & & \vdots \\ \dfrac{\partial^2 f(\pmb{x}^0)}{\partial x_1 \partial x_i} & \dfrac{\partial^2 f(\pmb{x}^0)}{\partial x_2 \partial x_i} & \cdots & \dfrac{\partial^2 f(\pmb{x}^0)}{\partial x_i^2} \end{vmatrix} \quad (\text{A.2.6})$$

对 n 个变量依次计算 n 个行列式 $H_1, H_2, \cdots, H_n$，那么：

(1) 稳定点 $\pmb{x}^0$ 是极小值点的充分条件是：所有的行列式都是正的，即

$$H_i > 0, \ i = 1, 2, \cdots, n \quad (\text{A.2.7})$$

(2) 稳定点 $\pmb{x}^0$ 是极大值点的充分条件是：所有标号为奇数的行列式是负的，所有标号为偶数的行列式是负的，即

$$\begin{aligned} H_i &< 0, \ i = 1, 3, 5, \cdots \\ H_i &> 0, \ i = 2, 4, 6, \cdots \end{aligned} \quad (\text{A.2.8})$$

如果上述两条件均不满足，那么稳定点可以不是极值点。如果所有的 H_i 都是零，就必须考察更高阶的偏导数。

A.2.2 仅含等式约束函数极值优化

对于含等式约束函数极值优化，令 $g(\pmb{x}) = g(x_1, x_2, \cdots, x_n)$，优化问题为在 m（$m < n$）个等式约束条件

$$g_k(\pmb{x}) = 0, \ k = 1, 2, \cdots, m \quad (\text{A.2.9})$$

下求函数式(A.2.1)的极值。求解方法主要有直接代入法和拉格朗日乘子法。对于直接代入法，从约束条件的 m 个方程中即式(A.2.9)将其 m 个变量解出，用其余 $n-m$ 个变量表示，然后直接代入目标函数式(A.2.1)，这样优化问题变为一个求 $n-m$ 个变量的函数的无约束条件的极值问题。如果从约束方程式(A.2.9)能够将 m 个变量解出，那么采用直接代入法是可行的。

一般地，对于含等式约束函数极值优化问题，通常采用的是拉格朗日乘子法。引进变更的拉格朗日函数 L：

$$L = f + \sum_{k=1}^{m} \lambda_k g_k \tag{A.2.10}$$

式中，λ_k 为拉格朗日乘子，均为待定常数。把 L 当作 $n+m$ 个变量 $x_1, x_2, \cdots, x_n$ 和 $\lambda_1, \lambda_2, \cdots, \lambda_m$ 的无约束函数，对这些变量求一阶偏导数得稳定点所要满足的方程：

$$\frac{\partial L}{\partial x_i} = 0, \quad i = 1, 2, \cdots, n \tag{A.2.11}$$

$$\frac{\partial L}{\partial \lambda_k} = g_k = 0, \quad k = 1, 2, \cdots, m \tag{A.2.12}$$

A.2.3 含不等式约束函数极值优化

对于含不等式约束函数极值优化，令 $g(\boldsymbol{x}) = g(x_1, x_2, \cdots, x_n)$，优化问题为在 m 个约束条件式

$$g_k(\boldsymbol{x}) \geqslant 0, \quad k = 1, 2, \cdots, m \tag{A.2.13}$$

下求函数式(A.2.1)的极小值，此处 m 不必小于 n。对于满足条件式(A.2.13)的解 $\boldsymbol{x}$ 称为可行解或可行点，使目标函数式(A.2.1)取极值的可行解称为最优解或最优点。设 $\boldsymbol{x}^0$ 是优化问题的一个可行解，它当然满足所有约束。考虑某一不等式约束条件 $g_k(\boldsymbol{x}) \geqslant 0$，$\boldsymbol{x}^0$ 满足它有两种可能：其一为 $g_k(\boldsymbol{x}^0) > 0$，这时点 $\boldsymbol{x}^0$ 不是处于由这一约束条件形成的可行域边界上，因而这一约束对 $\boldsymbol{x}^0$ 点的微小摄动不起限制作用，从而称这个约束条件是 $\boldsymbol{x}^0$ 点的不起作用约束或无效约束；其二是 $g_k(\boldsymbol{x}^0) = 0$，这时 $\boldsymbol{x}^0$ 点处于该约束条件形成的可行域边界上，它对 $\boldsymbol{x}^0$ 的摄动起到了某种限制作用，故称这个约束是 $\boldsymbol{x}^0$ 点的起作用约束或有效约束。显然，等式约束对于所有可行点来说都是起作用约束。

对于含不等式约束函数极值问题的求解，需要用到库恩-塔克(Kuhn-Tuck)条件，它是确定某点为最优点的必要条件。现将库恩-塔克条件叙述如下：

设点 $\boldsymbol{x}^0 = (x_1^0, x_2^0, \cdots, x_n^0)$ 为函数 $f(\boldsymbol{x}) = f(x_1, x_2, \cdots, x_n)$ 的极小值点,而且在点 $\boldsymbol{x}^0$ 处各起作用约束的梯度线性无关,则存在向量 $\boldsymbol{\lambda} = (\lambda_1, \lambda_2, \cdots, \lambda_m)^T$,使下述条件成立:

$$\begin{cases} \nabla f(\boldsymbol{x}^0) - \sum_{k=1}^{m} \left[\lambda_k \cdot \nabla g_k(\boldsymbol{x}^0) \right] = 0 \\ \lambda_k \cdot g_k(\boldsymbol{x}^0) = 0, \quad k = 1, 2, \cdots, m \\ \lambda_k \geq 0, \quad\quad\quad\quad k = 1, 2, \cdots, m \end{cases} \quad (A.2.14)$$

式中,$\lambda_1, \lambda_2, \cdots, \lambda_m$ 称为广义拉格朗日乘子,条件式(A.2.14)常简称为 K-T 条件,满足这个条件的点称为库恩-塔克点或 K-T 点。只要是最优点,就必须满足这个条件。但一般来说它并不是充分条件,因而满足这个问题的点不一定就是最优点,但对于具有明确物理意义的函数极值优化问题,它既是最优点存在的必要条件,同时也是充分条件。

A.3 动 态 优 化

动态优化问题又称为泛函极值问题或最优控制问题,一般可表述为:根据已建立的被控对象的时域数学模型或频域数学模型,选择一个容许的控制律,使得被控对象按预定要求运行,并使给定的某一性能指标达到最优值。从数学观点来看,最优控制问题是求解一类带有约束条件的泛函极值问题,属于变分学的理论范畴。经典变分理论只能解决容许控制属于开集的一类最优控制问题,通过欧拉方程和横截条件,可以确定不同情况下的极值控制,而工程实践中所遇到的多是容许控制属于闭集的一类最优控制问题。对这类问题,古典变分法是无能为力的。因而为了适应工程实践的需要,20 世纪 50 年代中期出现了现代变分理论。在现代变分理论中,最常用的两种方法是极小值原理和动态规划。苏联科学院院士庞特里亚金(Pontryagin)于 1956~1958 年首先猜想并随之加以严格论证的极小值原理,以哈密顿方式发展了经典变分法,以解决常微分方程所描述的控制有约束的变分问题为目标,结果得到了用一组常微分方程组表示的最优解所满足的必要条件。美国学者贝尔曼(Bellman)于 1953~1958 年提出的动态规划,以 Hamilton-Jacobi 方式发展了经典变分法,可以解决比常微分方程所描述的更具一般性的最优控制问题,对于连续系统,给出了一个用偏微分方程表示的最优解所满足的充分条件,即 Hamilton-Jacobi-Bellman (HJB) 方程。在应用变分法、极小值原理和 HJB 方程等求解不显含时间变量的最优控制问题时,由于最优性能指标、状态变量、协态变量和控制变量等均是时间相关函数,这样导致问题求解过程较为复杂。20 世纪 80 年代,俄罗斯学者 Rozonoer 和 Tsirlin 等在研究热力学最优控制问题时进一步发展了古典变分法和极小值原理，用状态变量替换时间变量，将传统的最优控制问题求解转化为一类时间平均最优控制问题的求解，极大地简化了最优控制问题的求解过程，形成了平均最优控制理论（Average Optimal Control Theory）。本节将对古典变分法、极小值原理、动态规划和平均最优控制进行一一介绍。

A.3.1　古典变分法

A.3.1.1　无约束泛函极值优化

首先考虑无约束泛函极值问题：求函数向量 $\boldsymbol{y}(x) = [y_1(x), y_2(x), \cdots, y_n(x)]$，使如下泛函

$$v = \int_{x_0}^{x_1} F[x, \boldsymbol{y}(x), \boldsymbol{y}'(x), \cdots, \boldsymbol{y}^{(n)}(x)] \mathrm{d}x \tag{A.3.1}$$

达到极小值的问题。假定 F 是 $n+2$ 阶可微分的，函数向量 $\boldsymbol{y}(x)$ 有 $2n$ 阶连续导数。考虑固定边界条件，其对应的边界条件为

$$\boldsymbol{y}(x_0) = \boldsymbol{y}_0, \quad \boldsymbol{y}'(x_0) = \boldsymbol{y}'_0, \cdots, \boldsymbol{y}^{(n-1)}(x_0) = \boldsymbol{y}_0^{(n-1)} \tag{A.3.2}$$

$$\boldsymbol{y}(x_1) = \boldsymbol{y}_1, \quad \boldsymbol{y}'(x_1) = \boldsymbol{y}'_1, \cdots, \boldsymbol{y}^{(n-1)}(x_1) = \boldsymbol{y}_1^{(n-1)} \tag{A.3.3}$$

式中，$\boldsymbol{y}^{(i)}(x)$ 表示函数向量 $\boldsymbol{y}$ 对变量 x 的 i（i 为小于 n 的正整数）阶导数向量即 $\boldsymbol{y}^{(i)}(x) = \mathrm{d}^i \boldsymbol{y}/\mathrm{d}x^i$。极值曲线 $\boldsymbol{y}(x)$ 必须满足下面的微分方程：

$$\frac{\partial F}{\partial \boldsymbol{y}} - \frac{\mathrm{d}}{\mathrm{d}x}\left(\frac{\partial F}{\partial \boldsymbol{y}'}\right) + \frac{\mathrm{d}^2}{\mathrm{d}x^2}\left(\frac{\partial F}{\partial \boldsymbol{y}''}\right) + \cdots + (-1)^n \frac{\mathrm{d}^n}{\mathrm{d}x^n}\left(\frac{\partial F}{\partial \boldsymbol{y}^{(n)}}\right) = 0 \tag{A.3.4}$$

式(A.3.4)即对应于泛函式(A.3.1)的欧拉方程。这是 $2n$ 阶微分方程，它的通解含有 $2n$ 个任意常数，这些常数可以由式(A.3.2)和式(A.3.3)中的 $2n$ 个边界条件确定，因此是一个两点边值问题。欧拉方程是泛函极值的必要条件，但不是充分的。在处理实际泛函极值问题时，一般不去考虑充分条件，而是从实际问题的性质出发，间接地判断泛函极值的存在性，直接应用欧拉方程求出极值曲线。若式(A.3.1)中的被积函数 $F[x, \boldsymbol{y}(x), \boldsymbol{y}'(x), \cdots, \boldsymbol{y}^{(n)}(x)]$ 变为 $F[x, \boldsymbol{y}(x), \boldsymbol{y}'(x)]$，欧拉方程式(A.3.4)相应地变为

$$\frac{\partial F}{\partial \boldsymbol{y}} - \frac{\mathrm{d}}{\mathrm{d}x}\left(\frac{\partial F}{\partial \boldsymbol{y}'}\right) = 0 \tag{A.3.5}$$

当 F 只依赖于 y 和 y' 时即 $F = F(y, y')$，注意到 F 不依赖于 x，于是有

$$\frac{\mathrm{d}}{\mathrm{d}x}\left(F - y'\frac{\partial F}{\partial y'}\right) = \frac{\partial F}{\partial y}y' + \frac{\partial F}{\partial y'}y'' - y''\frac{\partial F}{\partial y'} - y'\frac{\mathrm{d}}{\mathrm{d}x}\left(\frac{\partial F}{\partial y'}\right)$$

$$= y'\left[\frac{\partial F}{\partial y} - \frac{\mathrm{d}}{\mathrm{d}x}\left(\frac{\partial F}{\partial y'}\right)\right] \quad \text{(A.3.6)}$$

$$= 0$$

其首次积分为

$$F - y'\frac{\partial F}{\partial y'} = a_1 = \text{const} \quad \text{(A.3.7)}$$

由此可解出 $y' = \varphi(y, a_1)$，积分后得极值曲线簇：

$$x = \int \frac{\mathrm{d}y}{\varphi(y, a_1)} + a_2 \quad \text{(A.3.8)}$$

式中，a_1 和 a_2 均为待定积分常数，联立已知边界条件 $y(x_0) = y_0$ 和 $y(x_1) = y_1$ 可解得极值曲线。

A.3.1.2 有约束泛函极值优化

现在考虑最简单的条件极值问题：求函数向量 $\boldsymbol{y}(x) = [y_1(x), y_2(x), \cdots, y_n(x)]$，使泛函

$$v[\boldsymbol{y}(x)] = \int_{x_0}^{x_1} F(x, \boldsymbol{y}, \boldsymbol{y}')\mathrm{d}x \quad \text{(A.3.9)}$$

达到极值，且满足附加条件

$$G(x, \boldsymbol{y}, \boldsymbol{y}') = 0 \quad \text{(A.3.10)}$$

及固定边界条件 $\boldsymbol{y}(x_0) = \boldsymbol{y}_0$ 和 $\boldsymbol{y}(x_1) = \boldsymbol{y}_1$。如果引入拉格朗日乘子变量，可以把有约束的泛函极值问题化为无约束的泛函极值问题，那么由式(A.3.5)立即得有约束泛函极值的必要条件。在式(A.3.10)的约束下，泛函式(A.3.9)取极值的必要条件为下列欧拉-拉格朗日方程：

$$\frac{\partial L}{\partial \boldsymbol{y}} - \frac{\mathrm{d}}{\mathrm{d}x}\left(\frac{\partial L}{\partial \boldsymbol{y}'}\right) = 0 \quad \text{(A.3.11)}$$

式中，

$$L(x,\boldsymbol{\lambda},\boldsymbol{y},\boldsymbol{y}') = F(x,\boldsymbol{y},\boldsymbol{y}') + \boldsymbol{\lambda}^{\mathrm{T}}(x)\boldsymbol{G}(x,\boldsymbol{y},\boldsymbol{y}') \tag{A.3.12}$$

在式(A.3.12)中，$\boldsymbol{\lambda} \in R^n$，为待定拉格朗日乘子向量。

在有约束泛函极值问题中，还存在一类等周问题：在使积分 $\int_{x_0}^{x_1} G(x,y,y')\mathrm{d}x$ 等于已知常数 a 和满足边界条件的一切曲线 $y(x)$ 中，确定这样一条曲线，使泛函 $\int_{x_0}^{x_1} F(x,y,y')\mathrm{d}x$ 达到极值，这样的优化问题称为等周问题。构造变更的拉格朗日函数式(A.3.12)，此时式(A.3.12)中的拉格朗日乘子不再随变量 x 变化，而为一待定的常数。欧拉方程式(A.3.11)的通积分含有三个任意常数，即两个积分常数及常数 λ。这些常数由两个边界条件及等周条件确定，但要注意只有当所得曲线 $y(x)$ 不是等周条件中的积分 $\int_{x_0}^{x_1} G(x,y,y')\mathrm{d}x$ 的极值曲线时才是等周问题的解答。

求解欧拉方程，需要由横截条件提供两点边界值。上面推导的积分限 x_0 和 x_1 固定及容许曲线在边界上的值 $\boldsymbol{y}(x_0)$ 和 $\boldsymbol{y}(x_1)$ 同时固定只是一种最简单的情况。在实际工程问题中，情况要复杂得多。例如，积分下限 x_0 和积分上限 x_1 可以自由；容许曲线边界值 $\boldsymbol{y}(x_0)$ 和 $\boldsymbol{y}(x_1)$ 可以自由也可以受约束。在本书研究的控制问题中，积分下限 x_0 和初始边界值 $\boldsymbol{y}(x_0)$ 往往是固定的，因此仅给出积分上限 x_1 和末端边界值 $\boldsymbol{y}(x_1)$ 变动的情况。

(1) 若积分上限 x_1 自由，末端边界值 $\boldsymbol{y}_1$ 固定，对应于欧拉方程式(A.3.11)的横截条件为

$$\boldsymbol{y}(x_0) = \boldsymbol{y}_0, \quad \left(L - \boldsymbol{y}'^{\mathrm{T}}\frac{\partial L}{\partial \boldsymbol{y}'}\right)\bigg|_{x=x_1^*} = 0, \quad \boldsymbol{y}(x_1^*) = \boldsymbol{y}_1 \tag{A.3.13}$$

(2) 若积分上限 x_1 自由，末端边界值 $\boldsymbol{y}_1$ 受约束 $\boldsymbol{y}_1(x_1) = \boldsymbol{c}(x_1)$，对应于欧拉方程式(A.3.11)的横截条件为

$$\boldsymbol{y}(x_0) = \boldsymbol{y}_0, \quad \left[L - (\boldsymbol{c}' - \boldsymbol{y}')^{\mathrm{T}}\frac{\partial L}{\partial \boldsymbol{y}'}\right]\bigg|_{x=x_1^*} = 0, \quad \boldsymbol{y}(x_1^*) = \boldsymbol{y}_1 \tag{A.3.14}$$

(3) 若积分上限 x_1 固定，末端边界值 $\boldsymbol{y}_1$ 自由，对应于欧拉方程式(A.3.11)的横截条件为

$$\boldsymbol{y}(x_0) = \boldsymbol{y}_0, \quad \frac{\partial L}{\partial \boldsymbol{y}'}\bigg|_{x=x_1} = 0 \tag{A.3.15}$$

A.3.1.3 可用变分法求解的最优控制问题

当控制变量的取值不受约束,即容许控制向量的集合可以充满整个函数空间,同时控制向量为时间连续函数的情况下,可以应用变分法求解最优控制问题。设系统的状态方程为下列时变非线性向量微分方程:

$$\dot{x}(t) = f(x, u, t) \tag{A.3.16}$$

固定边界条件为

$$x(t_i) = x_i, \quad x(t_f) = x_f \tag{A.3.17}$$

式中,$x(t)$ 为 n 维的状态向量;$u(t)$ 为 m 维的控制向量,参数上加点表示对时间的导数即 $\dot{x}(t) = dx/dt$。系统的性能指标为

$$v(u) = \int_{t_i}^{t_f} F(x, u, t) dt \tag{A.3.18}$$

最优控制的目的是要求确定控制向量 $u(t)$($t_i \leqslant t \leqslant t_f$)在满足约束条件式(A.3.16)和式(A.3.17)下,使性能指标式(A.3.18)取极小值。这是一个条件极值问题。作变更的拉格朗日函数 L 如下:

$$L[x(t), \dot{x}(t), \lambda(t), u(t), t] = F(x, u, t) + \lambda^T [f(x, u, t) - \dot{x}] \tag{A.3.19}$$

式中,λ 为与时间相关的拉格朗日乘子向量,是一个 n 维列向量。式(A.3.19)取极值的欧拉方程为

$$\frac{\partial L}{\partial x} - \frac{d}{dt}\left(\frac{\partial L}{\partial \dot{x}}\right) = 0 \tag{A.3.20}$$

$$\frac{\partial L}{\partial u} - \frac{d}{dt}\left(\frac{\partial L}{\partial \dot{u}}\right) = 0 \tag{A.3.21}$$

为了便于求解,定义如下哈密顿函数 H:

$$H[x(t), \lambda(t), u(t), t] = F(x, u, t) + \lambda^T f(x, u, t) \tag{A.3.22}$$

将式(A.3.22)代入式(A.3.19)得

$$L[x(t), \dot{x}(t), \lambda(t), u(t), t] = H(x, \lambda, u, t) - \lambda^T \dot{x} \tag{A.3.23}$$

将式(A.3.23)代入式(A.3.20)和式(A.3.21)可分别得

$$\frac{\partial H}{\partial \boldsymbol{x}} + \dot{\boldsymbol{\lambda}}(t) = 0 \qquad (A.3.24)$$

$$\frac{\partial H}{\partial \boldsymbol{u}} = 0 \qquad (A.3.25)$$

可见引进哈密顿标量函数式(A.3.22)后，使得极值条件中的如下两个方程具有正则形式：

$$\dot{\boldsymbol{x}}(t) = \frac{\partial H}{\partial \boldsymbol{\lambda}} = f(\boldsymbol{x}, \boldsymbol{u}, t) \qquad (A.3.26)$$

$$\dot{\boldsymbol{\lambda}}(t) = -\frac{\partial H}{\partial \boldsymbol{x}} \qquad (A.3.27)$$

式(A.3.26)和式(A.3.27)的右端都是哈密顿函数的适当偏导数，故称为正则方程。式(A.3.16)或式(A.3.26)称为状态方程，式(A.3.27)称为协态方程或共轭方程，相应的乘子向量$\boldsymbol{\lambda}(t)$称为协态向量或共轭向量。正则方程式(A.3.26)和式(A.3.27)是$2n$个一阶微分方程组，边界条件式(A.3.17)正好为正则方程提供了$2n$个边界条件。对于确定的$\boldsymbol{x}(t)$和$\boldsymbol{\lambda}(t)$，哈密顿函数H是$\boldsymbol{u}(t)$的函数。必要条件式(A.3.25)表明，极值控制$\boldsymbol{u}^*(t)$使哈密顿函数H取极值。因此，式(A.3.25)通常称为极值条件或控制方程。式(A.3.25)为m个代数方程，可以确定极值控制$\boldsymbol{u}^*(t)$与极值轨线$\boldsymbol{x}^*(t)$、协态向量$\boldsymbol{\lambda}^*(t)$之间的关系。应当指出，正则方程式(A.3.26)和式(A.3.27)通过极值条件式(A.3.25)成为变量互相耦合的方程，其边界条件中的一部分是初始条件，另一部分为末端边界条件。因此求最优控制归结为解微分方程组的两点边值问题。

在求最优解过程中，经常使用哈密顿函数的下列性质：取哈密顿函数对时间的全导数，得

$$\frac{\mathrm{d}H}{\mathrm{d}t} = \left(\frac{\partial H}{\partial \boldsymbol{x}}\right)^{\mathrm{T}} \dot{\boldsymbol{x}}(t) + \left(\frac{\partial H}{\partial \boldsymbol{u}}\right)^{\mathrm{T}} \dot{\boldsymbol{u}}(t) + \left(\frac{\partial H}{\partial \boldsymbol{\lambda}}\right)^{\mathrm{T}} \dot{\boldsymbol{\lambda}}(t) + \frac{\partial H}{\partial t} \qquad (A.3.28)$$

在最优轨线($\boldsymbol{x} = \boldsymbol{x}^*$, $\boldsymbol{u} = \boldsymbol{u}^*$, $\boldsymbol{\lambda} = \boldsymbol{\lambda}^*$)上，将式(A.3.25)~式(A.3.27)代入式(A.3.28)得

$$\frac{\mathrm{d}H}{\mathrm{d}t} = \frac{\partial H}{\partial t} \qquad (A.3.29)$$

若哈密顿函数不显含t即$\partial H/\partial t = 0$，由式(A.3.29)得

$$H(t) = \text{const}, \ t \in [t_i, t_f] \quad (A.3.30)$$

因此，哈密顿函数 H 的性质是：沿最优轨线，H 对时间的全导数与对时间的偏导数相等；当 H 不显含 t 时，H 沿最优轨线保持为常数。与横截条件影响欧拉方程的求解一样，边界条件同样影响正则方程和极值条件的求解，类似地考虑初始时刻 t_i 和初始状态 $\boldsymbol{x}_i$ 均固定，分析末端时刻 t_f 和末端状态 $\boldsymbol{x}_f$ 的变化的情形。

(1) 当末端时刻 t_f 自由、末端状态 $\boldsymbol{x}_f$ 固定时，对应的边界条件变为

$$\boldsymbol{x}(t_i) = \boldsymbol{x}_i, \ \boldsymbol{x}(t_f^*) = \boldsymbol{x}_f \quad (A.3.31)$$

同时哈密顿函数 H 在最优轨线末端满足：

$$H(t_f^*) = 0 \quad (A.3.32)$$

(2) 当末端时刻 t_f 自由、末端状态 $\boldsymbol{x}_f$ 受约束 $\boldsymbol{\psi}(\boldsymbol{x}_f, t_f) = 0$ 时，对应的边界条件变为

$$\boldsymbol{x}(t_i) = \boldsymbol{x}_i, \ \boldsymbol{\lambda}(t_f^*) = \frac{\partial \boldsymbol{\psi}^T}{\partial \boldsymbol{x}_f} \boldsymbol{\gamma}(t_f^*), \ \boldsymbol{\psi}(\boldsymbol{x}_f, t_f^*) = 0 \quad (A.3.33)$$

式中，$\boldsymbol{\gamma}(t)$ 为待定拉格朗日乘子向量。同时哈密顿函数 H 在最优轨线末端满足：

$$H(t_f^*) = -\boldsymbol{\gamma}^T(t_f^*) \frac{\partial \boldsymbol{\psi}(t_f^*)}{\partial t_f} \quad (A.3.34)$$

(3) 当末端时刻 t_f 固定、末端状态 $\boldsymbol{x}_f$ 自由时，对应的边界条件变为

$$\boldsymbol{x}(t_i) = \boldsymbol{x}_i, \ \boldsymbol{\lambda}(t_f) = 0 \quad (A.3.35)$$

A.3.2 极小值原理

应用经典变分法求解最优控制问题时，只有当控制向量不受任何约束，其容许控制集合充满整个 m 维控制空间时，用经典变分法处理等式约束下的最优控制问题才是行之有效的。然而，在实际物理系统中，控制向量总是受到一定的限制，容许控制只能在一定的控制域内取值，可以预料，应用经典变分法将难以处理这类问题。苏联学者庞特里亚金等在总结并应用古典变分法成果的基础上，提出了极小值原理，成为控制向量受约束时求解最优控制问题的有效工具，最初用于连续系统，以后又推广用于离散系统。

A.3.2.1 连续系统的极小值原理

问题的提法：考虑系统的状态方程为式(A.3.16)，已知初始条件 $x(t_i) = x_i$，至于末端状态 $x(t_f)$ 可以是固定的、自由的或者满足目标集

$$\psi(x_f, t_f) = 0 \tag{A.3.36}$$

系统的性能指标为一类复合型性能指标：

$$v(u) = \varphi[x(t_f), t_f] + \int_{t_i}^{t_f} F[x(t), u(t), t] \mathrm{d}t \tag{A.3.37}$$

假设 $f(x, u, t)$、$F(x, u, t)$ 和 $\varphi(x, t)$ 都是其自变量的连续函数，对 x 连续可微，并且 f、$\partial f / \partial x$ 和 $\partial F / \partial x$ 有界；Ω 为容许控制域，控制向量 $u(t)$ 是在 Ω 内取值的任何分段连续函数，在端点 t_i 和 t_f 处也是连续的。要求从容许控制域 Ω 中求出一个控制 $u^*(t)$，使系统(A.3.16)满足初始条件 $x(t_i) = x_i$ 的轨线，在终态达到目标集即式(A.3.36)，并使性能指标式(A.3.37)取极小值。

极小值原理：若 $u^*(t)$ 和 t_f^* 是使性能指标取最小值的最优解，$x^*(t)$ 为相应的最优轨线，则必存在 n 维向量函数 $\lambda(t)$，使得 $u^*(t)$、$x^*(t)$、t_f^* 和 $\lambda(t)$ 满足如下必要条件：① $x^*(t)$ 和 $u^*(t)$ 满足正则方程式(A.3.26)和式(A.3.27)，哈密顿函数为式(A.3.22)；② 如果末端时刻和末端状态均固定，则边界条件为 $x(t_i) = x_i$ 和 $x(t_f) = x_f$，对应于其他不同情形的边界条件分别为式(A.3.31)~式(A.3.35)；③ 哈密顿函数相对最优控制取绝对极小值

$$H[x^*(t), \lambda(t), u^*(t), t] = \min_{u(t) \in \Omega} H[x^*(t), \lambda(t), u(t), t] \tag{A.3.38}$$

将上述极小值原理与经典变分法的结果相比，可以发现，两者结果的差别仅在于式(A.3.38)。当控制 $u(t)$ 无约束时，相应的条件为 $\partial H / \partial u = 0$，即哈密顿函数 H 对最优控制 $u^*(t)$ 取驻值；当控制有约束时，$\partial H / \partial u = 0$ 不再成立，而代之为

$$H[x^*(t), \lambda(t), u^*(t), t] \leqslant H[x^*(t), \lambda(t), u(t), t] \atop u(t) \in \Omega \tag{A.3.39}$$

即对所有 $t \in [t_i, t_f]$，$u(t)$ 取遍 Ω 中的所有点，$u^*(t)$ 使 H 取绝对极小值。

A.3.2.2 离散系统的极小值原理

随着计算机的普及，对于离散系统的最优控制问题的研究显得十分重要。其

原因是：一方面，许多实际问题本身就是离散的，如经济与资源系统的最优化问题，其控制精度高于连续系统；另一方面，即使实际系统本身是连续的，但为了对连续过程实行计算机控制，需要把时间整量化，从而得到一离散化系统，使得连续最优控制中难以求解的两点边值问题，可以化为易于用计算机求解的离散化两点边值问题。离散极小值原理可以叙述如下。

设离散系统状态方程

$$x(i+1) = f[x(i), u(i), i], \quad x(0) = x_i \quad (A.3.40)$$
$$i = 0, 1, 2, \cdots, N-1$$

性能指标为

$$v(u) = \varphi[x(N), N] + \sum_{i=0}^{N-1} F[x(i), u(i), i] \quad (A.3.41)$$

式中，f、φ 和 F 都是其自变量的可微函数，$x(i) \in R^n$，$u(i) \in R^m$。控制有不等式约束：$u(i) \in \Omega$，Ω 为容许控制域。末端状态受下列等式约束限制：

$$\psi[x(N), N] = 0 \quad (A.3.42)$$

式中，$\psi \in R^r$，$r \leqslant n$。若 $u^*(i)$ 是使性能指标式(A.3.41)为最小的最优控制序列，$x^*(i)$ 是相应的最优状态序列，则必存在 r 维非零向量 γ 和 n 维向量函数 $\lambda(i)$，使得 $u^*(i)$、$x^*(i)$ 和 $\lambda(i)$ 满足如下必要条件。

(1) $x^*(i)$ 和 $\lambda(i)$ 满足下列差分方程：

$$x^*(i+1) = \frac{\partial H(i)}{\partial \lambda(i+1)} \quad (A.3.43)$$

$$\lambda(i) = \frac{\partial H(i)}{\partial x^*(i)} \quad (A.3.44)$$

式中，离散哈密顿函数

$$\begin{aligned} H(i) &= H[x(i), u(i), \lambda(i+1), i] \\ &= F[x(i), u(i), i] + \lambda^{\mathrm{T}}(i+1) f[x(i), u(i), i] \end{aligned} \quad (A.3.45)$$

(2) $x^*(i)$ 和 $\lambda(i)$ 满足边界条件：

$$x(0) = x_i, \quad \psi[x(N), N] = 0, \quad \lambda(N) = \frac{\partial \varphi[x(N), N]}{\partial x(N)} + \frac{\partial \psi^{\mathrm{T}}}{\partial x(N)} \gamma \quad (A.3.46)$$

(3) 离散哈密顿函数对最优控制 $u^*(i)$ 取极小值

$$H[x^*(i), \lambda(i+1), u^*(i), i] = \min_{u(i) \in \Omega} H[x^*(i), \lambda(i+1), u(i), i] \quad \text{(A.3.47)}$$

若控制变量不受约束，即 $u(i)$ 可以在整个控制空间 R^m 取值，则极值条件变为

$$\frac{\partial H(k)}{\partial u(k)} = 0 \quad \text{(A.3.48)}$$

若末端状态自由，边界条件式(A.3.46)变为

$$x(0) = x_i, \quad \lambda(N) = \frac{\partial \varphi[x(N), N]}{\partial x(N)} \quad \text{(A.3.49)}$$

A.3.3 动态规划

动态规划，从本质上讲是一种非线性规划方法，其核心是贝尔曼最优性原理。贝尔曼指出，多级决策过程的最优策略具有这样的性质：不论初始状态和初始决策如何，当把其中任何一级和状态再作为初始级和初始状态时，其余的决策对此必定也是一个最优策略。换言之，整体策略最优时，每一级的策略也必须最优，过程的无后效性是最优性原理得以成立的一个前提条件，其数学描述则是贝尔曼递推方程。与极小值原理相反，动态规划最初应用于时间离散系统，即多阶段决策问题，后来又推广到了时间连续系统。

A.3.3.1 离散系统的动态规划

考虑由式(A.3.40)和式(A.3.41)所表述的离散动态系统最优控制问题，这是一个 N 阶段决策过程，如图 A.1 所示，目标函数的最小值必为初始状态 $x(0)$ 和阶段长度 N 的函数，如果把它记作 $V_N[x(0)]$，则

$$V_N[x(0)] = \min_{\{u(0),\cdots,u(N-1)\} \in \Omega} \left\{ \varphi[x(N), N] + \sum_{i=0}^{N-1} F[x(i), u(i), i] \right\} \quad \text{(A.3.50)}$$

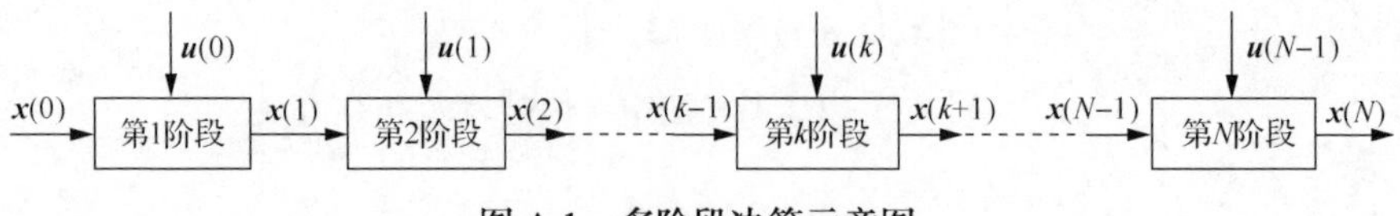

图 A.1 多阶段决策示意图

根据最优性原理将式(A.3.50)写成

$$V_N[x(0)] = \min_{u(0)\in\Omega} \{F[x(0), u(0), 0] + V_{N-1}[x(1)]\} \quad (A.3.51)$$

式中, $V_{N-1}[x(1)]$ 为

$$V_N[x(1)] = \min_{\{u(1),\cdots,u(N-1)\}\in\Omega} \left\{\varphi[x(N), N] + \sum_{i=1}^{N-1} F[x(i), u(i), i]\right\} \quad (A.3.52)$$

这是一个函数方程, 可以逆推求解, 每次都是求一个 $u(N-k)$ 的最优解, 其求解步骤如下。

(1) 令 $V_0[x(N)] = \varphi[x(N), N]$。

(2) 对任一个 $x(N-1)$, 由

$$V_1[x(N-1)] = \min_{u(N-1)\in\Omega} \{F[x(N-1), u(N-1), N-1] + V_0[x(N)]\} \quad (A.3.53)$$

式中, $x(N) = f[x(N-1), u(N-1), N-1]$, 求出使式 (A.3.53) 的右端取最小值的 $u^*(N-1)$, 则 $V_1[x(N-1)]$ 为

$$V_1[x(N-1)] = F[x(N-1), u^*(N-1), N-1] + V_0\{f[x(N-1), u^*(N-1), N-1]\} \quad (A.3.54)$$

(3) 对任一个 $x(N-2)$, 由

$$V_1[x(N-2)] = \min_{u(N-2)\in\Omega} \{F[x(N-2), u(N-2), N-2] + V_1[x(N-1)]\} \quad (A.3.55)$$

式中, $x(N-1) = f[x(N-2), u(N-2), N-2]$, 求出使式 (A.3.55) 的右端取最小值的 $u^*(N-2)$, 则 $V_1[x(N-2)]$ 为

$$\begin{aligned} V_1[x(N-2)] = & F[x(N-2), u^*(N-2), N-2] \\ & + V_0\{f[x(N-2), u^*(N-2), N-2]\} \end{aligned} \quad (A.3.56)$$

(4) 一般地, 如果已经算出 $V_{N-(k+1)}[x(k+1)]$, 则对任一 $x(k)$, 由

$$V_{N-k}[x(k)] = \min_{u(k)\in\Omega} \{F[x(k), u(k), k] + V_{N-(k+1)}[x(k+1)]\} \quad (A.3.57)$$

式中, $x(k+1) = f[x(k), u(k), k]$, 可求出使式 (A.3.57) 的右端取最小值的 $u^*(k)$, 则 $V_{N-k}[x(k)]$ 为

$$V_{N-k}[\boldsymbol{x}(k)] = F[\boldsymbol{x}(k),\boldsymbol{u}(k),k] + V_{N-(k+1)}\left\{f[\boldsymbol{x}(k),\boldsymbol{u}^*(k),k]\right\} \quad (A.3.58)$$

(5) 重复(4)，由 $k=N-2$ 算到 $k=0$。这样，便可算出最优策略 $\boldsymbol{u}^*(0)$, $\boldsymbol{u}^*(1)$, $\cdots$, $\boldsymbol{u}^*(N-1)$ 和目标函数的最优值 $V_N[\boldsymbol{x}(0)]$。

A.3.3.2 连续系统的动态规划与 HJB 方程

考虑由式(A.3.16)、式(A.3.36)和式(A.3.37)所表述的连续动态系统最优控制问题，其他假设保持不变。将性能指标看作初始时刻 t_i 和初始状态 $\boldsymbol{x}_i$ 的函数 $V(\boldsymbol{x}_i,t_i)$，由式(A.3.37)得

$$V(\boldsymbol{x}_i,t_i) = \varphi[\boldsymbol{x}(t_f),t_f] + \int_{t_i}^{t_f} F[\boldsymbol{x}(t),\boldsymbol{u}(t),t]\mathrm{d}t \quad (A.3.59)$$

为了使讨论的问题具有一般性，采用 $V[\boldsymbol{x}(t),t]$ 作为优化问题的性能指标函数。只要确定了最优性能指标 $V^*[\boldsymbol{x}(t),t]$ 及其相应的最优控制 $\boldsymbol{u}^*(t)$ 和最优轨线 $\boldsymbol{x}^*(t)$，则优化问题对应于 t_i 和 $\boldsymbol{x}_i$ 的最优解 $V^*[\boldsymbol{x}_i,t_i]$ 也就随之而定。设 $\boldsymbol{u}[t,t_f]$ 为在区间 $[t,t_f]$ 上的控制函数，则最优性能指标为

$$V^*[\boldsymbol{x}(t),t] = \min_{\boldsymbol{u}[t,t_f]\in\Omega}\left\{\varphi[\boldsymbol{x}(t_f),t_f] + \int_t^{t_f} F[\boldsymbol{x}(\tau),\boldsymbol{u}(\tau),\tau]\mathrm{d}\tau\right\} \quad (A.3.60)$$

将最优控制 $\boldsymbol{u}^*(t)$ 的选择分为两步：先选择区间 $[t+\Delta t,t_f]$ 上的最优控制；再选择区间 $[t,t+\Delta t]$ 上的最优控制。根据最优性原理，式(A.3.60)可写为

$$V^*[\boldsymbol{x}(t),t] = \min_{\boldsymbol{u}[t,t+\Delta t]\in\Omega}\left\{\begin{array}{l}\min\limits_{\boldsymbol{u}[t+\Delta t,t_f]\in\Omega}\left\{\int_t^{t+\Delta t} F[\boldsymbol{x}(\tau),\boldsymbol{u}(\tau),\tau]\mathrm{d}\tau\right\} \\ +\int_{t+\Delta t}^{t_f} F[\boldsymbol{x}(\tau),\boldsymbol{u}(\tau),\tau]\mathrm{d}\tau + \varphi[\boldsymbol{x}(t_f),t_f]\end{array}\right\} \quad (A.3.61)$$

在式(A.3.61)中，因为 $\int_t^{t+\Delta t} F[\boldsymbol{x}(\tau),\boldsymbol{u}(\tau),\tau]\mathrm{d}\tau$ 与在区间 $[t+\Delta t,t_f]$ 上的控制 $\boldsymbol{u}[t+\Delta t,t_f]$ 无关，且因最优性原理指出

$$V^*[\boldsymbol{x}(t+\Delta t),t+\Delta t] = \min_{\boldsymbol{u}[t+\Delta t,t_f]\in\Omega}\left\{\int_{t+\Delta t}^{t_f} F[\boldsymbol{x}(\tau),\boldsymbol{u}(\tau),\tau]\mathrm{d}\tau + \varphi[\boldsymbol{x}(t_f),t_f]\right\}$$

$$(A.3.62)$$

所以式(A.3.61)可表示为

$$V^*[\boldsymbol{x}(t),t] = \min_{\boldsymbol{u}[t,t+\Delta t]\in\Omega}\left\{\int_t^{t+\Delta t} F[\boldsymbol{x}(\tau),\boldsymbol{u}(\tau),\tau]\mathrm{d}\tau + V^*[\boldsymbol{x}(t+\Delta t),t+\Delta t]\right\} \quad (A.3.63)$$

对式(A.3.63)右端中的第一项应用积分中值定理得

$$\int_t^{t+\Delta t} F[\boldsymbol{x}(\tau),\boldsymbol{u}(\tau),\tau]\mathrm{d}\tau = F[\boldsymbol{x}(t+\varepsilon\Delta t),\boldsymbol{u}(t+\varepsilon\Delta t),t+\varepsilon\Delta t]\Delta t \quad (A.3.64)$$

式中，$0<\varepsilon<1$。由于对$V^*[\boldsymbol{x}(t),t]$连续可微的假设，式(A.3.63)可以展开成如下泰勒级数

$$\begin{aligned}&V^*[\boldsymbol{x}(t+\Delta t),t+\Delta t]\\&=V^*[\boldsymbol{x}(t),t]+\left[\frac{\partial V^*[\boldsymbol{x}(t),t]}{\partial \boldsymbol{x}(t)}\right]^\mathrm{T}\frac{\mathrm{d}\boldsymbol{x}(t)}{\mathrm{d}t}\Delta t+\frac{\partial V^*[\boldsymbol{x}(t),t]}{\partial t}\Delta t+o[(\Delta t)^2]\end{aligned} \quad (A.3.65)$$

式中，$o[(\Delta t)^2]$为关于Δt的高阶小量。将式(A.3.64)和式(A.3.65)代入式(A.3.63)，经过整理得

$$\frac{\partial V^*[\boldsymbol{x}(t),t]}{\partial t} = -\min_{\boldsymbol{u}[t,t+\Delta t]\in\Omega}\left\{\begin{array}{l}F[\boldsymbol{x}(t+\varepsilon\Delta t),\boldsymbol{u}(t+\varepsilon\Delta t),t+\varepsilon\Delta t]\\+\left[\frac{\partial V^*[\boldsymbol{x}(t),t]}{\partial \boldsymbol{x}(t)}\right]^\mathrm{T} f[\boldsymbol{x}(t),\boldsymbol{u}(t),t]+\frac{o[(\Delta t)^2]}{\Delta t}\end{array}\right\} \quad (A.3.66)$$

式中，令$\Delta t \to 0$，考虑到$o[(\Delta t)^2]$是关于Δt的高阶无穷小量，故有

$$\frac{\partial V^*}{\partial t} = -\min_{\boldsymbol{u}(t)\in\Omega}\left\{F[\boldsymbol{x}(t),\boldsymbol{u}(t),t]+\left(\frac{\partial V^*}{\partial \boldsymbol{x}}\right)^\mathrm{T} f[\boldsymbol{x}(t),\boldsymbol{u}(t),t]\right\} \quad (A.3.67)$$

式(A.3.67)称为HJB方程，属于泛函与偏微分方程的一种混合形式。令$t=t_\mathrm{f}$，由性能指标式(A.3.59)得

$$V[\boldsymbol{x}(t_\mathrm{f}),t_\mathrm{f}] = \varphi[\boldsymbol{x}(t_\mathrm{f}),t_\mathrm{f}] \quad (A.3.68)$$

式（A.3.68）对任意的$\boldsymbol{u}(t)$均成立，故必有

$$V^*[\boldsymbol{x}(t_\mathrm{f}),t_\mathrm{f}] = \varphi[\boldsymbol{x}(t_\mathrm{f}),t_\mathrm{f}], \quad \forall (\boldsymbol{x}(t_\mathrm{f}),t_\mathrm{f})\in\psi[\boldsymbol{x}(t_\mathrm{f}),t_\mathrm{f}] \quad (A.3.69)$$

式(A.3.69)即HJB方程式(A.3.67)的边界条件。由于HJB方程的求解十分困难，且其解不一定存在，所以HJB方程只是最优性能指标的充分而非必要条件。当HJB方程可解时，构造哈密顿函数

$$H(\pmb{x}, \pmb{u}, \pmb{\lambda}, t) = F(\pmb{x}, \pmb{u}, t) + \pmb{\lambda}^{\mathrm{T}}(t) f(\pmb{x}, \pmb{u}, t) \qquad (\text{A}.3.70)$$

式中，拉格朗日乘子向量 $\pmb{\lambda}(t)$ 为

$$\pmb{\lambda}(t) = \frac{\partial V^*}{\partial \pmb{x}} \qquad (\text{A}.3.71)$$

将式(A.3.70)和式(A.3.71)代入式(A.3.67)得

$$-\frac{\partial V^*}{\partial t} = -\min_{\pmb{u}(t) \in \Omega} H\left(\pmb{x}, \pmb{u}, \frac{\partial V^*}{\partial \pmb{x}}, t\right) \qquad (\text{A}.3.72)$$

然后按下列步骤求取最优解。

(1) 求最优控制的隐式解。若 $\pmb{u}(t)$ 有约束，令

$$H\left(\pmb{x}, \pmb{u}^*, \frac{\partial V^*}{\partial \pmb{x}}, t\right) = \min_{\pmb{u}(t) \in \Omega} H\left(\pmb{x}, \pmb{u}, \frac{\partial V^*}{\partial \pmb{x}}, t\right) \qquad (\text{A}.3.73)$$

若 $\pmb{u}(t)$ 无约束，令

$$\frac{\partial H}{\partial \pmb{u}} = \frac{\partial F}{\partial \pmb{u}} + \frac{\partial f^{\mathrm{T}}}{\partial \pmb{u}} \frac{\partial V^*}{\partial \pmb{x}} = 0 \qquad (\text{A}.3.74)$$

$$\frac{\partial^2 H}{\partial \pmb{u}^2} = \frac{\partial^2 F}{\partial \pmb{u}^2} + \frac{\partial}{\partial \pmb{u}}\left(\frac{\partial f^{\mathrm{T}}}{\partial \pmb{u}} \frac{\partial V^*}{\partial \pmb{x}}\right) > 0 \qquad (\text{A}.3.75)$$

由式(A.3.73)或式(A.3.74)得最优控制 $\pmb{u}^*$：

$$\pmb{u}^* = \pmb{u}^*\left(\pmb{x}, \frac{\partial V^*}{\partial \pmb{x}}, t\right) \qquad (\text{A}.3.76)$$

由于此时 $V^*[\pmb{x}(t), t]$ 尚未求出，故式(A.3.76)为隐式解。

(2) 求最优性能指标。将式(A.3.76)代入哈密顿函数式(A.3.70)可消去 $\pmb{u}^*(t)$ 得

$$H^*\left(\pmb{x}, \frac{\partial V^*}{\partial \pmb{x}}, t\right) = H\left(\pmb{x}, \pmb{u}^*, \frac{\partial V^*}{\partial \pmb{x}}, t\right) \qquad (\text{A}.3.77)$$

于是最优解充分条件为如下一阶偏微分方程：

$$\frac{\partial V^*}{\partial t} + H^*\left(\boldsymbol{x}, \frac{\partial V^*}{\partial \boldsymbol{x}}, t\right) = 0 \qquad (A.3.78)$$

其边界条件为式(A.3.69)。由式(A.3.69)和式(A.3.78)可解出性能指标$V^*[\boldsymbol{x}(t),t]$。

(3) 求最优控制显式解。将求得的$V^*[\boldsymbol{x}(t),t]$代入式(A.3.76)，得最优控制的显式解$\boldsymbol{u}^*[\boldsymbol{x}(t),t]$。

(4) 求最优轨线。将求得的$\boldsymbol{u}^*[\boldsymbol{x}(t),t]$代入系统状态方程式(A.3.16)得最优轨线$\boldsymbol{x}^*(t)$，而$\boldsymbol{u}^*[\boldsymbol{x}(t),t]$即所求的最优控制。

在上述HJB方程的求解过程中，还可以发现连续系统的动态规划与极小值原理存在密切的联系，式(A.3.73)即极小值原理中的极小值条件，由式(A.3.70)得

$$\dot{\boldsymbol{x}} = \frac{\partial H}{\partial \boldsymbol{\lambda}} = f(\boldsymbol{x},\boldsymbol{u},t) \qquad (A.3.79)$$

式(A.3.79)显然为极小值原理中状态方程。将式(A.3.71)对t求全导数有

$$\begin{aligned}\dot{\boldsymbol{\lambda}}(t) &= \frac{\mathrm{d}}{\mathrm{d}t}\left[\frac{\partial V^*(\boldsymbol{x},t)}{\partial \boldsymbol{x}}\right] = \frac{\partial^2 V^*(\boldsymbol{x},t)}{\partial \boldsymbol{x}\partial t} + \frac{\partial^2 V^*(\boldsymbol{x},t)}{\partial \boldsymbol{x}\partial \boldsymbol{x}^{\mathrm{T}}}\dot{\boldsymbol{x}} \\ &= \frac{\partial}{\partial \boldsymbol{x}}\left[\frac{\partial V^*(\boldsymbol{x},t)}{\partial t}\right] + \frac{\partial}{\partial \boldsymbol{x}}\left[\frac{\partial V^*(\boldsymbol{x},t)}{\partial \boldsymbol{x}}\right]^{\mathrm{T}} f(\boldsymbol{x},\boldsymbol{u},t)\end{aligned} \qquad (A.3.80)$$

将式(A.3.70)、式(A.3.71)和式(A.3.78)代入式(A.3.80)得

$$\dot{\boldsymbol{\lambda}}(t) = -\frac{\partial H}{\partial \boldsymbol{x}} \qquad (A.3.81)$$

式(A.3.81)即极小值原理中的协态方程，这样在连续系统动态规划导出的HJB方程基础上，进一步导出了极小值原理的全部必要条件，从而揭示了连续系统的极小值原理和动态规划之间的内在联系。这对于某些条件下HJB方程的求解有较大帮助。例如，式(A.3.78)中的偏微分方程的求解一般是很困难的，但是当控制无约束(或容许控制Ω对于控制$\boldsymbol{u}$不起作用)和哈密顿函数不显含时间t(即$\partial H/\partial t = 0$)时，由式(A.3.29)可知哈密顿函数具有性质$\mathrm{d}H/\mathrm{d}t = \partial H/\partial t$，因此该哈密顿函数是自治的，$H^*(\boldsymbol{x}, \partial V^*/\partial \boldsymbol{x})$沿最优轨线随时间$t$保持为常数。令该常数为$h$，式(A.3.77)变为

$$H^*\left(\boldsymbol{x}, \frac{\partial V^*}{\partial \boldsymbol{x}}\right) = h \qquad (A.3.82)$$

由式(A.3.82)可解得性能指标$V^*[\boldsymbol{x},h]$，后续求解过程与前述相同，通过式(A.3.82)

避免了求解偏微分方程式(A.3.78)的困难。

A.3.4 平均最优控制理论

问题的提法：对于不显含时间变量 t 的最优控制问题，假设系统的运动方程式为

$$\dot{x}(t) = f(x, u) \tag{A.3.83}$$

性能指标为

$$v(u) = \int_{t_i}^{t_f} J(x, u) \cdot X(x, u) \mathrm{d}t \tag{A.3.84}$$

边界条件为

$$\int_{t_i}^{t_f} J(x, u) \mathrm{d}t = Q \tag{A.3.85}$$

式中，Q 为常向量。假设 $f(x, u)$、$X(x, u)$ 和 $J(x, u)$ 都是其自变量的连续函数，对 x 连续可微；Ω 为容许控制域，控制向量 $u(t)$ 是在 Ω 内取值的任何分段连续函数，在端点 t_i 和 t_f 处也是连续的。优化问题为从容许控制域 Ω 中求出一个控制 $u^*(t)$，使系统(A.3.83)满足初始条件 $x(t_i) = x_i$ 的轨线，在终态达到目标集即式(A.3.85)，并使性能指标式(A.3.84)取极小值。

平均最优控制理论求解：由式(A.3.83)得

$$\mathrm{d}t = \frac{\mathrm{d}x}{f(x, u)} \tag{A.3.86}$$

作变量代换，令 $\tau = t_f - t_i$，$\bar{Q} = Q/\tau$，$\bar{v} = v/\tau$，将式(A.3.86)分别代入式(A.3.83)~式(A.3.85)可分别得

$$\frac{1}{\tau} \int_{x_i}^{x_f} \frac{1}{f(x, u)} \mathrm{d}x = 1 \tag{A.3.87}$$

$$\bar{v} = \frac{1}{\tau} \int_{x_i}^{x_f} \frac{J(x, u) \cdot X(x, u)}{f(x, u)} \mathrm{d}x \tag{A.3.88}$$

$$\frac{1}{\tau} \int_{x_i}^{x_f} \frac{J(x, u)}{f(x, u)} \mathrm{d}x = \bar{Q} \tag{A.3.89}$$

可见，平均最优控制理论将最优控制问题的求解转化为一类时间平均最优控制问

题的求解。优化问题变为在式(A.3.87)和式(A.3.89)的约束下，求解式(A.3.88)的极值。建立变更的拉格朗日函数 L 如下：

$$L = \frac{J(x,u) \cdot X(x,u)}{f(x,u)} + \lambda_1 \frac{1}{f(x,u)} + \lambda_2 \frac{J(x,u)}{f(x,u)}$$
$$= \frac{J(x,u) \cdot [X(x,u) + \lambda_2] + \lambda_1}{f(x,u)} \quad (A.3.90)$$

式中，λ_1 和 λ_2 为拉格朗日乘子，均为待定常数。最优性条件为拉格朗日函数 L 对于给定的 x 处处取极小值，则有

$$L(x, u^*, \lambda_1, \lambda_2) = \min_{u(t) \in \Omega} L(x, u, \lambda_1, \lambda_2) \quad (A.3.91)$$

当控制变量 u 无约束时，由式(A.3.90)和极值条件 $\partial L/\partial u = 0$ 得

$$(X + \lambda_2)\left(f\frac{\partial J}{\partial u} - J\frac{\partial f}{\partial u}\right) + Jf\frac{\partial J}{\partial u} - \lambda_1 \frac{\partial f}{\partial u} = 0 \quad (A.3.92)$$

由 $\partial \bar{v}/\partial x_f = 0$ 得

$$L(x_f, u_f, \lambda_1, \lambda_2) = 0 \quad (A.3.93)$$

由式(A.3.87)、式(A.3.89)、式(A.3.92)和式(A.3.93)可确定 $u^*(x)$、x_f、λ_1 和 λ_2。由式(A.3.87)~式(A.3.93)可见，平均最优控制理论用状态变量 x 替代时间变量 t，将原来的微分方程约束变为优化问题的等周约束条件，同时与古典变分法和极小值原理优化时需引入时间相关函数的拉格朗日乘子 $\lambda(t)$ 和求解协态方程相比，平均最优控制理论只需引入待定常数的拉格朗日乘子 λ，与极小值原理和变分法需要求解复杂的微分方程组相比，平均最优控制理论只需要求解简单的代数方程组，这极大地简化了最优控制问题的求解过程。同时从求解结果上看，与极小值原理和变分法得到的是控制变量 u 随时间 t 的最优变化规律不同(时间控制)，平均最优控制理论得到的最优解反映的是控制变量 u 随状态变量 x 的最优变化规律(状态控制)，这对于许多实际控制系统的最优设计更为有用。但平均最优控制理论仅适用于一类不显含时间变量 t 的最优控制问题，在应用范围上与古典变分法和极小值原理相比具有一定局限性。

A.4 本附录小结

本附录对热力学优化的主要研究工具——最优化理论作了简要的回顾，按照最优化理论研究的问题分为静态优化问题和动态优化问题，分别介绍相应的优化理论，重点介绍了本书动态优化问题所涉及的古典变分法、极小值原理、HJB 方程与动态规划以及目前在国内最优控制理论教材中鲜见的平均最优控制理论，并分别阐述了各种优化方法的优缺点。

附录 B 第 6 章相关公式推导

B.1 6.2 节中定理的证明

本节将分别采用欧拉-拉格朗日方程和平均最优控制理论两种不同方法证明 6.2 节的广义流传递过程广义耗散最小化中的定理。

B.1.1 欧拉-拉格朗日方程方法

现在的问题为在微分方程式(6.2.1)的约束下求解式(6.2.3)的最小值，建立变更的拉格朗日函数如下：

$$L = J_1 \cdot f_1(X_1, X_2) + \lambda \left[C_{X_2} \frac{\mathrm{d} X_2}{\mathrm{d} t} - J_1(X_1, X_2) \right] \tag{B.1.1}$$

式中，λ 为拉格朗日乘子，其为时间 t 的函数。优化问题的极值条件为求解如下欧拉-拉格朗日方程：

$$\frac{\partial L}{\partial X_1} - \frac{\mathrm{d}}{\mathrm{d} t} \frac{\partial L}{\partial \dot{X}_1} = 0 \tag{B.1.2}$$

$$\frac{\partial L}{\partial X_2} - \frac{\mathrm{d}}{\mathrm{d} t} \frac{\partial L}{\partial \dot{X}_2} = 0 \tag{B.1.3}$$

将式(B.1.1)代入式(B.1.2)和式(B.1.3)得

$$(f_1 - \lambda) \frac{\partial J_1}{\partial X_1} + J_1 \frac{\partial f_1}{\partial X_1} = 0 \tag{B.1.4}$$

$$(f_1 - \lambda) \frac{\partial J_1}{\partial X_2} + J_1 \frac{\partial f_1}{\partial X_2} - \dot{\lambda} C_{X_2} = 0 \tag{B.1.5}$$

由式(B.1.4)得

$$\lambda = f_1 + J_1 \left(\frac{\partial f_1}{\partial X_1} \right) \bigg/ \left(\frac{\partial J_1}{\partial X_1} \right) \tag{B.1.6}$$

将式(B.1.5)对时间 t 求导得

$$\frac{d\lambda}{dt} = \dot{X}_1\left[2\frac{\partial f_1}{\partial X_1} + J_1\frac{\partial^2 f_1}{\partial X_1^2}\bigg/\left(\frac{\partial J_1}{\partial X_1}\right) - J_1\left(\frac{\partial f_1}{\partial X_1}\right)\frac{\partial^2 J_1}{\partial X_1^2}\bigg/\left(\frac{\partial J_1}{\partial X_1}\right)^2\right]$$
$$+ \dot{X}_2\left[\frac{\partial f_1}{\partial X_2} + \frac{\partial J_1}{\partial X_2}\left(\frac{\partial f_1}{\partial X_1}\right)\bigg/\left(\frac{\partial J_1}{\partial X_1}\right) + J_1\frac{\partial^2 f_1}{\partial X_1\partial X_2}\bigg/\left(\frac{\partial J_1}{\partial X_1}\right)\right.$$
$$\left. - J_1\left(\frac{\partial f_1}{\partial X_1}\right)\frac{\partial^2 J_1}{\partial X_1\partial X_2}\bigg/\left(\frac{\partial J_1}{\partial X_1}\right)^2\right] \quad (B.1.7)$$

将式(6.2.1)、式(B.1.5)和式(B.1.6)代入式(B.1.4)得

$$C_{X_2}\dot{X}_1 = \frac{-J_1\left[2\frac{\partial J_1}{\partial X_2}\left(\frac{\partial f_1}{\partial X_1}\right)\bigg/\left(\frac{\partial J_1}{\partial X_1}\right) + J_1\frac{\partial^2 f_1}{\partial X_1\partial X_2}\bigg/\left(\frac{\partial J_1}{\partial X_1}\right) - J_1\left(\frac{\partial f_1}{\partial X_1}\right)\frac{\partial^2 J_1}{\partial X_1\partial X_2}\bigg/\left(\frac{\partial J_1}{\partial X_1}\right)^2\right]}{\left[2\frac{\partial f_1}{\partial X_1} + J_1\frac{\partial^2 f_1}{\partial X_1^2}\bigg/\left(\frac{\partial J_1}{\partial X_1}\right) - J_1\left(\frac{\partial f_1}{\partial X_1}\right)\frac{\partial^2 J_1}{\partial X_1^2}\bigg/\left(\frac{\partial J_1}{\partial X_1}\right)^2\right]}$$

(B.1.8)

由式(6.2.1)和式(B.1.8)进一步得

$$\left[2\frac{\partial f_1}{\partial X_1} + J_1\frac{\partial^2 f_1}{\partial X_1^2}\bigg/\left(\frac{\partial J_1}{\partial X_1}\right) - J_1\left(\frac{\partial f_1}{\partial X_1}\right)\frac{\partial^2 J_1}{\partial X_1^2}\bigg/\left(\frac{\partial J_1}{\partial X_1}\right)^2\right]\dot{X}_1$$
$$+ \left[2\frac{\partial J_1}{\partial X_2}\left(\frac{\partial f_1}{\partial X_1}\right)\bigg/\left(\frac{\partial J_1}{\partial X_1}\right) + J_1\frac{\partial^2 f_1}{\partial X_1\partial X_2}\bigg/\left(\frac{\partial J_1}{\partial X_1}\right) - J_1\left(\frac{\partial f_1}{\partial X_1}\right)\frac{\partial^2 J_1}{\partial X_1\partial X_2}\bigg/\left(\frac{\partial J_1}{\partial X_1}\right)^2\right]\dot{X}_2 = 0$$

(B.1.9)

对式(B.1.8)两边同时乘以变量 J_1 得

$$\left\{2J_1\frac{\partial J_1}{\partial X_1}\frac{\partial f_1}{\partial X_1}\bigg/\frac{\partial J_1}{\partial X_1} + J_1^2\frac{\partial^2 f_1}{\partial X_1^2}\bigg/\frac{\partial J_1}{\partial X_1} - J_1^2\frac{\partial^2 J_1}{\partial X_1^2}\frac{\partial f_1}{\partial X_1}\bigg/\left(\frac{\partial J_1}{\partial X_1}\right)^2\right\}\dot{X}_1$$
$$+ \left\{2J_1\frac{\partial J_1}{\partial X_2}\frac{\partial f_1}{\partial X_1}\bigg/\frac{\partial J_1}{\partial X_1} + J_1^2\frac{\partial^2 f_1}{\partial X_1 X_2}\bigg/\frac{\partial J_1}{\partial X_1} - J_1^2\frac{\partial J_1^2}{\partial X_1\partial X_2}\frac{\partial f_1}{\partial X_1}\bigg/\left(\frac{\partial J_1}{\partial X_1}\right)^2\right\}\dot{X}_2 = 0$$

(B.1.10)

式(B.1.10)可进一步变为

$$\frac{\partial\left(J_1^2\dfrac{\partial f_1}{\partial X_1}\bigg/\dfrac{\partial J_1}{\partial X_1}\right)}{\partial X_1}\dot{X}_1+\frac{\partial\left(J_1^2\dfrac{\partial f_1}{\partial X_1}\bigg/\dfrac{\partial J_1}{\partial X_1}\right)}{\partial X_2}\dot{X}_2=0 \tag{B.1.11}$$

由于 J_1 和 f_1 均不显含时间 t，由式(B.1.11)和全导数公式可知式(6.2.4)得证。

B.1.2 平均最优控制理论方法

该定理还可采用一类平均最优控制方法证明。由式(6.2.1)得

$$\int_{X_{20}}^{X_{2\tau}}\frac{C_{X_2}}{J_1(X_1,X_2)}\mathrm{d}X_2=\tau \tag{B.1.12}$$

将式(6.2.1)代入式(6.2.3)得

$$\Delta D=\int_{X_{20}}^{X_{2\tau}}C_{X_2}f_1(X_1,X_2)\mathrm{d}X_2 \tag{B.1.13}$$

现在的问题为在式(B.1.12)的约束下求式(B.1.13)的最小值，建立拉格朗日函数如下：

$$L=C_{X_2}f_1(X_1,X_2)+\lambda\frac{C_{X_2}}{J_1(X_1,X_2)} \tag{B.1.14}$$

式中，λ 为拉格朗日常数。由极值条件 $\partial L/\partial X_1=0$ 得

$$J_1^2\frac{\partial f_1}{\partial X_1}\bigg/\frac{\partial J_1}{\partial X_1}=\frac{1}{\lambda}=\mathrm{const} \tag{B.1.15}$$

同样定理即式(6.2.4)得证。

B.2　6.3 节中定理的证明

本节将分别采用欧拉-拉格朗日方程和平均最优控制理论两种不同方法证明6.3节的广义流传递过程广义耗散最小化中的定理即式(6.3.4)。

B.2.1 欧拉-拉格朗日方程方法

现在的问题为在微分方程式(6.3.1)的约束下求解式(6.3.3)的最小值，建立变更的拉格朗日函数 L 如下：

$$L = J_1 \cdot f_1(X_1, X_2) + J_3 \cdot f_3(X_3, X_2) + \lambda \left[C_{X_2} \frac{dX_2}{dt} - J_1(X_1, X_2) - J_3(X_3, X_2) \right]$$

(B.2.1)

式中，λ 为拉格朗日乘子，其为时间 t 的函数。优化问题的极值条件为求解如下欧拉-拉格朗日方程：

$$\frac{\partial L}{\partial X_1} - \frac{d}{dt}\frac{\partial L}{\partial \dot{X}_1} = 0, \quad \frac{\partial L}{\partial X_2} - \frac{d}{dt}\frac{\partial L}{\partial \dot{X}_2} = 0 \qquad (B.2.2)$$

将式 (B.2.1) 代入式 (B.2.2) 得

$$\frac{\partial (J_1 f_1)}{\partial X_1} - \lambda \frac{\partial J_1}{\partial X_1} = 0 \qquad (B.2.3)$$

$$\frac{\partial (J_1 f_1)}{\partial X_2} + \frac{\partial (J_3 f_3)}{\partial X_2} - \lambda \frac{\partial J_1}{\partial X_2} - \lambda \frac{\partial J_3}{\partial X_2} - \dot{\lambda} C_{X_2} = 0 \qquad (B.2.4)$$

由式 (B.2.3) 得

$$\lambda = \frac{\partial (J_1 f_1)}{\partial X_1} \bigg/ \frac{\partial J_1}{\partial X_1} \qquad (B.2.5)$$

将式 (B.2.5) 对时间 t 求导得

$$\frac{d\lambda}{dt} = \frac{\partial \lambda}{\partial X_1} \dot{X}_1 + \frac{\partial \lambda}{\partial X_2} \dot{X}_2 \qquad (B.2.6)$$

将式 (6.3.1) 和式 (B.2.6) 代入式 (B.2.4) 得

$$\left[\frac{\partial (J_1 f_1 + J_3 f_3)}{\partial X_2} - \frac{\partial [\lambda (J_1 + J_3)]}{\partial X_2} \right] \dot{X}_2 - (J_1 + J_3) \frac{\partial \lambda}{\partial X_1} \dot{X}_1 = 0 \qquad (B.2.7)$$

将式 (B.2.5) 代入式 (B.2.7) 得

$$\left\{ \frac{\partial}{\partial X_2} \left[(J_1 + J_3) \frac{\partial (J_1 f_1)}{\partial X_1} \bigg/ \frac{\partial J_1}{\partial X_1} \right] - \frac{\partial (J_1 f_1 + J_3 f_3)}{\partial X_2} \right\} \dot{X}_2 + (J_1 + J_3) \frac{\partial}{\partial X_1} \left[\frac{\partial (J_1 f_1)}{\partial X_1} \bigg/ \frac{\partial J_1}{\partial X_1} \right] \dot{X}_1 = 0$$

(B.2.8)

对式 (B.2.8) 进行简单数学变换得

$$\frac{\partial\left(\dfrac{J_1(J_1+J_3)\cdot\partial f_1/\partial X_1}{\partial J_1/\partial X_1}+J_3(f_1-f_3)\right)}{\partial X_1}\dot{X}_1+\frac{\partial\left(\dfrac{J_1(J_1+J_3)\cdot\partial f_1/\partial X_1}{\partial J_1/\partial X_1}+J_3(f_1-f_3)\right)}{\partial X_2}\dot{X}_2=0$$

(B.2.9)

由于 J_1、J_3、f_1 和 f_3 均不显含时间 t，由式(B.2.9)和全导数公式可知，定理式(6.3.4)得证。

B.2.2 平均最优控制理论方法

定理还可采用一类平均最优控制方法证明。由式(6.3.1)得

$$\int_{X_{20}}^{X_{2\tau}}\frac{C_{X_2}}{J_1(X_1,X_2)+J_3(X_3,X_2)}\mathrm{d}X_2=\tau \tag{B.2.10}$$

将式(6.3.1)代入式(6.3.3)得

$$\Delta D=\int_{X_{20}}^{X_{2\tau}}\left[\frac{J_1(X_1,X_2)\cdot f_1(X_1,X_2)+J_3(X_3,X_2)\cdot f_3(X_3,X_2)}{J_1(X_1,X_2)+J_3(X_3,X_2)}\right]\cdot C_{X_2}\mathrm{d}X_2 \tag{B.2.11}$$

现在的问题为在式(B.2.10)的约束下求式(B.2.11)的最小值，建立拉格朗日函数如下：

$$L=C_{X_2}\left[\frac{J_1(X_1,X_2)\cdot f_1(X_1,X_2)+J_3(X_3,X_2)\cdot f_1(X_3,X_2)+\lambda}{J_1(X_1,X_2)+J_3(X_3,X_2)}\right] \tag{B.2.12}$$

式中，λ 为拉格朗日常数。由极值条件 $\partial L/\partial X_1=0$ 得

$$\frac{J_1(J_1+J_3)\cdot\partial f_1/\partial X_1}{\partial J_1/\partial X_1}+J_3(f_1-f_3)=\lambda=\mathrm{const} \tag{B.2.13}$$

同样定理式(6.3.4)得证。

附录 C 主要符号说明

英文字母

符号	含义	单位
A (A)	反应物	
	电极表面积	m^2
a	化学计量系数；积分常数	
B (B)	反应物；自定义常数；无量纲热电压	
b	化学计量系数	
C	热容；热容率	J/K；W/K
	电容	F
	经济容量	$kg/\$$
	广义势容	
C_p	定压热容	J/K
C_V	定容热容	J/K
c	浓度	
c_p	比定压热容	$J/(kg \cdot K)$
	摩尔定压热容	$J/(mol \cdot K)$
c_V	比定容热容	$J/(kg \cdot K)$
	摩尔定容热容	$J/(mol \cdot K)$
D	广义泛化流；自定义函数	
E	热量㶲；质量积	$J \cdot K$；kg
	热力学能；电能	J
E_R	电阻器焦耳热耗散	J
E_S	电源释放的总电能	J
E_C	电容器储存的总电能	J
F	传质面积	m^2

	法拉第常数	C/mol
f	广义耗散力	
G	传质量	mol
	吉布斯自由能	J
g	传质流率	kg/s；mol/s
H	哈密顿函数	
h	传质系数	mol/s
	比焓；摩尔焓	J/kg；J/mol
I	电流	C/s
i	级数	
i_0	电流交换密度	C/(m²·s)
i_L	极限电流密度	C/(m²·s)
ind	指示函数	
J	广义流率	
J'	广义速率	
k	普适热导率；广义势导率；反应速率常数	
	线性电压系数	V/s
L	位移	m
	电感	H
	广义位移；拉格朗日函数	
l	长度；平板厚度	m
	无量纲电感	
M	混合物总质量或总物质的量	kg；mol
	基本资源数量	
M'	摩尔质量	kg/mol
m	传热/传质/商品传输指数	
	关键组分质量或物质的量	kg；mol
$\tilde{m}$	惰性成分质量或物质的量	kg；mol

min	最小化	
max	最大化	
N	物质的量	mol
	非基本资源(商品)数量	
n	广义多变指数；传热指数	
	商品流率	kg/d
	分子数密度	m^{-3}
n_e	反应传递的电子数	
P	价格	\$/kg
	功率	W
p	压力	Pa
Q	热量	J
	广义流	
$\dot{Q}$	总热量流率	W
Q_e	电量	C
q	热流率	J/s
R	摩尔气体常数	J/(mol·K)
	热阻；质阻；电阻；商品流阻；广义流阻	
R_b	电池内电阻	Ω
R_D	负载电阻	Ω
R_i	旁通电阻	Ω
R_m	等效电阻	Ω
r	基本资源的边际效用	
S	熵	J/K
	效用函数	
s	比熵	J/(K·kg)
T	热力学温度	K
T_m	平板熔点温度	K

T_s	平板表面边界温度	K	
t	时间	s	
t_0	凝固过程特征时间；电路时间常数	s	
u	时间相关函数		
	温度变化率	K	
U	电势	V	
V	体积	m^3	
	电压	V	
V_C	电容器电压	V	
V_D	负载电压	V	
V_H	电容器末态电压	V	
V_L	电感电压	V	
V_R	电阻器电压	V	
V_S	电源电压	V	
V_T	热电压	V	
V_{Th}	临界电压	V	
V_0	非线性电容器特征电压	V	
v	无量纲电压		
W	功	J	
	广义输出；反应产物		
X	广义势；组分相对浓度		
x	化学计量系数；温比；浓度比；价格比；电压比		
	位置变量	m	
y	化学计量系数；自定义函数；无量纲容许电压		

希腊字母

α	普适传热系数；电子传输系数；商品传输系数		
	热扩散率	m^2/s	
	无量纲旁通电阻；无量纲电池内电阻		

β	定义的中间参量	
δ	微分算子；无穷小量；非正参数	
	相变转化点位置	m
	电路时间常数与过程时间之比	
	无量纲扩散系数	
ε	转化率（无量纲浓度）	
	供需价格弹性	
ϕ	自定义函数	
γ	自定义常数	
η	效率	
η_C	卡诺效率	
η_{CA} 或 η_{NCCA}	CA 效率或 NCCA 效率	
λ	拉格朗日乘子；协态变量	
μ	化学势	J / mol
μ_0	标准化学势	J / mol
θ	无量纲温度；开关函数	
θ_s	斯特藩数	
ρ	质量密度	kg / m^3
σ	熵产率	W / K
	平均资本耗散	\$ / d
σ_D	广义耗散率	
σ_s	多级系统熵产率	W / K
τ	过程总时间；循环周期	s
υ	相对浓度变化率	
ξ	无量纲时间	
Π	利润	\$
Ω	可行域	
∇	梯度算子	

上标

max	最大
0	给定值

下标

a	阳极
act	活化过电位
C	电感
c	扩散传质；阴极
ch	化学反应
conc	浓度差过电位
dis	耗散
E	热量㶲或质量积相关
e	导电
eq	平衡态
f	末态
h	传热
i	初始态
inl	进口
L (L)	电感；下限
m	传质
max	最大
min	最小
opt	最优的
ohm	欧姆过电位
out	出口
R	热源；电阻器
rev	可逆界限
S	电源

T	温度
U	上限
μ	化学势
1，2	高温侧，低温侧；高势侧，低势侧
	低价侧，高价侧；高压侧，低压侧
	高广义势侧，低广义势侧
3	环境侧

缩略词

CT	构形理论(Constructal Theory)
EGM	熵产生最小化(Entropy Generation Minimization)
EoED	㶲耗散均匀分布原则(Equipartition of Entransy Dissipation)
EoEP	熵产生均分原则(Equipartition of Entropy Production)
EoF	驱动力均分原则(Equipartition of Force)
EoTD	温度差均分原则(Equipartition of Temperature Difference)
FTT	有限时间热力学(Finite Time Thermodynamics)
GTO	广义热力学优化(Generalized Thermodynamic Optimization)
HJB	哈密顿-雅可比-贝尔曼(Hamilton-Jacobi-Bellman)
LIT	线性不可逆热力学(Linear Irreversible Thermodynamics)